基于水土交融的土木、水利与海洋工程专业系列教材

FANGHU JIEGOU SHEJI YUANLI

防护结构设计原理

陈万祥　马建军　黄林冲◎编著

中山大学出版社
SUN YAT-SEN UNIVERSITY PRESS

·广州·

图书在版编目（CIP）数据

防护结构设计原理/陈万祥，马建军，黄林冲编著 . —广州：中山大学出版社，2024.1

基于水土交融的土木、水利与海洋工程专业系列教材

ISBN 978-7-306-07989-3

Ⅰ. ①防… Ⅱ. ①陈… ②马… ③黄… Ⅲ.①防护结构—结构设计—高等学校—教材 Ⅳ.①TU352

中国国家版本馆 CIP 数据核字（2024）第 021082 号

出　版　人：王天琪
策划编辑：李海东
责任编辑：李海东
封面设计：曾　斌
责任校对：梁嘉璐
责任技编：靳晓虹
出版发行：中山大学出版社
电　　话：编辑部 020-84111996，84113349，84111997，84110779
　　　　　发行部 020-84111998，84111981，84111160
地　　址：广州市新港西路 135 号
邮　　编：510275　　　　传　真：020-84036565
网　　址：http://www.zsup.com.cn　　E-mail:zdcbs@ mail. sysu. edu. cn
印　刷　者：佛山市浩文彩色印刷有限公司
规　　格：787mm×1092mm　1/16　22 印张　550 千字
版次印次：2024 年 1 月第 1 版　2024 年 1 月第 1 次印刷
定　　价：88.00 元

内容简介

　　本书共12章，主要介绍了冲击爆炸作用的基本原理和计算方法，涉及冲击爆炸荷载的破坏效应和工程结构抗冲击爆炸作用分析两方面。书中除介绍冲击及爆炸荷载的破坏效应、空气中冲击波、岩土中压缩波、工程材料和结构构件的动力效应、防护结构上的动荷载作用、冲击作用与防护结构计算、爆炸作用与防护结构计算外，还专门介绍了工程结构抗爆动力分析和防护结构设计方法。最后，本书针对大当量爆炸效应数值模拟和爆炸地震动参数与计算做了较系统、深入的介绍。书中内容丰富、深入浅出、简单实用，有助于读者理解和运用有关知识。本书可作为高等院校土木工程专业的研究生和高年级本科生教材，也可供有关工程技术人员参考。

序　言

　　大跨、高耸、深地结构等重要工程的抗冲击爆炸安全是关乎国计民生的大事，历来都是社会关注的焦点。近年来，国际形势复杂多变，军事冲突、恐怖袭击、生活（或生产）爆炸事故频发，造成巨大的生命财产损失，基础设施的抗爆防护已成为当前各国科学研究与工程技术人员面临的一项重要课题。

　　20世纪90年代以来发生的几场高技术局部战争表明，现代战争的主要作战样式是运用大量的精确制导武器，在高技术侦察、电子战等信息化条件下，实施以空中打击为主的高技术局部战争。地下爆炸能量与地应力、构造应力耦合，其破坏威力至少相当于地面爆炸时的30倍，接近封闭爆炸。以某型号钻地武器为例，其爆炸时不可逆位移的岩体深度为1700 m，这意味着它将对目前世界上所有现存的深地下防护工程构成严重威胁，对防护结构设计计算方法提出了极大的挑战。针对高技术武器迅猛发展，无论是防护结构计算理论与防护技术，还是制导武器战斗部研制，均亟须解决目标毁伤效应中存在的机理尚未完全清楚、计算方法误差较大、数值仿真不"真"、试验研究相似不"严格"等关键问题。此外，由于恐怖袭击、生活或生产不慎等引起的爆炸事故频发。据资料统计，国内年均发生爆炸事故800多起，而且这个数字逐年攀升，对社会稳定和国家安全造成极大冲击。本书编者以习近平新时代中国特色社会主义思想为指导，围绕军民融合发展战略，融入思政元素，结合基本理论知识、先进试验技术以及学科前沿发展，着眼于提升人才培养质量，服务国家重大战略需求。

本书系统介绍了防护结构设计和计算的基本原理、一般步骤与设计方法。重点阐述了冲击波及爆炸的破坏效应、空气中冲击波、岩土中压缩波、工程材料和结构材料的动力效应、防护结构上的动荷载作用、冲击/爆炸作用与防护结构计算、工程结构抗爆动力分析、防护结构设计方法、大当量爆炸效应数值模拟等内容。同时，针对当前高技术武器的发展，还介绍了爆炸地震动参数与计算公式。本书是在知名学者编著的教材的基础上，纳入了作者近年来的教学科研成果，以及国内外最新的研究进展而完成。《防护结构设计原理》可作为土木、水利、海洋工程等多学科交叉融合的专业教材，做到贴近工程实际，培养学生的工程素养与爱国情怀。本书结合重点领域和前沿领域，以工程问题为导向，应用启发性教学元素，力求从实际问题出发，到解决方案中去，以利于对学生知识迁移和学术潜力的培养。在本书的编写过程中，编写组成员将多年的工程经验与教学经验相结合，在覆盖知识点的基础上，注重培养学生的综合素养、工程意识和实践能力。

本书面向经济建设和国防建设协调发展、"一带一路"基础设施建设互联互通等重大战略需求，注重多学科交叉融合。

本书共分为 12 章，参加编写工作的有陈万祥（第 1、3、4、5、7 章）、马建军（第 2、6、9、12 章）和黄林冲（第 8、10、11 章）。许正阳、谢天星、赵进新、丁文洁、蔡佳雯、孟凡俊、孙航等研究生参与了本书的插图绘制、资料收集和文字汇总工作。王起帆、郭志昆、王德荣对图文进行了反复校对并提出了宝贵的建议。中山大学出版社嵇春霞副总编辑对本书的成书过程提供了大力帮助与支持。

由于编者水平有限，书中难免有所疏漏，恳请各位读者、同行批评指正。

编者

2023 年 9 月

目 录
contents

第 1 章　绪　　论

1.1　防护结构与防护工程

鉴于世界地缘政治格局演变、经济全球化和能源瓶颈的挑战，人们更把注意力投向事关国家安全和社会发展的三个重大前沿领域：战略防护工程、核废料处置和石油战略储备。防护工程是战时首脑指挥、战略武器生存的重要屏障。近年来，世界各军事强国在研的超高速动能武器，对地打击速度达 1700 m/s 以上，具有突防能力强、被拦截概率低的特点，可对地下加固目标实施精确打击。因此，准确评估其对地打击毁伤威力，提升地下防护工程的安全防护能力，是防护工程技术领域亟待解决的重大课题。据不完全统计，目前世界上具有战略意义的地下防护工程达 15000 多处。美国、俄罗斯等国家长期以来十分重视地下战略防护工程建设（部分核心防护工程，如北美航空航天防御司令部埋深达 700 m，有的将达 1000 m，甚至更深）。美国把战略防护工程的安全稳定提升到关系战争进程和结局的战略地位，俄罗斯也在不遗余力地完善其地下战略指挥中心。为摧毁隐藏于地下的坚固工程，美国研制成功小型钻地核弹，并明确指出考虑以 B61 型核弹消除敌对国家的地下隧道和仓库。以某型号核弹为例，它具备高度精准性（圆概率误差不超过 30 m）和可调爆炸威力（300～50000 t TNT），爆炸时产生的不可逆位移岩体深度为 1700 m，这意味着它将对目前世界上所有现存的地下防护工程构成严峻威胁。

此外，近些年来恐怖袭击及生活（或生产）不慎等引起的爆炸事故频发，如 2001 年美国"9·11"恐怖袭击、2015 年我国天津港爆炸、2021 年阿富汗喀布尔机场恐怖爆炸等，给所在国家乃至全世界的政治经济环境和人民生命财产造成了巨大的破坏，严重影响社会稳定和国家安全。由此可见，世界范围内的军事打击、恐怖袭击和偶然爆炸对防护结构的毁伤效应及安全评估已成为当前工程领域亟待解决的关键基础性科学问题。

1.1.1　防护工程

防护工程是指为抵抗杀伤武器破坏而构筑的各种工程建筑物，是防护结构和为保证完成工程所担负的战时职能的其他系统（如给排水、发供电、防电磁脉冲、防辐射、消防、工程伪装及隔震等系统）的总称。通常，防护工程应能抵抗预定武器的杀伤破坏作用。防护工程按所处的位置可分为地面防护工程和地下防护工程，按性质可分为野战防护工程和永备防护工程，按结构形式分为露天式、掩盖式和坑道式防护工程（用于掩护人员的防护工程多为掩盖式和坑道式）。大型的人员防护工程，除具有较高的抗力外，还有防核、防化学、防生物武器和防火、防潮等功能及各种生活设备。坚固的楼房、厂房的地下室和矿井、隧道、地下铁道、天然洞穴等，战时均可改建成大型的防护工程。

从服务对象来讲，防护工程可分为以下两大类：①为保障军队作战使用的防护工程，称为国防工程；②用于城市防空袭的人民防空工程(以下简称"人防工程")。国防工程一般处于边防、海防或纵深要地，保密要求高，注重军事战备效益；人防工程则一般位于城市市区，大多数实现平战结合。从工程技术的角度而言，国防工程与人防工程在技术内容上是基本一致的。

1.1.2 防护结构

在狭义上，防护结构是指能够抵抗预定杀伤武器破坏作用的工程结构，通常包括工程主体结构(以下简称"防护结构")、防护设备与设施(如防护门、防护密闭门、消波系统等)。在广义上，防护结构泛指可能受到偶然性冲击和爆炸作用的结构物。由于地下工程防护效能要优于地面建筑，因此防护工程一般建于地下或半地下，此时防护工程结构又称地下防护工程结构。防护工程结构与普通地下工程结构相比，在设计上要充分考虑武器的冲击、爆炸等效应的作用。

1.1.2.1 防护工程结构

根据部位和功能，防护工程结构可分解为主体与口部两大部分。主体是保障预定使用功能实现的核心部位。主体与地表面相连通的部分称为口部，主要供人员、车辆、武器装备与物资等进出以及通风、排烟等使用。口部与主体结构以及上方的覆盖层能抵抗预定武器的杀伤破坏作用并设有相应的防护设备。口部结构的主要组成部分是口部通道，包括门框墙、临空墙、竖井等。大部分甚至全部的防护设备都设置在口部。口部的断面尺寸通常小于主体通道或房间的断面尺寸，但有时两者相同。防护工程按所处的位置，可分为地面防护工程和地下防护工程。地下防护工程包括修建在山体中或地面以下一定深度的防护工程，如地下指挥防护工程、飞机洞库、舰(潜)艇洞库、武器弹药洞库等。通常，为增强防护能力，防护工程一般位于地表以下，工程结构上方覆有土壤、岩石以及混凝土等其他覆盖材料。我们把结构上方覆盖的、能起到防护作用的岩石、土壤或其他覆盖材料称为防护层。防护层按成因分为人工防护层和自然防护层。结构施工后回填、人工设置的防护层称为人工防护层。施工过程中未被扰动或没有人工设置的防护层称为自然防护层。

按作用不同，防护工程可分解为结构、防护层、防护设备、建筑设备、建筑装修等。防护工程结构形式主要有成层式结构防护工程、坑道式结构防护工程等。

1.1.2.2 防护设备与设施

防护工程口部往往会设置防护设备与设施，如防护门、防护密闭门、密闭门、活门以及消波系统等，主要用来阻挡冲击波、毒剂和放射性物质等从孔口进入主体，或限制泄漏进入工程内部的冲击波压力，使之小于人员或设备的容许值。

能阻挡冲击波但不能阻挡毒剂等通过的门称为防护门，与之功能相反的门称为密闭门，两种功能均具备的门称为防护密闭门。

活门是防爆波活门的简称，是用于通风或排烟口的防冲击波设备。一般防护工程多采用小型防护设备。小型防护设备已有定型产品，在设计中只需正确选用即可。一些特殊或大型防护设备，如飞机洞库、舰艇洞库、后方仓库、导弹发射井的防护门或防护盖板等则需专门设计。

防护结构是防护工程抵抗武器破坏效应和确保人员生存能力的主要依托。武器产生的侵损爆炸效应直接通过岩土等防护层介质作用到防护结构上。针对不同等级的防护工程，防护结构要分别依据设定的抗力等级进行计算与设计。防护结构计算与设计是防护工程建设的重要环节，了解和掌握武器破坏效应、爆炸冲击荷载确定、防护设计原理以及结构抗爆设计计算方法，是提高防护结构设计能力和水平的基础。

当然，防护工程的生存能力不仅仅取决于防护结构的抗力，在很大程度上还与工程地域的防护配置、伪装措施、保密程度等密切相关。也就是说，防护结构抗力相同的工程，由于环境条件的不同，其生存概率可能有很大的差异。因此，在建设防护工程时，不能一味地追求防护结构的高抗力，单纯地依靠防护结构抗力来提高工程的生存能力并不是最有效和最经济的做法，而应当讲究各种条件的相互协调和匹配。

1.2 防护结构面临的主要威胁

自从早期的战争出现以来，进攻和防守这两种战斗形态就同时相伴而生了。筑城的发展史告诉我们，防护工程与打击武器是一对相生相克、交替发展的矛盾对立物。整个人类战争史一直伴随着攻者利其器、守者坚其盾的发展过程。防护工程是国防力量的重要组成部分，可以把防护工程视为盾牌的扩张和延伸，是保障己方人员和武器装备安全的盾牌，是武器装备发挥效能的倍增器，在战略威慑、巩固国防、抵御侵略及保障社会稳定等方面具有不可替代的作用。然而，每当一种新的打击武器系统问世，往往会使原有的防护手段相形见绌。随着侦察监视技术、精确打击技术的发展，许多重要目标面临着被直接命中摧毁的威胁。

1.2.1 武器打击的威胁

1.2.1.1 常规武器

20 世纪 50—80 年代初，防护工程界的研究目标主要是核武器的爆炸破坏效应及其防护，对炮(炸)弹等常规武器的爆炸破坏效应研究不够重视。因为常规武器要达到预想的破坏效应，必须进入或靠近目标爆炸，这一点对非精确制导常规弹药来说很难做到。20 世纪 90 年代以来发生的几场高技术局部战争表明，未来的战争形式主要是运用大量的精确制导武器，在高技术侦察、电子战条件等信息化条件下，实施以空中打击为主要作战形式的核威胁条件下的高技术局部战争。精确制导武器的应用，使对空袭重要目标的攻击由面积轰炸发展为远距离精确攻击，提高了武器毁伤效能，对防护结构提出了更高的要求。在未来的信息化战争中，精确制导武器将继续扮演重要角色。[①]

此外，常规武器除了命中精度的大幅提高以外，其侵彻爆炸破坏能力也越来越强。例如，在海湾战争中首次使用的"地堡克星"GBU-28型激光制导钻地弹，可穿混凝土6 m，穿土30 m(图1.1)。

(a)战机携带投掷　　　　　　　　(b)穿透钢筋混凝土防护层

图1.1　GBU-28试验情况

资料来源：张博一、王伟、周威编著：《地下防护结构》，哈尔滨工业大学出版社2021年版，第40页。

1.2.1.2　核武器

核武器称为核子武器或原子武器，是具有大规模毁伤破坏效应的武器。该武器利用能自持进行的原子核裂变或聚变反应瞬时释放的巨大能量，产生爆炸作用(图1.2)。该武器主要包括裂变武器(第一代核武器，通常称为原子弹)和聚变武器(亦称为氢弹，分为两级式和三级式)。

图1.2　核爆炸效应

资料来源：https://zhuanlan.zhihu.com/p/481088843.

第二次世界大战(以下简称"二战")后到20世纪80年代初，出于对爆发核战争的恐惧，防护工程主要是防核武器的破坏效应。自20世纪80年代后期开始，随着国际安全形

---

① 方秦、柳锦春编著：《地下防护结构》，中国水利水电出版社2010年版，第5页。

势的转变，防护工程逐渐转向了防常规武器的破坏效应。未来信息化战争将是核威慑条件下的高技术局部战争。有核国家仍然视核武器为维护国家安全的重要基石，不断调整核战略，在继续发展核武器的同时，积极探索新的核武器技术。美国政府研究核钻地弹、低当量核武器和除剂武器，缩短核试验准备时间，并研究下一代核武器，以便破坏地下深埋掩体。俄罗斯努力研发新型机动弹头和新一代重型洲际弹道导弹。英国秘密扩建核武器生产基地，并就合作开发新一代微型、廉价的核武器与美国进行多次谈判。法国对核战略进行了调整，增加了可用于打击"敌对"国家的核武器数量。印度在今后一段时期内，将重点构建以陆基核导弹为主、轰炸机和核潜艇为辅的三位一体战略核力量。朝鲜、伊朗、以色列等潜在的核国家也在极力试图发展核武器。此外，核大国正在利用计算机模拟和次临界试验等技术手段，保持现有核武器的有效性和探索新的核武器技术。只有被《不扩散核武器条约》正式承认拥有核武器的国家才是合法的核武器拥有国。目前，只有美国、俄罗斯、英国、法国、中国等五国合法拥有核武器。人类历史上首次将核武器用于实战的是"二战"期间美国在日本广岛和长崎投放的两枚原子弹（"小男孩"和"胖子"），分别造成了 13.9 万人和 7.8 万人伤亡。[①]

此外，地下核爆炸能量与地应力、构造应力耦合，其破坏威力至少相当于地面爆炸时的 30 倍，接近封闭爆炸。苏联地下核试验的结论是：与地下巷道相交的岩体位移可以导致地下工程结构的严重破坏；小型岩块（尺度为 10 cm 级或米级）的稳定性可以由工程措施保证，大型岩块（尺度为 10 m 级或 100 m 级）的稳定性无法由工程措施来保证。

事实表明，世界爆发核战争的可能性依然存在，防护工程不应放弃对核武器的防护。核武器正向精确化、钻地化、小当量、效应裁剪化等方向发展。一些国家将"冷战"时期的"核大战"转变为了"有限核打击"，重点打击对方地下指挥中心和战略武器基地等军事战略目标。所以，在未来冲突中，对手可能会将改造后的小型核武器用于打击重要防护工程，这将大大增加防护工程被毁伤的概率。

1.2.1.3 生化武器

生化武器是化学武器和生物武器的统称。

化学武器是通过爆炸的方式（如炸弹、核武器、炮弹或导弹）释放有毒化学品（或称化学战剂），令人窒息、神经损伤、血中毒和起水疱等，达到杀伤人类目的的武器。化学武器素有"无声杀手"之称，它包括装有各种化学毒剂的化学炮弹、导弹和化学地雷、飞机布洒器、毒烟施放器以及某些二元化学炮弹等。战争中使用的用于杀伤对方有生力量、牵制和扰乱对方军事行动的有毒物质统称为化学战剂（chemical warfareagents，CWA，或简称"毒剂"），毒剂可分为神经性、糜烂性、全身中毒性、窒息性、刺激性和失能性等类型。装填有毒剂的弹药称为化学弹药（chemical munitions）。应用时，通过各种兵器，如步枪、各型火炮、火箭或导弹发射架、飞机等将毒剂施放至空间或地面，造成一定的浓度或密度，从而发挥其战斗作用。化学战剂、化学弹药及其施放器材合称为化学武器。化学武器的大规模使用始于 1914—1918 年的第一次世界大战，使用的毒剂有氯气、光气、双光气、

---

① 方秦、柳锦春编著：《地下防护结构》，中国水利水电出版社 2010 年版，第 28～29 页。

氯化苦、二苯氯胂、氢氰酸、芥子气等多达 40 余种，毒剂用量达 12 万 t，伤亡人数约 130 万人，占战争伤亡总人数的 4.6%。

化学武器具有杀伤威力大、中毒途径多、作用时间长、价格低廉及不破坏建筑物和武器装备等特点，是一种大规模杀伤性武器。随着科学技术的发展以及二元化学武器和"超毒性"毒剂的出现，化学武器在战场上仍具有重要地位。

生物武器又称为细菌武器，它由生物战剂和施放装置两部分组成。生物战剂包括致病微生物及其产生的毒素，如立克次体、病毒、毒素、衣原体、真菌等。生物武器是靠散布生物战剂，使人员、牲畜和农作物致病死亡，从而达到大规模杀伤对方有生力量和扰乱、破坏其后方的目的。生物武器是一种战略武器，在特定条件下某些生物战剂也可用于战术目的。以武器相对重量比较，生物武器造成的伤亡率不亚于核武器。

生化武器虽然也能对防护工程内的有生力量造成伤害，但对防护结构的强度影响不大。防护结构对生化武器的防护方法主要是保障防毒密闭性能以及在口部采用防护密闭设备和设施。一般不允许钢筋混凝土结构因裂缝开展过大以及防护密闭设备变形过大等造成密闭不严，致使毒剂或生物细菌泄漏进去。生物战剂是构成生物武器杀伤威力的决定因素。致病微生物一旦进入机体(人、牲畜等)便能大量繁殖，导致机体功能破坏、机体发病甚至死亡。它还能大面积毁坏植物等。生物战剂的种类很多，据国外文献报道，可以作为生物战剂的致命微生物约有 160 种，但就具有引起疾病能力和传染能力的来说为数不多。

1.2.2 偶然性冲击爆炸作用

当今世界，国际恐怖主义活动猖獗，已对世界和平、经济发展乃至人类文明构成巨大威胁和严峻挑战，被称为"21 世纪政治瘟疫"。各种恐怖袭击手段中，爆炸袭击是恐怖分子采用最多、威胁最大的方式。在 1968—1987 年 20 年内，全球发生爆炸恐怖活动共 6423 起，年均 321 起，占各类恐怖活动的 57.57%；1987 年全球发生爆炸恐怖活动共 624 起，占各类恐怖活动的 75%；1993 年 233 起，占 54.06%；1995 年 336 起，占 76.37%；1997 年 206 起，占 67.77%。近年来，国际恐怖主义不断升级，如 2001 年 9 月 11 日纽约世界贸易中心遭到恐怖分子所劫持飞机的撞击，随后发生爆炸并引发火灾，造成两座摩天大楼彻底倒塌和近 3000 人死亡[图 1.3(a)]。2003 年至今，俄罗斯、巴基斯坦、印度尼西亚、泰国、伊拉克、美国、沙特阿拉伯、以色列等国家接连发生了伤亡惨重、影响巨大的爆炸恐怖事件，如：2004 年 2 月 6 日，莫斯科地铁车站内发生恐怖爆炸，造成 50 人死亡，100 多人受伤；2014 年 11 月 2 日，印巴边境遭到爆炸袭击，造成至少 55 人死亡，118 人受伤；2015 年 11 月 13 日，法国巴黎法兰西体育场遭遇恐怖爆炸袭击，造成 158 人死亡；2019 年 4 月 24 日，斯里兰卡首都科伦坡发生汽车炸弹袭击，至少造成 360 人丧生[图 1.3(b)]；2021 年 8 月 26 日，阿富汗首都喀布尔北部发生一起简易爆炸装置袭击事件，至少造成 170 人丧生。近年来，由于生产不慎，国内也发生过几起偶然爆炸事故，如：2014 年 8 月 2 日，江苏昆山中荣金属制品有限公司发生粉尘爆炸，造成 146 人死亡；2015 年 8 月 12 日，天津滨海新区某国际物流公司的危险品仓库发生爆炸，造成 165 人遇难；2019 年 3 月 21 日，江苏响水天嘉宜化工有限公司化学储罐发生爆炸事故，造成 78 人死亡。

（a）"9 · 11"恐怖袭击　　　　　　　　　　（b）科伦坡恐怖爆炸

图 1.3 典型的恐怖爆炸事故

资料来源：（a）https：//k. sina. com. cn/article_6652346318_18c82bfce00100ftts. html；（b）https：//baike. baidu. com/tashuo/browse/content？ id=6d6b44f7463db21e14d81ed7.

爆炸恐怖活动已成为危及国际安全的一颗"毒瘤"，给所在国家乃至全世界的政治经济环境和人民生命财产造成了巨大的破坏，严重影响社会稳定和国家安全。一些重要的建筑物和构筑物，如机场、地铁、大型地面建筑物、大坝、核安全壳、桥墩等已成为国际恐怖分子袭击的首要目标。表 1.1 给出了近年来世界范围内一些典型的恐怖（意外）爆炸事件，其中死亡人数 100 人以上的爆炸占 87.5%。

表 1.1　典型的恐怖（意外）爆炸事件

发生时间	发生地点	爆炸类型	死亡人数/人
2021 年 8 月	喀布尔机场	恐怖袭击	170
2020 年 8 月	黎巴嫩贝鲁特	硝酸铵爆炸	137
2019 年 4 月	斯里兰卡科伦坡	恐怖袭击	360
2019 年 3 月	江苏响水	化学储罐爆炸	78
2015 年 11 月	法国巴黎	恐怖袭击	158
2015 年 8 月	天津滨海新区	危险品仓库爆炸	165
2014 年 8 月	江苏昆山	粉尘爆炸	146
2001 年 9 月	美国纽约	恐怖袭击	2996

由此可见，因恐怖袭击以及生产和生活中的疏忽和使用不当而引发的各种偶然性爆炸或撞击事故，不仅直接对袭击发生地周围或爆源附近的人员和财产造成杀伤和毁坏，而且爆炸所引起的强烈冲击波和高速爆炸飞片等作用到周围的结构物或构件上，还可引起结构或构件的破损，严重者甚至会使结构因某些关键构件的毁坏而丧失承载平衡，致使发生局部或整体的连锁坍塌，从而加剧灾害程度。因此，重要地面和地下建筑结构还要考虑偶然性冲击爆炸的作用。

1.2.3　来自现代信息化战争的威胁

随着现代侦察手段的不断进步，绝大多数防护工程将面临来自空间、空中和地面的立体侦察监视，以及来自光学、电子、红外、雷达、毫米波等多频谱侦察的威胁。俄乌冲突及最近发生的几场局部战争均表明，现代信息化战场表现出了前所未有的透明性，从而提高了防护工程被发现的概率，严重威胁了防护工程的生存。

精确制导武器是信息化战场上的主要打击力量，其对防护工程的威胁主要体现在以下几个方面：一是命中精度高。基于卫星制导（GPS/INS）、红外和激光等制导技术，精确制导武器可对深埋的防护工程进行"点穴式"打击。二是侵彻深度深。美俄等主要国家的钻地导弹采用穿甲弹头，撞地速度 600～800 m/s，可钻土 50～70 m，或者钻钢筋混凝土 2～4 m；钻地制导炸弹撞地速度 200～400 m/s，可钻土 30～70 m，或者钻混凝土 2～6 m。三是爆炸威力大。美军打击一般目标用 1000～2000 lb 精确制导弹药，打击十分坚硬的目标用 3000 lb 以上的钻地弹，防护工程将面临更大爆炸威力常规武器的打击。[①] 此外，多种杀伤手段的应用增大了防护工程的防护难度。电磁脉冲炸弹、高功率微波武器、石墨炸弹以及温压弹等多种特种炸弹应用于战场，因此，信息化战场上防护工程面临多弹种精确打击的严重威胁。

1.3　工程结构的防护

信息化战争条件下，新的军事理论和作战样式，以及日新月异的武器装备发展都将对防护结构工程的防护提出更高要求。工程建设和防护技术研究必须加强顶层设计，突出防护重点，不断自我完善，充分利用新材料新技术，以提高防护工程的应变能力、生存能力、对抗能力和保障能力。

1.3.1　工程防护

工程防护是依靠防护工程的结构、天然地质材料及人工遮弹材料等工程措施对抗来袭武器的传统防护手段，也称为被动防护。工程防护能充分利用天然的防护层厚度，充分利用新材料、新结构和新技术，达到隐真示假、提高抗力的目的。实践证明，工程防护仍是目前最为有效和可靠的防护手段。例如，当防护工程的埋深达到一定深度时，现有的精确制导钻地武器就显得无能为力了。

尽管工程结构受到效费比等因素的限制，但还有很大的发展空间，可以有所作为。工程结构采用新结构、新材料并综合集成多种防护技术是抗精确制导弹药打击的重要保证。

---

① 李秀地、孙建虎、王起帆等编著：《高等防护工程》，国防工业出版社 2016 年版，第 6 页。

1.3.2　主动防护

高技术战争条件下，防护工程伪装隐身和抗精确打击的难度越来越大。因此，用于对抗高技术武器的防护高技术应运而生。相对于被动防护，这种防护技术称为主动防护。主动防护是指采取各种高新技术，对来袭武器进行主动拦截、摧毁，或者干扰、引偏，将其在距防护目标一定距离时主动破坏或削弱其打击能力。主动防护变被动挨打为主动进攻，使来袭武器距目标一定距离时爆炸，从而大大降低其对防护工程的破坏作用。

主动防护作为一种超近程反导系统，是工程目标信息化防护技术开发的重点，对提高目标防护的高技术水平以确保其防护效能具有重要意义。为确保工程的防护效能，必须设置由对来袭武器监测预警系统、计算机智能化控制系统以及受控发射拦截、破击系统组成的主动防护系统，对精确制导武器实施积极主动防护。

主动防护对精确制导武器的毁坏途径，既可以通过毁坏来袭武器的火工系统达到，又可以通过毁坏来袭武器的信息系统达到；主动防护对精确制导武器的毁伤手段，既可以通过主动防护体系的火工系统对来袭武器进行引爆，又可以通过主动防护体系的信息系统对来袭武器进行引偏。可能的主动防护手段包括射流、预制破片、爆炸成型弹丸、子弹、跳雷、电磁干扰等。

1.3.3　综合防护

从本质上讲，现代战争是作战体系间的整体较量。同样地，防护工程受到多种武器与多种破坏效应的威胁，不可能仅依靠单一的对抗措施来提高防护工程的生存概率，防护工程与打击武器之间的较量是防护体系与武器系统的综合较量。防护工程必须针对来袭武器发现、识别、命中、摧毁等阶段，综合采取隐真示假、工程防护、主动防护等各种手段，即综合防护手段，提高防护工程的战时生存概率。

综合防护包括对多种武器的防护和防护手段的多样化两个方面。多种武器包括各种侦察装备、各类精确制导武器、核武器、电磁脉冲武器等。防护手段的多样化包括隐真示假、伪装、增加埋深、提高结构抗力、软回填、分散、改变建筑布局（如长穿廊布置）、主动防护、电磁干扰、机动等防护措施。防护工程应密切跟踪信息化武器技术的最新发展，强化综合防护的观点，综合提高防护工程的防护能力，做到：使来袭武器找不着；或找着了，分不清；或分清了，打不到；或打到了，只破坏口部、局部，不破坏主体或造成重大损失。

第 2 章　冲击及爆炸的破坏效应

2.1　常规武器及其对防护结构的破坏效应

　　对防护工程进行防护设计，设计人员应首先掌握所需要的基本武器数据，如武器类型、武器口径、战斗部种类、破坏效应等。对防护工程具有杀伤破坏作用的常规武器很多，其中制导炸弹、空地导弹和巡航导弹等精确制导武器对防护工程的威胁最大。以"宝石路"Ⅲ激光制导炸弹为例，从外部组

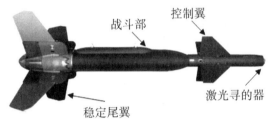

图 2.1　"宝石路"Ⅲ激光制导武器组成

成看，整个炸弹由战斗部(或弹丸)、激光寻的器、控制翼及稳定尾翼等组成(图 2.1)。高爆炸药炸弹和导弹对防护工程的破坏，最终由战斗部或弹丸产生。

2.1.1　概述

　　按照发射方式，对防护结构产生杀伤破坏作用的常规武器主要有：①轻武器，如步枪、轻重机枪、火箭筒等轻武器发射的枪弹及火箭弹等；②火炮，如加农炮、榴弹炮、迫击炮、无后坐力炮发射的各种炮弹；③飞机投掷的各种航弹；④常规弹头的导弹。

　　在常规武器中，命中目标的弹丸中的装药是各种炸药。弹丸命中目标时，在其巨大的动能作用下，冲击、侵彻、贯穿目标，继而炸药爆炸，释放能量，产生冲击波，进一步破坏工程结构和杀伤人员。与裸露装药爆炸不同，有壳的凝聚态弹药爆炸时产生的高压气体产物受到金属弹壳的约束，弹壳在高压气体作用下向外扩张，当弹壳半径增长到原始弹体半径的大约 1.7 倍时，弹壳破裂，产生向四周飞散的破片。一些特种炮(炸)弹在弹丸内装有燃烧剂(燃烧弹)，还可造成地面目标燃烧。

　　常规武器内装填的炸药种类很多，常常选定一种炸药作标准。在防护结构计算中，以梯恩梯(TNT)炸药为标准，给出其他炸药的梯恩梯当量系数。如某炸药的梯恩梯当量系数为 1.35，即 1 kg 的某炸药爆炸的威力相当于 1.35 kg 的梯恩梯。常规武器对结构的破坏是由弹丸产生的，针对不同攻击目标，可选择不同破坏效应的弹丸。

2.1.2　常规武器的主要类型

2.1.2.1　普通爆破弹

对于防护工程而言，述的炮弹仅指飞行投掷命中目标的部分，即弹丸部分。炮弹的弹级是以其口径(mm)来标志的，如 155 mm 榴弹。炮弹有多种分类方法，按对防护工程目标的破坏方式，常用炮弹可分为榴弹、混凝土破坏弹或半穿甲弹、穿甲弹等。

1. 榴弹

榴弹以炸药爆炸作为破坏防护目标和杀伤人员的主要方式，是火炮的基本弹种之一，它的特点是弹壳薄、装药多。多数装有瞬发引信，一般运用原则是利用装药爆炸的冲击波及弹壳破片破坏抗力较低的防护结构(如野战结构)，以及杀伤暴露人员。它对坚硬介质如钢筋混凝土、岩石等一般难以产生侵彻作用，但能侵入较深土壤，从而对土中结构产生危害。

2. 混凝土破坏弹(半穿甲弹)

半穿甲弹(SAP)比榴弹厚，命中钢筋混凝土结构及岩石介质时，弹壳不易损坏。其装药系数比榴弹小，一般安装延期引信，能侵入钢筋混凝土材料及岩体介质中爆炸，并具有相当大的爆炸威力。主要用于破坏钢筋混凝土等坚固目标。半穿甲弹战斗部一方面依靠弹丸的冲击动能侵入目标，又同时依靠一定量装药的爆炸作用来破坏目标。

半穿甲弹形体较为细长，弹壳较普通爆破弹厚；装药占整个炸弹比重较大，装填系数约为 30%，一般装填爆炸威力较高的炸药，装有延期引信。例如，装有半穿甲弹战斗部的"宝石路"ⅢGBU-24 激光制导炸弹，弹重 900 kg，长细比 14：1，钻混凝土深 1.8～2.4 m，用于摧毁加固点目标。[①]

3. 穿甲弹

穿甲弹一般命中速度很高，比动能(弹丸动能/弹芯断面面积)大，具有很强的穿透能力，可以侵入坚硬介质，主要用于破坏装甲和钢筋混凝土等坚固目标。

可以把具有侵彻能力的战斗部分为动能侵彻型和复合弹头型两类。动能侵彻型战斗部是当弹体依靠飞行动能侵彻到目标内部后，引爆弹头内的高爆炸药，毁伤目标。复合弹头型战斗部包括前部的空心装药(预侵彻头)和后面的侵彻弹丸(又称随进战斗部、主侵彻战斗部)。预侵彻头内含有一个或多个预置装药，前部装有程序引炸引信，它可以在预先装定的标准距离起爆预置炸药，爆炸后的能量与柱状装药在轴向产生的射流使弹头破片的速度达到 6000 m/s，将目标炸开一个洞口，主侵彻战斗部沿此洞口接力侵彻，最终以弹头上的延时或智能引信引爆主侵彻战斗部装药，毁伤目标。

上述战斗部的主要特征可归纳如表 2.1 所示。

---

① 李秀地、孙建虎、王起帆等编著：《高等防护工程》，国防工业出版社 2016 年版，第 11 页。

表 2.1 战斗部主要特征

序号	战斗部类型	主要特征
1	普通爆破弹	低到中等 L/D，低 W/A，薄壳，低强度，低断裂韧性
2	半穿甲弹	低到中等 L/D，低 W/A，厚壳，低碳钢
3	穿甲弹	中等到高 L/D，高 W/A，厚壳，高强度，高断裂韧性

注：L、D、W、A 分别为战斗部的长度、直径、重量和截面积。

资料来源：李秀地、孙建虎、王起帆等编著：《高等防护工程》，国防工业出版社 2016 年版，第 12 页。

炮弹按发射后能否控制其弹道可分为弹道炮弹（一般炮弹）和制导炮弹。一般炮弹在脱离炮膛后，依靠火炮所赋予的弹道飞行，其命中精度很低。理论计算和实践都说明，用曲射火力从远距离破坏一个工事，需消耗上百发乃至几百发炮弹；用直接瞄准火炮，也需数发。用普通火炮发射制导炮弹，在飞行中能利用目标发出的红外线引导或依靠己方的激光束引导自行修正弹道飞向目标，具有极高的精度，一般可以做到首发命中。

由于炮弹的口径小，装药量也不大，因此炮弹主要对野战阵地工事结构威胁大，对地下防护结构一般不构成威胁。

2.1.2.2 高技术常规武器

制导技术是一门按照特定基准（规律）选择飞行路线，控制和引导武器系统对目标攻击的综合性技术，它是利用探测器和敏感装置获取被攻击目标的信息与特征（如目标反射的自然光或夜光，目标反射、散射或辐射的红外线、无线电波或声波等），对目标进行判断识别，并精确定位和跟踪。

把制导技术应用于武器系统，就产生了制导武器。20 世纪 70 年代初，美国首次在越南战场使用激光和电视制导炸弹，具有极高的命中精度，当时被称为"灵巧炸弹"。1974 年，美国政府的正式文件中首次出现"精确制导武器"这一名词。

衡量武器命中目标精度的尺度，可以用"圆概率误差"（circular error probable，CEP）或命中概率（%）。在相同的条件下，向同一目标发射武器，在扣除系统误差后，以瞄准点为中心（一般指目标中心），包含 50% 以上弹着点的网的半径，就叫作这种武器的圆概率误差。对于打击活动目标的武器，其命中精度通常用命中概率表示。一般认为，直接命中概率达到 50% 以上的制导武器就可以称作精确制导武器。

精确制导武器包括精确制导导弹和精确制导弹药两大类。精确制导导弹是一种依靠自身的动力装置推进，由精确制导系统探测、处理、导引和控制其飞行轨迹，导向并命中目标的武器。它是精确制导武器中类别最多、使用数量最大的一种现代化武器。精确制导弹药分为末制导弹药和末敏弹药两类：前者主要有制导炮弹、制导炸弹和制导雷等，后者主要是一些反装甲子弹药。精确制导导弹和精确制导弹药之间的主要区别是：前者依靠自身的动力系统和导引、控制系统飞向目标；后者自身无动力装置，其弹道的初始阶段和中段需借助火炮、飞机投掷。

1. 制导炸弹

制导炸弹（guided bomb unit，GBU）又称为"灵巧炸弹"，是在自由降落式普通炸弹的基础上，通过增加制导构件组成，能自动导向目标的滑翔式炸弹。制导构件包括制导装置和空气动力控制面（弹翼、尾翼）。制导炸弹的出现是航空炸弹划时代发展的标志。精确制导炸弹具有结构简单、使用方便、射程远、命中精度高、造价低、效费比高等特点。

制导炸弹可由多种飞机携带，用于毁伤防空系统、地面兵器、地面建筑物、机场、桥梁和地下防护工程等重要目标，是对地面和地下目标实施精确打击的重要武器。

制导炸弹按制导方式分为激光制导炸弹、电视制导炸弹和红外制导炸弹等。

（1）激光制导炸弹。激光制导炸弹（laser-guided bomb）是将常规的自由下落炸弹装上激光制导系统和尾翼组件，能自动导向目标的炸弹。激光制导炸弹采用模块式设计，分为三个主要部分：前段激光制导与控制段，主体战斗部，稳定尾翼组件。其原理是：激光照射器向目标照射的激光束被反射后，由装在炸弹头部的激光寻的器接收，再经光电交换形成电信号，输入炸弹控制舱，控制炸弹舵面偏转，导引炸弹飞向目标。激光制导炸弹比普通炸弹轰炸精度高，比空地导弹威力大、造价低，并有较强的抗电子干扰能力；但它难以在低空和超低空使用，载机投弹后不能迅速机动脱离，易遭敌机和炮火攻击。激光制导炸弹在普通气象条件下捕获目标率高，遇有雨、雾、灰尘、水时命中精度降低。

激光制导炸弹的典型代表是美国的"宝石路"（Paveway）激光制导炸弹系列，几乎参加过美军自越战以来所有的作战行动。"宝石路"系列激光制导炸弹 1965 年开始研制，现已发展了Ⅰ、Ⅱ、Ⅲ三代，而且每代都有多种型号。如"宝石路"Ⅲ有 GBU-22/B、GBU-24/B、GBU-24A/B、GBU-27/B、GBU-28MB 等，各种型号在结构上基本相似，都是由 MK82、MK83、MK84 或 BLU-109、BLU-113 等普通航空炸弹加装制导装置和稳定尾翼改造而成。"宝石路"Ⅲ使用了新型激光制导扫描导引头，前端制导段不再装特有的风向标头部。所有"宝石路"激光制导炸弹都是通过半主动激光探测器组件和激光能量接收器进行制导。炸弹投出后，激光探测器测量炸弹速度矢量与炸弹、目标连线之间的夹角，通过控制安装在前部的鸭式控制仪进行修正，调整炸弹的轨道使之对准目标。尾翼则只是起稳定作用。在适宜条件下，"宝石路"Ⅲ激光制导炸弹的圆概率误差为 1 m，具有精度高、射程远、低空远距离打击能力强等特点。

GBU-28 激光制导炸弹是"宝石路"GBU-24 激光制导炸弹的改进型。弹体分为三大部分：制导舱、战斗部舱和尾舱。其中，制导舱主要由激光导引头、探测器、计算机等组成。它和尾舱中的控制尾翼一起，共同控制炸弹命中目标。GBU-28 激光制导炸弹采用 B、C 两种热寻的延迟引信。此种炸弹头接触地面后引信不爆炸，而是钻入地下；当遇到混凝土时，B 引信引爆，炸开一个洞后继续往下钻；遇到钢板加固物质时，受地下掩体的热辐射，C 引信引爆；钻透钢板后，最后在地下掩体内爆炸。

（2）电视制导炸弹。电视制导炸弹（teleivsion-guided bomb）是装有电视制导装置的炸弹。其原理是：当载机速度达到一定值时，炸弹尾部螺旋桨旋转，带动弹上发电机工作，为电视导引头和引信等供电。当飞行员发现目标后，将电视导引计、摄像机对准目标，使目标影像显示在座舱内的电视荧光屏上，并进行电视跟踪。在离目标一定距离时投弹。在投弹瞬间，目标图像被贮存于弹上的贮存装置内。炸弹一旦下落，导引头则自动连续地将接收到的图像与贮存的目标图像进行对比，以测定炸弹偏离预定弹道的误差，控制弹上舵面偏转，导引炸弹飞向目标。电视制导炸弹具有射程远、制导精度高、载机投弹后可迅速机动脱离的特点。

电视制导炸弹的典型代表是"白星眼"（Walleye）。"白星眼"是美国最早研制成功并投入使用的一种电视制导武器。炸弹由三个主要部分组成：圆顶形头部段，前部装有玻璃窗，内装电视摄像机；主体是战斗部；后面是尾翼段，安装有数据传输系统，尾端也是圆顶形，装有两片弯曲的螺旋桨叶片。从主体中央到炸弹尾端有四个大尾翼。螺旋桨叶片控制一个涡轮，为炸弹的制导和控制系统提供所需的动力。AGM-62制导炸弹使用MK83作为战斗部，称为Walleye-1型。第二代"增程白星眼"2型主要使用MK84常规炸弹作为战斗部，破坏威力得到加强，命中精度（CEP）为3～4.5 m。Walleye-1/2基本上就是在MK83、MK84炸弹上装配了电视制导导引头、控制翼和尾端数据传输系统。

（3）红外制导炸弹。红外制导炸弹（infrared-guided bomb）利用红外探测器捕获和跟踪目标自身辐射的能量来实现寻的制导。红外制导技术分为红外成像制导和红外非成像制导两大类。

红外非成像制导是一种被动红外寻的制导技术。任何绝对温度零度以上的物体，由于原子和分子结构内部的热运动，而向外界辐射包括红外波段在内的电磁波能量。红外非成像制导就是利用红外探测器捕获和跟踪目标自身所辐射的红外能量来实现精确制导的。它的特点是制导精度高，不受无线电干扰的影响；可昼夜作战；由于采用被动寻的方式，攻击隐蔽性好。

红外成像制导是利用红外探测器探测目标的红外辐射，以捕获目标红外图像的制导技术。其图像质量与电视相近，但可在电视制导系统难以工作的夜间和低能见度下作战。红外成像制导已成为制导技术的一个主要发展方向。

多用途模块式制导的滑翔炸弹GBU-15的一种型号就是采用红外成像导引头加双路传输装置制导。它完全采用模块化设计方法，共有红外、电视、激光和信标机/测距装置4个制导模块、2个战斗部模块和2个气动控制面模块。根据作战任务需求，可把这些模块组配成16种不同类型的制导炸弹，具有在昼夜全天候条件下对多种目标实施高低空攻击的能力。其命中精度可达1 m，射程为8～80 km。GBU-15是装有电视或红外导引头和一组控制翼的MK84普通炸弹和BLU-109/B半穿甲弹，由三个主要部分组成：前部是制导导引头段，该段为圆筒形，具有圆形头部（装有玻璃窗）和固定后掠式三角形控制翼；中间是战斗部；后部是控制段，有四个大尾翼并带有升降副翼，尾部装置包含自动驾驶装置、集成控制模块、作动器组件和尾部数据传输系统。

2. 联合直接攻击弹药

20世纪80年代末，美国海空军计划实施一项称为"先进炸弹系列"的研究计划，旨在研制一种低成本、高精度的常规炸弹。联合制导攻击武器（joint direct attack munition, JDAM）以美国MK-80系列常规炸弹为基础，加装使用惯性制导和全球卫星定位系统的套件从而成为精确制导武器。

JDAM有5种型号：GBU-29、GBU-30、GBU-31、GBU-32和GBU-33。美空军主要负责GBU-29/30研制计划。第一阶段给美海空军库存的MK83、MK84、BLU-109/B炸弹加装一个新尾部段，其中包含全天候惯性导航系统（INS），并增加了全球定位系统（GPS）卫星接收机。JDAM制导炸弹由于采用自主式的卫星定位/惯性导航组合制导，虽然在精度上不如"宝石路"，但具有昼夜、全天候、防区外、投放后不管、多目标攻击能力。GBU-29 使用 MK84 炸弹或 BLU-109/B 炸弹作为战斗部，GBU-30 用 MK83 炸弹作为战斗部。第二阶段研制 225 kg 爆炸与破片杀伤能力都要超过 MK82 的炸弹，引进新型引信系统。第三阶段引入全天候末端导引头，使命中精度达到 3 m。[1]

GBU-29/30 是一种低成本、全球定位系统辅助的、惯性制导的 MK83、MK84 炸弹和 BLU-109 穿透混凝土炸弹。炸弹被投出后，将通过尾翼上的控制面自动将炸弹导向目标。控制面由弹载计算机的指令控制，并不断由 GPS 加以修正。

3. 战术空地导弹

战术空地导弹是由轰炸机、战斗机、战斗轰炸机、攻击机携带的用于攻击地面、地下、水面、水下战役战术目标的导弹，是主要的机载精确制导武器之一。它由战斗部、动力系统、制导系统、稳定装置四大部分组成。在制导方面，近程空地导弹多采用雷达、红外、电视、激光等末制导；中远程空地导弹则采用中制导+末制导的复合方式，使精度达到米级。中制导方式有 GPS+惯性+地形匹配或 GPS+惯性，末制导采用红外成像、毫米波等。

战术空地导弹的代表有美国的 AGM-84E、AGM130 等。从敌防区外发射的对陆攻击远程导弹 AGM-84E(斯拉姆)，于 20 世纪 80 年代末研制，1990 年开始服役。AGM-84E 采用"鱼叉"导弹的弹体、战斗部、发动机系统及控制系统，还采用了"幼畜"(Maverick)导弹的红外成像导引头、"白星眼"(Walleye)导弹的视频数据传输装置和 GPS 设备等，从而使飞机和飞行员不必冒任何危险，就可以攻击由人来选择的任何要害目标，而不会使目标周围的民用设施受到破坏。海湾战争中，美军发射了两枚 AGM-84E，第一枚将伊拉克水电站的墙炸了个大洞，第二枚从此洞进入炸毁了电站，而附近水坝未受丝毫损坏。

4. 战术地地导弹

战术地地导弹是指从地面发射，攻击敌战役战术纵深内重要目标的导弹。多采用惯性或复合制导。常规战术地地导弹尺寸小，质量轻，射程近，机动性好，多用于打击战役战术目标。战术地地导弹在海湾战争之后被许多国家公认为是未来局部战争的"杀手锏"，因此，各国争相以各种方式获得这种导弹。

美国的"陆军战术导弹"系统(ATACMS)是陆军重要的远程精确打击武器，用于取代服役已久的"长矛"地地导弹。ATACMS 是一种超音速远程战术导弹系统，可从陆军多管火箭系统中发射，也可以从空军的 B-52 轰炸机上投掷，还可以从海军的潜艇和舰艇上发射，具有多种终点效应、较高的命中精度、灵活的战场机动性和良好的生存能力。在海湾战争中，"陆军战术导弹"首次投入战场使用，用于打击纵深大、高价值和必须及时摧毁的目标。

5. 巡航导弹

巡航导弹是指依靠喷气发动机的推力和弹翼的气动升力，主要以巡航状态在稠密大气层内飞行的导弹。巡航状态指导弹在火箭助推器加速后，主发动机的推力与阻力平衡，弹翼的升力与重力平衡，以近于恒速、等高度飞行的状态。在这种状态下，单位航程的耗油量最少。其飞行弹道通常由起飞爬升段、巡航(水平飞行)段和俯冲段组成。

---

[1] 李秀地、孙建虎、王起帆等编著：《高等防护工程》，国防工业出版社 2016 年版，第 16 页。

巡航导弹主要由弹体、制导系统、动力装置和战斗部组成。弹体包括壳体和弹翼等，通常用铝合金或复合材料制成。弹翼有固定式和折叠式两种。为便于贮存和发射，折叠式弹翼在导弹发射前呈折叠状态，发射后，主翼和尾翼相继展开。

巡航导弹主要有惯性制导、地形匹配制导、全球定位系统(GPS)制导、景象匹配制导等制导方式。为了提高打击精度，巡航导弹主要采用起始段为惯性制导、中段为全球定位系统制导、末段为景象匹配制导的两种及两种以上制导技术相结合的复合制导方式。

巡航导弹是一种可以利用空中、陆地、水面和水下多种平台从敌防区外发射，对各种目标实施超视距打击的精确制导武器。从空中发射的巡航导弹，投放后下滑一定时间，发动机启动，开始自控飞行，然后攻击目标。从陆地、水面或水下发射的巡航导弹，由助推器推动导弹起飞，随后助推器脱落，主发动机(巡航发动机)启动，以巡航速度进行水平飞行，接近目标区域时，由制导系统导引导弹，俯冲攻击目标。

巡航导弹在作战使用上具有四方面的主要优点：

一是打击效果好。巡航导弹战斗部威力较大，命中精度较高，摧毁能力强，可以有效地攻击硬目标或加固的点目标。而且巡航导弹的射程较远，可以实施纵深攻击，能有效地打击敌方重要的高价值目标，也可减小己方损失。射程 2500～3000 km 的巡航导弹，命中误差不大于 60 m，精度好的可达 10～30 m，基本具有打点状硬目标的能力。携常规弹头的巡航导弹可摧毁坚固的地面目标，也能用子母弹杀伤和摧毁面状目标。

二是突防能力较强。巡航导弹体积小，射程远，飞行高度低，雷达反射面积小，攻击突然性大。"战斧"巡航导弹射程最远达 2500 km，最短 450 km，均在敌火力网外发射，因此发射平台很难被对方发现。导弹在海面飞行高度为 7～15 m，在平坦陆地为 50 m 以下，在山区和丘陵地带为 100 m 以下，基本是随地形的起伏而不断改变飞行高度，而这一高度又都在对方雷达盲区之内，所以很难为对方发现。另外，导弹采取有效隐身措施后，也很难被探测到。因此，导弹攻击的突然性大。

三是通用性好。巡航导弹体积小，重量轻，可由不同的平台运载和发射，三军通用，便于维护和作战训练；既可携带核弹头作为战略武器使用，也可携带常规弹头作为战术武器使用；可以用于攻击陆上和海上的各种目标。

四是成本低。因此可以大量装备，既可凭借其精确打击能力作为战争中的"杀手锏"，也可因其低费用实施大规模攻击。

巡航导弹也有一些不足。巡航导弹为亚音速导弹，飞行速度慢，飞行高度低，其弹道呈直线，航线由程序设定，无机动自由，在目标区域内巡航导弹无垂直机动，采用简单方法即可有效地同其对抗。同时，由于导弹携带的发动机、制导系统和燃料负载限制了弹头的尺寸，巡航导弹打击钢筋混凝土目标时效果不是太好；弹上测高仪会受到干扰的影响，巡航导弹系统本身会由于地形、季节、天气变化和输入信息老化而迷航，巡航导弹 GPS 特别容易受到干扰，精确度不如激光制导炸弹，而且容易发生机械故障；造价远高于常规炸弹等。

6. 燃料空气炸弹

燃料空气炸弹(fuel air explosive, FAE)，又称为云爆弹、油气弹、油料空气炸弹等。顾名思义，其装药不是炸药而是燃料。燃料空气炸弹的爆炸过程是：当燃料空气炸弹被投放或发射到目标上空时，在特种引信的作用下引爆母弹，将弹体中的燃料均匀散布在空气中，与空气充分混合，形成悬浮状态的气溶胶，并在目标上空聚集形成覆盖，状如浓雾。当气溶胶达到一定浓度后，引信在空中进行第二次引爆，整个雾团发生爆炸，在瞬间释放出大量热能，形成高温高压的火球，其温度通常在 2500 ℃ 左右，并以 2000～2500 m/s 的速度迅速膨胀，达到毁伤目标的目的。同时，由于这种武器在爆轰过程中要从现场空气中消耗大量的氧，所以还具有致命的窒息作用。从某种意义上讲，燃料空气炸药武器的大量使用，能起到类似于小型核武器的作用。

它的破坏作用主要是超压场，即利用超过大气压力的压力场来达到破坏的目的，其次是温度场和破片。虽然燃料空气炸药产生爆轰波的最大爆轰超压值比普通炸药低，但由于其爆轰反应时间(包括爆燃反应时间)高出普通炸药几十倍，所以冲击波的破坏作用比普通炸药大。燃料空气炸弹爆炸所需要的氧，全部或大部取自爆炸现场的大气，而无须预装和运载，所以武器战斗部具有较高的质量效率。燃料在使用时被抛散成云雾，通常比重大于空气，能自动向低处流动，因而能摧毁常规弹药不易摧毁的目标，如战壕、掩蔽所等。其云雾覆盖区大，且是分布爆炸，爆炸后在大范围内产生的冲击波比常规弹药强，杀伤破坏目标是大面积、笼罩性的，因而既可用于对付集团部队，又可用于在大面积布雷区及丛林地带开辟通道。在车臣战争中，俄罗斯军队就曾使用燃料空气炸弹消灭躲藏在山洞中的敌人。美军拥有的 BLU-82 燃料空气炸弹(装药为硝酸铵和硝酸铝的液态混合物)是一种专门杀伤藏匿在洞穴及建筑物内人员的燃料汽化高爆炸弹，有时也用于为直升机开辟降落场。因此，燃料空气炸弹具有威力大、用途广、成本低和难以防护的特点。

7. 温压弹

温压弹，亦称温压武器，是指采用温压炸药(富含铝、硼、硅、钛、镁、锆等物质的高爆炸药)，利用温度和压力效应产生杀伤效果的弹药，装备使用的有温压炸弹、单兵温压榴弹、温压火箭弹和温压空地导弹等。1966 年，在越南战争时期，美军就使用了名为 BLU-82 云爆弹，可以说是温压弹的前身，该型炸弹爆炸时可以将方圆 500 多米的地区炸成焦炭。1984 年，世界上第一种温压武器——"步兵火箭喷火器"由苏联研制成功。在车臣战争中，俄军曾多次使用 PRO-ASHMEL"清剿"洞穴，对付车臣反政府武装的狙击手。此后，俄军研制了温压榴弹，并为反坦克制导武器系统配备了温压战斗部。在 2002 年初的阿富汗战争中，美国开创了空投温压弹的先河，标志着温压弹军事应用时代的真正来临。

2.1.3 常规武器作用下的破坏效应

各种常规武器对防护工程都能产生各种破坏作用。对于防护结构而言，常规武器具有冲击和爆炸作用。从结构响应和破坏形态来看，破坏作用可分为局部作用和整体作用。

2.1.3.1 局部作用

1. 冲击局部作用

在无装药的穿甲弹或者有装药弹丸未爆炸前结构仅受冲击侵彻作用。具有动能的弹体与结构撞击，撞击的结果有两种可能。一是在弹体动能不够大或者结构硬度很大，弹体冲击的结果是在结构上留下一定的凹坑，弹体被弹开，也可能弹体与结构的角度不合适而产生跳弹。这就是说弹丸未能侵入结构。二是弹丸冲击结构并且侵入结构，甚至贯穿结构。这两种结果都会使结构产生一定的破坏。下面我们以混凝土靶体墙为例看一下这些破坏现象。

（1）当目标厚度大，而炮(炸)弹的命中速度 v_1 不大时，炮(炸)弹冲击混凝土表面被弹回，只能在目标表面留下很小弹痕，如图 2.2(a) 所示。

（2）当命中速度增大 $(v_2>v_1)$，炮(炸)弹仍不能侵入混凝土内，但在表面形成一个一定大小的冲击漏斗孔，如图 2.2(b) 所示。

（3）当命中速度再增大 $(v_3>v_2)$ 时，炮(炸)弹侵入混凝土结构，形成漏斗孔后，弹体嵌在混凝土内，如图 2.2(c) 所示。

（4）当命中速度再提高 $(v_4>v_3)$，炮(炸)弹侵入更深，如图 2.2(d) 所示，或者 v_3 不变，而混凝土结构厚度减薄，结构反面出现裂缝。裂缝的宽度和长度随炮(炸)弹侵彻深度的增加或结构的减薄而增大。如果结构的体积比较小，裂缝会扩张到结构底部，或者是裂缝贯穿整个结构厚度。

（5）炮(炸)弹侵彻更深或混凝土结构再薄时，结构内表面部分混凝土碎块脱落，并以一定的速度飞出，当有较多混凝土塌块飞出后，形成一个漏斗孔状坑，叫作震塌漏斗孔，如图 2.2(e) 所示。

（6）当炮(炸)弹侵彻更深或结构再减薄时，出现冲击漏斗孔与震塌漏斗被贯通，炮(炸)弹贯穿结构，即先侵彻后贯穿现象，如图 2.2(f) 所示。

（7）当炮(炸)弹有足够大的着速，或结构很薄时，炮(炸)弹可能以很大力量冲掉一块截锥状混凝土快，并穿过结构，这种破坏作用叫"纯贯穿"，如图 2.2(g) 所示。

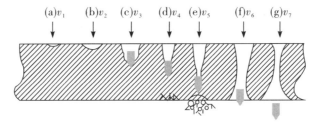

图 2.2　弹丸冲击作用下混凝土构件破坏现象

从观察单纯冲击引起的破坏情况不难发现，它们的破坏现象都发生在弹着点及其周围或结构反面弹着投影点周围。这与一般工程结构的破坏现象（如承重结构的变形与破坏等）不同。由于其破坏仅发生在结构的局部范围，故称为局部破坏。这里的破坏是由冲击作用引起的，因此又称为冲击局部破坏。局部作用与结构的材料性质直接有关［例如，炮(炸)弹冲击钢筋混凝土产生震塌现象，而冲击木材就可能不出现震塌现象等］，而与结构型式（板、刚架、拱形结构等）及支座条件关系不大。

2.　**爆炸局部作用**

炮(炸)弹一般多装有炸药，在冲击作用中或结束时装药爆炸，进一步破坏结构。

对于爆破弹，一般不考虑它侵入钢筋混凝土等坚硬材料内部爆炸，但可以侵入土壤等软介质；对于半穿甲弹、穿甲弹，则要考虑它侵入混凝土等坚硬介质中爆炸。这两种爆炸的破坏现象差不多，只不过侵入后爆炸的破坏威力更大些。这是因为侵入土中或结构介质内部，处于填塞状态的爆炸能量不能有效逸出空中，从而提高了装药爆炸耦合到介质中的能量分配比例,所以破坏作用更大。图 2.3 是炸药接触爆炸时混凝土结构的破坏现象。由图可见,爆炸使下方混凝土介质被压碎、破裂、飞散而形成可见弹坑(称为爆炸漏斗坑);在反面,随着结构厚度的减薄,开始结构无裂缝,继而出现裂缝、震塌、震塌漏斗坑,最后贯穿结构。由于破坏仅发生在迎爆面爆点和背爆面爆心投影点周围区域并由爆炸产生,故称为爆炸局部破坏。爆炸和冲击的局部破坏现象十分相似,都是由于在命中点(冲击点处及爆心处)附近的材料质点获得了极高的速度,使介质内产生很大的应力而使结构破坏,且破坏都是发生在弹着点及其反表面附近区域内。

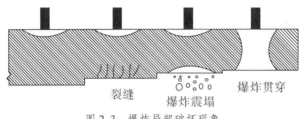

图 2.3　爆炸局部破坏现象

2.1.3.2　整体作用

结构在遭受炮(炸)弹等常规武器的冲击与爆炸作用时,除了上述的开坑、侵彻、震塌和贯穿等局部破坏外,弹丸冲击、爆炸时还要对结构产生压力作用,一般称为冲击和爆炸动荷载。在冲击、爆炸动荷载作用下,整个结构都将产生变形和内力,这种作用就称为整体作用。例如,梁、板将产生弯曲、剪切变形与破坏,以及柱的压缩及基础的沉陷等。整体破坏作用的特点是使结构整体产生变形和内力,结构破坏是由于承载力不够或出现过大的变形、裂缝,甚至造成整个结构的倒塌。破坏点(线)一般发生在产生最大内力的地方。结构的破坏形态与结构的型式和支座条件有密切关系。例如,等截面简支梁在均布动荷载作用下最大弯矩发生在梁的中间位置,如果梁破坏,那么破坏点应在梁的中部。均布动荷载作用在两端嵌固的等截面梁上,最大弯矩不在梁中间而在支座上,首先破坏的将是最大弯矩发生的位置(图 2.4)。

图 2.4　炮弹命中简支梁时的局部破坏作用和整体破坏作用

如前所述的局部破坏作用,破坏现象只发生在弹着点附近,与支座约束及结构型式无关,而与材料的特性有重要关系。用力学的观点来分析,局部作用是应力波传播引起的波动效应,而整体作用是动荷载引起的振动效应。

常规武器爆炸可以分为三种情况:直接接触结构爆炸,侵入到结构材料内爆炸,距结构一定距离爆炸。前两种情况对结构的破坏一般是以局部作用为主;而距结构一定距离爆炸时,结构可能产生局部破坏,也可能同时产生局部破坏和整体破坏,这取决于爆炸的能量、爆炸点与结构的距离以及结构特性等因素。

由于炸药爆炸过程是一种在极短时间内释放出大量能量的化学反应,故又将炮(炸)弹等常规武器及炸药的爆炸称为化学爆炸(以下简称"化爆"),以区别于核爆炸(以下简称"核爆")。化爆释放的能量和温度无法与核爆相比,既无核辐射,也无热辐射。化爆产生的空气冲击波的作用时间十分短促,一般仅几毫秒,最多也就十几毫秒,在传播过程中空气冲击波峰值强度衰减很快。因此,炮(炸)弹等常规武器空中爆炸时,主要以爆炸空气冲击波和弹片并通过普通建筑物的崩塌等次生灾害对附近的人员、设施造成较大危害。核爆与化爆在爆炸破坏效应方面有相似之处,但又有很多明显的差异,后面将要述及。

当常规武器侵彻到岩土深处实施封闭爆炸时,将冲击、挤压周围介质而形成爆炸空腔,并在介质中产生球形或近似球形的压缩波阵面。当常规武器落到岩土介质表面进行触地爆炸时,将使下方岩土介质被压碎、破裂、飞散而形成可见弹坑;在地表形成空气冲击波的同时,在地下介质中也产生半球形的压缩波阵面。这种土中压缩波和空气冲击波对于结构只起整体作用;但当爆心很靠近工程时,也会使工程结构发生局部破坏。

原则上,在设计计算结构时,需同时考虑两种破坏作用,以最危险的情况来设计结构的尺寸。但是,实践证明:当厚度与跨度之比大于 1/3 时(通常称为小跨度),局部作用是控制因素,所以设计小跨度结构时,只需考虑炮(炸)弹的局部作用,而不考虑其整体作用;当厚度与跨度之比小于 1/3 时,应同时考虑两种作用。

此外,在进行防护结构设计时,如果考虑常规武器直接命中的作用,原则上需同时考虑两种破坏作用,以最危险的情况来设计结构;如果为常规武器非直接命中,则一般只需考虑整体作用。

2.2 核武器及其对防护结构的破坏效应

核武器是具有较大的杀伤破坏作用,是防护工程设计主要考虑的因素之一。历史上,苏联、美国在积极准备打常规战争的同时,也竭力鼓吹核战争,进行核讹诈。对待核武器,我们一方面要在战略上藐视它,另一方面也必须在战术上重视它。核武器是一种大规模的杀伤武器,但它的杀伤破坏作用是有限的,也是可以防御的。

从原理上说,核武器是一种利用核裂变或核聚变释放出的能量,起杀伤和破坏作用的武器。核武器又可分为爆炸性的和非爆炸性的(放射性战剂)。对于防护结构设计而言,主要是考虑爆炸性核武器的工程效应。

2.2.1 核武器的种类及核爆炸的基本原理

爆炸性核武器按其核反应性质的不同,主要可分为原子弹和氢弹两大类。原子弹爆炸的能量是由重原子核的裂变过程所产生的,氢弹的爆炸能量则是由轻原子核的聚变过程所产生的。20 世纪 70 年代出现了一种新型的战术核武器,叫作中子弹。从反应原理上讲,中子弹实际上是一种强辐射的小型氢弹,因此它又称强辐射核武器。

2.2.1.1 原子弹

原子弹的装药通常为放射性元素铀 235 和钚 239。铀 235(钚 239)的原子核在中子源释放出的中子的轰击下发生裂变，同时释放出能量，并伴随放射出新的中子，后者又进一步引起裂变。于是，原则上一个中子便可以产生链式核裂变。这种链式反应继续进行下去，将在极短的时间内释放出大量的能量产生爆炸。

为了使裂变反应能进行下去，中子能够不断轰击新的铀核，核装药块体的质量必须达到一个最小的数值，叫作临界质量。裂变物质块体的质量小于临界质量时，将不会引起爆炸。原子弹的构造：核装药被分成许多块，装置在弹体内，每块的质量均小于临界质量。引爆时，使核装药周围的普通炸药爆炸，利用爆炸压力使各核装药迅速合并在一起，这时总质量就超过了临界质量，在中子的作用下，迅速发生裂变的链式反应，从而产生核爆炸。

2.2.1.2 氢弹

氢弹爆炸是利用轻原子核聚合成较重的原子核时，释放出大量能量的核反应过程——核聚变反应(图 2.5)。要产生核聚变，原子核必须有很高的能量，如将温度提高到几百万至几千万度的数量级。由于核聚变反应是在非常高的温度下进行的，因此又叫热核反应，氢弹又叫热核武器。

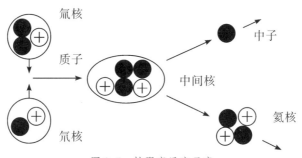

图 2.5 核聚变反应示意

获得聚变反应所需高温条件的实际方法，是利用原子核裂变反应产生的高温高压。氢弹的核装料为重氢化锂，弹体内用原了弹作为引爆装置。在原子弹爆炸产生的极高温度和中子的作用下，使重氢化锂迅速生成了氘、氚(氢的同位素)等轻原子核，并立刻聚合，同时释放出巨大的能量。当氘、氚进行聚变反应时，会释放出大量高能中子(或称快中子)，它们又能使铀 238 核发生裂变，继续放出大量的能量，以提高氢弹的爆炸威力。因此，一般都把重氢化锂放在铀 238 制成的外壳里，利用聚变反应产生的高能中子，再使铀 238 发生裂变的链式反应。由于聚变反应比裂变反应释放出的能量更大，通常氢弹的威力可以比原子弹大得多。

2.2.1.3　中子弹

如前面所述，中子弹实际上是一种强辐射的小型氢弹，因此中子弹爆炸的基本原理与氢弹相似。中子弹中心装有低于临界质量的钚，外层依次装有核聚变装料重氢化锂、铍中子反射层和高爆药。引爆时，在外层高能炸药爆炸产生的高压作用下，核裂变材料受压，密度增大，以至迅速达到临界质量，发生核裂变反应。裂变反应产生的高温高压又导致外围的重氢化锂发生聚变反应，释放出大量的高能中子流和辐射能量。聚变反应产生的高能中子与其外围铍元素反应，增殖更多的中子，并同时被该反射层反射、"聚焦"而增强。中子弹产生的高能中子流的中子能级特别高，远远高于普通核武器释放出的中子能量级，其在空间穿行的距离可以更远，穿透能力也更强。因此，中子弹爆炸释放出的中子流所分配的能量，占爆炸总释放能量的大部分，它具有量多、高能、快速、穿透力强的特点。这种中子流是中子弹爆炸的主要杀伤因素。

各种爆炸性核武器的威力均以 TNT 当量（以下简称"当量"）来衡量。当量是指核武器爆炸时释放的能量，相当于多少质量的梯恩梯（TNT）炸药爆炸时释放出的能量。原子弹的当量一般小于几十万吨；氢弹的当量从几十万吨到几千万吨；中子弹当量则在万吨以下，一般为 1～3 kt[①]。核武器的威力，按当量大小分为千吨级、万吨级、十万吨级、百万吨级和千万吨级。一般把 20 kt 以下的核武器称为小型核武器或战术核武器。近代核武器威力的发展向两极分化，即战略核武器的威力增大，战术核武器则向小型化方向发展。

2.2.2　核武器爆炸的现象及其效应

2.2.2.1　核武器的爆炸方式

核爆炸的直接现象和各种杀伤、破坏作用的特点和强弱，都随爆炸点相对于地面位置的不同而有所变化。按爆炸点相对于地面位置的不同，核爆炸的方式主要分为空中爆炸、地面（水面）爆炸、地下（水下）爆炸等。核爆炸的火球与地面接触时称为地面爆炸，反之称为空中爆炸。地面爆炸则包括距地面一定高度的地面爆炸和地表面上的爆炸（接地爆炸）。区分核武器的爆炸方式主要以参数比例爆高 H_s 划分。比例爆高定义如下：

$$H_s = \frac{H}{\sqrt[3]{W}} \text{。}$$ (2.1)

式中：H 为爆炸高度，m；W 为核武器 TNT 当量，kt。

核武器在战时运用，可用导弹、火箭运载，也可用飞机投掷和火炮发射。容易理解，要在作战使用时实现上述各种爆炸方式，还要受到核武器本身的构造特点和要求以及投掷技术的限制。例如，核弹头的内部构造非常复杂，不能承受较大的冲击和振动，否则容易失灵。少数技术先进的国家到了 20 世纪 60—70 年代才解决了核武器接地爆的技术问题。近年来，为了摧毁敌方的各种重要地下工程设施，有的国家正发展一种"核钻地弹"的新武

---

① 工程上常以千吨（kt）作为核武器当量的度量单位。

器系统。但核武器要实现在地面下一定深度的地下爆炸，则要解决核弹头的冲击速度、结构材料、引信机构及命中精度等复杂技术问题。在工程防护的范畴内，这里主要介绍空中爆炸及地面爆炸的有关效应及其工程防护。

空中爆炸又分为低空爆炸、中空爆炸、高空爆炸和超高空爆炸。

典型的空中核爆炸的外观景象是依次出现闪光、火球和蘑菇状烟云，在不同距离上还能听到巨大的声响，通常 $H_s \geqslant 40 \sim 60$。闪光的持续时间很短，但强烈的闪光在离爆心几十至几百公里的范围内都可看到。爆心愈高，能看到闪光的距离愈远。闪光过后，随即出现一个明亮的火球。火球形成初期体积不大，但光辐射十分强烈。处于高温高压下的火球体积迅速膨胀，并不断翻滚上升。几秒或十几秒后，火球冷却成为灰褐色的烟云团。烟云团以很大的速度继续上升，体积不断扩大。在烟云上升的同时，地面被掀起的尘柱也随之上升。随后尘柱追赶上烟云，形成高大的蘑菇状烟云(图 2.6)。当烟云停止上升后，随风飘移，逐渐消散，与天然云混合在一起而消失。如果爆炸高度较高时，尘柱与烟云会始终不相连接，甚至没有尘柱。

图 2.6　空中核爆炸形成的蘑菇状烟云

资料来源：http://listen.eastday.com/nodc2/nodc3/n403/u1ai694160_t92.html.

地面爆炸($H_s = 0$)的外观景象略有不同。它的火球接触地面，近似半球形。另外，烟云颜色深暗，尘柱粗大，尘柱和烟云一开始就连接在一起，一同上升，形成蘑菇状烟云。如果核武器接地爆炸，还会形成弹坑，并产生强烈的地运动。地下爆炸则看不见闪光。

各种爆炸方式之间实际上并没有截然的分界线，可能会出现许多变动和中间类型。尽管如此，上述基本的分类确实便于对核爆炸效应的叙述和区分。

对于防护工程而言，低空爆炸主要用于破坏较坚固的地面和浅地下目标，如野战工事、交通枢纽、简易人防工事等。中空爆炸对于破坏不太坚固的地面目标，如工业厂房、城市建筑等效果较好，也宜于杀伤地面上的暴露人员。高空爆炸主要用于破坏脆弱目标

(如飞机等)和杀伤地面暴露人员。超高空爆炸一般用于摧毁敌方来袭的导弹核武器,它对无线电通信的影响比其他爆炸方式都严重。地面爆炸主要用于破坏坚固或较坚固的地下和地面目标,如地下指挥所、导弹发射井、地面上较坚固的永备工事等。其他爆炸方式,如水面爆炸用于破坏水面舰艇、港口等目标,水下爆炸主要用于破坏水下、水面舰艇和水中设施等。

2.2.2.2 核爆炸现象及其效应

1. 光辐射

核爆炸时,在核反应区内可达几千万度的高温,瞬即发生耀眼的闪光,紧接着形成炽热而明亮的火球。火球表面温度最高可超过 6000 ℃,近似或超过了太阳的表面温度,并从火球表面辐射出强烈的光和热,这就是核爆炸的光辐射。就物理过程而言,更确切地应称之为热辐射;但从人员和工程防护的角度则惯称之为光辐射。当火球表面温度下降到 1500～2000 ℃时,火球便停止发光,变成烟团,光辐射也就结束了。火球的发光时间可从零点几秒到几十秒。核武器的当量愈大,光辐射持续的时间也愈长。在普通空中爆炸的情况下,核爆炸释放的全部能量中,有 30%～40% 的能量是以光辐射的形式从火球中释放出来的。

光辐射的具体释放过程大体上可分为两个阶段。第一阶段叫闪光阶段。这一阶段的持续时间很短,百万吨级的核爆炸也仅约 0.1 s。这时从火球表面辐射出来的热能大量是紫外线,它通过空气时很快被吸收,对地面上的人员和物体基本上没有什么杀伤破坏作用,仅能引起人员眼睛的暂时失明或视力减弱(叫作闪光盲,经过短暂时间后视力能自行恢复)。对于直接注视火球的人员,闪光还可能造成眼睛永久性的眼底烧伤,但这种情况实际中发生的概率很小。第二阶段叫火球阶段。这一阶段的持续时间较长,光辐射的绝大部分能量是在此阶段辐射出来的,其辐射热能主要是可见光和红外线。所以,光辐射对人员和物体的杀伤破坏作用主要发生在这个阶段。

光辐射的性质和太阳光相似,它由可见光、红外线、紫外线组成,以光速(300000 km/s)沿直线向四周传播。由于其直线传播的特性,它对人员、物资、装备的直接杀伤破坏主要发生在朝向爆心的一面。一般的物体都可以阻挡光辐射通过,起到一定的防护作用。光辐射的能量释放,从闪光阶段开始到火球阶段的最大值有一个短暂的过程(百万吨级核爆炸为 1～3 s),如果人员见到闪光后能在这段时间内完成隐蔽动作,则可大大减轻光辐射的伤害。

光辐射的强度用"光冲量"表示。光冲量是指火球在整个发光时间内,照射到与光线传播方向垂直的单位表面面积上的热量,单位以"cal/cm²"表示。光辐射的强度主要取决于核武器的当量、距爆心的距离和爆炸方式。由于光辐射直线传播的特点,气象条件、空气含尘量及地形地物的屏蔽作用对光辐射效应都有很大影响。

光辐射能引起人员的直接烧伤和间接烧伤。直接烧伤包括闪光盲、眼底烧伤和光辐射直接照射到人体引起的烧伤,间接烧伤是指工事、建筑物、服装等由光辐射照射而灼烧所引起的皮肤烧伤。另外,距爆心较近区域的人员,也可能因吸入灼热的尘土和热气流而引起呼吸道烧伤。还可能有由火灾诱发的建筑物倒坍引起的间接伤害。

　　光辐射也可引起朝向爆心暴露的野战土木工事构件、交通壕掩盖及被覆等木质构件的燃烧。对于比较坚固的钢筋混凝土防护结构，处在光辐射很强的地区，也不会遭到严重的热破坏，一般只会在表面产生斑痕或烧焦；即使在靠近火球区域，也只会在表面浅层出现 1～2 mm 厚的玻璃状的烧蚀，不会影响到结构的强度和使用性能。在设计防护工程时，应注意防止灼热的火球气体损坏防护密闭门的密闭措施，或经通风系统和其他孔口进入工事内部。对于野战土木工事暴露的易燃部分，可在表面涂上反光的石灰水或其他涂料；在紧急的情况下，临时涂抹黄泥也能收到良好的防光辐射的效果。就防护结构的强度而言，一般不需要对防光辐射作单独的考虑。

2. 冲击波

　　核装药爆炸时，核反应在微秒级的时间内释放出巨大的能量，在反应区内形成几十亿至几百亿个大气压的高压和几千万度的高温。空中爆炸时，由于火球中压力极高的灼热气体的膨胀，强烈压缩周围的空气介质，在火球内部就形成了一个强冲击波，并以很高的速度从火球内向外运动。这个冲击波的主要特征是在波阵面处压力骤然跃升到最大值，在接近爆炸中心的内部区域则减小。例如，在最早的阶段（小于 1 s），在指定的瞬时，压力随离火球中心距离的变化大致如图 2.7 所示。

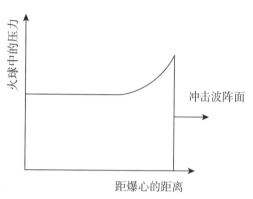

图 2.7　火球中压力随距离的变化

　　经过 1 s 到几秒后，大约在火球达到其最大体积的直径时，冲击波将脱离火球表面，以超音速单独在空气中传播，形成空气冲击波。冲击波从波源向外运动时，波阵面处压力不断下降，波阵面后的压力也继续下降。当波阵面后的压力下降到比原来或周围的大气压力还低，就形成了冲击波的负压区。由图 2.8 可见，空气冲击波在空气中的传播过程包括两种压力状态的传播：压缩区和稀疏区（负压区）。

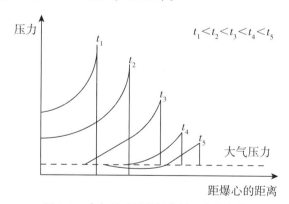

图 2.8　在相继时间里压力随距离的变化

　　冲击波对工程结构物的破坏效应不仅与爆炸当量、爆炸方式、离爆心的距离、地形地貌等有关，而且与冲击波和构筑物的相互作用有关，如构筑物与冲击波传播的相对位置、结构的形状大小、材料性质以及结构的力学特征等。另外，在一定距离上的吸热的地表面，由于先期达到的很强的光辐射作用而形成的热空气层，将会改变传播的冲击波的特征，降低其破坏效果。实际上，冲击波的超压和动压是同时作用于地面构筑物的。一般来说，冲击波对构筑物的破坏，以迎冲击波面最大，侧面次之，背面最小；迎风面大的构筑物较易受冲击波破坏，迎风面小的构筑物受到的破坏就小；半地下的构筑物受到的破坏则比地面上的构筑物小。地下建筑物由于可以避免冲击波动压的破坏，故防护性能最好。圆形或流线型的构筑物受到的破坏则比矩形的小。坚固的以及能吸收较多变形能的建筑，遭受破坏的程度也会小一些。

一般来说，核爆炸所释放的能量有 50%～60%形成空气冲击波。因此，冲击波是核武器对各种有生力量和工程构筑物的主要杀伤破坏因素。有关核爆炸冲击波的物理力学特征，将在第 3 章中专门论述。

3. 早期核辐射(贯穿辐射)

早期核辐射主要是由爆炸最初十几秒钟内释放出的 α 射线、β 射线、γ 射线和中子流等产生的。其中 α 射线、β 射线穿透力弱，传播距离近，在早期核辐射中对有掩蔽的人员危害不大。

早期核辐射(γ 射线和中子流)具有下列特点：①穿透力强。γ 射线和中子能穿透较厚的物质层，能透入人体造成伤害。②引起放射性损伤。早期核辐射能引起机体组织电离，使机体生理机能改变形成放射病，严重者可以致死。早期核辐射还能使电子器件失效、光学玻璃变暗，药品变质等，从而使选择通信系统、光学瞄准系统、战时医疗器械受损。③传播时发生散射。早期核辐射刚发生时以直线传播，但它在通过空气层时与空气分子碰撞而改变传播方向，变成散射，这种作用会使隐蔽在障碍物后的人员受到伤害。④中子会使某些物质产生感生放射性。例如，土壤、灰尘、兵器、食物等易吸收中子而产生放射性同位素，放射性同位素在衰变过程中会发出 β 射线和 γ 射线，使人员受伤害。⑤早期核辐射作用时间很短，仅几秒到十几秒。

核防护中核辐射的度量单位称为"戈瑞"(Gy)。

对于防护结构设计，必须核算结构防护层对早期核辐射的削弱能力，使之进入工程内的剂量不大于允许标准值。各种介质材料对于早期核辐射均有一定的削弱能力(表 2.2)。

表 2.2 几种介质材料对早期核辐射的削弱效果

削弱效果	介质材料厚度/cm					
	钢铁	混凝土	砖	木材	土壤	水
剩下 1/10	10	35	47	90	50	70
剩下 1/100	20	70	94	180	100	140
剩下 1/1000	30	105	141	270	150	210

资料来源：方秦、柳锦春编著：《地下防护结构》，中国水利水电出版社 2010 年版，第 32 页。

4. 放射性沾染(剩余核辐射)

核爆炸产生的大量放射性物质，绝大部分存在于火球及烟云中，主要是核裂变碎片及未反应的核装料。当火球及烟云上升膨胀时，吸进来的土壤及其他物质在中子照射下产生放射性同位素(感生放射性物质)。它们随风飘散下落,又称为核沉降,在地面及附近空间形成一个被放射性物质污染的地带。此外,在核爆炸早期核辐射作用下,地面物质也会产生感生放射性。这些总称为放射性沾染。

放射性沾染对人体的危害主要是由于放射性物质放射出 β 射线(粒子)和 γ 射线。人体皮肤接触放射性物质或吸入体内导致放射病是主要的受害形式,病害与早期核辐射相似。放射性沾染危害的作用时间可长达数周以至几个月。

防护工程对放射性沾染防护的主要措施是通过防止放射性物质从出入口、门缝、孔洞、进排风口进入工程内部。为此,要设置防护密闭门、密闭门、排气活门,必要时采取隔绝式通风等措施。

5. 核电磁脉冲

核爆炸时伴随有电磁脉冲发射。电磁脉冲的成分大部分是能量位于无线电频谱内的电磁波,其范围大致在输电频率到雷达系统的频率之间,与闪电和无线电广播台产生的电磁波相似,具有很宽的频带。

近地核爆炸和高空核爆炸产生电磁脉冲的机制不同。高空核爆炸由于源区的位置很高,产生的电磁脉冲可能影响到很大的范围,可达几千公里。地下核爆炸也会产生电磁脉冲,但由于岩土的封闭作用,使得武器碎片的膨胀被限制在很小的范围内,因而电磁脉冲的作用范围较小。

电磁脉冲可以透过一定厚度的钢筋混凝土及未经屏蔽的钢板等结构物,使位于防护工程内的电气、电子设备系统受到干扰或被损坏。对指挥通信工程的(指挥、控制、通信、情报)系统构成严重的威胁。为抗御核电磁脉冲的破坏作用,除这些电子、电气设备自身在线路结构上考虑抗干扰及屏蔽措施外,在工程结构上也应采取必要的屏蔽措施。最有效的办法是用钢板等金属材料将需要屏蔽的房间乃至整个工程结构封闭式地包裹起来并良好接地。

6. 直接地冲击

直接引起的地冲击(以下简称"直接地冲击")是指核爆炸由爆心处直接耦合入地内的能量所产生的初始应力波引起的地冲击。对于完全封闭的地下核爆炸,直接地冲击是实际存在的唯一的地冲击形式;对于空中核爆炸,一般不存在直接地冲击;对于触地爆或近地爆,直接地冲击是爆心下地冲击的主要形式。

对于重要的国防战略工程,要求抗核武器触地爆,直接地冲击是主要的毁伤破坏因素。人防工程均以考虑核武器空中爆炸为主,一般不考虑直接地冲击对工程的毁伤作用。

7. 冲击与震动

直接或间接地冲击有时虽然没有造成结构破坏,但可使防护结构产生震动,当震动产生的加速度等效应值超过人员或设备可以耐受的允许限度时,会造成人员伤亡和设备损坏。因此,对于重要的防护工程,如指挥工程,则需要考虑工程的隔震与减震设计。

第3章 空爆效应

3.1 基本原理

炸药的爆炸作用是形成冲击波,其高压波阵面自爆心向外传播,压力强度随距离而衰减。当冲波阵面遇到防护结构时,结构的一部分或全部将受到冲击压力作用。作用于结构上的爆炸荷载的大小及其分布受下列因素的影响:炸药类型、药量、结构距爆心的距离,以及冲击波与地面或防护结构本身的相互作用。

3.1.1 炸药的类型及其效应

炸药的类型很多,影响其效率的决定因素不仅包括爆轰速度(简称爆速),还包括炸药密度和放热。各种炸药可通过其爆炸的不同特征,或炸弹和炮弹的爆炸压力和冲量的不同来比较。TNT 炸药被作为不同炸药间等效对比的标准炸药或参照炸药。自由大气中某种炸药的等效重量是指产生与该炸药单位重量产生相等的冲击波大小的 TNT 炸药重量。

建立在爆炸压力或冲量基础上的炸药等效重量随着压力值大小而变化,其等效性通常采用的是平均值。大气中普通军用炸药的等效重量列于表 3.1。

表 3.1 自由大气中平均的等效重量(根据爆炸压力和冲量确定)

炸药	TNT 当量(按压力)	TNT 当量(按冲量)	压力范围/psi
ANFO(9416 Am Ni/燃料油)	0.82		1～100
复合 A-3	1.09	1.07	5～50
复合 B	1.11	0.98	5～50
复合 C-4	1.37	1.19	10～100
Cyclotol(70/130)[a]	1.14	1.09	5～50
HBX-1	1.17	1.16	5～20
HBX-3	1.14	0.97	5～25
H-6	1.38	1.1	5～100
Minol Ⅱ 70/30[b]	1.2	1.11	3～20

（续上表）

炸药	TNT 当量（按压力）	TNT 当量（按冲量）	压力范围/psi
Octol 75/25	1.06		
PETN	1.27		
Pentolite	1.42	1.0	5～100
	1.38	1.14	5～600
Tetryl 75/25°	1.07		3～20
Tetrytol 70/30 或 65/35	1.06		
TNETB	1.36	1.10	5～100
TNT	1.0	1.0	所示的标准压力范围
Tritonal	1.07	0.96	5～100

a. RDX/TNT；b. HMX/TNT；c. TENRYL/TNT。

3.1.2　立方根相似律

立方根相似律（又称霍普金森相似律）把不同能量等级的空气冲击波特性联系起来。根据立方根相似律，一定压力将在装药的一定距离处出现，且距离正比于能量的立方根。立方根相似律已被装药重量从几盎司到上百吨的不同爆炸试验所证实。如果 R 是重 W 磅的参照炸药的爆心距离，则参照炸药的超压、动压以及质点速度等参数在距重 W_2 磅炸药 R_2 处出现，其中 R_2 由下式确定：

$$R/R_2 = (W/W_2)^{1/3} \quad 或 \quad R/W^{1/3} = R_2/W_2^{1/3} 。 \tag{3.1}$$

式中：$R/W^{1/3}$ 项为比例距离，用符号 λ 表示。同样地，比例到达时间为 $t_a/W^{1/3}$，比例冲量为 $is/W^{1/3}$。相似律意味了压力和冲量等在比例距离处保持不变。通过这种相似关系，许多冲击波参数能用简化曲线表达出来。相似关系适用于如下场合：①相同外界条件；②相同装药形状；③相同装药与地面的几何关系。在条件接近时，采用相似律也可得到满意的结果。

3.2　爆炸波现象

3.2.1　概要

气体介质中爆炸能量的猛烈释放，将引起介质中压力值的突然升高。这种爆炸波的压力扰动，是以周围压力几乎瞬时突跃到入射峰值压力 p_{s0} 为特征的。入射压力是指平行于冲击波的表面压力。冲击波从爆心以不断衰减的超过介质音速的速度 U 向外传播。组成波阵面的气体分子的运动速度低于 U，这种滞后的质点速度则与动压或冲击波阵面形成的气流压力有关。随着冲击波阵面不断地在介质中向外扩展，波阵面入射峰值压力随之减小，持续时间随之增加。

（1）在爆轰传播的任意点，压力扰动形状如图 3.1 所示。冲击波阵面到达时间为 t_a，入射压力到达峰值后将在 t_0 时间内衰减到周围压力，其中 t_0 为正压作用时间。接着就是负压作用段，其作用时间 t_0^- 比正压作用时间 t_0 更长。其特征是压力比爆炸前的周围压力要低，且质点流动方向相反。通常设计时正压作用段比负压段更重要。入射的冲量密度（这里指与爆炸波有关的单位入射冲量）是压力-时间曲线所围成的面积，在正压段以 i_s 表示。

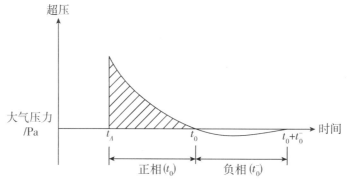

图 3.1　自由场中压力-时间关系

（2）如果冲击波以某一角度入射到刚性表面，刚性表面将立即形成反射压力，且该压力超过入射压力。反射压力与入射压力和入射角有关。在发生绕流的反射面上，反射压力的作用时间由反射面的大小所确定。高压反射区有向低压区运动的趋势，从而形成了自低压区向高压区传播的稀疏波，它们以反射区的当地音速传播，将反射区压力减小到滞止压力，并与入射波相关的高速气流相平衡。如果不能形成上述的压力释放（如入射波与无限大平面发生碰撞），则在入射波的每一点处都发生反射，并且反射压力的持续时间与入射波一致。

（3）反射正压峰值以 P_r 表示，正压段全反射的单位脉冲以 i_s 表示。

（4）结构分析中通常需要用到冲击波的另一参数：波长。正压段波长是指离爆心某一距离在某一特定时间内所经历的正压作用的长度。

3.2.2　反射超压

（1）当自爆心向外传播的入射波与一表面接触时，入射波的初始压力和冲量将得到加强并被反射，图 3.2 是典型的无限大平面的反射压力脉冲。当冲击波撞到与波的传播方向垂直的平面上时，初始碰撞点将遭受最大反射压力和冲量；当波与反射面平行时，反射压力最小，反射波压力就在这两极值之间变化，并且其最小反射压力与入射波压力相等。反射面上的压力和冲量与入射角 α 和入射压力 p_{s0} 有关。

（2）入射角对反射峰值压力的影响示于图 3.3，反映了不同入射峰值压力情况下入射角与反射峰值压力参数的关系。反射峰值压力由入射峰值压力 p_{s0} 与对应峰值反射压力系数 $C_{r\alpha}$ 的乘积获得。设计用到的其他冲击波参数(冲击波作用时间除外)可认为它们与反射压力 P_r 相关。而冲击波作用时间应与自由大气中压力作用时间相关。

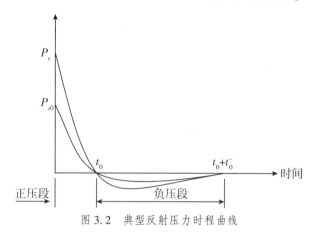

图 3.2　典型反射压力时程曲线

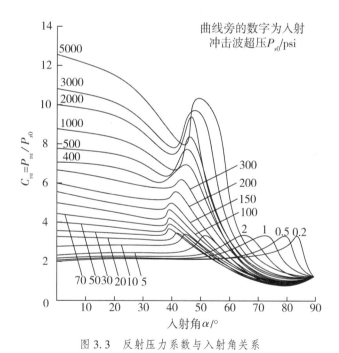

图 3.3　反射压力系数与入射角关系

3.2.3　空中爆炸

球形 TNT 装药空中爆炸时的峰值压力、冲量、速度以及其他参数与比例距离($\lambda = R/W^{1/3}$)的关系示于图 3.4。尽管这些曲线得自裸露球形装药的爆炸,对于带壳装药,当用实际装药的等效药量计算其比例距离时,也可采用这些曲线。弹壳有减小装药有效重量的作用,但在设计时忽略这种作用,一方面是因为其效应尚不明确,另一方面是因为这样考虑偏于保守。

（1）要考虑两种空爆荷载作用形式：①防护结构上部的爆炸，此时爆炸波与防护结构之间的初始冲击波压力没有得到加强；②离防护结构一定距离处发生爆炸，此时传播过来的冲击波在到达结构之前将与地面发生碰撞。第一种加载情况可由图 3.4 的曲线和图 3.3 的反射系数曲线确定。

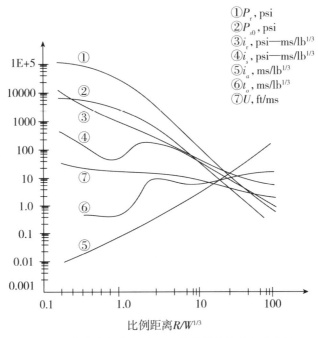

①P_r, psi
②P_{s0}, psi
③i_r, psi—ms/lb$^{1/3}$
④i_s, psi—ms/lb$^{1/3}$
⑤i_a, ms/lb$^{1/3}$
⑥t_o, ms/lb$^{1/3}$
⑦U, ft/ms

比例距离$R/W^{1/3}$

图 3.4　自由大气中球形 TNT 炸药爆炸的冲击波参数

（2）由于冲击波在到达结构之前先与地面发生相互作用，第二种加载情况的确定将复杂一些。随着冲击波向外传播，由于入射波和反射波的相互作用形成被称为马赫杆的波阵面(图 3.5)，其中反射波是入射波遇到地面后加强的结果。马赫杆压力随高度变化，但设计时可以忽略，并且整个马赫杆可看作平面。马赫杆的压力时程曲线除了压力稍大以外，其他与入射波的一致。

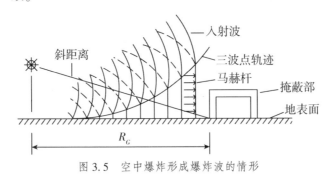

图 3.5　空中爆炸形成爆炸波的情形

（3）马赫杆高度随着波自爆心向外传播而不断增加，形成了三波点迹线。它是入射波、反射波和马赫波相互作用的结果。当三波点高度超过防护结构高度时，结构受到平面波的均匀压力作用。

（4）如果三波点比结构低，那么作用荷载的大小随高度变化。在三波点上面，压力随时间变化的规律包含了入射压力和反射压力的相互作用，其所形成的压力-时间变化规律与马赫杆的不同。在三波点以上的压力值小于马赫杆压力。在多数实际设计中，爆心离结构较远，以致不会产生这种压力差别。一个例外的是多层建筑，尽管这种建筑通常位于压力较低的区域。

（5）为了确定作用于地表上的防护结构的爆炸荷载大小，必须首先计算结构所处位置地面马赫杆入射冲击波峰值压力的大小。利用马赫杆形成点以外的地面上任意点与爆心之间相对应的距离 R（图 3.5），可以从图 3.4 相应点处确定入射空气冲击波峰值压力。一旦确定了入射空气冲击波峰值压力，则可以利用预先确定的入射角 α 和入射空气冲击波峰值压力，从图 3.3 可算得反射峰值压力 P_r。马赫杆的其他参数可以通过与计算反射波类似的方法由图 3.4 确定。

3.2.4　地面爆炸

置于地表或近地面的装药爆炸即所谓的地面爆炸。爆炸的初始冲击波被地面反射并得到加强，形成反射波。与空中爆炸不同的是，反射波与入射波同时出现在爆心，最终形成与空中爆炸反射波相似的简单波，不过其形状为半球形（图 3.6）。

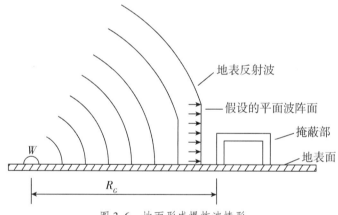

图 3.6　地面形成爆炸波情形

（1）图 3.7 提供了 TNT 炸药的地面爆炸参数。从图 3.4 与图 3.7 的比较可以看出，在给定爆心距离处的相同药量爆炸情况下，地面爆炸参数将大于空中爆炸参数。

（2）与空中爆炸相同，遭受地面爆炸作用的防护结构通常也位于反射平面波作用区域。因此，除了入射压力和另外一些自由场冲击参数可以从图 3.7 得到外，作用于结构上的爆炸荷载的计算方法与空中爆炸相同。

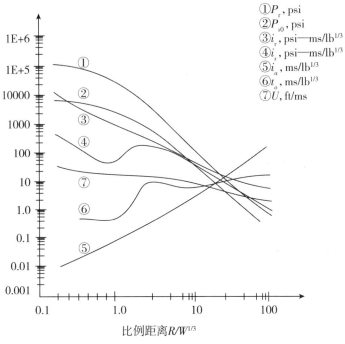

图 3.7 海平面上半球形 TNT 爆炸的冲击波参数

3.2.5 动压

作用于结构上的平面冲击波压力将取决于下列因素：自由场入射压力和动压的峰值及其压力时程关系。前面已经解决了好几类爆炸方式自由场压力峰值的确定问题。爆炸波将对其传播路径上的障碍物产生动压，并且在每一个压力范围，都有一个冲击波相关的质点或气流速度与之对应。在自由场中，动压基本上取决于空气密度和质点速度。在通常条件下，已经建立了入射峰值压力 p_{s0} 和动压峰值 q_0 的一般性关系。动压峰值仅与入射峰值压力有关，而与爆炸的规模无关。图 3.8 提供了动压峰值与入射压力峰值的关系。

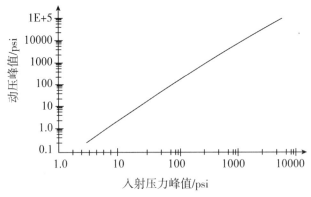

图 3.8 入射压力峰值与动压峰值关系

3.2.6　等效三角形脉冲

由于遭受爆炸荷载作用的结构所受的影响不仅取决于荷载的峰值，还取决于其压力—时间历史，所以设计中有必要建立入射压力和动压随时间变化或衰减规律。图 3.1 将入射压力理想化为压力突然升高至峰值，然后衰减到大气压力，并继续衰减，进入负压段。

(1)冲击波波阵面过后的入射压力和动压随时间的衰减速率与峰值压力和爆炸当量有关。对于设计来说，入射压力随时间的衰减规律可用等效三角形压力时间脉冲来近似。正压的持续时间用一虚拟持续时间 t_{0f} 来代替，t_{0f} 是总的正压冲量和峰值压力的函数：

$$t_{0f}=\frac{2i_s}{p_{s0}}\text{。}\tag{3.2}$$

(2)上述等效三角脉冲关系均适用于入射波和反射波；对于后者，式(3.2)中的冲量值等于相应的反射波值。动压力的虚拟持续时间可假设等于其入射压力的持续时间。

3.2.7　抑制空中爆炸[延期引信炮(炸)弹]

当炸弹或炮弹侵入地层后爆炸时，其所释放的大部分能量将用于产生弹坑和形成地冲击。侵彻问题将在第 4 章中讨论，弹坑形成和地冲击问题将在第 5 章中讨论。如果是在浅埋条件下爆炸，一部分爆炸气体将跑到空气中去，产生空气冲击波。爆心上方离地面不同距离处的空气冲击波峰值压力可利用图 3.9 计算。

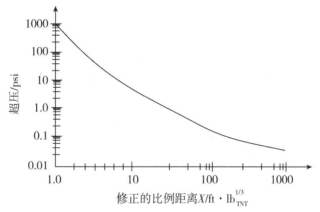

图 3.9　地下爆炸产生的空气中入射峰值压力

3.3　结构内部压力的升高

3.3.1　从孔口入射

当结构全部被爆炸波所包围时，压力可以从结构的任何孔口传播进去。结构内部压力将不断升高，其升高值与结构容积、孔口面积、外界压力及其作用时间有关。由于人员能够承受的内压升高值有一个极限，故需要找到一种确定结构内部平均压力的办法。应该说明的是，结构孔口附近区域的压力值高于平均压力。下述计算结构内部平均压力升高值的方法适用于结构孔口面积与结构内部容积之比较小，而且冲击波压力值小于 150 psi 的情况。在 Δt 时段内结构内部超压的改变量 ΔP_i 为开口处压力差 $P-P_i$ 及面积与体容比值 A_0/V_0 的函数：

$$\Delta P_i = C_L \left(\frac{A_0}{V_0} \right) \Delta t。 \tag{3.3}$$

式中：ΔP_i 为内部压力增量，psi；C_L 为压力泄漏参数（为压力差 $P-P_i$ 的函数，其中 P 为作用于结构的外界压力）；A_0 为孔口面积，ft^2；V_0 为结构容积，ft^3；Δt 为时间增量，ms。

图 3.10 表示 C_L 与 $P-P_i$ 的关系曲线。内部压力-时间曲线按以下步骤计算：

（1）按 3.2.6 节确定作用于孔口周围结构表面的压力时间曲线。

（2）将压力作用时间 t_0 划分为 n 个时间间隔为 Δt 的时段，每一时段约为 $t_0/20 \sim t_0/10$，并且确定每一时段末的压力值。

（3）对于每一时段，算出其压力差 $P-P_i$，并从图 3.10 中确定相应的 C_L 值，用适当的 A_0/V_0 及 Δt，通过式（3.3）计算出 ΔP_i；将 ΔP_i 加到正在考虑时段的 P_i 中去，得到下一时段的压力新值 P_i。在初始 $t=0$ 时刻，压力差等于入口处的入射超压峰值 P。

（4）对每一时段用适当的 P 和 P_i 重复以上计算步骤。应该注意的是，分析过程中如果 $P-P_i$ 出现负值，C_L 也必须取负值。

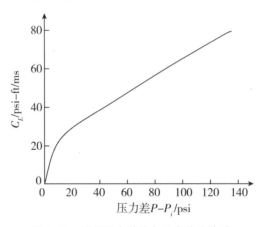

图 3.10　泄漏压力系数与压力差的关系

3.3.2　封闭爆炸

发生在结构内部的爆炸荷载包括两个阶段：第一作用阶段的反射爆炸荷载，包括初始入射波、短期作用反射波和可能在封闭区域的其他部分已经互相作用过几次的后期作用脉冲。后期反射波的确定相当复杂，封闭区域中的反射冲击波如图 3.11 所示。荷载的第二作用阶段为超压引起的准静态脉冲，衰减较慢。准静态超压的峰值取决于装药重量与房间体积的比值，而其衰减特性取决于封闭区的孔口面积。

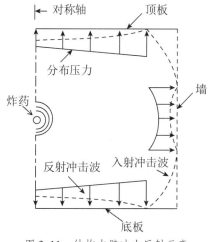

图 3.11　结构内壁冲击反射示意

3.3.2.1　初始反射超压

对于所有的结构形状，其内部空气冲击波荷载都相当复杂。初步设计或分析时的荷载预估可以通过几个简化假设来获得。首先，假设初始反射冲击波参数能够采用理想的正反射冲击波参数(甚至对于结构内壁的斜反射冲击波参数也可做这样的假定)。这种假设在如下范围内是合理的：对于强冲击波(大于周围环境压力)，其入射角可达 40°；对于弱冲击波(小于周围环境压力)，其入射角大约可达 70°。应该采用装药中心到所考察点的斜距离来计算比例距离，并根据图 3.4 所列曲线确定反射压力 P_r 及冲量 i_s。初始反射脉冲的作用时间 t_r 取为：

$$t_r = 2i_r / P_r。 \tag{3.4}$$

初步设计或分析时忽略了冲击后的再反射现象。如果需要得到更精确的荷载值，则有必要将冲击波阵面的到达时间及冲击后的再反射作为结构的位置函数来考虑。

3.3.2.2　准静态压力

(1)当结构内发生爆炸时，超压值总是显缓慢衰减特性，衰减程度与结构体积、开孔面积、爆炸特征及其所施放的能量有关。结构内部爆炸时其内壁的典型超压时程曲线示于图 3.12(a)。它能理想化为如图 3.12(b)所示的两个三角形脉冲。理想荷载曲线的初始冲量部分可按 3.2 节所介绍的方法确定。理想化了长作用时间准静态荷载的确定按如下所述进行。

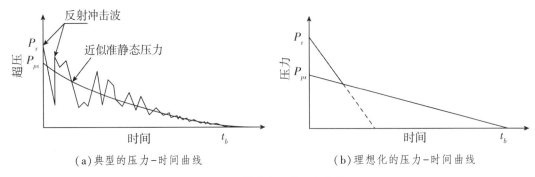

图 3.12 结构内壁的压力荷载

（2）构造理想化荷载函数中准静态部分所需的两个参数为峰值准静态压力 p_{qs} 及其衰减到周围压力所需的时间 t_b。长时间作用阶段的准静态压力最大值是在密闭状态下的压力增量。p_{qs} 可以用装药量与结构内部体积之比 W/V_1 来比较准确地确定（图 3.13）。一旦确定了 p_{qs}，结构内部压力衰减到周围压力的时间可从图 3.14 中查得。

内部开孔面积指结构表面开孔的总表面积。例如，如果只有侧墙有开孔，顶底板没有开孔，则 A_i 仅为侧墙内部表面积之和。开孔面积比 ∂_e 为：

$$\partial_e = A_v/A_w。 \tag{3.5}$$

式中：A_v、A_w 分别为结构墙壁的开孔面积和墙壁面积。其中开孔面积为所有开孔之和，墙壁面积为结构墙壁的总面积。

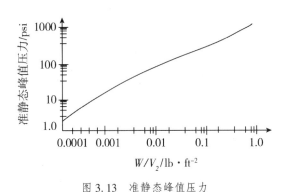

图 3.13 准静态峰值压力

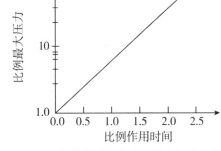

图 3.14 比例持续时间与比例最大压力的关系

3.4 空气冲击波在洞室或管道中的传播

为了确定地下掩蔽隐蔽部出入口或通风系统中的爆炸荷载，有必要弄清楚爆炸波是怎样在洞室或管道中传播的。洞室入口处流场的形成是非常复杂的，它取决于洞口的方向和形状，以及周围的地形。洞室中的超压可能因其几何形状的不同或增加或减少。洞室横截面面积的减小将导致超压的增加。

（1）冲击波在洞室中衰减的大多数数据已经通过激波管试验获得，该试验是用长时间作用荷载来模拟核爆炸冲击波。与有限的短时作用荷载的试验数据相比较，激波管试验数据可以得到满意的结果。因此，在这里长时间作用荷载的激波管试验数据被用于常规武器冲击荷载的确定。目前还不能提供适用于任意形式洞室的经验数据或分析方法，然而，如果知道洞室入口处的自由流场条件，则对于任意形式洞室，设计者均有足够的依据来合理确定洞室压力。

（2）洞室的突然转折或弯曲将减小等截面洞室内的压力峰值，激波管试验表明洞室 $90°$ 转折将减小压力峰值约 6%。因此，经过 n 次直角转折以后的压力峰值 P_n 为：

$$P_n = P_{s0} \cdot 0.94^n。 \tag{3.6}$$

式中：P_{s0} 为洞室中第一次转折前的压力峰值。上式假定转折之间没有摩擦损耗或压力衰减；同时，假定正压作用 t_0 时间大于或等于 $50D_t/C$，其中 D_t 为洞室直径（单位为 ft），C 为当地音速（单位为 ft/s）。不同形式洞室的激波管试验数据归纳于图 3.15，其适用范围为超压小于 50 psi。当超压大于 50 psi 时，应采用类似图 3.16 给出的曲线。

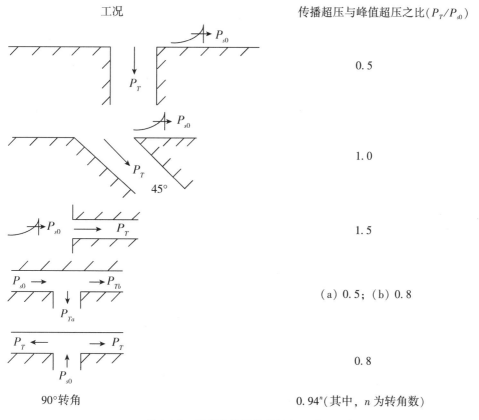

图 3.15　洞室中传播的超压（$P_{s0} \leqslant 50$ psi）

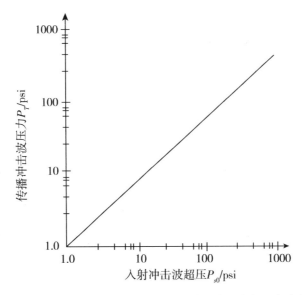

图 3.16　侧向入射时洞室中入射冲击波超压与传播冲击波超压的关系

（3）当爆炸波通过等截面的直线洞室时，超压峰值将由于坑道内壁的摩擦、流体的黏性以及冲击波波阵面的衰减而减小。为了建立一种解析模型以预测直线洞室中由于墙壁的粗糙度或稀疏波的出现而造成的超压衰减，人们已经做了许多努力。遗憾的是，这些分析方法还不太全面。

（4）光滑洞室中超压峰值随距离的衰减可由图 3.17 中的曲线确定。这些曲线是由 Robert Broh（BRL MR，1809）提出的公式的归一化曲线。Broh 公式的关键参数是时间截距 τ_i。P 为沿洞室某点的压力，时间是装药量和由爆心到洞室入口处距离的函数，可由图 3.18 中的曲线获得。该曲线是由地表接触爆炸（即球形装药置于地面爆炸）获得的。当洞室直径为 2～15 ft 时，Broh 公式与洞室直径关系不大。

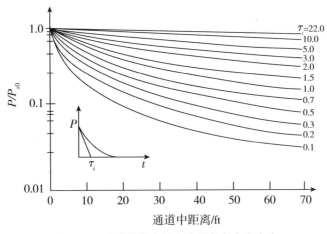

图 3.17　光滑洞室中压力随距离衰减的关系

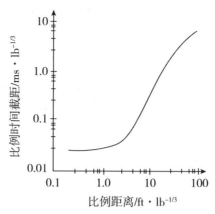

图 3.18　触地爆炸时比例时间截距与比例距离的关系

(5)冲击波从小截面洞室传入大截面洞室时强度将减小。激波管中的长时间作用的脉冲强度基本上与洞室截面积的平方根成正比。

$$P_2 = (A_1/A_2)^{1/2} P_1。 \tag{3.7}$$

式(3.7)成立的条件为 $A_1/A_2 \geqslant 0.1$。当此比值减小到 0.01 时，有如下线性关系：

$$P_2 = (A_1/A_2) P_1。 \tag{3.8}$$

在短时作用脉冲作用下，几乎没有爆炸波从小截面洞室或小房间传入到大截面洞室或大房间中去的试验数据。

第 4 章　岩土中的压缩波

4.1　概　述

变形介质在局部受到冲击、爆炸等脉冲瞬态荷载时，由于物质的惯性，这种突加荷载对于物体介质各部分质点的扰动不可能同时发生，而要经过一个传播过程，由局部扰动区逐步传播到未扰动区，这种现象称为应力波的传播。因为任何物体都具有一定的尺寸，所以严格来说物体受到突加荷载作用时，总会出现应力波的传播过程。当荷载作用的时间很短，或是荷载变化极快，而受力物体的尺寸又足够大（如自然岩、土体）时，这种应力波的传播过程就显得特别重要。外载对于物体的动力响应就必须通过应力波的传播来加以研究。

由于应力波是借助于介质质点的运动来传播的，不同的介质特性、不同的运动方向以及不同的受力状态都会产生不同特征的波。在弹性介质中传播的波称为弹性波，在弹塑性介质中传播的波称为弹塑性波；当介质运动方向与波的传播方向垂直时称为横波，当介质运动方向与波的传播方向平行时称为纵波；当介质受压时称为压缩波，当介质受拉时称为拉伸波。

以弹性介质为例，在介质表面传播的波称为表面波，在介质体内传播的波称为体波。表面波的波动现象主要集中在表面附近，其振幅在界面处最大，离开界面后振幅急剧减小。表面波按其传播介质与波长的比值可分为瑞利波（R 波）和洛甫波（L 波）：传播介质厚度大于波长时在半无限大固体介质上与气体介质的交界面上产生的表面波称为瑞利波，传播介质厚度小于波长时在介质表面非常薄的一层内产生的表面波称为洛甫波。体波是发自波源或由反射、折射点处产生的二次波源所产生的在介质中传播的波。体波按其振动形式可分为纵波（P 波）和横波（S 波）。传播压应力的纵波称为压缩波，压缩波的传播方向与质点运动方向一致；传播拉应力的纵波称为拉伸波，拉伸波的传播方向与质点运动方向相反。

核爆和化爆是岩土中防护结构设计中要考虑的主要作用荷载源。同时，核爆和化爆产生的爆炸方式主要有空中爆炸、地面爆炸以及地下爆炸。对于空中爆炸而言，其产生的空气冲击波拍击地面，引起地层介质的冲击运动，称为地层介质的感生地冲击。感生地冲击以短时地震波的形式向下、向外传播，在地层界面发生反射与透射，遇到地下防护结构时发生复杂的相互作用。沿地面传播的空气冲击波波阵面的速度起初大于地震波速，在一定距离以外空气冲击波将小于地震波速，由此将感生地震区区域划分为超地震区、跨地震区和亚地震区，在各区中的地冲击参数不同。对于地面爆炸而言，地面爆炸时，炸药爆炸作用于地面的爆轰压力压缩、抛掷岩土介质，在地面形成弹坑(爆炸漏斗坑)，作用于弹坑表面上的爆炸压力使周围介质产生向外的冲击运动，构成岩土介质中的直接地冲击。炸药作用于空气的爆轰压力，引起空气冲击波，沿地面传播的空气冲击波又在岩土介质中感生地冲击运动。对于地下爆炸而言，地下爆炸分为浅层爆炸和封闭爆炸。浅层爆炸时，部分爆炸压力要突泄到空气中，与地面爆炸类似，只是爆炸耦合到岩土介质中的能量和两类地冲击的主要作用范围不同，一般用爆炸(能量)耦合系数来近似反映浅层爆炸的情况。封闭爆炸时，爆炸产物全部封闭在岩土介质中，压力不向空气中泄漏，炸药爆轰压力压缩岩土介质形成爆腔，并引起周围介质产生冲击运动，形成直接地冲击。

此外，随着边界条件及介质特性的变化，波的特性也会变化。例如，波遇到不同界面(如较硬界面和较软界面)时会发生反射和透射；压缩波遇到断层面或自由岩面时一部分波会转化为拉伸波；冲击波在传播过程中峰值压力不断减小至介质弹性极限后，会由弹塑性波退化为弹性波。

土壤是一种典型的弹塑性介质，不仅具有弹性，还具有塑性(黏性)，所以土中应力波的问题解决起来非常困难。掌握应力波的基本概念，有助于对这些实际问题作出定性的分析和判断，并通过半经验半理论方法或经过一定程度的简化处理后，给出合理的定量解答。

在本章中，首先讨论弹性波在各种介质上的传播以及弹塑性波的基本理论，其次讨论常规武器化爆情况下产生的土中压缩波，最后讨论核武器爆炸情况下产生的土中压缩波。

4.2　自由场土中压缩波的传播

4.2.1　应力波概述

4.2.1.1　弹性波理论的发展

当固体的某一局部受到扰动后，最靠近扰动源的部位首先受到影响。介质由于扰动而引起的变形，将以应力波的形式由近及远逐渐扩散到介质的各部位。固体力学的静力理论所研究的是处于静力平衡状态下的固体介质，以忽略介质微元体的惯性作用为前提。而爆炸荷载以短历时为特征，在以毫秒、微秒甚至毫微秒计的短暂时间尺度上发生了运动参量的显著变化。在这样的动荷载条件下，必须计及介质微元体的惯性，从而导致对应力波传播的研究。

应力波理论最早是从弹性波理论开始发展。物理学家菲涅耳(A. -J. Fresnel，1821)在光偏振干涉的试验中证明：以中心力相连接的分子所组成的介质可以实现横向振动并传播这种波。通过努力，数学家柯西(A. L. Cauchy)建立了目前形式的弹性力学普遍方程组。泊松(S. -D. Poisson，1831)据此发现了在弹性介质中可以传播两种性质不同的波，即纵波和横波。瑞利(L. Rayleigh，1887)论证了在介质表面传播的表面波(瑞利波)的存在。上述三种波由奥尔德姆(R. D. Oldham，1900)在远震记录中识别出，从而证明了这三种波的存在。勒夫(A. E. H. Love，1911)还发现了能在介质界面间传播的勒夫波。

4.2.1.2 塑性波理论的发展

塑性波的建立几乎比弹性波晚了整整 100 年。"二战"期间军事技术的要求推动了应力波理论的新局面。为提高装甲强度等，英国的泰勒（G. I. Taylor，1942）、美国的卡门（T. von Karman，1942）等各自独立地提出了塑性波理论，基本解决了一维应力和一维应变中的弹塑性边界传播轨迹，建立了复合波理论，在各向同性和各向异性材料中三维弹塑性波的理论框架也基本建立起来了。20 世纪 40 年代，麦克奎恩（R. G. MeQueen）和沃尔什（J. M. Walsh）等做了大量工作，将很高压力下的固体当作可压缩流体来处理，而忽略其剪切强度，发展了以流体力学为特征的固体冲击波理论。而与应变率相关的黏塑性波理论，是 20 世纪 50 年代前后由马尔文（L. E. Malverm）等提出弹黏塑性波一维理论后发展起来的；60 年代，佩日纳（P. Perzyna）把这一理论推广到三维情况。

4.2.2 弹性波

4.2.2.1 弹性直杆中的纵波

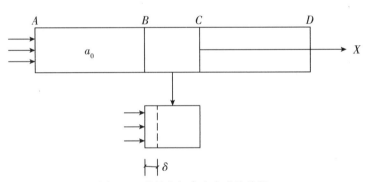

图 4.1 弹性直杆中应力波的传播

假定直杆材料为各向同性材料且直杆在受力后仍保持为平面。图 4.1 表示截面为 A、密度为 ρ 的任意半无限长弹性直杆。根据图 4.1，假设在 $t = 0$ 时，杆 A 处受到均布脉冲作用，进而产生应力波并沿纵向传播。且应力波传播速度为 a_0，经过时间 t，波阵面达到 B 处，最终传播至 C 处。于是杆在纵向（即 X 轴）的压缩量等于 $\varepsilon \Delta X$，其中 ε 为对应于 σ 的应变。显然这一压缩量等于 B 点在 Δt 内的移动距离，即

$$V\Delta t = \varepsilon a_0 \Delta t。 \tag{4.1}$$

简化后得：

$$V = \varepsilon a_0。 \tag{4.2}$$

应用动量守恒定律，微段 ΔX 所受的冲量等于该段质量的动量变化，即

$$\sigma A \Delta t = \rho A \Delta X V。 \tag{4.3}$$

简化后得：

$$\sigma = P a_0 V。 \tag{4.4}$$

由式(4.2)和式(4.4)得：

$$a_0 = \sqrt{\frac{1}{\rho}\frac{\sigma}{\varepsilon}}. \tag{4.5}$$

由于线弹性介质，$\sigma = E_0 \varepsilon$，则有：

$$a_0 = \sqrt{\frac{E_0}{\rho}}. \tag{4.6}$$

式中：E_0 为杆的弹性模量。

如果直杆中存在初始应力及应变，式(4.5)仍然成立，此时只需将式中的 σ 和 ε 看作波阵面 B 处前后的应力差值和应变差值。如果将作用的应力波形看作一连串应力脉冲波之和，由于应力-应变关系呈线性，可见它们均以同样的波速 a_0 传播。因此，弹性波在传播过程中不会改变其波形。

需要特别注意：应力波在介质中的传播速度与应力波引起的介质的质点运动速度（以下简称"质点速度"）v 是两个完全不同的概念。一般而言，应力波在介质中的传播速度要比应力波引起的介质的质点速度高 2～3 个数量级。并且波速只与材料的特性（密度 ρ_0、弹性模量 E_0）有关，与弹性阶段所受到的应力大小无关；质点速度既与弹性阶段所受到的应力大小成正比，又与材料的波阻抗 ρa_0 成反比。

以上介绍的是侧向无约束的弹性直杆，下面对于半无限土体中压缩波的传播进行讨论。图 4.2 为半无限土体简图。

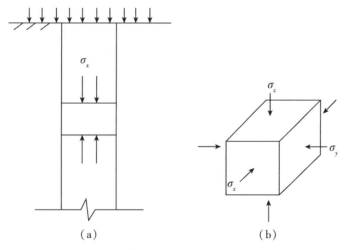

图 4.2　半无限土体中压缩波的传播

根据图 4.2，对一个土柱进行推导分析，可知其侧向受到约束。因此，对于该土柱中的单元体，其侧向应变 ε_x 和 ε_y 均等于零，故在纵向应力（压力）σ_z 的作用下，将引起单元体产生相对的侧向应力 σ_x 和 σ_y。显然，根据对称性有 $\sigma_x = \sigma_y$。

同时，假设土中介质的弹性模量和横向膨胀系数（泊松比）分别为 E_0 和 ν，则有：

$$\varepsilon_x = \frac{1}{E_0}[\sigma_x - \nu(\sigma_y + \sigma_z)] = 0, \tag{4.7}$$

$$\sigma_x = \sigma_y = \frac{\nu}{1-\nu}\sigma_z. \tag{4.8}$$

纵向应变 ε_z 为：

$$\varepsilon_z = \frac{1}{E_0}\left[\sigma_z - \nu(\sigma_x + \sigma_y)\right]。 \tag{4.9}$$

将式(4.8)中 σ_x 和 σ_y 的表达式代入式(4.9)中进行化简，得：

$$\varepsilon_z = \frac{(1+\nu)(1-2\nu)}{(1-\nu)E_0}\sigma_z。 \tag{4.10}$$

令

$$E = \frac{(1-\nu)}{(1+\nu)(1-2\nu)}E_0, \tag{4.11}$$

则有：

$$E = \frac{\sigma_z}{\varepsilon_z}。 \tag{4.12}$$

因此，根据式(4.6)，对于受地面冲击波作用的半无限土体而言，爆炸压缩波传播的弹性波速为：

$$a_0 = \sqrt{\frac{E}{\rho}}。$$

式中：E 为有侧限的土体弹性模量。

需要特别注意：在实际的计算过程中，E 和 E_0 是两个完全不同的参数。一般而言，相关文献或报告中给出的土介质参数的弹性模量，所指为有侧限的弹性模量。

4.2.2.2 一维弹性纵波垂直入射两种不同介质的传播

当弹性波垂直入射时，界面处只有入射纵波、反射纵波和透射纵波。边界条件也简化为法向应力和法向位移的连续。定义介质 1、介质 2 的波阻抗分别为 $A_1 = \rho_1 C_1$ 和 $A_2 = \rho_2 C_2$。则：

$$v_I + v_R = v_T, \tag{4.13}$$

$$\sigma_I + \sigma_R = \sigma_T \tag{4.14}$$

式中：v 为质点速度，$v = \sigma/\rho c$。

由此可得反射波、透射波与入射波的关系：

$$\sigma_R = F\sigma_I, \tag{4.15}$$

$$\sigma_T = T\sigma_I。 \tag{4.16}$$

式中：F 为反射系数；T 为透射系数。二者的表达式如下式所示：

$$F = (1-n)/(1+n). \tag{4.17}$$

$$T = 2/(1+n), \tag{4.18}$$

$$n = A_1/A_2。 \tag{4.19}$$

根据式(4.17)和式(4.19)，可知反射系数 F 及透射系数 T 的大小与介质界面两边的波阻抗比值息息相关。对入射波为压缩纵波的情况，可以得到以下结论：

（1）当 $n<1$ 时，即波由软介质向硬介质入射时，有 $T>0$ 及 $F>0$，表明透射波、反射波均为压缩波；特殊情况下，当 $n\to0$ 时，即介质 2 为刚体时，有 $T=2$ 及 $F=1$，表明反射波、透射波与入射波都是同相波，并且反射波的幅值与入射波相等，而透射波的幅值为入射波的 2 倍。

（2）当 $n>1$ 时，即波由硬介质向软介质入射时，有 $T>0$ 及 $F<0$，表明透射波为压缩波，而反射波为拉伸波；特殊情况下，当 $n\to\infty$ 时，即界面为介质 1 的自由面时，有 $T=0$ 及 $F=-1$，表明没有波的透射，而反射波与入射波幅值相同、符号相反。

4.2.2.3　一维弹性纵波在自由边界的倾斜入射

当弹性波倾斜入射且介质 2 为空气时，此时界面上只有入射纵波、反射纵波和反射横波，如图 4.3 所示。边界条件简化为自由面上的法向应力与剪切应力必须在任何时候都为零。

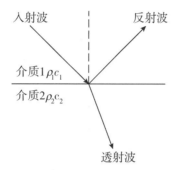

图 4.3　压缩波在自由边界倾斜入射的传播示意

此时入射角与反射角的关系用壳层（shell）定律表示：

$$\frac{\sin a}{\sin e}=\frac{c_1}{c_2}=\left[\frac{2(1-\nu)}{1-2\nu}\right]^{1/2}。 \tag{4.20}$$

式中：ν 为介质的泊松比。

同时由边界条件，可导出反射纵应力与反射剪应力分别为：

$$\sigma_{R}'=F'\sigma_1， \tag{4.21}$$

$$\tau_{R}'=\left[(F'+1)\cot(2e)\right]\sigma_1， \tag{4.22}$$

$$F'=\frac{\tan e\tan^2 2e-\tan a}{\tan e\tan^2 2e+\tan a}。 \tag{4.23}$$

式中：σ_{R}' 为反射纵应力；F' 为反射系数；τ_{R}' 为反射剪应力。

为更好地解释和分析弹性纵波在不同介质中的传播，例 4.2.1 和例 4.2.2 将会进行详细阐述。

例 4.1　假设压缩波在三层介质中传播，其中第一层介质和第三层介质为天然湿度中粒砂土，第二层介质为 350 号钢筋混凝土。相关参数如下：$\rho_1=\rho_3=2000$ kg/m³，$a_1=a_3=100$ m/s，$A_1=A_3=2\times10^4$ kg/(m²·s)，$\rho_2=2600$ kg/m，$a_2=3500$ m/s，$A_2=91\times10^4$ kg/(m²·s)。可求得：

$$K_{2\text{透}} = \cfrac{2}{1 + \cfrac{2 \times 10^4}{91 \times 10^4}} = 1.957, \tag{4.24}$$

$$K_{3\text{透}} = \cfrac{2}{1 + \cfrac{91 \times 10^4}{2 \times 10^4}} = 0.043, \tag{4.25}$$

$$K_{2\text{反}} = \cfrac{\cfrac{2 \times 10^4}{91 \times 10^4} - 1}{\cfrac{2 \times 10^4}{91 \times 10^4} + 1} = -0.957, \tag{4.26}$$

$$K'_{2\text{反}} = \cfrac{\cfrac{2 \times 10^4}{91 \times 10^4} - 1}{\cfrac{2 \times 10^4}{91 \times 10^4} + 1} = -0.957, \tag{4.27}$$

$$p_{3\text{入}} = \sum_{1}^{15} p_{3\text{入}}^n = p_{1\text{入}} \times 1.957 \times 0.043 \times \cfrac{1 - (-0.957)^{30}}{1 - (-0.957)^2} = 0.732 p_{1\text{入}}。 \tag{4.28}$$

根据公式(4.28)，可得如果 $n \to \infty$，则有 $p_{3\text{入}} \to p_{1\text{入}}$。

由上可得出结论：土中压缩波经过坚硬夹层时，对压缩波的压力值没有明显的影响，仅压力的升压时间有明显的增长，但这是在忽略地表自由面和卧层下界面影响的条件下，即假定第一层介质和第三层介质有足够的厚度，因而不考虑由上、下界面反射返回的影响。此外，实际上压缩波在坚硬夹层中多次来回反射传播时，即使是在钢筋混凝土层中，也并非完全弹性传播，应考虑不可逆的能量耗散导致的衰减。所以不存在无穷多次来回反射传播，即只能进行有限多次来回反射传播。这样，如上例计算表明，土中压缩波通过坚硬夹层时，峰值压力仍将有一定程度的减少。

例 4.2 假设压缩波在三层介质中传播，其中第一层介质为岩石，第二层介质为松软砂土，第三层介质为钢筋混凝土。相关参数如下：$A_1 = 5 \times 10^5 \text{ kg/(m}^2 \cdot \text{s)}$，$A_2 = 2 \times 10^4 \text{ kg/(m}^2 \cdot \text{s)}$，$A_3 = 8.5 \times 10^5 \text{ kg/(m}^2 \cdot \text{s)}$。

可求得：

$$K_{2\text{透}} = \cfrac{2}{1 + \cfrac{5 \times 10^5}{2 \times 10^4}} = 0.077, \tag{4.29}$$

$$K_{3\text{透}} = \cfrac{2}{1 + \cfrac{2 \times 10^4}{8.5 \times 10^5}} = 1.954, \tag{4.30}$$

$$K_{2\text{反}} = \cfrac{\cfrac{8.5 \times 10^5}{2 \times 10^4} - 1}{\cfrac{8.5 \times 10^5}{2 \times 10^4} + 1} = 0.954, \tag{4.31}$$

$$K'_{2反} = \frac{\dfrac{5\times10^{5}}{2\times10^{4}}-1}{\dfrac{5\times10^{5}}{2\times10^{4}}+1} = 0.923，\tag{4.32}$$

$$K_{3透} \, K_{2透} = 1.954\times0.077 = 0.15，\tag{4.33}$$

$$K_{2反} \, K'_{2反} = 0.954\times0.923 = 0.88。\tag{4.34}$$

由上例可得出结论：如果仅考虑压缩波第一次透射过砂层作用于钢筋混凝土层的压力仅为 $0.15p_{1入}$，相应在不设置砂土回填层时，应为 $1.26p_{1入}$。可见设置松软回填层，可以大大削弱压缩波作用于钢筋混凝土层的压力。当然，实际衰减效果并不会如此之大，因为与压缩波经过坚硬夹层时一样，应该考虑压缩波在砂垫层中来回多次反射的影响，于是随着时间的推移，作用在钢筋混凝土层的压力将会逐渐增大。但压缩波在松软砂层中与在坚硬夹层中不一样，传播时其不可逆的能量损耗较大，来回若干次反射后，其衰减将会很快，因此，可以预计到作用于钢筋混凝土层的压力不但有明显的增长时间，而且其最大值也必有明显的减小。

4.2.3　弹塑性波

4.2.2 节主要讨论的是弹性波在土中的传播，但在实际工程中，土体并非简单的线弹性介质，只有当土体所受应力的数量级足够小的情况下才可以近似看作为线弹性介质。因此，在绝大多数情况中，土体为弹塑性介质，当土体所受应力超过其弹性强度时，就会产生塑性波。本节将会对应力波在弹塑性介质中的传播进行讨论和分析。

4.2.3.1　弹塑性介质的波速计算

假设介质所受应力为 σ，且其已存在初始应变 ε_0 和初始应力 σ_0，同样可根据式 (4.21) 计算介质中的波速 a，即

$$a = \sqrt{\frac{1}{\rho}\frac{\sigma-\sigma_0}{\varepsilon-\varepsilon_0}} = \sqrt{\frac{1}{\rho}\frac{\Delta\sigma}{\Delta\varepsilon}}。\tag{4.35}$$

上述计算表明，介质的波速与应力的变化量和应变的变化量之间的比值息息相关。对于线弹性介质而言，$\Delta\sigma/\Delta\varepsilon$ 的比值等于其弹性模量 E_0；但对于弹塑性介质而言，其应力-应变关系并非简单的线弹性关系，可能出现多段折线关系，甚至指数关系。如图 4.4 所示的三折线应力-应变关系，其中 σ_s 为介质的弹性屈服极限，E_0 为介质的弹性模量，E_1 为介质的塑性模量，E_2 为介质的卸载模量。当应变处于不同的区间时，$\Delta\sigma/\Delta\varepsilon$ 的比值可能等于其弹性模量、塑性模量或卸载模量。

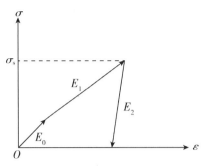

图 4.4　三折线应力–应变曲线

根据图 4.4 和式(4.35)中的计算结果，可知当应力波幅值 $0 \leqslant \sigma \leqslant \sigma_s$ 时，介质中不会产生塑性波，仅会产生弹性波并以波速 $a_0 = \sqrt{E_0/\rho}$ 向前进行传播；当 $\sigma > \sigma_s$ 时，介质中弹性波和塑性波同时存在，二者以应力幅值 σ_s 为划分标准，应力幅值小于 σ_s 的应力波段将以弹性波速 a_0 向前进行传播，应力幅值大于 σ_s 的应力波段将以塑性波速 a_1 向前进行传播。其中塑性波可看成介质中已有初始应力 σ_s 和初始应变 ε_s 状态下的波，根据式(4.35)可得：

$$a = \sqrt{\frac{1}{\rho} \frac{\sigma - \sigma_s}{\varepsilon - \varepsilon_s}} = \sqrt{\frac{E_1}{\rho}}。 \tag{4.36}$$

上述计算表明，如果 $E_1 < E_0$，将会导致介质中塑性波速小于弹性波速，进而使这两个波阵面之间的距离随传播距离的增加而增加。同时如果在塑性区卸载，则介质中将产生卸载波，并以波速 $a_2 = \sqrt{E_2/\rho}$ 向前进行传播。

同理，当介质中的应力–应变关系为三段以上甚至是无数段折线组成，上述结论同样适用。因此，介质中任意应力的波速为：

$$a = \sqrt{\frac{E}{\rho}}。$$

式中：E 为介质中应力–应变曲线中该点应力处的曲线斜率。

上述计算结果表明，如果介质的应力–应变关系曲线的斜率随着应力 σ 的增加而增加，如图 4.5 中(a)所示。这种情况表明当应力增加到一定程度后，其传播的波速将会大于前面较低应力波段部分的波速，进而产生随着传播距离的增加，波阵面的坡度将逐渐变陡峭，最终应力波将变成无升压时间的应力波的现象。如果介质的应力–应变关系曲线的斜率随着应力 σ 的增加而减小，如图 4.5 中(b)所示。这种情况表明当应力增加到一定程度后，其传播的波速将会小于前面较低应力波段部分的波速，进而产生随着传播距离的增加，波阵面的坡度将逐渐变平缓，最终应力波将变成有升压时间的应力波的现象。

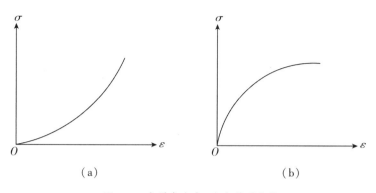

（a）　　　　　　　　　　　　　（b）

图 4.5　介质中应力-应变关系曲线

4.2.3.2　弹塑性介质中的基本运动微分方程

上节较为简单地讨论了弹塑性介质中的波速，本节将对一维平面波在土中传播的情况进行讨论和分析。如图 4.6 所示，取地面下一单位面积土柱，将坐标 z 的原点置于地面，其方向铅垂向下。同时考察深度为 z 处的截面及其微元体，假设该截面处的应力为 σ，位移为 u，应变为 ε，质点速度为 v。

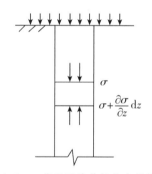

图 4.6　一维平面波传播的土柱模型

令初始时刻 $t=0$，坐标为 z 的截面位移为 $u(z, t)$，显然可得应变：

$$\varepsilon = u_z。 \tag{4.37}$$

式中：u_z 表示为函数 u 对自变量 z 的一阶偏导数，即

$$u_z = \frac{\partial u}{\partial z} = \varepsilon。 \tag{4.38}$$

同理可得：

$$u_t = \frac{\partial u}{\partial t} = v。 \tag{4.39}$$

对于弹塑性介质，在加载情况下，介质的应力-应变关系由下式表示（加载曲线如图 4.7 所示）：

$$\sigma = \phi_1(\epsilon)； \tag{4.40}$$

在卸载情况下（卸载曲线如图 4.7 所示），介质的应力-应变关系为：

$$\sigma = \phi_2(\epsilon) + \sigma^0(z)_{\circ} \tag{4.41}$$

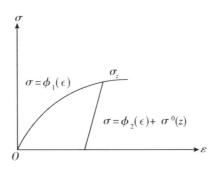

图 4.7 弹塑性介质的加卸载曲线

不论对于何种介质模型、何种应力阶段，介质的一维平面运动均符合牛顿第二定律，均满足：

$$pv_t = \sigma_z_{\circ} \tag{4.42}$$

由式(4.22)对 t 进行求导，得：

$$v_z = \frac{\partial \epsilon}{\partial \sigma} \frac{\partial \sigma}{\partial t} = \frac{\partial \varepsilon}{\partial \phi} \sigma_t_{\circ} \tag{4.43}$$

根据式(4.26)和式(4.27)，有：

$$\phi = \begin{cases} \phi_1 & （加载） \\ \phi_2 & （卸载） \end{cases}_{\circ} \tag{4.44}$$

上述公式统称为运动微分方程组，通常采用特征线法进行求解。同时根据式(4.42)和式(4.43)可以确定压缩波在土中传播时的应力 σ 与速度 v。下面将对运动微分方程进行简单介绍。

根据求解的函数和选择的解法不同，运动微分方程常变换成其他各种形式。当求解土中质点位移为 $u(z, t)$ 时，对于加载情况，可得：

$$\sigma_z = \frac{\partial \sigma}{\partial \varepsilon} \frac{\partial \varepsilon}{\partial z} = \frac{\mathrm{d}\phi_1}{\mathrm{d}\varepsilon} u_{zz_{\circ}} \tag{4.45}$$

将上式代入式(4.42)，得：

$$u_{zt} = a^2(u_z) u_{zz}, \tag{4.46}$$

$$a(u_z) = \sqrt{\frac{1}{\rho} \frac{\mathrm{d}\phi_1}{\mathrm{d}\varepsilon}}_{\circ} \tag{4.47}$$

对于卸载情况，由式(4.41)可得：

$$\sigma_2 = \frac{\mathrm{d}\phi_2}{\mathrm{d}\varepsilon} \frac{\partial \varepsilon}{\partial z} + \sigma_z^0_{\circ} \tag{4.48}$$

将上式代入式(4.42)，最终有：

$$u_{tt} = a_2^2 u_{zz} + \frac{\sigma_z^0}{\rho}, \tag{4.49}$$

$$a_2 = \sqrt{\frac{1}{\rho} \frac{\mathrm{d}\phi_2}{\mathrm{d}\varepsilon}}_{\circ} \tag{4.50}$$

当采用特征线法求解压缩波在土中传播时的应力 σ 与速度 v 时，也常采用如下推导的形式。

对式(4.42)中的 z 求一阶偏导，得：

$$\rho v_{tz} = \sigma_{zz}\,。 \tag{4.51}$$

对式(4.43)中的 t 求一阶偏导，得：

$$v_{zt} = \frac{\partial \varepsilon}{\partial \phi} \sigma_{tt}\,。 \tag{4.52}$$

将式(4.52)代入式(4.51)后，得：

$$\sigma_{tt} = a^2 \sigma_{zz}, \tag{4.53}$$

$$a = \begin{cases} a(u_z) & (加载) \\ a_2 & (卸载) \end{cases}。 \tag{4.54}$$

如果考虑土中压力 $p = -\sigma$ 时，则式(4.53)可变为：

$$p_{tt} = a^2 p_{zz}\,。 \tag{4.55}$$

4.2.3.3　弹塑性介质中运动微分方程的特征解

研究弹塑性介质(土)中压缩波的传播，主要关注压缩波传播在介质(土)中引起的压力 p 和质点速度 v。方程的特征线解法的特点是：不求上述运动微分方程组对所有点的解——不求表达为 (z, t) 自变量的未知函数，而是只求波传播线(特征线)上的点处的参数 v 和 p 的关系表达式。但因土中任何点 (z, t) 的速度和压力都是由边界的扰动传播引起的，所以对土中任何点都可以由边界上的已知点作出一条通过该点的波传播线(特征线)，并且可由边界上已知的 p、v 值求出该点的 p、v 值。

本节将具体推导特征线方程及特征线上的关系式。

用 $\mathrm{d}t$ 乘以式(4.42)，用 $\mathrm{d}z$ 乘以式(4.43)，并相加得：

$$v_t \mathrm{d}t + v_z \mathrm{d}z = \frac{1}{\rho}\left(\sigma_z \mathrm{d}t + \sigma_t \frac{\mathrm{d}z}{a^2}\right)。 \tag{4.56}$$

式(4.56)的左边部分是速度 v 的全微分，而右边部分不是 σ 的全微分。经过深入分析，可发现当点 (z, t) 沿特定的曲线 $\mathrm{d}z = a\mathrm{d}t$ 变化时，则该公式的右边部分仍是 σ 的全微分。因此，代入 $\mathrm{d}z = a\mathrm{d}t$，则式(4.56)右边部分将变为：

$$\frac{1}{pa}(\sigma_z \mathrm{d}z + \sigma_t \mathrm{d}t) = \frac{\mathrm{d}\sigma}{a\rho}。 \tag{4.57}$$

联立式(4.56)和式(4.57)，得：

$$\mathrm{d}v = \frac{\mathrm{d}\sigma}{\rho a}。 \tag{4.58}$$

同理，当点 (z, t) 沿特定的曲线 $\mathrm{d}z = -a\mathrm{d}t$ 变化时，有：

$$\mathrm{d}v = \frac{\mathrm{d}\sigma}{\rho a}。 \tag{4.59}$$

因此，运动微分方程组(4.42)和(4.43)的特征解有如下形式，在加载区的特征线方

程为:

$$\begin{cases} dz = a(u_z)dt \\ dz = -a(u_z)dt \end{cases};$$ (4.60)

相应的该特征线上的关系式为:

$$\begin{cases} dv = \dfrac{d\sigma}{\rho a(u_z)} \\ dv = -\dfrac{d\sigma}{\rho a(u_z)} \end{cases},$$ (4.61)

$$\begin{cases} dv + \dfrac{dp}{\rho a(p)} = 0 \\ dv - \dfrac{dp}{\rho a(p)} = 0 \end{cases}。$$ (4.62)

在卸载区的特征线方程为:

$$\begin{cases} dz = a_2 dt \\ dz = -a_2 dt \end{cases};$$ (4.63)

相应的该特征线上的关系式为:

$$\begin{cases} dv + \dfrac{dp}{\rho a_2} = 0 \\ dv - \dfrac{dp}{\rho a_2} = 0 \end{cases}。$$ (4.64)

4.2.3.4　弹塑性介质中加载波的传播

根据式(4.60)、式(4.61)和式(4.62),可知全部特征线可以分为两族。例如,对应于三折线应力-应变曲线(图4.4),族的划分取决于压力(应变)是否超过弹性极限 $p_z(\varepsilon_z)$, $a(u_z)$,并且可能等于 a_0 或 a_1。

同时对式(4.60)、式(4.61)和式(4.62)两边取积分,并沿第一族特征线(C_+),即

$$z - z_0 = a(p)(t - t_0),$$ (4.65)

$$v + \lambda(p) = 2\gamma_1。$$ (4.66)

沿第二族特征线(C_-),即

$$z - z_0 = -a(p)(t - t_0),$$ (4.67)

$$v - \lambda(p) = -2\gamma_2,$$ (4.68)

$$\lambda(P) = \int_0^p \frac{dp}{\rho a(p)}。$$ (4.69)

式中: γ_1 为第一族特征线中的常数; γ_2 为第二族特征线中的常数。

式(4.66)和式(4.68)即为运动微分方程组(4.42)和(4.43)的特征线解。由此可见,运动微分方程的特征解描述的是压力 p 和质点速度 v 这两个量的传播规律。由 $v + \lambda(p) = 2\gamma_1$ 所规定的是状态变化(或扰动)沿着特征线 $z - z_0 = a(p)(t - t_0)$ 在介质中按 z 轴正方向的

传播规律。而由 $v-\lambda(p)=-2\gamma_2$ 所规定的是状态变化（或扰动）沿着特征线 $z-z_0=$ $-a(p)(t-t_0)$ 在介质中按 z 轴负方向的传播规律。这就是所谓的"介质中的扰动是沿着特征线进行传播"，其中第一族特征线确定沿 z 轴正方向运动的各种可能的波阵面运动规律，第二族特征线确定沿 z 轴负方向运动（如遇到障碍反射等）的各种可能的波阵面运动规律。

同时，根据式（4.66）和式（4.68）可推得：在两族特征线的交点上，必定存在

$$\lambda(p)=\gamma_1+\gamma_2, \tag{4.70}$$

$$v=\gamma_1-\gamma_2。 \tag{4.71}$$

根据上述建立的关系式，下面将对介质表面（地面）作用一单调上升的压力时土中的压力变化进行探讨，其中介质中波的传播如图 4.8 所示。C_+ 表示第一族特征线，C_- 表示第二族特征线。

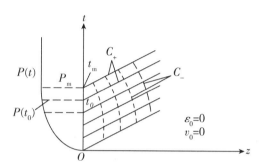

图 4.8　弹塑性介质中应力波的传播曲线

如果介质的初始速度 v_0 和初始应变 ε_0 均为零，同时又由于所有的 C_- 特征线都是从 p_0 和 v_0 的区域中开始，因此，根据式（4.68），对于所有沿 z 轴负方向的特征线，其 γ_2 为一定值，即

$$\gamma_2=0。 \tag{4.72}$$

根据式（4.70），可得对于每一条 C_+ 特征线而言，其 $\lambda(p)=\gamma_1$ 为一常数，由此推知：p 和 $a(p)$ 亦为常数。

当然，如果介质的初始速度 v_0 和初始应变 ε_0 均不为零，亦可推得同样的结论。同时，目前通常称只沿一个方向传播的应力波为简单波。综上所述，可得：在常应变介质中传播的应力波必定为简单波；并且简单波必定沿着直线特征线进行传播，其应变和应力均为常量。

如图 4.8 所示，在地面上压力 $p(t)$ 的作用下，对于土中任意一点 (z,t) 的压力和速度而言，其相应条件为：

边界条件：$z=0$，$\sigma=-p(t)$；

初始条件：$t=0$，$u=0$，$u_t=0$，(z,t) 平面上任一点通过 (z,t) 的直线特征线交 t 轴于点 $(0,t_0)$。

由上述可知，沿特征线的应力都为常量，均等于 $p(t_0)$。显然，对于三折线应力-应变曲线而言，当 $p(t_0)>p_s=-\sigma_s$ 时，其特征线斜率为塑性波速 a_1，否则为弹性波速 a_0。a_1 和 a_0 的具体表达式如下：

$$a_1=\sqrt{\frac{E_1}{\rho}}, \tag{4.73}$$

$$a_0 = \sqrt{\frac{E_0}{\rho}} \, 。 \tag{4.74}$$

式中：E_0、E_1 分别为介质弹性阶段与介质弹塑性阶段的应变模量。

根据式(4.65)，可得特征线方程为：

$$z = a[p(t_0)](t-t_0) \, 。 \tag{4.75}$$

点(z, t)上的应力为：

$$p(z, t) = p(t_0) = p\left\{t - \frac{z}{a[u_z(t_0)]}\right\} \, 。 \tag{4.76}$$

根据式(4.70)和式(4.71)，并且等式两边同时取积分，可求得：

$$v = \gamma_1 = \lambda(P) = \int_0^p \frac{\mathrm{d}p}{\mathrm{d}\rho} = \frac{p_s}{a_0 \rho} + \frac{p-p_s}{a_1 \rho} \, 。 \tag{4.77}$$

需要特别注意：当 $P_s \ll P$ 时，$v \approx \dfrac{p}{a_1 \rho}$。

如图 4.7 所示，随着压力的增大，波速逐渐变小。同时如图 4.8 所示，其下部区域特征线逐渐分开，而上部区域特征线逐渐变为相互平行，因此在介质内部的任意断面上，升压时间都随着深度的增加而变长。如果地面压力为 $t=0$ 时突然增至最大值 p_m 的常压力，则介质内部任意断面上的压力，与三折线应力-应变曲线(亦称为勃兰特曲线)的情况类似，均由两个突跃阵面 A、B 组成。同时考虑到三折线应力-应变曲线的实际情况，压力图形应修正为缓慢升压的图形，具体修正后的压力图如图 4.9 所示。

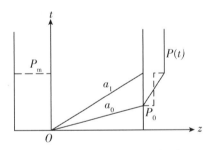

图 4.9 弹塑性介质中的缓慢升压

4.2.3.5 弹塑性介质中三角形突加荷载的作用及卸载波的传播

假设地面作用有三角形突加荷载，其他条件与上节一致，三角形突加荷载可由下式表示：

$$p(t) = p_m\left(1 - \frac{t}{\theta}\right) \, 。 \tag{4.78}$$

同时，由于 $p_m > p_s$，则在 $z\text{-}t$ 平面上(即弹塑性介质中)不仅存在压力上升的加载区，而且还存在一个其压力小于该截面曾经达到的最大压力的区域——卸载区。由上节可知，加载区和卸载区的运动微分方程和特征解均不同，因此，在弹塑性介质中需要特别注意区分这两个区域。由加载区进入卸载区的边界线通常称为卸载波。根据式(4.55)，可得卸载区的运动微分方程为：

$$\frac{\partial^2 p}{\partial t^2} = a_2^2 \frac{\partial^2 p}{\partial z^2}。\qquad (4.79)$$

一般而言，卸载波曲线是未知的，只能通过求解得出。但对于三折线应力–应变曲线而言，在地面作用有三角形突加荷载时，其卸载波为直线，且与塑性波阵面重合。

下面将简单解释三折线应力–应变曲线的卸载波为何只能与塑性波阵面重合。如图 4.10 所示，如果其卸载波 $z=f(t)$ 存在于塑性波阵面之上，则其加载区必然存在 $a<a_1$ 的特征线，这显然不合理。同理，如果其卸载波 $z=f(t)$ 存在于塑性波阵面之下，则在介质中的这些截面上，均不存在 $p_m>p_s$ 的卸载区，这显然也是不合理的。综上所述，对于三折线应力–应变曲线而言，其卸载波只能与塑性波阵面重合。

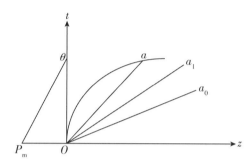

图 4.10　三折线应力–应变曲线的卸载波

下面继续讨论并确定弹塑性介质中任一截面处的最大压力与最大速度。弹塑性介质中的加卸载分区如图 4.11 所示。

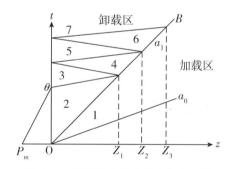

图 4.11　弹塑性介质中的加卸载分区

假设在 $t=0$ 时，$z=0$ 处发出两个波阵面：弹性波波阵面 OA 和塑性波波阵面 OB，并且 OA 与 OB 所围区域属于加载区。当压缩波在自由场传播时，不可能发生压缩波压力超过塑性波波阵面 OB 处压力 $p_{m,h}$ 的情况，即 OB 线以上均属于卸载区。但随着时间的推移，介质中的扰动将会沿着特征线进行传播，最终会导致卸载区特征线斜率均为 $\pm a_2$，即区域 2、3、4、5、6、7 的边界线斜率均为 $\pm a_2$。由上述可知，区域 1 中存在：

$$p_1 = p_s，\qquad (4.80)$$

$$v_1 = \int_0^p \frac{\mathrm{d}p}{\mathrm{d}p} = \frac{p_s}{a_0\rho} = v_s。\qquad (4.81)$$

同时，根据式(4.55)，可以求得卸载区压力 p 的通解为：

$$p_2 = F_{12}(z - a_2 t) + F_{22}(z + a_2 t)。 \tag{4.82}$$

式中：F_{12} 表示沿 z 轴正方向特征线传播的压力；F_{22} 表示沿 z 轴负方向特征线传播的压力。

根据式(4.43)和式(4.82)进行求解：

$$\frac{\partial v_2}{\partial t} = \frac{1}{\rho} \frac{\partial \sigma_2}{\partial z} = -\frac{1}{\rho} \frac{\partial p_2}{\partial z} = -\frac{1}{\rho} \left[F'_{12}(z - a_2 t) + F'_{22}(z + a_2 t) \right]。 \tag{4.83}$$

对式(4.83)两边同时取积分，得：

$$v_2 = -\frac{1}{\rho} \int \left[F'_{12}(z - a_2 t) + F'_{22}(z + a_2 t) \right] \mathrm{d}t + f_1(z)$$

$$= \frac{1}{\rho a_2} \left[F_{12}(z - a_2 t) - F_{22}(z + a_2 t) \right] + f_1(z)。 \tag{4.84}$$

再根据式(4.44)及式(4.82)，求得：

$$\frac{\partial v_2}{\partial t} = \frac{1}{\rho a_2^2} \frac{\partial \sigma_2}{\partial t} = -\frac{1}{\rho a_2^2} \frac{\partial p_2}{\partial t} = -\frac{1}{\rho a_2} \left[F'_{12}(z - a_2 t) + F'_{22}(z + a_2 t) \right]。 \tag{4.85}$$

对式(4.85)两边同时取积分，得：

$$v_2 = \frac{1}{\rho a_2} \int \left[F'_{12}(z - a_2 t) + F'_{22}(z + a_2 t) \right] \mathrm{d}z + f_2(t)$$

$$= \frac{1}{\rho a_2} \left[F_{12}(z - a_2 t) - F_{22}(z + a_2 t) \right] + f_2(t)。 \tag{4.86}$$

由于式(4.84)与式(4.86)均为质点速度的表达式，故二者必定相等，进而可得 $f_1(z) = f_2(t) = \mathrm{cost}$，同时考虑到 F_{12} 和 F_{22} 为任意函数，故有：

$$v_2 = \frac{1}{\rho a_2} \left[F_{12}(z - a_2 t) - F_{22}(z + a_2 t) \right]。 \tag{4.87}$$

式中：F_{12} 和 F_{22} 为任意函数，其第一个号表示函数，第二个号表示区域；函数 F_{12} 和 F_{22} 均由初始条件及边界条件确定。

同时，因为地面边界上的压力为线性变化，土介质的应力-应变关系也为一段或多段直线组成，所以 F_{12} 和 F_{22} 也应为 $(z - a_2 t)$ 和 $(z + a_2 t)$ 的线性函数，其具体表达式如下式所示：

$$\begin{cases} F_{12}(z - a_2 t) = \alpha_1 + \beta_1(z - a_2 t) \\ F_{12}(z + a_2 t) = \alpha_2 + \beta_2(z + a_2 t) \end{cases}。 \tag{4.88}$$

同时，在地面边界上存在压力的转换条件，如下式所示：

$$p = p_\mathrm{m}\left(1 - \frac{t}{\theta}\right)。 \tag{4.89}$$

以及在塑性波阵面 OB 上(图4.11)，应用动量定理，有：

$$\begin{cases} p_2 - p_1 = a_1 \rho(v_2 - v_1) \\ p_2 - p_\mathrm{s} = a_1 \rho(v_2 - v_\mathrm{s}) \end{cases}。 \tag{4.90}$$

根据式(4.89)和式(4.90)，并且遵循 t 的 0 次幂及 1 次幂必定相等的计算原则，可建立四个计算等式条件，进而求解四个未知系数：α_1、α_2、β_1 和 β_2。最终求得区域 2 中的压

力和速度表达式为:

$$p(z,\ t)=p_{\mathrm{m}}\left(1+\frac{a_2^2+a_1^2}{2a_2a_1}\frac{z}{\theta}-\frac{t}{\theta}\right),\qquad(4.91)$$

$$v(z,\ t)=\frac{p_{\mathrm{m}}}{a_2\rho}\left(\frac{a_2}{a_1}+\frac{z}{a_2\rho\theta}-\frac{a_2^2+a_1^2}{2a_1a_2}\frac{t}{\theta}\right)-\frac{p_{\mathrm{s}}}{a_0}\frac{a_0-a_1}{a_1}_{\circ}\qquad(4.92)$$

由上述公式可见, 随着时间的增加, 区域 2 介质中任一截面所受到的压力和质点速度均在不断减小, 进而在塑性波阵面 OB (即 $z_1=a_1t$) 上介质所受到的压力和质点速度达到最大值, 如下式所示:

$$p_{z,\mathrm{m}}=p_{\mathrm{m}}\left(1-\frac{a_2^2-a_1^2}{2a_2^2a_1}\frac{z}{\theta}\right)=p_{\mathrm{m}}\left\{1-\left[1-\left(\frac{a_1}{a_2}\right)^2\right]\frac{z}{2a_1\theta}\right\}\qquad(4.93)$$

$$v_{z,\mathrm{m}}=\frac{p_{\mathrm{m}}}{a_2\rho}\left\{\frac{a_2}{a_1}-\left[\left(\frac{a_2}{a_1}\right)^2-1\right]\frac{z}{2a_1\theta}\right\}-\frac{p_{\mathrm{s}}}{a_0}\left(\frac{a_0}{a_1}-1\right)_{\circ}\qquad(4.94)$$

同时, 由于区域 3、4、5、6、7 均为卸载区, 故其与式(4.82)、式(4.87)和式(4.88)形式相同, 且均为卸载区的解。需要特别注意: 这些区域的解形式虽然相同, 但由于边界条件存在一定差异, 故相应的系数如 α_1、β_1 等的具体数值也不同, 同时其具体值也是由边界条件所确定, 如下所示:

$$z=0,\ p_1=p_{\mathrm{m}}\left(1-\frac{t}{\theta}\right);\qquad(4.95)$$

$$z=a_1t,\ p_1-p_{\mathrm{s}}=a_1\rho(v_1-v_{\mathrm{s}});\qquad(4.96)$$

$$p_i-p_j=a_2\rho(v_i-v_j)_{\circ}\qquad(4.97)$$

式中: 下标 i 表示相邻区域 I 的边界; 下标 j 表示相邻区域 J 的边界。

对于区域 3、4、5、6、7 的求解而言, 其求解过程与区域 2 类似, 均是通过两个边界条件建立四个计算方程来求解四个未知系数 α_1、α_2、β_1 和 β_2。这些区域解的表达式比较复杂, 本节不再赘述。这里仅引录不同截面上的压力变化曲线, 如图 4.12 所示。

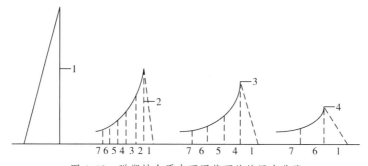

图 4.12　弹塑性介质中不同截面处的压力曲线

事实上, 在实际工程中, 爆炸波并不是简单的一维平面波; 同时, 岩土介质也并不只是简单的弹塑性介质, 其内部构造存在多样性和复杂性。这些因素均使得爆炸波在土中的传播机理和过程更为复杂, 这将在后面进行进一步探讨和分析。

4.3 常规爆炸产生的土中压缩波

4.3.1 概述

武器爆炸、矿山开采爆破、土石方工程施工爆破主要涉及剧烈的核反应(核武器)和化学反应两种爆炸形式。核爆和化爆都会引起岩土介质内部的自由场地运动。在核爆条件下,介质与结构的相互作用导致结构早期振动的峰值加速度和峰值速度可能比自由场的高,同时由于其爆炸释放的能量非常大,引起的强烈地运动范围也很大(可达几千米至几十千米);常规武器化爆释放的能量相对小很多,所引起的强烈地运动范围也很小(一般为几十米至几百米)。一般而言,核武器打击地下防护工程尤其是浅埋工程的可能性较低,进行相关设计时其并非主要设计荷载;常规武器打击地下防护工程尤其是浅埋工程的可能性较高,其装药爆炸产生的地冲击荷载是地下防护工程尤其是浅埋防护工程的主要设计荷载。根据爆炸后弹坑形状及向地下半空间传递能量的类型,可以将装药爆炸分为近地爆炸、触地爆炸、浅埋爆炸、深埋爆炸和封闭爆炸。本节主要讨论的是两种极端情况:一种极端情况是封闭爆炸,爆炸产物全部封闭在岩土介质中,压力不向空气中泄漏,炸药爆轰压力压缩岩土介质形成爆腔,并引起周围介质产生冲击运动,形成直接地冲击;另一种极端情况是空中爆炸,常规武器空中爆炸产生的空气冲击波拍击地面,引起地层介质的冲击运动,形成间接地冲击。同时,由于常规武器爆炸的地冲击作用范围较小,因此,通常只考虑地下防护结构附近的地面爆炸和地下爆炸。即常规武器在地下防护结构中发生爆炸时,一方面,其作用于地面的爆轰压力压缩、抛掷岩土介质,在地面形成弹坑,作用在弹坑表面上的爆炸压力使周围介质产生向外的冲击运动,构成岩土介质中的直接地冲击;另一方面,作用于空气的爆轰压力引起空气冲击波,沿地面传播的空气冲击波又在岩土介质中产生间接地冲击。

如图 4.13 所示,常规武器爆炸时,与爆心向下轴线成 45°的范围(图中 I 区)主要为直接地冲击作用区,地面与爆心射线成 30°的范围(图中 Ⅲ 区)主要为间接地冲击的作用区,与爆心向下轴线成 45°～70°的范围(图中 Ⅱ 区)为直接地冲击和感生地冲击的复合作用区。

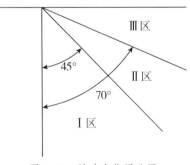

图 4.13 地冲击作用分区

综上所述,与核爆产生的压缩波相比,化爆产生的地冲击具有以下特点:①化爆产生的地冲击作用范围更小，一般仅作用在一定的范围之内；②化爆产生的地冲击作用时间更短，一般仅为几毫秒至几十毫秒；③随着传播距离的增加，化爆产生的地冲击峰值压力衰减更快。

与核爆产生的土中压缩波类似，化爆产生的地冲击参数也主要是考虑地冲击引起的应力峰值以及土中质点的峰值速度。一般而言，应力峰值与土中质点的峰值速度与装药量、装药位置、装药类型等因素密切相关。下面将介绍常规武器化爆产生的直接地冲击与间接地冲击相关参数的确定方法。

4.3.2　直接地冲击

当常规武器在地面或靠近地面或侵入土中浅层爆炸时，爆炸的一部分能量传入地下，形成直接地冲击；另一部分能量通过空气传播形成空气冲击波，拍击地面形成间接地冲击。图 4.14 所示为常规武器触地爆炸或在土中浅埋爆炸的情况。

根据图 4.14，不难理解，工程顶板的地冲击土中荷载由间接地冲击和直接地冲击两部分组成。由于一般人防地下室覆土厚度较小，炸药距结构外墙一定距离爆炸时，直接地冲击方向与顶板法线几乎垂直，这时顶板的爆炸动荷载主要是间接地冲击。而工程外墙主要是受到直接产生的地冲击荷载作用，常规武器爆炸产生的地冲击荷载是地下人防工程的主要设计荷载之一。地冲击可对土中结构产生严重威胁。地面或土中爆炸产生的地冲击应力通常大于其在空中爆炸的情况，且作用时间更长，地运动也得到相应的增强。在进行工程设计时，必须确定结构上的地冲击荷载，为土中结构的可靠性设计提供合理有效的数据和依据。地冲击的强度与在爆炸点直接传入地内的耦合能量或由传播中的空气冲击波对地面作用所引起的力成正比。

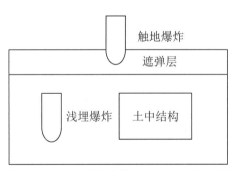

图 4.14　常规武器触地爆炸或在土中浅埋爆炸

根据图 4.14，下面对直接地冲击的相关参数进行推导和分析。首先假设爆炸入射波经过时间 t_a 达到土中某一点处，升压时间为 t_r，可得相关公式为：

$$t_a = \frac{R}{a}, \tag{4.98}$$

$$t_r = 0.1 t_a。 \tag{4.99}$$

式中：R 为爆心至计算点的距离；a 为爆炸波在传播过程中的波速。

从零至应力峰值的过程中，如果假设直接地冲击的应力按照线性递增，则在达到时间 t_a 的 1～3 倍内可按指数形式衰减确定应力与土介质中的质点速度：

$$\sigma(t) = \sigma_0 e^{-\alpha(t-t_r)/t_a} \quad (t \geqslant t_r), \tag{4.100}$$

$$v(t) = v_0 \left[1 - \beta \frac{(t-t_r)}{t_a} \right] e^{-\beta(t-t_r)/t_a} \quad (t \geqslant t_r)_{\circ} \tag{4.101}$$

式中：$\sigma(t)$ 为计算点的直接地冲击应力；σ_0 为计算点的直接地冲击应力峰值；$v(t)$ 为土介质中的质点速度；v_0 为土介质中的质点峰值速度；α、β 为表征时间的常数，一般而言，可取 $\alpha = 1.0$，$\beta = 1/8.5$。根据式（4.100）和式（4.101），对时间求导可得加速度的具体表达式：

$$a(t) = v_0 \beta \frac{(\beta t - 2t_a)}{t_a^2} e^{-\beta \frac{t}{t_a}}_{\circ} \tag{4.102}$$

自由场地冲击峰值参数可按下列公式进行计算：

$$\begin{cases} \dfrac{d_0}{W^{\frac{1}{3}}} = 1640 \times 0.397^{-n} \dfrac{\eta}{c} (R/W^{1/3})^{-n+1} \\[2mm] v_0 = 525 \times 0.397^{-n} \eta (R/W^{1/3})^{-n} \\[2mm] a_0 W^{\frac{1}{3}} = 19.8 \times 0.397^{-(n+1)} \eta c (R/W^{1/3})^{-n+1} \end{cases}_{\circ} \tag{4.103}$$

式中：d_0 为峰值位移；v_0 为峰值速度；a_0 为峰值加速度；W 为炸药 TNT 当量；η 为爆炸能量耦合系数（见后图 4.16）；n 为衰减系数（表 4.1）。

表 4.1 地冲击衰减系数

材料	地震波波速/ m·s⁻¹	衰减系数
松散干砂、砾石	180	3～3.25
砂质土、干砂、黄土、回填土	300	2.75
密实砂土	480	2.50
含气量大于 4% 的湿砂质黏土	550	2.50
含气量大于 1% 的饱和砂质黏土、黏土	1500	2.25～2.50
饱和黏土、泥质页岩等	＞1500	1.50

资料来源：钱七虎、王明洋著：《高等防护结构计算理论》，江苏科学技术出版社 2009 年版，第 443 页。

结构范围内自由场的平均位移、速度和加速度峰值可对上述公式取积分平均得到，有：

$$\begin{cases} \dfrac{d_{avg}}{W^{\frac{1}{3}}} = 1640 \times 0.397^{-n} \eta W^{\frac{n-1}{3}} \dfrac{(R_1^{-n+2} - R_2^{-n+2})}{c(n-2)(R_2-R_1)} \\[3mm] v_{avg} = 525 \times 0.397^{-n} \eta W^{\frac{n}{3}} \dfrac{(R_1^{-n+1} - R_2^{-n+1})}{(n-1)(R_2-R_1)} \\[3mm] a_{avg} W^{\frac{1}{3}} = 19.8 \times 0.397^{-(n+1)} \eta c W^{\frac{n+1}{3}} \dfrac{(R_1^{-n} - R_2^{-n})}{n(R_2-R_1)} \end{cases}_{\circ} \tag{4.104}$$

式中：R_1 为土中结构近端距爆心的距离；R_2 为土中结构远端距爆心的距离。

在实际工程中，为减少计算量和分析量，可将直接地冲击的波形进行简化，如图 4.15 所示，可简化成具有一定升压时间的三角形。一般而言，正向作用时间为 $t_d = 2t_a$。

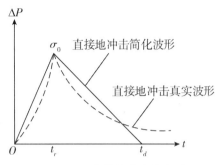

图 4.15　直接地冲击的波形

根据图 4.15，质点峰值速度与地冲击应力峰值的关系可按下式表示：

$$\sigma_0 = \rho a v_0 \text{。} \tag{4.105}$$

式中：ρ 为土介质的质量密度；ρa 为土介质的波阻抗。

根据式（4.105），常规武器在土中爆炸或接触地面爆炸时对土中结构产生的直接地冲击应力峰值为：

$$\sigma_0 = \eta \rho a 48.77 \left(\frac{5.4R}{Q^{1/3}} \right)^{-n} \text{。} \tag{4.106}$$

式中：η 为耦合系数；Q 为装药重量；R 为目标点与爆心之间的距离；n 为应力衰减系数，一般而言，饱和土可取 $1.5 \sim 2.7$，非饱和土可取 $2.6 \sim 3.2$。

耦合系数的物理意义为：相同当量的触地爆炸或浅埋爆炸与封闭爆炸在同一介质中距爆心相同位置所产生的地冲击的比值。其表达式为：

$$\eta = \frac{(\sigma, \ v, \ d, \ I, \ a)_{近地爆}}{(\sigma, \ v, \ d, \ I, \ a)_{封闭爆}} \text{。} \tag{4.107}$$

由此可见，耦合系数实际上是浅埋爆炸相对于同当量封闭爆炸产生的地冲击参数的一种折减。对于不同的介质，如土、混凝土和空气，耦合系数有所不同，其取值可参考图 4.16，并可用下列函数具体表示：

$$\eta = \begin{cases} f\left(\dfrac{h}{\sqrt[3]{Q}} \right) & (h < h_{gs}) \\ 1 & (h \geqslant h_{gs}) \end{cases} \text{。} \tag{4.108}$$

式中：h_{gs} 为最小地冲击埋深；f 为一函数，其形式与材料的特性密切相关，可根据爆炸试验进行拟合。

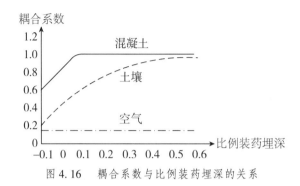

图 4.16　耦合系数与比例装药埋深的关系

需要特别注意，对于同一种介质而言，地冲击耦合系数有且仅与比例装药埋深有关。当炸药为触地爆炸时，耦合系数一般取为 0.14。当炸药在两种及以上介质中爆炸时，按照各层介质占装药量的比例，对各层介质的耦合系数进行加权求和。

以上讨论的是土中直接地冲击相关参数的计算分析，下面对岩石中直接地冲击相关参数进行分析。根据坚硬岩石中的平均试验数据，可知在一定距离上，坚岩中的介质中质点的峰值速度高于软岩，这是由于相同当量的炸药在坚岩和软岩中进行封闭爆炸时其峰值应力和速度衰减的规律不同。而对于峰值位移而言，软岩中的位移较小，这与峰值位移正比于作用冲量，而反比于介质阻抗有关。

4.3.3　间接地冲击

常规武器爆炸产生的间接地冲击可近似简化为一维波传播理论推导计算，同时针对常规武器爆炸的特点修正了局部参数。土中压缩波波形可简化为图 4.17 的形式。其他参数按下列公式进行计算：

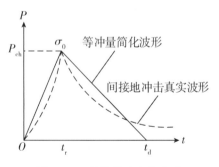

图 4.17　间接地冲击的波形

$$P_{ch} = P_m \left\{ 1 - \frac{h}{2kv_1\tau} \left[1 - \left(\frac{a_1}{a_2}\right)^2 \right] \right\}, \tag{4.109}$$

$$t_r = \left(\frac{a^0}{a_1} - 1\right) \frac{h}{a_0}, \tag{4.110}$$

$$t_d = t_r + (1 + 0.4h)\tau。 \tag{4.111}$$

式中：P_{ch} 为地面空气冲击波在顶板中心处的间接地冲击峰值压力；P_m 为常规武器地面爆炸空气冲击波最大超压；k 为修正系数，可取 1.5～2.0；τ 为常规武器地面爆炸空气冲击波按等冲量简化的等效作用时间；a_0 为土的初始压力波速；a_1 为土的峰值压力波速；a_2 为土的卸载波速；t_r 为结构顶板上均布动荷载的升压时间，如图 4.17 所示；t_d 为结构顶板上等冲量简化的等效作用时间，如图 4.17 所示。

式(4.109)至式(4.111)较好地反映了化爆空气冲击波产生的间接地冲击在土中传播的规律，如峰值压力随深度降低、波阵面变缓、作用时间增长等特点，以及公式中峰值压力衰减与深度成正比，与空气冲击波的等冲量作用时间成反比。由于空气冲击波的等冲量作用时间较短，一般只有几毫秒，所以相对于核爆来讲，其衰减较快，式(4.109)即反映了这一特点。

4.4　核爆产生的土中压缩波

一般而言，土是一种多组分介质，由三类物质组成：空气、水和矿物颗粒。矿物颗粒彼此接触但并没有填满所有的空间，矿物颗粒形成土骨架，土骨架孔隙里充满液体和气体，同时这些组分物理性质上的差异以及含量的不同使得土的物理性质千变万化。

按照工程上的理解，饱和土通常指孔隙完全被水填满的土。试验研究表明，孔隙中除水之外还常含有极少量封闭气体，其力学特性与完全饱和土很接近，因此，也将孔隙中有水和少量空气的土称为饱和土，更确切地说是准饱和土，而原来意义上的饱和土是完全饱和土。如果空气的体积含量很大，且与大气连通，此种土称为非饱和土。准饱和土、完全饱和土、非饱和土在许多力学特性上有明显的区别，而这根本的原因便是它们组成上的差异和各组分存在的形式不同。

本节首先讨论核爆产生的压缩波在非饱和土和岩石中的传播，然后分析其在饱和土和岩石中的传播，最后讨论其遇到不动障碍的反射和在多层介质中的传播。

4.4.1　非饱和土和岩石中的压缩波

4.4.1.1　非饱和土和岩石中的动力试验

核爆产生的空气冲击波作用于地面时，一方面在地面反射形成空气中的反射波，另一方面压缩岩土产生感生地冲击向地下传播。通过收集前人对岩土进行的大量动力试验结果，并进行分析，大多数非饱和土和岩石中的压缩波主要呈现以下特点：

(1)随着时间的推移，核爆产生的空气冲击波将会变成地下的有一定升压时间的压力波，这个特点在非饱和土中比较明显，为了与地面冲击波区别起见，称其为压缩波。

(2)压缩波的峰值压力随传播距离的增大而不断减小。

(3)压缩波的作用时间与升压时间随传播距离的增大而不断增加。

(4)当压缩波的峰值压力约达到 0.01 MPa 时，在压缩波通过后，非饱和土和岩石中就会产生一定的残余变形。

(5)某些试验中发现：非饱和土和岩石的变形存在一定的滞后效应，即非饱和土和岩石的最大变形并不是在其应力达到峰值时产生，而是在其达到最大压力后出现下降趋势的时间段内产生，甚至会出现非饱和土和岩石的残余变形都可能超过其应力达到峰值时的变形数值。

（6）根据上述特点，非饱和土和岩石的残余变形并不只是由应力峰值这一个指标决定，还与压缩波的作用时间有关。

（7）当感生地冲击作用于地下结构时，会产生一个特殊的现象：在不深不浅的结构埋置深度处——结构埋置深度不与地面齐平，也不处于深埋状态，而是埋置在距地面一定距离的中间深度处，其作用效果(产生的最大内力和最大变形)最大。

4.4.1.2 非饱和土和岩石在荷载下的力学响应

为了较好地阐述和理解核爆作用下产生的空气冲击波在岩土中的传播规律，需要对非饱和土和岩土在荷载作用下的力学响应进行分析。

对于非饱和土而言，其孔隙中不仅存在一定量的流体(常见的流体为水)，而且存在大量与大气相连通的空气。同时，由于空气和流体的流动性较大，而土体内部颗粒作为一种固体单元，其可压缩性远远小于空气和流体，因此，无论是在静荷载堆压或动荷载作用的条件下，土体抵抗变形的主要成分为土中的骨架颗粒。骨架的变形由骨架颗粒自身的弹性模量和两个颗粒之间的相对滑动决定。但随着荷载的增加，当荷载增大至一定程度时，骨架颗粒之间的相对滑动较大，空气和流体的压缩程度也较大，这可能会导致土体骨架发生破坏，进而破坏土体孔隙与大气相连的组构。这将会出现不仅骨架颗粒对压缩变形的抗力增加，空气和流体对压缩变形的抵抗也会逐渐增大。

上面对非饱和土在荷载作用下的力学性质进行了简要阐述，下面将根据具体的试验结果，分析非饱和土在动荷载作用下的变形特征，即应力-应变曲线。以两种非饱和土在不同的试验条件下的结果为例。

第一种非饱和土为绿黏土。图 4.18 所示为绿黏土单轴变形曲线，其试验结果由重物冲击试验得到。该图中的加载曲线变化大致可分为三个阶段：第一阶段，加载应力较小，主要表现为黏聚力发生改变，引起土中骨架颗粒发生弹性变形，而塑性变形较少，曲线凹向应变轴；第二阶段，随着加载应力的增大，主要表现为骨架颗粒之间发生相对滑动，引起塑性变形且其发展较快，而弹性变形较少，近似呈直线；第三阶段，随着加载应力进一步增大，主要表现为多相压缩变形，曲线凸向应变轴。

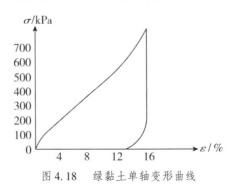

图 4.18 绿黏土单轴变形曲线

第二种非饱和土为中等粒度砂土。图 4.19 所示为中等粒度砂土单轴变形曲线，其试验结果由击波管中进行冲击波试验得到。该图中的加载曲线变化大致可分为三个阶段：第一阶段，加载应力较小，由于砂土不具有黏聚力，因此土中骨架颗粒发生弹性变形较少，以塑性变形为主，曲线凸向应变轴；第二阶段，随着加载应力的增大，主要表现为骨架颗粒之间发生相对滑动，引起塑性变形且其发展较快，而弹性变形较少，近似呈直线；第三阶段，随着加载应力进一步增大，主要表现为多相压缩变形，达到屈服平台，曲线平行于应变轴。

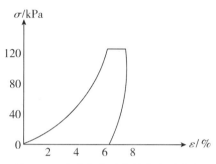

图 4.19　中等粒度砂土单轴变形曲线

对于岩石而言，其应力-应变曲线近似于直线，除应力较小时的弹性变形阶段外，由于岩石中存在一定的孔隙，之后曲线会开始凸向应变轴。同时当岩石中的孔隙压力消除后，曲线将为直线所代替。以花岗岩为例，其隶属于火成岩，孔隙率小于水成岩，故花岗岩的应力-应变曲线更接近于直线。图 4.20 所示为花岗岩动力压缩曲线。

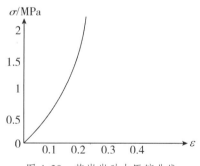

图 4.20　花岗岩动力压缩曲线

根据上述非饱和土与岩石中的压缩波传播与作用的试验结果及其相应的应力-应变曲线，进一步对其选取的介质计算模型进行探讨和分析。对于介质计算模型的选取，首先要求求解得出的结果必须能解释所解决的问题的主要定性特征，其次要求结果定量上有一定的相应精度。这是因为介质计算模型的选取不仅取决于介质本身的真实特性，而且取决于所解决的问题的特点。完全满足介质真实特性的模型往往会使问题的分析变得非常复杂，所以不得不进行某些简化，即舍去某些次要的介质特性而突出和强调其主要特性。而简化是否合适，取决于所解决的问题的主要矛盾。

在解决非饱和土和岩石中压缩波的传播及其对结构的作用机理时，通常采用一维平面波运动的模型。即认为岩土中的应力、变形及其他参数除与时间 t 有关外，有且只与其位置坐标和深度 h 有关。采用一维平面波运动的模型进行分析的原因主要有以下两点：①处于单轴应变条件下的岩土的应力-应变关系研究得比较清楚，而二维及二维以上的岩土的本构关系目前还没有统一的结论。②模型具有简单性，进而一维波的传播及其与障碍、构件及地表面的相互作用研究成果较为丰富，使得应用于实际有了可能。由于结构的实际尺寸是确定的，故所研究的问题，严格地说都是二维、三维问题，即岩土的所有参数(如应力、变形等)除与深度 h 有关外，还与点的位置即 xy 坐标有关。但根据相关试验，二维、三维问题仅在个别最简单的理论假设的前提下才能得出普遍的研究结果。

在一维平面波运动的模型中可以采用各种曲线(方程)来确定介质的应力-应变关系。对于非饱和土和岩石而言，目前应用最为广泛、研究成果较多的模型为弹塑性模型。该模型既考虑了岩土的塑性变形，即岩土发生变形时所产生的不可逆的压缩变形，这较为符合岩土自身的力学特性，又将应变率在动荷载作用下对岩土变形的影响忽略不计，即选取岩土某一平均应变率下的 $\sigma-\varepsilon$ 曲线作为岩土的变形曲线。这极大程度地简化了模型。采用弹塑性模型对岩土中压缩波的传播进行分析，能够较为合理地解释 4.4.1.1 节中非饱和土和岩石中的压缩波的特点(1)至(5)，但不能合理地解释特点(6)和(7)。特别是按照这个模型所计算的压缩波最大压力的衰减幅度远比实际小。这是因为在实际工程中，岩土中压缩波的衰减原因不仅包括由于其本身发生了不可逆的压缩变形，进而发生能量损耗，同时还包含压缩波产生非平面运动后引起的空间能力消散，以及如果考虑应变率在动荷载作用下对岩土变形的影响，进而引起的滞后效应所导致的能量耗散。因此，如果考虑应变率在动荷载作用下对岩土变形的影响，可将弹塑性模型转变为黏塑性模型。该模型既能合理地解释 4.4.1.1 节中非饱和土和岩石中的压缩波的特点(1)至(5)，也能合理地解释特点(6)和(7)，能一定程度上弥补弹塑性模型的缺陷。但是，黏塑性模型的研究成果并不充分，并不足以用来进行实际设计使用。同时，已有相关研究表明：考虑应变率在动荷载作用下对岩土变形的影响，仅会导致计算结果偏差在5%以内，没有必要使用黏塑性模型(会提高计算的复杂程度)。而且最关键的一点是：正是由于弹塑性模型忽略了应变率在动荷载作用下对岩土变形的影响，导致其计算的压缩波最大压力的衰减幅度远小于实际，这使得计算结果偏安全。

4.4.1.3 非饱和土和岩石中的压缩波参数的计算

根据 4.4.1.2 节，可知对于非饱和土和岩石而言，通常采用一维平面波运动的模型分析和计算压缩波在其中的传播。而在一维平面波运动的模型中，压缩波产生的波阵面大致可以分为两种类型：第一种为规则反射区[图 4.21(a)]，由于冲击波的波阵面曲率半径很大，进入岩土中后其传播速度明显降低，使得冲击波的波阵面曲率半径更大，故可认为其波阵面为平面；第二种为不规则反射区[图 4.21(b)]，由于在工程设计抗力范围内，空气冲击波的传播速度远远超过岩土中压缩波的传播速度，进而导致岩土中压缩波的波阵面离地表平面的偏角较小，所以在工事结构尺寸较小的情况下，这种不是垂直向下的波阵面引起的误差较小，对梁、板结构，忽略其波阵面的影响是偏于安全的。

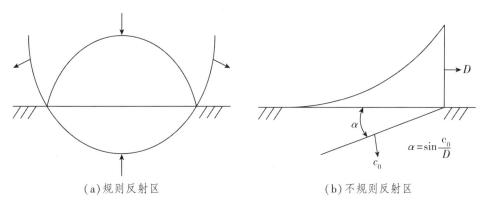

（a）规则反射区　　　　　　　　　　（b）不规则反射区

图 4.21　空气冲击波产生的岩土中压缩波波阵面

因此，核爆条件下岩土中压缩波的基本计算模型可简化为具有一定升压时间的三角形压力变化曲线。图 4.22 所示为简化后岩土中压缩波波形及真实压缩波波形曲线。并且该简化计算模型仍然采用岩土的一维平面波运动理论，选取两折线加载的弹塑性模型表征岩土的应力–应变关系，同时采用压缩波的峰值压力 P_h、压缩波的升压时间 t_{ch} 以及压缩波的降压时间 t_{02} 进行定量分析。

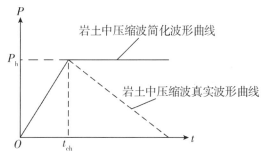

图 4.22　岩土中压缩波的波形曲线

根据图 4.22 及上述的简化模型，并结合核爆产生的空气冲击波为指数衰减，而并非线性衰减的特征，对式（4.93）进行修正，得到修正后的非饱和土与岩石中的压缩波参数：

$$P_h = P_m \left\{ 1 - \frac{h}{a_1 t_{02}} \left[1 - \left(\frac{a_1}{a_2} \right)^2 \right] \right\}, \tag{4.112}$$

$$t_{ch} = \left(\frac{a_0}{a_1} - 1 \right) \frac{h}{a_0}。 \tag{4.113}$$

式中：P_h 为岩土中压缩波的峰值压力；P_m 为地面冲击波的峰值超压；h 为岩土的计算深度；t_{02} 为等冲量地面冲击波的降压时间；t_{ch} 为岩土中压缩波的升压时间；a_0 为初始压力波速；a_1 为峰值压力波速；a_2 为卸载波速。对于初始压力波速 a_0，其取值应按现场实测数据确定。

同时根据 4.2.2.1 节中所述的弹塑性波理论，可知岩土中实际压缩波升压后的压力作用时间远远大于其地面冲击波正压作用的时间。因此，如图 4.22 中的实线所示，在实际工程中，通常只使用 $0-t_{ch}$ 这一段压力作用曲线进行计算分析，这样既能大大减少计算量，又能确保结果的准确性。因此，核爆感生的岩土中压缩波也可简化为有升压时间的平台形波形荷载，已有相关文献证明了此简化的可靠性及合理性。

除上述讨论的岩土中的竖直方向压力外，还需要对核爆感生的岩土中压缩波引起的水平方向压力(侧压力)进行分析。试验表明：核爆感生的岩土中压缩波自上而下传播时，其水平侧压力基本不随着应力及应变率的改变而改变，因此可视为一常数，如下所示：

$$P_{测} = \xi P_h, \tag{4.114}$$

$$\xi = \frac{\mu}{1-\nu}。 \tag{4.115}$$

式中：ξ 为岩土的侧压力系数；ν 为岩土的泊松比。

非饱和土的侧压力系数如表4.2所示，岩石的侧压力系数则按弹性介质进行取值。

表4.2 非饱和土的侧压力系数

类型	ξ
碎石土	0.15～0.25
地下水位以上的砂土	0.25～0.35
硬塑黏土	0.20～0.40
可塑黏土	0.40～0.70
软塑黏土	0.70～1.00

资料来源：方秦、柳锦春编著：《地下防护结构》，中国水利水电出版社2010年版，第134页。

4.4.2 饱和土中的压缩波

4.4.2.1 饱和土的物理性质

一般而言，饱和土是由固体土颗粒、水和空气组成的三相介质。按照土中气体的含量，饱和土可进一步划分为完全饱和土和不完全饱和土两种类型。对于完全饱和土而言，其气体含量为零，土的孔隙完全被水等液体充满；对于不完全饱和土而言，其孔隙中含有一定量与大气不连通的封闭气体。在实际工程中，绝大多数饱和土为不完全饱和土，只有极个别特殊条件下才存在完全饱和土。

饱和土中的固体土颗粒成分取决于成土母岩的成分和以后的风化作用。成土母岩的原生矿物是由岩石经物理、机械和风化等作用破裂而成，一般粗粒，多呈浑圆形或带棱角形，性质比较稳定，常见的有石英、长石和云母等。次生矿物是由原生矿物经化学和风化作用生成的新矿物，它与母岩成分完全不同，颗粒极细，且多数呈片状，常见的有高岭土、伊利土和蒙脱土，由于它们的比表面积很大，相应的分子引力也很大，因此一般都具有较强的亲水性和表面活性。土中的次生矿物是以团粒化的形式存在的。其中的胶体和微粒子相互黏附，形成坚固的超微团粒(尺寸一般小于 0.002 mm)和微团粒(尺寸一般为0.002～0.1 mm)，超微团粒和微团粒形成更高级别的联合体——团粒，团粒结合便形成可用肉眼观察的土颗粒。由于原生矿物和次生矿物在性质上有很大差异，因此，土的渗透性、可塑性、可压缩性和强度特征等与它们之间的相对含量有关。在饱和黏土中，次生矿物的含量相对要大得多。

可溶于水的次生矿物如方解石、石膏和岩盐等水溶岩在土中主要以胶结膜的形式存在，它们与水膜一起包裹着不溶于水的固体颗粒，这些膜的厚度比固体颗粒本身的尺寸小得多，而且膜的联结强度也远小于粒子的强度。由于胶结膜和水膜的存在，增加了土骨架的联结作用。

荷载作用时可引起膜的应力集中，且随着膜的联结的破坏，骨架也开始变形。随着荷载的增大，固体粒子间产生相对位移，粒子重新排列，此时，粒子间的摩擦力是决定变形大小的主要因素。在富水环境中，由于盐溶于水，使土的强度有所降低。

除矿物颗粒外，饱和土中也含有少部分有机物成分。有机物成分的存在对饱和土的性质有一定的影响，这主要表现在对土的塑性、渗透性、尤其是土的体积压缩性的影响。

自由孔隙中的液体组分主要是水，在水中还含有许多的溶解物质。液体组分与矿物颗粒表面产生物理和化学的相互作用，这些相互作用使得饱和土在强度、塑性、黏性和其他一些变形特性上与干土和含少量水的非饱和土有许多差异。

土中的水主要分为自由水和结合水两种，在特殊的情况下还有水蒸气和冰存在。土中自由水一般含有盐，因此应该视之为溶液。自由水在很大程度上决定了土颗粒间的联结强度。结合水的特性很复杂，其紧密地包裹固体颗粒表面，性质非常接近于固体，其密度大，且具有弹性、一定的抗剪强度和很高的联结力。

土中的气体成分按其存在形式可以分为与大气连通的气体和与大气不连通的以气泡形式出现的封闭气体。在饱和土中，气体主要以封闭气体形式存在。土中的气相成分受温度、地下水位和土中液体性质的影响。

4.4.2.2　饱和土的动力试验

通过对比饱和土和非饱和土的波传播试验研究成果，可以看出两种介质在波传播试验中体现出截然不同的规律：

(1)压力峰值随深度的变化规律。在土样形成的过程中，饱和土的饱和度随着深度的增加而增加，这导致在深度方向上入射压力峰值随深度的增加而增大的现象；非饱和土中，入射压力峰值则随着深度的增加逐渐减小。

(2)升压时间的变化规律。在饱和土中，升压时间随着深度的增加可能逐渐减少，有形成冲击波的趋势；在非饱和土中，升压时间则随着深度的增加逐渐增加。

(3)刚壁上的反射系数。饱和土中可以观察到反射系数大于 2.0 的情况，非饱和土中反射系数则小于 2.0。

(4)应力波传播速度。饱和土中的应力波传播速度受外荷载峰值的影响很大，平面爆炸波传播试验观察到的应力波传播速度为 37.6～475 m/s；干砂的应力波速则比较稳定，受外荷载峰值的影响不大。

(5)剪切效应。饱和土的剪切效应相对于非饱和土来说要小得多。

4.4.2.3 饱和土的本构关系描述

饱和土的本构关系描述是一个比较复杂的过程，本着工程应用和描述从简的原则，进行以下规定：①饱和土介质可以看作相互无渗透及无相变的三组分关系，其变化可以看作绝热过程、等熵运动，爆炸荷载作用下，三相介质间无相对运动；②液相与气相分别看作理想液体和理想气体；③骨架的应力-应变关系采用弹塑性关系；④饱和土的抗剪能力全部由骨架来提供，骨架的作用贯穿于饱和土介质变形的全部过程；⑤饱和土介质抗压缩变形的能力由骨架和各单相的体积变形来共同承担。

1. 饱和土介质压缩特性描述

在密实介质的动力学问题中，忽略压缩性的影响会产生很大的误差。特别是当介质以能与音速相比拟的高速度运动时压缩性的影响更为严重，此时介质的密度已经不是一个常数，而是一个待求解的函数了。试验研究表明，在不大的荷载变化范围内，饱和土的传播速度会发生很大的变化。另外，从试验中可以观察到，气体含量是影响饱和土中波传播最重要的影响因素，其中的原因就是气体的压缩性比其他两相大得多。

饱和土中的介质压缩性由两部分构成：一是饱和土中各组分的压缩性，包括气体、水和固体颗粒的压缩性；二是骨架部分的压缩性。在完全耦合条件下，饱和土的压缩性表达式为：

$$K_{\mathrm{f}} = K_{\mathrm{m}} + K_{\mathrm{s}} - \frac{K_{\mathrm{m}} K_{\mathrm{s}}}{K_{\mathrm{g}}} + K_{\mathrm{m}} K_{\mathrm{s}} \frac{K_{\mathrm{m}} + K_{\mathrm{s}} - \dfrac{K_{\mathrm{m}} K_{\mathrm{s}}}{K_{\mathrm{g}}} - K_{\mathrm{g}}}{K_{\mathrm{g}}^2 - K_{\mathrm{m}} K_{\mathrm{s}}}。 \tag{4.116}$$

式中：K_{m} 为孔隙水压力作用下固体颗粒、水和气体总的体积模量；K_{g} 为固体颗粒的体积模量；K_{s} 为土骨架的体积模量，它与骨架有效应力的球应力分量有关。

2. 完全饱和土的本构关系

对于完全饱和土而言，其孔隙全部被水充满。一般而言，液体的压缩性要远小于固体的压缩性，也即是水等液体的压缩性远远小于土中固体骨架颗粒的压缩性。因此，在动荷载作用下，固体骨架颗粒发生较大的压缩变形，而水可能只挤压出一些，甚至来不及排出，进而导致完全饱和土的变形特征主要由水等液体决定。因此，完全饱和土的变形特性（即应力-应变曲线）主要由水的变形决定，其 $\sigma\text{-}\varepsilon$ 曲线中加载曲线与卸载曲线基本重合，并且基本与应变率无关。完全饱和土的应力-应变曲线如图 4.23 所示。

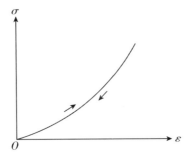

图 4.23　完全饱和土的应力-应变曲线

Stephen 通过对大量的砂土试验研究分析指出，饱和砂土中骨架的体积应力-应变关系可以分三段进行描述，分别为弹性阶段、孔隙闭合阶段和完全密实阶段。按照 Burton 的建议，岩土介质的体积压缩曲线总可以由四条曲线构成(图 4.24)，分别是弹性压缩曲线 L_e、初始压缩曲线 L_v(对应于雨贡纽曲线)、极限卸载曲线 L_c(又称高压卸载曲线，对应于卸载曲线的最外层包络线)以及极限拉伸曲线 L_p。对于砂、土介质，其抗拉强度可取零，因此，其极限拉伸曲线就是图 4.24 的横坐标轴。

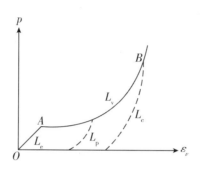

图 4.24 压力-体积应变关系曲线示意

弹性压缩曲线 L_e 可以按照胡克定律进行描述。初始压缩曲线 L_v 可以通过静水压缩试验或者三轴加载试验获得。极限卸载曲线 L_c 是材料中孔隙完全闭合以后的压缩曲线和卸载曲线，它需要在高压加载设备中试验获得，在饱和土中，它对应于气体完全被压缩或者溶解时的压缩曲线。曲线 L_v 和 L_c 的交汇点处相对应的体积应变 ε_v 与气体含量和液体含量有关：

$$\varepsilon_v = \frac{\alpha_1}{1-\alpha_1} + 0.37\alpha_2 。 \tag{4.117}$$

式中：α_1 为气体的体积含量；α_2 为水的体积含量。

3. 不完全饱和土的本构关系

对于不完全饱和土而言，其孔隙被大量的水等液体和少量的空气所填充。因此，在动荷载作用下，水等液体和空气均是土体抵抗变形的主要成分。已有相关试验证明，土中气体的含量、应力波的峰值压力将会对不完全饱和土中压缩波的传播造成较大的影响，具体表征为影响压缩波在土中传播的波形、波速等。显然，由于不完全饱和土中存在着一定量的气体，其压缩波的传播过程比完全饱和土复杂得多。

根据相关试验，在爆炸荷载的作用下，不完全饱和土的应力-应变曲线如图 4.25 所示。根据图 4.25，不完全饱和土在爆炸荷载作用下的应力-应变关系可以分为两个阶段：第一阶段，爆炸应力较小时，曲线凹向应变轴，此时的应力-应变关系为递减硬化关系；第二阶段，随着爆炸应力的增加，曲线凸向应变轴，此时应力-应变关系为递增硬化关系。曲线中的拐点 A 被称为分界应力点，该点的具体含义为：当爆炸产生的压力波通过该点后，波速将变得越来越快，进而导致后面的波将会追上前面的波，甚至产生激波现象。试验还表明，在不完全饱和土中，爆炸压力波通过后会产生残余变形，即残余应变。

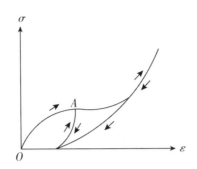

图 4.25　不完全饱和土的应力-应变曲线

4.4.2.4　饱和土中压缩波的传播

对于饱和土中压缩波的传播而言，压缩波的波速是一个较为重要的指标。相关试验和理论表明，当饱和土中压缩波在传播过程中的峰值压力达到一定程度时，其不仅含有峰值压力速度，同样含有初始压力速度。

根据 4.2.2.1 节，可知弹塑性介质中压缩波的传播速度均可采用式(4.35)进行计算。在式(4.35)的基础上，饱和土中压缩波的传播波速 a 可按下式计算：

$$a = \sqrt{\frac{E_{aws}}{\rho_{aws}}}。$$
(4.118)

式中：E_{aws} 为饱和土的变形模量；ρ_{aws} 为饱和土总的质量密度。

同时，冲击波波阵面的传播速度 D 可以表示为：

$$D^2 = \frac{p-p_0}{\rho_0}\frac{\rho}{\rho-\rho_0} = V_0^2\frac{p-p_0}{V_0-V}。$$
(4.119)

式中：p_0 为初始压力；ρ_0 为初始密度；V_0 为初始体积；p 为此时刻的压力；ρ 为此时刻的密度；V 为此时刻的体积。

如果不考虑骨架的影响，多组分介质的体积压缩方程为：

$$\frac{V}{V_0} = \frac{\rho_0}{\rho} = \sum_{i=1}^{3}\alpha_i\left[\frac{\gamma_i(p-p_0)}{\rho_{i0}c_{i0}^2}+1\right]^{-\frac{1}{\gamma_i}}。$$
(4.120)

式中：α_i 为按体积计算的气态组分含量；γ_i 为土中固态组分含量。

相关试验和理论表明，对于同一种完全饱和土而言，其初始压力波速和峰值压力波速基本没有差别，建议取值为 1600 m/s。对于不完全饱和土而言，由于其孔隙中不仅存在着大量的水等液体，而且还存在一定量的气体，进而导致其应力-应变关系较为复杂。因此，不同的不完全饱和土，甚至是同一种不完全饱和土，都可能具有不同的含气量 α_1、峰值压力 P_m 以及波速。

根据相关试验，饱和土的界限压力可按下式确定：

$$P_A = 20\alpha_1。$$
(4.121)

式中：P_A 为饱和土的界限压力；α_1 为饱和土中的含气量。

一般而言，饱和土中的含气量应按实测数据进行确定。如果无实测数据，有两种较为常见的取值方法：①含气量取 $1.0\%\sim1.5\%$，当所取区域的地下水位基本保持不变时，含气量宜取下限值。②可按照下式进行计算：

$$\alpha_1 = n(1-S)。 \tag{4.122}$$

式中：n 为饱和土的孔隙度；S 为饱和土的饱和度。

需要注意的是，上述讨论的是具有一定峰值压力的压缩波在不完全饱和土中传播的过程，因为当峰值压力太小时，其可能并不存在初始压力波速，进行相关的分析和计算就不具有较大意义。同时，尽管不完全饱和土中的含气量对压缩波的波形和波速影响较大，但有些试验表明，声波仪或其他地震法（峰值压力很小的震动）产生的波在不完全饱和土中传播的波速对含气量不敏感。换言之，在此条件下，土中的含气量对压缩波的波形和波速基本没有影响。

4.4.2.5　饱和土中的其他压缩波参数

在实际工程中，影响压缩波波形最关键的因素为压缩波的峰值压力和升压时间的变化情况。一般而言，饱和土中压缩波的峰值压力衰减比非饱和土中慢；同时，随着深度的增加，二者压缩波的峰值压力均逐渐减小。除此之外，需要特别注意，在某些特殊情况下，饱和土中的含气量可能会在重力及其他地质变化的综合作用下发生改变，进而出现随着传播深度的增加逐渐减少的现象。由于饱和土中抵抗压缩变形的主要成分为水等液体，因此，当土中的气体含量减少时，将导致其抵抗压缩变形的能力越来越强，进而出现在深度方向上介质阻抗随深度逐渐增大的现象。在这种情况中，应力波在介质阻抗逐渐增大的方向上传播时会出现"倒衰减"现象，也就是入射荷载峰值随深度逐渐增大，这种现象与非饱和土中的压缩波传播的现象截然不同。

对于饱和土中压缩波相关参数的计算而言，其压缩波仍可简化为三角形或平台形，如图 4.22 所示。参数 P_h、t_{ch} 仍可按照式（4.82）、式（4.85）计算，其中的波速参数按饱和土的波速参数取值。

4.4.3　土中压缩波的反射

4.4.3.1　压缩波遇到不动障碍时的反射

土中压缩波遇到障碍时，如同空气冲击波一样，其土中所受到的压力 P 和土体质点速度 V 都将发生改变。如果考虑同一种土介质，则其改变的情况视障碍的性质而定。如果障碍的坚硬程度大于介质，则将引起介质所受到的压力增加，质点速度减小。本节将对压缩波反射中最简单的情况——压缩波在不动刚体时的反射进行相关探讨和分析。此外，需要特别注意，无论是否考虑地表冲击波降压过程，土中质点压力在达到最大反射压力之前，均处于加载区，因此，4.4.2 节中的相关结论均适用于本节。

这里将正向自地表向下进行传播的压缩波称为入射波，而将反射引起的反向传播的压缩波称为反射波。

在入射波中，土中压力与质点速度的关系可按下式进行表示：

$$V_\text{入} = \int_0^{p_\text{入}} \frac{\mathrm{d}P}{a\rho}。 \tag{4.123}$$

如果将反射波看作在入射波扰动过的介质中传播的"入射波",则其引起的土中压力与质点速度的关系同样满足式(4.123),即

$$V_\text{反} = \int_0^{p_\text{反}} \frac{\mathrm{d}P}{a\rho}。 \tag{4.124}$$

式中:V 为土中质点速度;P 为土中压力;a 为波速;ρ 为土介质的密度。

需要特别注意,由于反射波是入射波扰动过后的"入射波",则式(4.124)中所表征的应力−应变曲线中的弹性极限 P_s 应变为 $P_\text{s}-P_\text{入}$(如果 $P_\text{s}>P_\text{入}$)。同时,在不动刚体的界面上,始终遵循牛顿第三定律及质点间的连续性,因此,可以得出以下关系式:

$$P_\text{入}+P_\text{反}=P_j, \tag{4.125}$$

$$V_\text{入}-V_\text{反}=V_j=0。 \tag{4.126}$$

式中:P_j 为作用障碍上的压力;V_j 为障碍的运动速度。

如果用一线性系数 K 表示反射波与入射波之间的关系,则由式(4.125)与式(4.105)可推知

$$K=\frac{P_\text{入}+P_\text{反}}{P_\text{入}}。 \tag{4.127}$$

其中 $V_\text{入}$ 和 $V_\text{反}$ 由式(4.123)和式(4.124)计算的具体积分结果视 $P_\text{入}$ 的数值而定:

(1) 如果 $P_\text{入}<P_\text{s}/2$,则 $V_\text{入}=P_\text{入}/(a_0\rho)$,$V_\text{反}=P_\text{反}/(a_0\rho)$。根据式(4.126)和式(4.127)可得 $K=2$。

(2) 如果 $P_\text{s}/2<P_\text{入}<P_\text{s}$,则 $V_\text{入}=P_\text{入}/(a_0\rho)$。根据式(4.124),推得 $V_\text{反}$ 的具体表达式为:

$$V_\text{反}=\frac{P_\text{s}-P_\text{入}}{a_0\rho}+\frac{P_\text{反}-(P_\text{s}-P_\text{入})}{a_1\rho}。 \tag{4.128}$$

根据式(4.128),求得 K 的具体表达式如下:

$$K=2\frac{a_1}{a_0}+\frac{P_\text{s}}{P_\text{入}}\left(1-\frac{a_1}{a_0}\right)。 \tag{4.129}$$

(3) 如果 $P_\text{s}<P_\text{入}$,则 $V_\text{反}=P_\text{反}/(a_1\rho)$。根据式(4.123),推得 $V_\text{入}$ 的具体表达式为:

$$V_\text{入}=\frac{P_\text{s}}{a_0\rho}+\frac{(P_\text{入}-P_\text{s})}{a_1\rho}。 \tag{4.130}$$

根据式(4.130),求得 K 的具体表达式如下:

$$K=2-\frac{P_\text{s}}{P_\text{入}}\left(1-\frac{a_1}{a_0}\right)。 \tag{4.131}$$

由上可见,对于弹塑性介质模型而言,因其 $a_1/a_0<1$,故 $K=2$;对于具有 $\mathrm{d}^2\phi/\mathrm{d}\varepsilon^2>0$ 的应力−应变关系曲线的介质(如饱和土)而言,则其 $a_1/a_0>1$,从而 $K>2$。但无论是哪一种介质,当 $P_\text{入}\geqslant P_\text{s}$ 时,均满足 $K\approx2$。K 的变化曲线如图4.26所示。

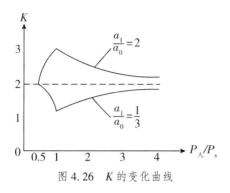

图 4.26　K 的变化曲线

4.4.3.2　压缩波在多层介质中的传播

压缩波在多层介质中传播时，遇到的"障碍"仍是另一层可压缩的介质，则不能当作不动刚体进行对待。此时压缩波在另一层介质中仍然要引起土中压力和质点速度的传播，该波称为透射波。与 4.4.3.1 节中的讨论类似，分界面上边界条件的方程为：

$$P_{1入} = P^1_{1反} = P^1_{2入}, \tag{4.132}$$
$$V_{1入} - V_{1反} = V_{2入}。 \tag{4.133}$$

式中：$P^1_{1反}$ 为第一次反射时第一层介质中反射波的压力；$P^1_{2入}$ 为第二层介质中第一次入射波压力。

如果将 $a_1\rho_1$ 称为土介质的阻抗，同时令 $A_1 = a_1\rho_1$，根据 4.4.3.1 节中的讨论，则有 $V_1 = P_1/A_1$。在岩土介质中，由于其弹性极限 P_s 过小，故可假设 $P_s \approx 0$，同时存在 $P_s \geqslant P_m$，进而存在 $a_1 = a_{11}$，即取为塑性波速；对于钢筋混凝土等介质，可按弹性介质处理，存在 $a_1 = a_{01}$，即取为弹性波速。进而可得：

$$P^1_{2入} = P_{1入} \, K_{2透}, \tag{4.134}$$
$$P^1_{1反} = P_{1入} \, K_{1反}, \tag{4.135}$$
$$K_{2透} = \dfrac{2}{1 + \dfrac{A_1}{A_2}}, \tag{4.136}$$
$$K_{1反} = \dfrac{\dfrac{A_2}{A_1} - 1}{\dfrac{A_2}{A_1} + 1}。 \tag{4.137}$$

图 4.27 所示为压缩波在三层介质中的传播过程。根据图 4.27，在介质 2—3 界面上存在：

$$P^1_{3入} = P_{2入} \, K_{3透}, \tag{4.138}$$
$$P^1_{2反} = P^1_{2入} \, K_{2反}, \tag{4.139}$$
$$K_{3透} = \dfrac{2}{1 + \dfrac{A_2}{A_3}}, \tag{4.140}$$

$$K_{2反} = \frac{\dfrac{A_3}{A_2} - 1}{\dfrac{A_3}{A_2} + 1}。 \tag{4.141}$$

式中：各符号含义与 1—2 界面处类似，此处不多加赘述。

根据 1—2 界面与 2—3 界面的推导，可得

$$P_{3入} = \sum_{i=1}^{n} P_{3入}^i = P_{1入} K_{2透} K_{3透} \left[1 + (K_{2反} K'_{2反}) + (K_{2反} K'_{2反})^2 + \cdots + (K_{2反} K'_{2反})^n \right]$$

$$= P_{1入} K_{2透} K_{3透} \frac{\left[1 - (K_{2反} K'_{2反})^n \right]}{1 - (K_{2反} K'_{2反})}。 \tag{4.142}$$

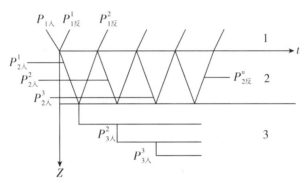

图 4.27　压缩波在三层介质中的传播

4.4.3.1 节讨论的都是超地震空气冲击波荷载作用下岩、土中的应力和地运动参数。传播着的空气冲击波对地下某点的效应一方面是由直接作用在该点上方的冲击波荷载产生，另一方面是由较高超压处空气冲击波荷载引起的地应力传播产生。所谓超地震区，指的是空气冲击波阵面传播速度超过岩、土介质的应力波阵面速度的区域，该区域上方作用的空气冲击波被称为超地震空气冲击波。一般低抗力的浅埋土中结构与地上结构都位于超地震区。由此可见，超地震空气冲击波前面必定不存在扰动传播，而且即使地下介质的晚期响应可能受到先前施加的各处地面空气冲击波的影响，但起控制作用的响应仍主要是由该点上方空气冲击波荷载产生的。当空气冲击波波阵面速度小于地应力波波阵面速度时，通过地层传播的扰动（地应力和地运动）将会传至空气冲击波的前面，此时相应的区域称为超前区。尽管超前区内的运动非常复杂，但位于超前区的地上结构和浅埋土中结构的速度、加速度以及所受的荷载，一般而言，仍主要是空气冲击波产生的入射应力波作用的结果。

4.5　岩土中爆炸破碎区半径的计算

在地下爆炸中，地下岩体中集团装药爆炸产生的高温高压爆轰产物，将猛烈压缩岩体，使岩体从爆心向外依次形成空腔区、粉碎压实区、剪切破坏区、径向开裂区和未受爆

炸应力波破坏的原状岩体区。其中，径向开裂区与原状岩体区的交界面至爆心的距离称为爆炸破碎区半径。在防护工程中，此半径的确定对于精准把握岩体破碎区内和破碎区外的应力波以及地运动参数具有重要意义。因此，本节将对目前常用的岩土中爆炸破碎区半径的计算公式进行简要探讨。

4.5.1 基于空腔膨胀理论的爆炸破碎区半径计算公式

4.5.1.1 一般表达形式

与岩体从爆心向外的区域划分类似，从爆炸腔室向外，围岩可分为汽化区、液化区、压碎区、径向破裂区和弹性区。通常将压碎区至弹性区之间不可逆变形区称为非弹性变形区。在孔隙率较低的坚硬岩石中，空腔的形成主要是压缩波向外挤压一定体积的介质所致，被挤压的体积被挤向弹性区，它与爆炸能量近似成正比，空腔半径及压碎区半径依赖于爆炸能量及介质的性质，包括其可压缩性和强度，它们的确定可采用如下理论公式：

$$R_1 = \frac{\beta Q^{1/3}}{(\rho a_0^2 f_c^2)^{1/9}}, \qquad R_d = \left(\frac{\rho a_0^2}{4 f_c}\right)^{1/3} R_1 \circ \qquad (4.143)$$

式中：R_1、R_d 分别为空腔半径和压碎区半径；ρ、a_0 分别为介质的密度和介质中的声波速度；Q 为装药量；f_c 为介质的单轴抗压强度；β 为一常数，一般取为 0.61。

从式(4.143)中可以看出，空腔半径符合几何相似原则，而压碎区、径向破裂区半径与空腔半径成正比。在评价地下爆炸作用对介质的稳定性及地下结构的稳定性的影响时，令人关注的是发生不可逆变形的区域，也即被认为是破坏的区域（近区）。这个区域的性状（空腔及近区破坏半径）是最终决定辐射出来的波的基本参数，反映能量的分配份额，揭示爆炸及爆炸地震动等重要特性的关键因素。

4.5.1.2 特定表达形式

俄罗斯科学家 V. A. Fokin 认为，爆炸空腔内的初始能量密度是决定爆炸动力破坏效应的主要因素，同时影响爆炸空腔的大小。基于这种理论，他采用化爆的理论公式推导出了核爆空腔的一般计算方法，核爆装药释放的能量用 TNT 等效，装药的密度特征值取金属铀或钚 18700～19600 kg/m³。具体表达形式为：

$$R_1 = \left(\frac{3\pi}{4} \frac{k_{res} Q U_{sp}}{P_h}\right)^{1/3}, \qquad (4.144)$$

$$k_{res} = \frac{\gamma_0 - 1}{k - 1}\left(\frac{373}{\rho_{exp}}\right)^k, \qquad (4.145)$$

$$\gamma_0 = \sqrt{1 + (k^2 - 1)\left(\frac{\rho_{exp}}{373}\right)^{1.2}} \circ \qquad (4.146)$$

式中：R_1 为空腔半径；Q 为装药量；U_{sp} 为比能；P_h 为地层压力；γ_0 为绝热分量的初

始值。

同时，根据上述方程得到了空腔半径 R_1 与 $(E_0/P_h)^{1/3}$ 之间的近似关系：

$$R_1 = 0.2842(E_0/P_h)^{1/3}。 \tag{4.147}$$

式中：E_0 为爆炸的初始能，$E_0 = QU_{sp}$。

联立式 (4.144) 至式 (4.147)，可得：

$$P_h V_c = 0.096 E_0。 \tag{4.148}$$

式中：V_c 为空腔固态岩石破碎的体积，

从式 (4.148) 中可以看出，核爆过程中大约有 9.6% 的爆炸初始能消耗于空腔的膨胀。

同时，在此基础上，Fokin 结合相位转变理论，认为爆炸释放的能量有一部分使爆腔周围的岩石由固态转变为气态，即岩石发生汽化，根据汽化能和汽化临界压力可以求出空腔半径。由能量关系可以得到：

$$QU_{sp} = P_* V_*。 \tag{4.149}$$

再根据汽化产物的绝热膨胀关系，得到如下的形式：

$$P_* V_*^k = P_h V_c^k。 \tag{4.150}$$

进而得到空腔半径的计算方程：

$$R_1 = \left[\frac{3}{4\pi} \frac{QU_{sp}}{P_*} \left(\frac{P_*}{P_h} \right)^{1/\lambda} \right]^{1/3}。 \tag{4.151}$$

式中：P_* 为相位转变的临界压力，即岩石的汽化压力；V_* 为汽化岩石的体积；γ 为气体膨胀的绝热指数。

目前最新的研究成果结合了 Fokin 关于空腔尺度的计算方法和 Butkovich 理论，得到了含水岩石中爆炸空腔半径的计算公式：

$$R_1 = \frac{125 Q^{1/3}}{\rho_0^{(0.328 - 0.252/\bar{\gamma})}} \left(\frac{0.324}{H} \right)^{1/3\bar{\gamma}} \tag{4.152}$$

或

$$R_1 / Q^{1/3} = \frac{125}{\rho_0^{(0.328 - 0.252/\bar{\gamma})}} \left(\frac{0.324}{H} \right)^{1/3\bar{\gamma}}。 \tag{4.153}$$

式中：H 为爆炸埋深；ρ_0 为岩石的密度；$\bar{\gamma}$ 为气体膨胀的绝热指数。

4.5.2 几种经典的爆炸破碎区半径的预测方法

岩土中爆炸破碎区半径的预测方法可分为经验公式法、声学近似法、修正声学近似法、修正声学近似法和动力学近似分析法等。本节将一一进行简要概述。

4.5.2.1 经验公式法

假设破碎区的体积大小正比于集团装药能量，通过分析大量不同介质中的耦合装药封闭爆炸试验结果，引入比例系数，可得到经验公式法的计算公式：

$$R_d = 1.65 K_p \sqrt[3]{C} 。 \tag{4.154}$$

式中：R_d 为破碎区半径；K_p 为介质材料的破坏系数，其中岩石材料的破坏系数可按表 4.3 取值；C 为等效 TNT 装药量。

表 4.3　岩石材料破坏系数

R_c/MPa	破坏系数 K_p
100	0.51
80	0.53
40～60	0.56
30	0.57
20	0.58

说明：R_c 为岩石的单轴抗压强度。

4.5.2.2　声学近似法

假设炸药爆炸产生的爆轰波与爆腔岩壁作弹性碰撞，从而爆腔岩壁上的初始压力可按弹性波理论近似计算(声学近似)，在忽略粉碎压实区影响的情况下，可推导得出破碎区半径的计算公式：

$$R_d = R_b \left(\frac{\mu P}{R_t} \right)^{1/\alpha} , \tag{4.155}$$

$$P = \frac{\rho_b D^2}{4} \frac{2}{1 + \dfrac{\rho_b D}{\rho_0 c_p}} , \tag{4.156}$$

$$\mu = \frac{\nu}{1-\nu} , \qquad \alpha = 2 - \mu 。 \tag{4.157}$$

式中：R_d 为破碎区半径；R_b 为装药半径；μ 为侧压力系数；P 为爆腔岩壁的初始压力；R_t 为岩石的抗拉强度；ρ_b 为炸药的密度；ρ_0 为岩石的初始密度；D 为炸药的爆轰速度；c_p 为岩石的纵波速度；ν 为岩石的泊松比；α 为压缩波的衰减指数。

同时，根据武汉岩土力学研究所的试验数据，可得到破碎区的计算公式：

$$R_d = R_b \left(\frac{\mu P}{R_t} \right)^{1/\alpha} , \tag{4.158}$$

$$\alpha = -4.11 \times 10^{-8} \rho_0 c_p + 2.92 。 \tag{4.159}$$

式中：具体参数的含义详见式(4.155)至式(4.157)，此处不再赘述。

4.5.2.3 修正声学近似法

根据声学近似法的相关计算公式,进一步考虑粉碎区的影响,则得到修正声学近似法的计算公式:

$$R_d = R_0 \left[\frac{\mu \rho_0 c_p (c_p - a)}{b R_t} \right]^{1/\alpha}, \tag{4.160}$$

$$R_0 = R_b \left[\frac{bp}{\rho_0 c_p (c_p - a)} \right]^{1/3}。 \tag{4.161}$$

式中:R_0 为粉碎区半径;a、b 均为系数,与岩石的冲击波波速和波阵面上岩石的质点速度有关,可通过相关试验确定,具体取值可参照表4.4。

表4.4 岩石的 a、b 值

岩石名称	密度/g·cm⁻³	a/mm·μs⁻¹	b/mm·μs⁻¹
花岗岩	2.63	2.10	1.63
玄武岩	2.67	2.10	1.60
辉长岩	2.98	3.50	1.32
钙钠斜长岩	2.75	3.00	1.47
纯橄榄岩	3.30	6.30	0.65
橄榄岩	3.00	5.00	1.44
大理岩	2.70	4.00	1.32
石灰岩	2.50	3.40	1.27
页岩	2.00	3.60	1.34
岩盐	2.16	3.50	1.33

4.5.2.4 动力学近似法

近年来,一些研究者应用动力学方法对爆炸破坏区域做了进一步研究探讨,在不同区域进行适当简化,采用不同的弹塑性动力学模型,利用内边界和各分区边界条件,依次求解各分区的应力与运动参数,最后可得到破碎区半径随时间变化的数值解答。

由于该方法难于得到简单的计算公式,不适合工程应用,因此不做计算讨论。

4.5.2.5　工程应用

考虑炸药在辉长岩中耦合爆炸，炸药的具体参数为：$\rho_b = 1630 \text{ kg/m}^3$，$D = 6900 \text{ m/s}$；辉长岩的具体参数为：$\rho_0 = 2980 \text{ kg/m}^3$，$c_p = 6500 \text{ m/s}$，$v = 0.25$，$a = 3500 \text{ m/s}$，$b = 1.32$，$R_c = 100.0 \text{ MPa}$，$R_b = 10.0 \text{ MPa}$，$K_p = 0.51$。

分别运用上述的四种方法进行计算，结果如表 4.5 所示。

表 4.5　四种方法的计算结果（破碎区半径）

装药量/t	方法一	方法二	方法三	方法四
0.1	4.1	16.5	4.4	11.1
0.5	6.9	28.2	7.6	19.1
1.0	8.7	35.6	9.6	24.0
5.0	15.0	60.9	16.4	41.0
10.0	18.8	70.7	20.6	51.7
50.0	32.2	131.1	35.3	88.4
100.0	40.6	165.2	44.5	111.4
150.0	69.4	282.5	76.1	190.5

根据表 4.5，可以初步得出以下结论：

（1）方法一计算得到的破碎区半径最小，与方法三的计算值比较接近，方法二和方法四的计算值过大。

（2）方法三有比较合理的计算结果，而且物理意义比方法一明确，适用范围比方法一宽，计算参数容易获得。因此，方法三比较适合用于计算集团装药耦合封闭爆炸的破碎区半径。

（3）基于声学近似的破碎区半径计算公式，当采用较好反映介质波阻抗特性的应力波衰减指数时，能够得到合理的计算结果。推荐采用方法三计算集团装药耦合封闭爆炸的破碎区半径。

第 5 章　工程材料和结构构件的动力效应

5.1　岩土材料的动力效应

5.1.1　引言

材料是防护工程的基础，因此，防护工程的发展是以材料技术的发展为基础的。

在进行结构动力分析时，为确定构件的运动和受力状态，并进行截面设计，需要知道构件的抗力函数，了解构件在各种受力状态下的抗力特性、变形性能及破坏形态。

爆炸动荷载下材料的性能由于快速变形而有了改变。通常所说的材料强度指标是在标准试验方法下得出的，其中规定了标准的加载速率。而防护结构承受爆炸动荷载时的应变率在 $0.05 \sim 0.3 \ \mathrm{s}^{-1}$ 的范围，远大于一般材料试验的应变率。动荷载下结构的变形过程取决于动荷载随时间的变化规律和结构的自振周期 T。

结构如果处于弹塑性工作状态，结构达到最大塑性变形的时间要大于弹性时的数值，而结构达到最大抗力或开始屈服的时间则比弹性工作时间值短。结构材料从开始变形到应力达最大值的时间，大体上就是结构变位或抗力达最大值的时间（对于防护结构，其值通常为 50 ms），从而可以大致确定防护结构在动荷载下的应变率范围。

由于结构材料从受力变形到破坏是有一个变形过程的，在快速变形时，这一过程表现为滞后，反映在材料强度指标上就是强度提高，但变形特征如塑性性能等则一般变化不大。

防护结构允许进入塑性阶段工作，承受动荷载的构件设计也就必须保证其有足够的塑性变形能力，并避免发生突然性的脆性破坏。这也与动荷载作用下结构构件经历的工作状态和所表现的性能密切相关。

本章着重讨论岩土材料、建筑材料以及防护结构构件在爆炸动荷载下受弯、轴压、偏压、受剪时的动力性能。

5.1.2　岩石及其动力特性

岩石是天然地质作用的产物，质地较坚硬致密，孔隙小而少，透水性弱，力学强度高。依成因不同，岩石可分为岩浆岩、变质岩、沉积岩等。不同岩石成分各异，其力学特性也各不相同。对大多数岩石来说，在静态压缩下，具有图 5.1 所示的变形特点，可以分为四个阶段：

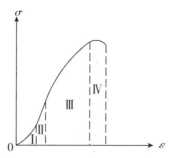

图 5.1　典型的岩石应力-应变关系

第 Ⅰ 阶段：模量较低，反映了岩石在压缩时有微裂隙闭合引起的非弹性变形。

第 Ⅱ 阶段：应力-应变关系呈线性，这时岩石的压缩模量反映了真实的弹性模量。

第 Ⅲ 阶段：应力-应变关系脱离线性，说明这个阶段是微裂纹成核阶段，此时，普遍出现晶粒边界的松弛，但微裂纹还不能用光学显微镜观察到。

第 Ⅳ 阶段：破裂不断发展，用光学显微镜可观察到裂纹，该阶段后岩石失去了整体承载能力。

在动荷载作用下，岩石表现出不同特性，其动态强度随加载速率的增加而增加。试验结果表明：应变率小于某一临界值时，强度随应变率的增长减小；当应变率大时，强度迅速增加。此即岩石的应变率效应。

许多研究者在对大量试验结果进行分析后发现，岩石动态强度 σ_f 与应变率 $\dot{\varepsilon}$ 存在如下关系：

$$\sigma_f \propto \begin{cases} \dot{\varepsilon}^{\frac{1}{1+n}} \\ \dot{\varepsilon}^{\frac{1}{3}} \end{cases} 。 \tag{5.1}$$

式中：n 为表征岩石断裂特性的常数，可按下式进行计算：

$$v \propto AK^n 。 \tag{5.2}$$

式中：v 为裂纹生长速度；K 为应力强度因子。

下面各公式是利用 SHPB 装置对几种不同类型的岩石进行试验得到的强度与应变率结果。静态单轴抗压强度相似的不同岩石，由于各自对应变率的敏感度不同，其动荷载强度有可能存在较大差异。

$$\sigma_f = \begin{cases} 42.62\dot{\varepsilon}^{0.31} & (R=0.7771，矽卡岩) \\ 52.35\dot{\varepsilon}^{0.26} & (R=0.9513，石灰岩) \\ 12.28\dot{\varepsilon}^{0.3476} & (R=0.66，红砂岩) \\ 54.90\dot{\varepsilon}^{0.3176} & (R=0.88，大理岩) \\ 46.21\dot{\varepsilon}^{0.2718} & (R=0.74，花岗岩) \end{cases} 。 \tag{5.3}$$

5.1.3　非饱和土及其动力特性

自然土层随着其中含水量和土中气体存在方式的不同被分为非饱和土和饱和土。一般所指的土为非饱和土，其中的空气体积含量较大，与大气相通。由于空气、水混合物的压缩性大大超过骨架颗粒的压缩性，因此无论在静荷载或动荷载作用下，其压缩变形的抵抗主要由骨架承担。不同的土，由于成分、湿度等各不相同，其变形曲线和强度各不相同。

以黄土为例，图 5.2 所示为黄土在静荷载压缩条件下重复加载试验的应力-应变曲线。根据图 5.2 可以看到外部荷载作用下黄土具有压密阶段。

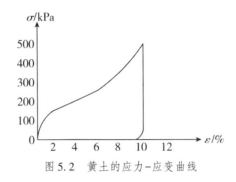

图 5.2　黄土的应力-应变曲线

5.2　工程材料的动力效应

在防护工程中，不可避免会用到一些常见的建筑材料，如钢材、混凝土及水泥砂浆、砖砌体、钢丝网水泥与木材等其他一些建筑材料。这些常用建筑材料在动荷载作用下的动力学性能怎么样？这是值得关注并重视的问题。因此，本节对几种常用建筑材料的动力性能进行讨论和分析。

5.2.1　钢材的动力性能

中国钢材的发展经历了低碳、低合金、高强度和高性能阶段。目前 Q345 和 Q370 钢材得到广泛应用，Q420 钢材的应用正逐步展开。Q500 钢材已研发成功，并被应用于某些典型工程。700 MPa 级钢材目前正处于研发阶段，环氧树脂涂层钢筋和不锈钢钢筋正逐步得到应用。

5.2.1.1　低碳钢热轧钢

防护结构中使用较多的是低碳钢的热轧钢筋(图 5.3)。这种钢筋的应力-应变曲线有明显的弹性部分和塑性部分及屈服点。塑性部分由屈服台阶和硬化段所组成，在断裂前有相当大的相对伸长量，其延性比可达 20～30(图 5.4)。

图 5.3　热轧钢筋

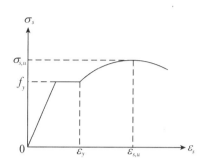

图 5.4　有屈服点钢筋的应力–应变曲线

5.2.1.2　经热处理的高碳钢、低合金钢等高强度钢材

对于经过热处理的高碳钢、低合金钢等高强度钢材而言，其应力–应变曲线没有明显的屈服点和屈服台阶(如图 5.5 所示)。而且在断裂前，钢材的应变较小。这类无明显屈服点的钢材，《钢结构通用规范》(GB 55006—2021)规定以极限抗拉强度的 85% 作为名义屈服点，此点的残余应变为 0.2%。

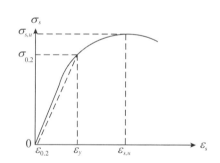

图 5.5　无屈服点钢筋的应力–应变曲线

5.2.1.3　钢筋在快速加载下的动力特性

图 5.4 和图 5.5 所述都是在静荷载作用下研究得到的。当钢筋受到瞬时动力荷载作用时，必须研究它在每一阶段的应力和变形状态以及考虑快速加载对材料变形和强度性质的影响。

钢筋的动力性质的研究比较晚，是在 20 世纪 30 年代开始的，到目前为止，已积累了许多试验研究成果，这些试验都是在单轴加载的试件上进行的。研究的结果表明，动力加载对钢材力学性质的影响在很大程度上取决于静力变形图 σ_s-ε_s 的类别(它由钢材的成分、制造和加工的方法来反映)。当出现塑性变形时(达到物理流限或假定流限以后)，钢材中呈现出动力强化现象，也就是在质点发生相对位移时，内部构造重新改组。动力加载对所有钢筋的弹性模量和强度极限影响较大。目前的研究已深入荷载作用下材料中运动发展的微观机理过程。近年来，用于解释塑性变形阶段中金属内所发生的某些最重要的物理现象，包括滞后现象的理论。其中采用得最广泛的是位错理论，它建立了晶体材料塑性变形和其原子构造间的关系。

应变率对低碳热轧钢筋的流幅影响最大。对于这类钢筋，随着应变率的提高，屈服台阶的长度也急剧增加，说明流幅有很大的提高。试验表明，经过强化拉伸的低碳钢钢筋的流幅，随着应变率提高而产生的增长，要大大低于原始状态下钢材试件流幅的增长。例如，当应变率为 0.1 s⁻¹ 时，强化拉伸的 HRB400 钢筋的流幅提高 10.5%，而同一种钢材不强化拉伸时流幅提高 23%。这时，拉伸试件和不拉伸试件流幅的差别，静力试验为 151 MPa，动力试验为 104.8 MPa。这表明在提高应变率的条件下，钢筋的机械强化是相当有效的。

对于具有假定流幅的钢材（高合金钢和热力强化钢）来说，动力加载的影响要比低碳钢小一些。当应变率为 0.2 s⁻¹ 时，RRB400 钢筋的假定流幅提高 13%，HRB335 钢筋则提高 9%；在这种速率下，RRB400 钢筋强度极限的增长为 5%，HRB335 钢筋则为 2%。

在真实的钢筋混凝土结构中，动力荷载作用以前，纵向受力钢筋中实际上经常都具有某些静荷载产生的应力。研究指出，钢筋中事先施加的静荷载产生的应力值达到 $\sigma_s = (0.5 \sim 0.8)f_y$ 时，它对动力特征值影响很小，也没有发现钢筋预先拉伸所产生的影响。

到目前为止，还不能确定动力流幅随化学成分、制造和加工方法变化的规律性。寻找金属动力应变的真正规律性之所以困难，就是因为在现代研究方法下所得到的试验资料还不能完全揭示应变率很大时材料中所发生的物理过程。因此，文献中现有的许多动力流幅与应变率之间的解析关系式都是以试验资料作基础的，不具有普遍的意义。

目前，大多采用对数的、线性的和级数的关系式来确定钢筋的动力流幅。强度的增加与应变率的对数间满足线性关系时，动力屈服强度可表示为：

$$f_{y,d} = f_y + \alpha \ln\left(\frac{\dot{\varepsilon}_s}{\dot{\varepsilon}_{st}}\right)。 \tag{5.4}$$

式中：$f_{y,d}$ 为钢筋的动力屈服强度；f_y 为钢筋的静力屈服强度；$\dot{\varepsilon}_s$ 为当前的动力加载速率；$\dot{\varepsilon}_{st}$ 为静力加载时的应变率；α 为参数，可通过试验拟合得到。

式（5.4）也可表示为：

$$f_{y,d} = f_y\left[1 + k\ln\left(\frac{\dot{\varepsilon}_s}{\dot{\varepsilon}_{st}}\right)\right]。 \tag{5.5}$$

式中：$k = f_{y,d}/f_y$，为钢筋动力强化系数。$k = 0.017$ 时为钢筋动力流限的下限，$k = 0.024$ 时则对应于 $\dot{\varepsilon}_s \leqslant 0.5$ s⁻¹、$\dot{\varepsilon}_{st} \leqslant 1 \times 10^{-5}$ s⁻¹ 钢筋动力流限的上限。

图 5.6 为钢筋动力强化系数与应变率的关系曲线，可以看出，当加载应变率超出 $10^0 \sim 10^2$ s⁻¹ 区域后钢筋的动力屈服强度急剧增长的现象，此时动力强化因素的影响可能很大。研究结果表明：金属材料的应变率敏感性界限在 $10^{-3} \sim 10^3$ s⁻¹ 之间。当应变率低于 $10^{-3} \sim 0$ s⁻¹ 时，属于准静态情况，应变率的影响可忽略不计；但当应变率高于 10^3 s⁻¹ 时，应变率又变得不太明显，此时可把钢筋看作与应变率无关的材料。

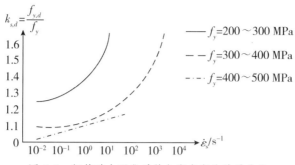

图 5.6　钢筋动力强化系数与应变率的关系曲线

当结构承受瞬间动力荷载作用时的应变率通常都不大。当应变率在 $10^{-2} \sim 10^0 \mathrm{~s}^{-1}$ 的范围内时，钢筋动力强化系数与应变率的关系可以线性化(图 5.7)，进而简化计算。

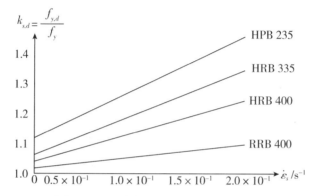

图 5.7　计算采用的钢筋动力强化系数与应变率的关系曲线

在钢筋混凝土结构计算中，动力屈服强度的确定经常是将钢筋的静力屈服强度乘以与应变率相对应的钢筋动力强化系数，因此有：

$$f_{y,d} = k_{s,d} f_y。 \tag{5.6}$$

式中：$k_{s,d}$ 为钢筋的动力强化系数，可按图 5.7 中曲线进行取值。

需要注意的是，式(5.6)是在应变率不变的情况下得出的。大多数情况下，结构在动荷载作用下的应变率是利用平均应变率代入经验公式中进行计算的。

承受瞬间动力荷载作用的钢筋混凝土构件，在计算时通常都假定缓慢加载和快速加载时钢筋变形图的一般特征基本保持不变。因此，可以利用与静荷载相似的变形图，仅改变变形图的主要参数，如钢筋的弹性模量和屈服强度。

5.2.1.4　钢筋应力-应变曲线在快速变形下与静荷载时试验结果对比

通过上述对钢筋在快速变形下的动力特性的分析，可以得知钢筋在快速变形下与其静荷载时的力学特性存在较大的不同，具体结论如下：

(1)随着应变率的增加，具有明显屈服台阶的各种钢筋的屈服强度均有不同程度的提高。提高的程度与其在静荷载下的屈服强度有关，在静荷载下屈服强度高的，同等条件下提高得少，反之则多。不同类型钢筋的屈服强度提高比值见表 5.1。

表 5.1 钢筋的强度提高比值

钢筋种类	$t_m < 50$ ms	$t_m \geqslant 50$ ms
Ⅰ级钢筋(3号钢)	1.35	1.15
Ⅱ级钢筋(16Mn)	1.15	1.05
Ⅲ级钢筋(25MnSi)	1.10	1.05
Ⅳ级钢筋(45SiMnV)	1.05	1.00
5号钢	1.25	1.10

注：t_m 为结构达到最大动变位的时间。

资料来源：方秦、柳锦春编著：《地下防护结构》，中国水利水电出版社 2010 年版，第 230 页。

(2)在快速变形的条件下，HPB300、HRB335 钢筋的极限强度提高很少，HRB400 以上的钢筋基本保持不变。因此，在进行相关设计计算时，可以忽略快速变形条件下钢筋极限强度的提高。

(3)在快速变形的条件下，钢筋的弹性模量、屈服台阶长度、极限强度时的应变以及极限伸长率基本保持不变。

(4)钢筋在快速变形下，即使存在初始应力，如一些需要施加预应力的钢材等，其也不会影响钢筋的屈服强度。因此，在进行相关设计计算时，可以采用无预应力时的提高比值。

(5)在快速变形的条件下，钢筋的极限剪切强度约等于极限拉力强度的 0.75 倍，动剪切屈服强度约等于动拉力屈服强度的 0.6 倍。

5.2.1.5 钢筋的本构模型

钢筋的应力应变本构关系通常可以采用 LS-DYNA 中的三号材料(MAT_PLASTIC_KINEMATIC)—双线性弹塑性模型，近似模拟钢筋的弹塑性阶段，把塑性阶段和强化阶段简化为一条斜直线。该模型包括等向强化、随动强化及二者的结合，等向强化、随动强化所占比例可以通过在 0 和 1 之间调整硬化参数 β 的值来进行(0 为只有随动强化。1 为只有等向强化)。同时，该模型还可以考虑应变率效应。钢筋的本构模型如图 5.8 所示。

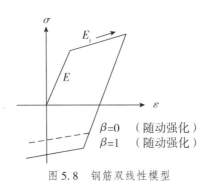

图 5.8 钢筋双线性模型

同时，钢筋材料模型的应变率是通过 Cowper-Symonds 模型来考虑的。该模型能够利用依赖于应变率的参数来确定屈服应力，其公式如下：

$$\sigma_y = \left[1 + \left(\frac{\varepsilon}{D} \right)^{\frac{1}{P}} \right] (\sigma_0 + \beta E_p \varepsilon_{\varepsilon if}^P) 。 \tag{5.7}$$

式中：D、P 为 Cowper-Symonds 的应变率参数，对于普通钢筋取 $D=40$，$P=5$；$\varepsilon_{\varepsilon if}^P$ 为有效塑性应变；E_p 为塑性硬化模量。

5.2.2　混凝土的动力性能

混凝土(砼)是一种由胶凝材料、水和粗细骨料按适当比例配合、拌制而成的材料，它包含结晶凝结、凝胶体以及大量的孔隙和毛细管(其中含有蒸汽和液体)，混凝土中粗细骨料的晶粒呈现不规则的配置。混凝土的组成成分如图 5.9 所示。

(a)石子　　　　　　　　　　(b)砂子

(c)水泥　　　　　　　　　　(d)水

图 5.9　混凝土的组成成分

在日常生活和工业生产中，运用得最为广泛的混凝土为商品混凝土(预拌混凝土，可简称为"商砼")，是由水泥、骨料、水及根据需要掺入的外加剂、矿物掺合料等组分按照一定比例，在搅拌站经计量、拌制后出售并采用运输车在规定时间内运送到使用地点的混凝土拌合物。

在混凝土方面，C30～C60 被工程广泛应用(图 5.10)。研究人员对钢纤维混凝土、轻质混凝土和超高性能混凝土进行了研究，这些材料在实践中也逐渐得到应用。同时，研究人员也越来越重视通过提高混凝土的材料性能来改善其相应的结构性能。

图 5.10　C30～C60 混凝土试块

5.2.2.1　静荷载作用下的基本特性

混凝土的应力-应变曲线是混凝土材料受力特征的综合性宏观反映，也是研究混凝土结构承载力和变形的主要依据。经过国内外许多学者的研究，最终得到在静荷载作用下时，典型的混凝土单轴静压应力-应变曲线(图 5.11)。

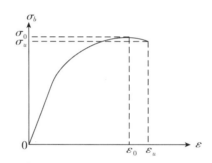

图 5.11　典型的混凝土单轴静压应力-应变曲线

根据大量试验结果，混凝土在静荷载作用下的主要特性为：

(1)根据图 5.11，可知混凝土的单轴静压应力-应变曲线的大部分范围都是非线性的。

(2)混凝土是一种典型的脆性材料，其应力-应变曲线没有明显的屈服点和屈服台阶。在相关工程设计时，可取在常用钢筋的屈服应变值(0.2%)附近达到最大强度，然后强度随变形的发展迅速下降。一般混凝土的最大应变值为其强度极限时应变的 2 倍。

(3)混凝土在二向或三向受力状态下，其抗压强度将大大提高。因此，约束混凝土如钢管混凝土、钢板包裹的混凝土等具有很高的抗力。但混凝土的抗拉强度较低，一旦存在侧向拉应力，其抗压强度将显著降低。

(4)混凝土的抗压强度与养护的龄期密切相关，随着其养护的龄期逐渐增大，混凝土抗压强度不断增加。普通混凝土一年后的抗压强度至少可比 28 天的标准强度提高 30%。防护工程设计中可以考虑混凝土的后期强度提高，其提高比值可取 1.2～1.3。常见混凝土的轴心抗压强度标准值如表 5.2 所示。

表 5.2　混凝土的轴心抗压强度标准值

混凝土强度种类	抗压强度/MPa
C20	9.6
C25	11.9
C30	14.3
C35	16.7
C40	19.1

资料来源：方秦、柳锦春编著：《地下防护结构》，中国水利水电出版社 2010 年版，第 323 页。

5.2.2.2　快速变形下混凝土的性能

快速加载对混凝土的力学性能和变形性能有较大影响，主要反映在应力-应变曲线的变化和强度极限的提高。当变形速率增加时，混凝土在上升段的变形曲线会逐渐接近于直线。混凝土强度极限的增加主要由于裂缝形成特性上的变化，混凝土破坏时会形成贯穿裂缝，需要内部微裂缝充分发展，并达到一定的极限变形。当加载速率增大时，加载时间愈短，内部微裂缝来不及充分扩展，因此要使混凝土破坏就需要施加更大的压力。图 5.12 所示为混凝土泊松比与应变率的关系曲线，从图中可以看出，在某一压力作用下，随着应变率的增加，泊松比逐渐减小，说明微裂缝的发展受阻，非弹性应变滞后。

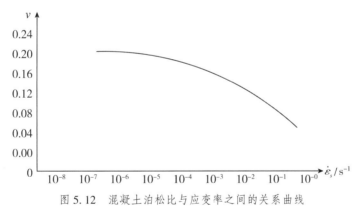

图 5.12　混凝土泊松比与应变率之间的关系曲线

混凝土的动力强度与采用的材料性质、混凝土结构的特点、水分的含量及应力状态的类别等有关。试验证明，混凝土对应变率的敏感性取决于骨料和水泥的强度及强度比值，与高强度混凝土相比，应变率对低强度混凝土的影响要小一些。随着混凝土养护时间的增长，混凝土对应变率的敏感性会逐渐减小。

混凝土的变形性能受应变率的影响很小。许多试验表明，混凝土受压时的极限相对变形实际上与加载速度无关。在不同应变率测得混凝土的动态抗压强度值如表 5.3 所示。从表中可以看出，随着应变率的增加，混凝土的极限抗压强度有明显的增加。

表5.3 不同应变率下混凝土的抗压强度

单位：MPa

应变率/s^{-1}	1×10^{-5}	1×10^{-4}	1×10^{-3}	1×10^{-2}
1	9.93	10.59	11.75	12.78
2	9.67	10.76	11.14	12.04
3	9.93	10.52	11.25	12.15
4	9.83	10.66	11.38	—
均值	9.84	10.63	11.38	12.32

资料来源：钱七虎、王明洋著：《高等防护结构计算理论》，江苏科学技术出版社2009年版，第16页。

混凝土材料的应力-应变关系曲线起始点的切线弹性模量在试验中测试的难度较大，经常采用的测量方法是将其应力-应变曲线上达到峰值应力的30%处的割线弹性模量作为混凝土的弹性模量。从表5.4中可以看出，随着应变率的增加，混凝土的极限抗压强度有较为明显的增加趋势。

表5.4 不同应变率下混凝土的弹性模量

单位：$\times10^3$ MPa

应变率/s^{-1}	1×10^{-5}	1×10^{-4}	1×10^{-3}	1×10^{-2}
1	14.93	17.49	17.79	19.89
2	16.35	16.73	17.52	19.67
3	15.30	16.92	19.23	18.47
4	17.41	18.74	18.96	—
均值	16.00	17.48	18.38	19.34

资料来源：钱七虎、王明洋著：《高等防护结构计算理论》，江苏科学技术出版社2009年版，第16页。

动力加载时，最大应力相应的动力变形模量的数值比静力加载条件下略高。与此同时，初始弹性模量只提高5%～10%。试验表明，混凝土极限剪切变形随应变率增加而大幅降低。这一点在很大程度上能够说明，为什么在动力加载时钢筋混凝土结构对横向力的抗力要远低于静力加载。

真实结构中，静力加载都作用在动力荷载（爆炸、动力冲击）之前，并在构件混凝土中引起某些结构上的变化。对这些因素进行专门研究的结果表明，当静力加载的水平很高时，微裂缝发展滞后的现象非常明显，因而导致动力变形模量的增加。

影响混凝土动力强度和变形性能的因素多种多样，它们的影响程度也不同。在实际计算中，即使是近似地考虑所有因素也非常困难。因此，在计算钢筋混凝土结构时可进行综合考虑。方法是在混凝土变形图的参数中引入一个相应的动力强化参数，大多数的试验是在单轴应力状态下完成的，混凝土的动力强度会超过静力强度，其数值可由动力强化系数来描述：

$$k_d = \frac{f_{c,d}}{f_c}, \qquad k_{t,d} = \frac{f_{t,d}}{f_t}。 \tag{5.8}$$

式中：K_d、$K_{t,d}$ 分别为混凝土受压和受拉的动力强化系数；$f_{c,d}$、$f_{t,d}$ 分别为动荷载作用下混凝土的抗压强度和抗拉强度；f_c、f_t 分别为静荷载作用下混凝土的抗压强度和抗拉强度。

应变率的影响经常是在应力-应变的关系式中引入一个动力强化系数进行考虑，其可以表示为下面的解析形式：

受压时：

$$k_d = \begin{cases} 1.212 + 0.0424 \lg \dot{\varepsilon} & (10^{-5} \leqslant \dot{\varepsilon} \leqslant 1) \\ 1.212 + 0.0444 \lg \dot{\varepsilon} & (1 \leqslant \dot{\varepsilon} \leqslant 10^{1.2}) \end{cases}。 \tag{5.9}$$

受拉时：

$$k_{t,d} = \begin{cases} 1.9 + 0.1800 \lg \dot{\varepsilon} & (10^{-5} \leqslant \dot{\varepsilon} \leqslant 1) \\ 1.9 + 2.58211 \lg \dot{\varepsilon} & (1 \leqslant \dot{\varepsilon} \leqslant 10^{1.2}) \end{cases}。 \tag{5.10}$$

5.2.2.3　混凝土本构关系模型

在 LS-DYNA 软件中，适用于混凝土类材料本构关系的模型主要有 Soil-Foam、Pseudo-Tensor、Oriented-Crack、Geologic-Cap 和 Concrete-Damage 等。其中，Soil-Foam、Oriented-Crack 和 Geologic-Cap 模型在模拟大变形时存在一定的局限性。Concrete-Damage 是由 Pseudo-Tensor 模型改进而来的，增加了一个残余强度面，可以考虑应变软化现象。该模型包含初始屈服面、极限强度面和残余强度面，然后可以模拟后继屈服面在初始屈服面和极限强度面之间以及软化面在极限强度面和残余强度面之间的变化。该模型必须与状态方程 8（EOS-TABULATED-COMPACTION）或 9（EOS-TABULATED）一起使用，可以考虑钢筋作用、应变率效应、损伤效应、应变强化和软化效应，是 LS-DYNA 中用于分析冲击荷载下钢筋混凝土结构响应的模型。下面本小节将简单介绍一下 Concrete_Damage 模型的细节，主要包含强度特征、应变率效应和损伤累计三个方面。

首先，对于该模型的强度特征而言，其强度曲线给出了偏应力和相应的静水压力的关系。在应力空间中强度面的描述基于以下几个方面的数据：

（1）单轴拉伸强度。

（2）无侧限的单轴压缩试验，其压缩子午面曲线对静水压力大于 1/3 单轴压缩强度时是有效的：

$$\Delta\sigma = \sqrt{3J_2} = a_0 + \frac{P}{a_1 + a_2 P}。 \tag{5.11}$$

（3）假设三轴拉伸强度与单轴拉伸强度相等。

（4）假设双轴压缩强度等于 1.15 倍的单轴压缩强度。

（5）假设在 3 倍于单轴抗压强度数值的压力作用时，压缩子午面和拉伸子午面之比为 0.753。

（6）假设在 8.45 倍于单轴抗压强度数值的压力作用时，压缩子午面和拉伸子午面之比为 1.0。

（7）强度曲面的三维图形导致从静水压力轴到应力空间上强度曲面上任一点的距离为：

$$\frac{r}{r_c} = \frac{2(1-\psi^2)\cos\theta + (2\psi-1)\sqrt{4(1-\psi^2)\cos^2\theta + 5\psi^2-\psi}}{4(1-\psi^2)\cos^2\theta + (1-2\psi)^2} \text{。} \tag{5.12}$$

式中：$\psi(p)$ 为压缩和拉伸子午面之间的相对距离；r_c、r_t 分别为混凝土的压缩子午面和拉伸子午面的半径。

（8）描述在初始屈服面、最大屈服面和残余强度面之间迁移的关系曲线为 $\lambda = \lambda(\eta)$。

其次，对于该模型的应变率效应而言，主要包括模型的应变率对应力强度、断裂应变以及杨氏模量和泊松比的影响这四部分内容。

有关应变率对动态应力强度（包括动态抗压强度和抗拉强度）的影响，人们已经做了大量的试验研究。由试验数据结果整理所得一维应力下应变率型经验公式主要有两种类型，即如下的指数型和对数型：

$$\frac{f_d}{f_s} = \begin{cases} (\dot{\varepsilon}/\dot{\varepsilon}_s)^n \\ 1 + \lambda\log(\dot{\varepsilon}/\dot{\varepsilon}_s) \end{cases} \text{。} \tag{5.13}$$

式中：f_d 为与响应应变率 $\dot{\varepsilon}$ 相对应的动态应力强度；f_s 为准静态情况下的应力强度；$\dot{\varepsilon}_s$ 为参考应变率；n、γ 分别为表征材料应变率敏感性的常数。式（5.13）在双对数和半对数坐标系中呈直线关系，这意味着只有当应变率发生量级变化时，才会对应力强度有显著的影响作用。

欧洲国际混凝土委员会（CEB）曾建议动态抗压强度和抗拉强度分别采用如下形式：

$$\frac{f_{cd}}{f_{cs}} = \begin{cases} (\dot{\varepsilon}/\dot{\varepsilon}_{cs})^{1.026\alpha} & (\dot{\varepsilon}\leqslant 30/\text{s}) \\ \gamma\dot{\varepsilon}^{\frac{1}{3}} & (\dot{\varepsilon}>30/\text{s}) \end{cases} \text{。} \tag{5.14}$$

$$\frac{f_{td}}{f_{ts}} = \begin{cases} (\dot{\varepsilon}/\dot{\varepsilon}_{ts})^{1.016\delta} & (\dot{\varepsilon}\leqslant 30/\text{s}) \\ \lambda\dot{\varepsilon}^{\frac{1}{3}} & (\dot{\varepsilon}>30/\text{s}) \end{cases} \text{。} \tag{5.15}$$

式中：f_{cd}、f_{td} 分别为与响应应变率相对应的动态抗压强度和抗拉强度；f_{cs} 为与参考压应变率 $\dot{\varepsilon}_{cs}$ 相对应的准静态抗压强度；f_{td} 为与参考拉应变率 $\dot{\varepsilon}_{ts}$ 相对应的准静态抗拉强度；对压缩情况而言，$\log\lambda = 6.156\alpha - 0.492$，$\alpha = 1/(5+0.9f_{cu})$，$f_{cu}$ 为立方体试样准静态抗压强度；对拉伸情况而言，$\log\lambda = 7\delta - 0.5$，$\delta = 1/(10+0.6f_{ct})$，$f_{ct}$ 为立方体试样准静态抗拉强度。

Gebbeken 提出了用一个双曲线函数来模拟在极端高应变率下抗压强度的相对增强：

$$\frac{f_{cd}}{f_{cs}} = \left\{ [\tanh(\log\dot{\varepsilon}^* - 2)0.4]\left(\frac{F_m}{W_y}-1\right)+1 \right\} W_y \text{。} \tag{5.16}$$

式中：$\dot{\varepsilon}^*$ 为特征化应变率；F_m 为增强参数极限；当 $\dot{\varepsilon}^*\to\infty$，无损伤和损伤分别对应于 3.40 和 3.20；几何参数 W_y 从 2.20 变化到 1.83。

Malvar 基于大量的试验研究结果，修正 CEB 动态抗拉强度公式为：

$$\frac{f_{td}}{f_{ts}} = \begin{cases} (\dot{\varepsilon}/\dot{\varepsilon}_{ts})^\delta & (\dot{\varepsilon}\leqslant 1/\text{s}) \\ \beta\dot{\varepsilon}^{\frac{1}{3}} & (\dot{\varepsilon}>1/\text{s}) \end{cases} \text{。} \tag{5.17}$$

式中：$\dot{\varepsilon}$ 为响应应变率，其适用范围为 $10^{-6}\sim 160/\text{s}$；$\dot{\varepsilon}_{ts}$ 为参考应变率，取为 $10^{-6}/\text{s}$；

$\log \beta = 6\delta - 2$；$\delta = 1/(1 + 8f_{cs}/f_{co})$，$f_{co} = 10$ MPa。

　　Tedesco 和 Ross 通过试验研究得到动态抗压强度和抗拉强度与应变率之间的经验公式如下：

$$\frac{f_{cd}}{f_{cs}} = \begin{cases} 0.00965\log \dot{\varepsilon} + 1.058 \geqslant 1.0 & (\dot{\varepsilon} \leqslant 63.1/s) \\ 0.7580\log \dot{\varepsilon} - 0.289 \leqslant 2.5 & (\dot{\varepsilon} > 63.1/s) \end{cases}, \tag{5.18}$$

$$\frac{f_{td}}{f_{ts}} = \begin{cases} 0.1425\log \dot{\varepsilon} + 1.833 \geqslant 1.0 & (\dot{\varepsilon} \leqslant 2.32/s) \\ 2.929\log \dot{\varepsilon} - 0.814 \leqslant 6.0 & (\dot{\varepsilon} > 2.32/s) \end{cases}。 \tag{5.19}$$

式中：f_{cs}、f_{ts} 分别为与参考应变率 $\dot{\varepsilon} = 1.0 \times 10^{-7}/s$ 相对应的抗压强度和抗拉强度。

　　同时，应变率还会对模型的断裂应变造成影响。动态、冲击下断裂应变值的试验结果很不一致，既可观察到冲击脆化现象，也可观察到冲击韧性现象。这一现象既与材料内部微裂纹的损伤演化过程密切相关，也与准静态抗压强度、骨料类型、储存条件和试验条件等相关。

　　欧洲国际混凝土委员会（CEB）建议的公式如下：

$$\varepsilon_{od}/\varepsilon_{os} = (\dot{\varepsilon}/\dot{\varepsilon}_s)^{0.020}。 \tag{5.20}$$

式中：$\dot{\varepsilon}_{od}$、$\dot{\varepsilon}_{os}$ 分别为与响应应变率 $\dot{\varepsilon}$ 和参考应变率 $\dot{\varepsilon}_s = 3.0 \times 10^5/s$ 相对应的断裂应变。

　　应变率还会对模型的杨氏模量和泊松比造成影响。一般认为，初始切线杨氏模量对应变率不甚敏感，但割线杨氏模量随应变率增加有所增加。这一现象一方面是黏性效应的表现，另一方面也与材料内部微裂纹的损伤演化有关。

　　欧洲国际混凝土委员会（CEB）建议采用的经验公式如下：

$$E_d/E_s = (\dot{\varepsilon}/\dot{\varepsilon}_s)^{0.026}。 \tag{5.21}$$

式中：E_d、E_s 分别为与响应应变率 $\dot{\varepsilon}$ 和参考应变率 $\dot{\varepsilon}_s = 3.0 \times 10^{-5}/s$ 相对应的杨氏模量。

　　尚仁杰采用如下经验公式：

$$E_d/E_s = A + B\log(\dot{\varepsilon}/\dot{\varepsilon}_s)。 \tag{5.22}$$

式中：A、B 为材料常数。对混凝土材料而言，取 $A = 1.0$，$B = 0.0939$。

　　Liu 在考虑到损伤演化和应变率效应对杨氏模量双重影响的基础上提出如下公式：

$$E_d = \exp(a\sqrt[3]{\dot{\varepsilon}} + b\sqrt[3]{\dot{\varepsilon}^2})\tilde{E}(1 - D)。 \tag{5.23}$$

式中：$\bar{E}$ 为无损材料在准静态情况下的杨氏模量；D 为损伤变量；a、b 为材料常数，取 $a = -0.08502$ 和 $b = 0.01441$。

　　当前，对混凝土材料泊松比与应变率之间的关系研究尚不多见。但一般认为：混凝土在受压时，随着应变率的增加，其内部的微裂缝减少，因而导致了泊松比的减小；在受拉时，随着应变率的增加，其泊松比相应增加。也有试验发现，泊松比并未随应变率的变化而发生明显的改变。因此，通常按 CEB 的建议，即假设泊松比是应变率无关的。

　　最后，对混凝土的损伤累计进行简要介绍。混凝土初始屈服后，随着轴向应变的增加，剪应力逐渐增加到峰值强度；随着轴向应变的进一步增加，强度逐渐降低；最后达到残余强度，即所谓的应变软化现象（图 5.13）。取不同的围压进行试验就可以描绘出初始屈服强度 $F_i(p)$、峰值强度 $F_m(p)$ 和残余强度 $F_r(p)$ 包络线（图 5.14）。在通常情况下，这些包络线都是曲线，并可以表示成压力 p 的函数：

$$\Delta\sigma = F_j(P) \quad (j = i, m, r)。 \tag{5.24}$$

图 5.13 中点 I 到点 U 为应变硬化段，从图 5.13 中点 U 到点 R 为应变软化段。随着轴向应变的增加，抗剪强度逐渐降低。用连续力学的有限元模型求解时，解可能不唯一。

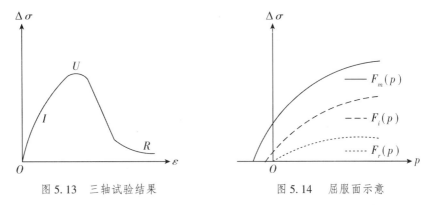

图 5.13　三轴试验结果　　　　图 5.14　屈服面示意

在 LS-DYNA 软件中，强度曲面在三个给定的强度曲面之间迁移，并满足下面的关系：

$$\Delta\sigma = \eta\left(\Delta\sigma_{max} - \Delta\sigma_{min}\right) + \Delta\sigma_{min}\text{。} \tag{5.25}$$

5.2.3　其他建筑材料

5.2.3.1　水泥砂浆

在快速变形下，水泥砂浆抗压强度的提高比值和变形模量的提高比值与混凝土没有太大差异，可取和混凝土相同的数值。

5.2.3.2　砌体

砌体(砖混结构)一般是指由块体和砂浆砌筑而成的墙或柱，包括砖砌体、砌块砌体、石砌体和墙板砌体，是建筑工程的重要材料。在一般的工程建筑中，砌体占整个建筑物自重的约 1/2，用工量和造价约各占 1/3。

在快速变形的条件下，随着加载速率的增大，砖砌体的抗压强度也逐渐提高。已有相关试验表明，当加载时间达到 $t_m = 150$ ms 时，强度提高比值可达 1.3。并且在各种加载速率下，砖砌体的抗压极限变形始终位于 $1.1\times10^{-4}\sim2.0\times10^{-4}$ 之间。各种应变率下砖砌体的抗压强度提高比值如表 5.5 所示。

表 5.5　砖砌体的抗压强度动力提高系数

应变率/s^{-1}	t_m/ms	抗压强度动力提高系数
0.002～0.01	1000～110	1.30
0.01～0.1	110～12	1.35
0.1～0.25	12～10	1.40
>0.25	<10	1.40

资料来源：方秦、柳锦春编著：《地下防护结构》，中国水利水电出版社 2010 年版，第 234 页。

5.2.3.3　钢丝网水泥

在快速变形的条件下，钢丝网水泥的抗压强度的提高比值和变形模量的提高比值与混凝土近似，可取与混凝土相同的数值，一般为 1.15。在各种加载速率下，其抗压极限变形与混凝土无多大差异，分别约为 3.5×10⁻³ 和 0.22。

5.2.3.4　木材

与静荷载作用不同，在动荷载作用下，木材主要考虑应变率和静荷载作用下的设计强度两个因素。①在快速变形的条件下，木材的动力强度试验值略微增大，将比静力强度试验值提高 15%～30%。②在相关的工程设计中，木材构件所采用的静荷载设计强度考虑了耐久性(即静荷载的持续作用)的情况，因而取值较静荷载试验强度值低 50%～60%。但如果防护结构遇到承受瞬时动荷载作用的情况时，需要考虑木材构件的动力设计强度，一般可取为其静力设计强度的 2 倍。

5.3　结构构件的动力效应

对防护工程结构而言，最常见的结构构件包括钢筋混凝土受弯构件和轴心受压构件、钢构件等。这些结构构件在动荷载作用下会表现出不同于静荷载作用下的动力性能。了解并掌握其动力性能对于防护结构设计是至关重要的。

5.3.1　钢筋混凝土受弯构件的动力性能

5.3.1.1　构件的抗力曲线

钢筋混凝土受弯构件(如梁)的抗力曲线，随其配筋率及破坏形式的不同有很大不同。受弯构件依配筋率的多少可分为超筋梁、适筋梁和少筋梁，破坏形态有弯曲破坏和剪坏。

超筋梁的配筋率过高，当受拉区钢筋尚未达到屈服时，受压区边缘的混凝土就已经达到极限变形，开始破损开裂，最后导致构件承载能力急剧降低，从而引起构件的脆性破坏。这种破坏是极其危险的，易造成结构体系的突然坍毁，工程中应当避免。此时构件的抗弯强度曲线如图 5.15 所示。

适筋梁的受力过程可分为四个阶段。在最后一个阶段的后期时，构件控制截面中的受拉钢筋达到屈服强度，受压区混凝土达到抗压极限强度。这时构件的抗弯能力达到最大值(极限弯矩 M_P^s)。此时构件的抗弯强度曲线如图 5.15 所示。

少筋梁的配筋率过低，钢筋不足以承受受拉区混凝土在开裂前承受的拉应力。因此，一旦受拉区的混凝土出现裂缝，挠度就会出现急剧式增长的现象，导致在混凝土受压区边缘达到极限变形前，受拉钢筋就已经达到屈服、强化以致断裂。此时，这种构件的受拉区裂缝只存在一两条，钢筋的屈服伸长主要集中在个别混凝土开裂的断面上。并且这种梁的抗力曲线与普通钢筋的应力-应变曲线基本相同。此时构件的抗弯强度曲线如图 5.15 所示。

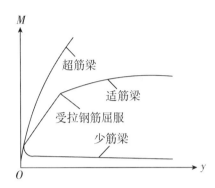

图 5.15　三种不同配筋率下梁的抗弯强度曲线

如前所述，一般受弯构件(如适筋梁)在静荷载作用下可分为四个阶段：①第一阶段，从变形开始到受拉区混凝土的应力与变形达到极限值并出现裂缝时为止(I_a)。此时，受拉区于受压区处的混凝土的应力与变形都不大，在截面高度上按线性规律分布。这个阶段处于不变刚度梁的弹性工作阶段。②第二阶段，从受拉区处的混凝土出现裂缝起，受拉区裂缝逐渐发展，在裂缝断面上的拉应力逐渐由钢筋承受，最后受拉钢筋屈服(II_a)。在裂缝之间的断面上，由于其保持了部分混凝土与钢筋之间的黏结力，所以混凝土继续受拉，受压区混凝土的应力图形为一曲线。随着裂缝的不断发展，混凝土与钢筋之间的黏结力逐渐消失，变形刚度不断降低。所以此时抗力曲线呈平滑状，如图 5.15 所示。③第三阶段，从受拉钢筋屈服开始，由于裂缝不断发展，受压区混凝土的高度逐渐减小，并且混凝土塑性变形的发展使得受压区混凝土的应力图形发展为矩形，形成了塑性铰。最后，由于塑性铰的转动，变形不断发展，受压区混凝土达到强度极限并开始破损剥落(III_a)。根据配筋率的大小，这一阶段有较大的变形过程。④第四阶段，对应于受压区混凝土发生破坏并丧失构件承载力的阶段。随着构件的继续变形，受压区混凝土不断发生剥落。根据配筋率的大小及钢筋进入强化阶段的早晚，这一阶段梁的抗力可能逐渐下降，也可能仍能保持不变，甚至还有可能略有增加。

动力加载时，钢筋混凝土受弯构件的抗力曲线的基本形状及所经历的变形阶段与静力加载条件下的类似，基本保持不变。存在的不同仅仅是由于变形速度很大以及荷载作用的瞬时性所导致的应力在截面上的分布规律及阶段交替时的应力值略有差别而已。

5.3.1.2　纵向受拉钢筋的配筋范围

相关理论和已有试验表明，通过提高混凝土的强度等级和选用较低的配筋率，可以增加钢筋混凝土抗弯构件的延性。根据《混凝土结构通用规范》(GB 55008—2021)，可知为防止钢筋混凝土受弯构件发生超筋破坏，矩形截面规定的最大配筋率为 $\mu_{max} = 0.55 R_w / \sigma_s$ ， R_w 和 σ_s 分别为混凝土和钢筋的设计强度。

对于高强钢筋或高强度等级混凝土受弯构件而言，最大配筋率较为合理的取值范围为

$(0.3 \sim 0.4) R_w / \sigma_s$。如果选取的配筋率过高，会导致构件易发生剪切破坏。所以，防护结构中的受弯构件的最大配筋率宜取较低数值，即防护结构中的受弯构件的最大配筋率应比设计规范中所规定的数值略小。

如果配筋率过低，也会对防护结构中的受弯构件造成不利影响。此时截面的抗裂强度大于屈服强度，受拉区混凝土一旦发生开裂，构件的抗力会骤然下降，将造成极其严重的后果。根据相关规范，应根据以下原则进行最小配筋率的选取：①截面的抗弯极限强度不得小于截面的抗裂强度；②在受压区混凝土发生破损剥落之前，受拉区钢筋不应发生颈缩。同时，根据大量的试验结果，可以进一步确定不同钢筋种类在不同强度等级的混凝土构件中的最小配筋率。并且由于在动荷载条件下，具有明显屈服台阶的各种钢筋的屈服强度均有不同程度的提高，以及防护结构的混凝土强度等级比一般民用建筑结构较高，故防护结构中受弯构件的钢筋最小配筋率应比《民用建筑设计统一标准》(GB 50352—2019) 中所规定的数值略大。

综上所述，防护工程钢筋混凝土结构构件按弹塑性工作阶段设计时，受拉钢筋配筋率不宜大于表 5.6 的规定；进行受弯构件的纵向钢筋配置，纵向受力钢筋的最小配筋率应符合表 5.7 的规定。

表 5.6　纵向受拉钢筋的最大配筋率

单位：%

钢筋种类	C30～C55	C60～C80
HRB335 级钢筋	1.9	2.5
HRB400 级钢筋	1.7	2.1
RRB400 级钢筋	1.7	2.1

资料来源：方秦、柳锦春编著：《地下防护结构》，中国水利水电出版社 2010 年版，第 238 页。

表 5.7　纵向受拉钢筋的最小配筋率

单位：%

种　　类	C25～C35	C40～C55	C60～C80
轴心受压构件的全部受压钢筋	0.60	0.60	0.70
偏心受压和偏心受拉构件的受压钢筋	0.20	0.20	0.20
受弯构件、偏心受压和偏心受拉构件的受拉钢筋	0.25	0.30	0.35

资料来源：方秦、柳锦春编著：《地下防护结构》，中国水利水电出版社 2010 年版，第 238 页。

5.3.1.3　受压区钢筋和箍筋

防护结构构件的抗弯截面应当配置适当的构造压筋和封闭式箍筋。它们虽然对截面抗弯强度的提高影响不大，但可以提高构件振动反弹的抗力，尤其是可以延长最大抗力明显下降时的塑性变形，并使抗力缓慢地丧失，故对结构的防塌甚为重要。

此外，承受动荷载作用的钢筋混凝土受弯构件应采取双面配筋的方式，这样可以确保钢筋混凝土受弯构件的两面均具有一定的抗力。对于防护结构中受弯构件(如梁、板等)的受压区的构造配筋而言,其配筋率应符合相关规范要求,不应小于纵向受拉钢筋的最小配筋率。同时,整体现浇钢筋混凝土板、墙、拱每面的非受力钢筋的配筋率不宜小于0.15%,间距不应大于 250 mm。

对于防护结构中受弯构件的箍筋配置而言,除需满足《混凝土结构通用规范》中的要求外,对于承受动荷载作用的连续梁支座及框架、刚架节点,其箍筋体积配筋率不应小于0.15%,其构造要求也有较严格的规定。

5.3.1.4 构件的延性

构件的延性是指构件的某个截面从屈服开始达到最大承载能力或达到以后而承载能力还没有明显下降期间的变形能力。对于防护结构中的构件而言,其特征是能够承受动荷载作用并允许进入塑性工作阶段,确保受弯构件不出现突发性破坏。构件的延性通常用延性比 β(表示构件的弹性极限变形)表示,其值必须小于或等于构件在弹塑性工作阶段中设计的允许最大延性比。如果结构构件按弹塑性工作阶段设计,对一般工程受拉钢筋的配筋率不宜超过 1.5%;当必须超过 1.5%时,受弯构件或大偏心受压构件的允许延性比应符合下列表达式的要求:

$$[\beta] \leqslant \frac{0.5}{x/h_0}, \tag{5.26}$$

$$\frac{x}{h_0} = (\rho - \rho') \frac{f_{yd}}{\alpha_c f_{cd}}. \tag{5.27}$$

式中:x/h_0 为混凝土受压区高度与截面有效高度之比,其值可按防护结构有关设计规范计算;ρ、ρ' 分别为纵向受拉钢筋的配筋率及纵向受压钢筋的配筋率;f_{yd} 为混凝土调整过后的强度,其值可按防护结构有关设计规范计算;f_{ad} 为动荷载作用下混凝土的轴心抗压强度设计值;α_c 为动荷载作用下钢筋的抗拉强度设计值。

5.3.1.5 构件的抗弯刚度

在进行防护结构的动力计算时,构件的截面刚度与结构的自振频率是两个极为重要的计算参数。其中,构件的截面刚度的大小与受拉区混凝土是否发生开裂密切相关。已有试验表明,构件的抗弯截面的刚度 B_0 在受拉区开裂前可按整体刚度进行计算:

$$B_0 = \frac{1}{12} bh^3 E_c. \tag{5.28}$$

式中:b 为构件的截面宽度;h 为构件的截面高度;E_c 为动荷载作用下材料的弹性模量。

如果需计算防护结构中构件的自振频率,则构件的截面刚度值可近似为:

$$B = 0.6 B_0. \tag{5.29}$$

5.3.1.6 构件的抗剪性能

构件的剪切破坏是一种没有预先的破坏征兆的脆性破坏。为了保证钢筋混凝土受弯构件的塑性性能，必须使得构件的极限抗剪强度大于构件的抗弯强度。对于钢筋混凝土受弯构件(如梁)而言，其抗剪性能相当复杂，抗剪能力受多种因素的影响，抗剪机理仍不十分清楚，其设计计算方法基本上是半经验半理论的。

一般来说，剪切破坏可以分为压剪、斜拉、斜压等三种类型。压剪破坏的特征是在支座区域处构件的截面高度上将会发展近乎垂直的裂缝。这种破坏在高梁以及高配筋率和低标号混凝土的普通梁中可以观察到，在防护结构中只要设计适当就可以避免。斜拉破坏的特征是靠近受拉区钢筋的点会向着受压区混凝土进行移动，进而产生对角线裂缝。如果对角线裂缝发展到贯穿整个受压区混凝土，则会导致受压区混凝土承受不了弯曲应力，进而引起构件的破坏。斜压破坏出现于剪跨比较小的构件，其破坏特征是出现一系列裂缝，如同短柱被压毁时一样。

快速动荷载作用下，钢筋混凝土受弯构件(梁)的剪切破坏类型与静荷载作用下基本一致，一般并不会发生转化，存在差别的仅是梁的最大抗剪能力有所提高，且提高的幅值与剪切破坏的形态有关。斜拉剪坏时提高最多，大体与相应变形速度下的混凝土抗拉强度的提高幅值相当；斜压剪坏时提高最少，大体与混凝土抗压强度的提高幅值相当；压剪破坏时的提高幅度大体介于前述二者之间。

对于钢筋混凝土受弯构件而言，通常其抗剪强度问题指的是主筋屈服前发生的剪坏，即构件的承载能力主要是由剪切破坏所控制而不是其抗弯强度。但防护结构中构件的正常工作状态通常是指其受拉主筋屈服后的塑性工作状态。因此，在进行相关结构设计时必须考虑构件的受拉主筋屈服后的抗剪性能。

下面将对防护结构构件中受拉主筋屈服后的剪切破坏类型进行总结，主要分为两种：①由于受拉主筋存在一定的强化阶段或其内力进行了重分布等原因，使得构件的作用剪力在主筋屈服后仍有所增加，进而导致构件的抗剪强度不足而引起剪切破坏。这种剪切破坏的机理与屈服前的剪切破坏基本相同，因此进行相关结构设计时可以通过增大构件的安全系数来进行预防。②构件中受拉主筋屈服后的剪切破坏还可能发生在同时有较大负弯矩和较大剪力作用的截面，如框架的节点或连续梁支座处及其附近。其作用机理是构件中受拉主筋屈服后，受拉区混凝土产生裂缝并逐渐拓展延伸，最终出现斜截面剪切破坏。由于受拉主筋屈服后的剪切破坏实际上限制了构件的延性，因此尽管相关规范是以构件的抗弯强度来确定受拉主筋屈服后发生剪切破坏时剪力的大小，但这并不足以代表构件的实际抗剪能力。目前，根据防护结构相关的设计规范，对于 C30 混凝土和构件的跨高比大于 8 时，如果要考虑受拉钢筋屈服后发生剪切破坏时的延性，需要分别乘以不同的影响修正系数来计算构件斜截面的承载能力。

同时，对于高跨比大于 5 的普通梁而言，其最易发生剪切破坏的临界截面一般在距支座有效高度 h_0 处。并且其抗剪能力可按《混凝土结构通用规范》中通用的抗剪公式进行计算。在这种情况下，该构件的极限强度一般由抗弯强度控制，并不会发生剪切破坏。现行规范的抗剪强度计算公式并没有考虑构件斜截面上受到均布动荷载的抗剪作用，对于防护结构而言，这属于安全储备，偏于安全。

对于高跨比小于 5 的高梁而言，其最易发生剪切破坏的临界截面一般在距支座 $0.15L$ 处。并且其抗剪能力普遍高于普通梁。相关文献表明，其抗剪强度可近似为：

$$\sigma_c = (2.5\text{-}3.5)M/Qh 。 \tag{5.30}$$

式中：σ_c 为构件的抗剪强度；M 为构件核算截面的弯矩；Q 为构件核算截面的剪力；h 为构件的截面高度。

对于短梁而言，在均布静荷载作用下，其抗剪能力如图 5.16 所示。其中 R 为混凝土的标号，l_0 为梁的净跨。

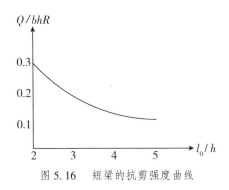

图 5.16　短梁的抗剪强度曲线

5.3.2　钢筋混凝土受压构件的动力性能

5.3.2.1　轴心受压短柱

钢筋混凝土轴心受压构件在快速变形下的最大抗力，由于钢材及混凝土材料在动力作用下强度的提高而增大，极限变形值则没有显著的变化，极限应变约为 2×10^{-3}。但配置箍筋后，则将提高混凝土的极限抗压强度和极限变形值，此时混凝土的抗压强度可按下式进行计算：

$$R'_a = R_a + 4.3\sigma_2 。 \tag{5.31}$$

式中：R'_a 为混凝土在三轴压应力状态下的抗压强度；R_a 为混凝土在单轴无侧限状态下的抗压强度；σ_2 为箍筋提供的侧向约束压应力。

螺旋式圆形箍筋提供的侧向约束压应力 σ_2 可按下式进行计算：

$$\sigma_2 = \frac{2A_s\sigma'_s}{aD} 。 \tag{5.32}$$

式中：A_s 为箍筋的截面面积；σ'_s 为箍筋中的应力；a 为箍筋之间的间距；D 为被约束的混凝土直径。

矩形箍筋提供的侧向约束压应力可按下式进行计算：

$$\sigma_2 = \frac{A_s\sigma'_s}{ah} 。 \tag{5.33}$$

式中：h 为箍筋所包围的混凝土的长边尺寸；其他符号意义同前。

此时轴心受压构件的最大抗力 R 为：

$$R = R'_a F_e + \sigma_a F_a 。 \tag{5.34}$$

式中：F_e 为箍筋所约束的混凝土面积；σ_a 为配置钢筋中的应力；F_a 为配置钢筋的面积。

在无箍筋或少量箍筋的条件下，轴心受压柱是脆性构件，此时构件只存在混凝土少量的塑性变形，其抗力曲线与纯混凝土构件基本一致，可简化成脆性破坏体系或理想弹塑性体系（图 5.17）。同时，在简化成理想弹塑性体系后，构件能提供的延性比较小，为 $1.3 \sim 1.5$，通常宜取下限。高强度等级混凝土的延性比则接近于 1。

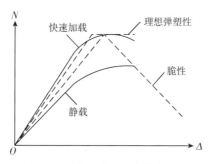

图 5.17　轴心受压柱的抗力曲线

已有试验表明，在快速动荷载作用下，即使钢筋混凝土柱的纵向配筋率较大（如 2.5%），仍有一定的延性。在防护结构设计的相关规范中，规定钢筋混凝土柱中全部纵向钢筋的配筋率不得超过 5%，并且当柱中的纵向受力钢筋配筋率超过 3% 时，应对柱的箍筋直径、间距及配箍方式作严格的限制，以确保其性能。

与一般的轴心受压构件一样，在纵向荷载的作用下，钢筋混凝土柱中的混凝土会发生压缩，产生侧向膨胀，进而引起开裂破损。如果配置箍筋，则能给构件核心区域内的混凝土施加侧向约束力；当箍筋较密又较强时，混凝土最后呈三向受力状态，三向约束混凝土具有很好的塑性变形性能。防护结构的重要节点和受力截面一般均采用约束混凝土的构造方式。

5.3.2.2　钢管混凝土柱

在混凝土柱的受压承载力达到极限时，钢管处于环向受拉状态，其中心混凝土受到钢管的侧向约束，呈三向受压状态，这将大幅度提高构件的轴向抗压强度和塑性性能。与一般配筋混凝土柱相比，钢管对混凝土柱轴向抗压承载力的提高程度相当于采用同样截面面积纵向钢筋的 2 倍，而且不需配置箍筋。并且其强度可以按相关的民用混凝土结构设计规范进行计算，但需要注意的是，在计算过程中，需要考虑钢筋及混凝土等材料的动力强度提高系数。在进行防护结构的相关设计中，对于细长的钢管混凝土柱需要考虑其纵向的稳定问题；对于短粗的钢管混凝土柱，设计时可忽略不计。

钢管混凝土柱的优点还在于变脆性破坏为延性破坏，即其可将轴心受压构件的脆性破坏转变为延性破坏。相关试验表明，当某构件达到极限承载力时，其纵向应变已经达到 5×10^{-3}，但此时继续加载该构件，仍可保持抗力不变而使变形继续发展，直至应变达到 5×10^{-2} 以上。

如前所述，由于多种因素的影响，钢管混凝土柱对偏心荷载具有较好的承载能力。因此，在很多防护结构的体系中，当结构柱的计算内力很大时，采用钢管混凝土柱具有较好的效果。

5.3.2.3　钢筋混凝土偏心受压构件

偏心受压构件承受弯矩和轴力的联合作用。它同时反映有梁和柱的力学性能，其中哪一种性能占优势取决于两种荷载效应的相对量。其弯矩和轴力的抗力限制如图 5.18 所示。图中，N_0 为无弯矩作用时构件的极限轴力抗力，M_p 为无弯矩作用时构件的极限弯矩抗力。在曲线 abc 上的 M、N 值对应于构件的极限强度。b 点为大、小偏心受压构件的分界点，在该点构件的混凝土达到了最大变形，同时构件的受拉主筋达到了屈服。

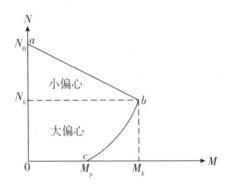

图 5.18　偏心受压构件的弯矩与轴力抗力之间的关系曲线

偏心受压构件的抗力曲线形态介于梁式受弯构件与轴心受压构件之间。对于大偏心受压构件而言，其抗力曲线与梁式受弯构件相似，在荷载作用下，受拉主筋首先屈服，然后继续变形至受压区混凝土发生破损开裂，通常能提供的延性比为 2～3；对于小偏心受压构件而言，其抗力曲线与轴心受压构件相似，通常能提供的延性比为 1.5 左右。同时，如果偏心受压构件采用螺旋或圆形或密集矩形箍筋，将一定程度上提高构件的塑性性能；但随着轴向荷载的增加，其塑性性能也会相应地降低。

5.3.3　钢构件的动力性能

与水泥和木质材料相比，因钢构件具有较好的韧性和较高的弹性模量，所以在同样的受力情况下，采用钢构件的整体面积小，重量轻，利于搬运铺装。同时，钢构件可承受冲击及动力荷载，抗震性能良好。因此，越来越多的防护结构开始大量使用钢构件，如防护结构中的口部钢防护门、防爆破活门等防护设备。

5.3.3.1　受弯钢构件

钢结构受弯构件的设计通常以构件的非弹性工作状态为依据，即对于钢结构受弯构件而言，其设计方法属于塑性设计。塑性设计中采用的理论主要有塑性铰产生的内力重分布理论以及塑性弯曲理论。同时，与静荷载作用下钢结构受弯构件的塑性理论类似，在动荷载作用下可以通过考虑钢结构受弯构件的动力强度提高系数来进行相关承载力的计算。

对于结构型钢构件而言，最为关键的计算强度为其塑性抗弯强度。在此计算中，需要着重关注梁受压翼缘的侧向支撑问题。相关规范表明，在梁达到其弯曲强度之前，梁受压翼缘不应发生屈曲；否则将会造成侧向失稳，进而导致整体结构发生失稳。

对于平板钢构件而言，其最大挠度和最大应力受板的几何形状及板边支承形式的影响。除非设有加劲的体系，否则平板在侧向荷载作用下只有很小的抗弯能力。在大部分情况下，板的大变形将产生薄膜作用，并主要由此承担荷载。为一定程度上降低平板钢构件的挠度，可以考虑采用加筋肋或者是井字形钢梁的措施。

如 5.3.1.6 节所述，剪力一定程度上会对构件的塑性性能造成影响。尤其是在弯矩和剪力同时存在的刚性或连续支承处，剪切屈服的出现将使构件的弯曲能力大幅度降低。然而，对于 I 字形梁而言，情况并非如此，其上下翼缘主要用于抗弯，腹板主要用于抗剪。相关试验表明，较大的剪力和弯矩一般均发生在弯矩梯度最陡的部位。因此，如果 I 字形梁的腹板具有较大的有效高度，剪力需要足够大时腹板中的应力才能够完全布满其高度，此时梁的塑性性能并不会发生显著的降低。

受弯钢构件的抗力曲线的函数形式与结构超静定程度有关，一般由两段或三段直线组成(图 5.19)，有时也可简化成刚塑性。受弯构件的延性比，对一般密闭、变形要求的可取 3~5，对没有变形要求的可取到 10 或更大。

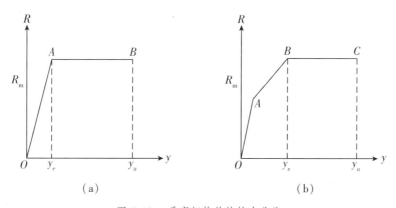

图 5.19　受弯钢构件的抗力曲线

5.3.3.2　受压钢构件

受压钢构件主要包括轴心受压钢构件、偏心受压钢构件和压弯钢构件。轴心受压构件和偏心受压构件的相关定义在 5.3.2 节中已进行详细阐述，此处不再赘述。对于压弯钢构件而言，从大的范围进行定义，只要受压钢构件同时也受到了弯矩作用，那么就可视作压弯钢构件。例如，当结构受到侧向荷载作用时，钢构件将同时受到弯矩和轴力作用，这时构件就由单纯的受压构件转化为压弯构件。

同时，当压弯钢构件的抗弯性能较强时，此时施加的侧向荷载将会使构件进入塑性状态，产生一定的延性。但是，当压弯钢构件的抗弯性能不足或较弱时，此时施加的侧向荷载将会使构件发生平面外的弯曲，进而造成整体失稳。尤其是对于长细比较大的构件，这种现象更为普遍。

动荷载作用下，受压钢构件的承载能力计算、工作状态、破坏形式均可按静荷载作用下的情况进行分析，唯一的区别是需要考虑钢构件在动荷载作用下的动力响应。

第6章 防护结构上的动荷载作用

6.1 概 述

6.1.1 引言

浅埋式结构是指其覆盖土层较薄，不满足压力成拱条件或软土地层中覆盖层厚度小于结构尺寸的地下结构。通常，当其覆盖的土层厚度小于0.5 m时，称为齐地表式结构，该结构的顶盖将直接承受地面冲击波的作用。与深埋式结构相比，浅埋式结构由于埋深较浅，爆炸产生的土中压缩波会与其内部结构进行相互作用，因此荷载的确定相对较复杂，本章将重点讨论。

6.1.2 确定土中结构动荷载的方法

在进行防护工程的结构分析时，其中最为关键的两个求解参数分别为结构的动变位和动内力。经过国内外学者大量的研究，目前的分析方法主要有两种：①分离法，即将土与地下结构分离开来，看作两个独立的单位，通过确定作用于地下结构的动荷载，进一步进行动力分析，最终求取结构的动变位和动内力。②整体法，即将土与地下结构看作成一个整体，应用波动理论和动力理论的解析法，或者应用有限元等数值方法，按半无限（或无限）平面（或空间）问题求解，最终得到结构的动变位和动内力。

如前所述，显然，第一种方法的分析过程较为简便，但计算结果很可能造成较大偏差。这是因为在对土与地下结构分开进行分析时，需要正确计算出作用于地下结构上的动荷载，否则将造成较大误差。因此，第二种方法运用较第一种更为广泛，其计算精度主要取决于土介质及结构的材料参数。但该方法相当复杂，目前仅适用于一些较为重要的防护工程，对于常用的防护工程还不足以适用。

确定作用于地下结构的动荷载主要有以下三种方法。

6.1.2.1 SSI法

土与结构相互作用方法（SSI法）以一维波动理论为基础的理论方法，能够较为精确地分析刚度较小及刚度较大的地下结构。该方法的求解过程主要分为两步：第一步，求解出作用于地下结构的动荷载；第二步，采用耦合作用分析地下结构的动力响应。由于该方法采用了耦合作用分析并且将土与地下结构视为一个整体，从地面冲击波开始，用一维波动理论对波的传播过程进行分析，最终求得作用于地下结构的动荷载。因此，它具有较为严谨的理论推导过程，能够较好地对地下结构受到动荷载作用时的动力响应进行分析。

6.1.2.2　三系数法

三系数法是一种半经验半理论的方法，是国内外大量学者的试验结果和核爆作用下土中浅埋结构承受动荷载的作用机理相结合的简化方法。已有试验表明，该方法能够较为准确地分析平顶钢筋混凝土结构。所谓三系数法，就是在计算作用于地下结构的动荷载时，简化为考虑三个系数：①压缩波在土中传播的衰减系数；②压缩波遇到地下结构后的综合反射系数；③等效静荷载的动力系数。这样能较大程度地减少计算量。

一般而言，将土视为弹塑性介质时，压缩波遇到地下结构后的综合反射系数可取为 $1 \sim 2$；将结构视为不动刚体时，则压缩波遇到地下结构后的综合反射系数可取为 2。当然，具体的取值应视实际的结构变形要求及具体的工程情况而定，此处只是给出较为常见的取值范围。

6.1.2.3　拱效应法

拱效应法无法较为准确地分析压缩波作用下土与地下结构相互作用的机理，仅是一种半经验半理论的方法。拱效应并非一种全新的概念，而是以相关静荷载试验结果为基础提出来的。其实质指的是土的抗剪强度对结构变形程度的影响，因为土的抗剪能力可以将土压力从较大变形处转移到较小变形处。相关静荷载试验表明，在抗剪强度较高的砂中，拱效应十分显著。具体工程实例也表明，埋深等于 $0.2 \sim 1.5$ 倍跨度的砂中结构的极限承载力相当于齐地表式结构的 $3 \sim 6$ 倍；并且在压缩波尚未达到地下结构时，不存在拱效应。因此，在动荷载作用下，地下结构开始并不存在拱效应；随着时间的推移，$4 \sim 10$ ms 后地下结构将会产生拱效应。

6.2　软土地基刚性结构上的动荷载

6.2.1　突加恒定冲击波作用下刚性结构上的压力

众所周知，土与地下结构相互作用的影响主要体现在作用于结构顶板和底板上动荷载的大小，并且作用于结构顶板和底板上的动荷载与结构的整体沉降和构件的变形密切相关。当地基土不够坚硬，表现为柔性时，结构的整体沉降大于构件的变形量。因此，在确定作用于结构顶板和底板上的动荷载时，就忽略了构件的变形，即认为构件不发生变形，为一刚体。此时将工事看作刚性工事，结构称为刚性结构。

因此，在进行以整体沉降为主的地下浅埋式结构，即土中刚性结构的动力分析计算时，可分为两步走：①按刚性结构求出作用于结构顶板和底板上的相互作用的压力和相应的惯性荷载；②将第一步得到的相互作用的压力和相应的惯性荷载进行叠加，得到作用于结构顶板和底板上的总动荷载。

本节将应用平面波理论来研究空气冲击波作用下作用在柔性地基上土中浅埋刚性结构上的动荷载。

研究中采用下列基本假定：①不考虑核爆空气波的衰减，即假定作用在地表上的是突加平台动荷载；②假定土中压缩波波阵面是平面，且与地表平行；③土介质视为弹塑性介质，其加载时应力-应变关系简化为勃兰特曲线，卸载时简化为等应变直线；④刚性结构中墙与土之间的摩擦力忽略不计。

6.2.1.1 土中压缩波与刚性结构的相互作用

某些整体式钢筋混凝土结构的整体沉降的速度远大于其构件自身的变形速度，因此在计算时可不考虑构件的变形，而把结构看作可动刚体。采用平面波理论中相关加载波的公式，其底板上的压力为：

$$p_j(t) = 2p(t) - \rho c_1 v(t)，\tag{6.1}$$

$$p_g(t) = \rho' c_1' v(t)。\tag{6.2}$$

式中：$p_j(t)$ 为结构顶板受到的压力；$p_g(t)$ 为结构底板受到的压力；$v(t)$ 为结构整体沉降位移的速度；c_1、ρ 分别为顶板上方土的塑性波波速和密度；c'、ρ' 分别为基底土的塑性波波速和密度；$p(t)$ 为入射压缩波的压力，可按下式进行表示：

$$p(t) = \begin{cases} \dfrac{p_m t}{t_{ch}} & (0 \leq t \leq t_{ch}) \\ p_m & (t > t_{ch}) \end{cases}。\tag{6.3}$$

式中：t_{ch} 为入射压缩波的升压时间。

由于忽略了刚性结构中墙与土之间的摩擦力，因而刚性结构运动的基本微分方程为：

$$m \frac{\mathrm{d}v(t)}{\mathrm{d}t} = p_j(t) - p_g(t)。\tag{6.4}$$

式中：m 为单位面积结构的质量，$m = M/F$，其中 M 为结构的总质量，F 为结构的总面积。

因此，式(6.4)的解为：

$$v(t) = \frac{2}{m} \int_0^t p(\mu) \, \mathrm{e}^{-c(t-\mu)} \, \mathrm{d}\mu。\tag{6.5}$$

将式(6.3)代入式(6.5)，积分整理后得：

$$v(t) = \frac{2p_m}{C_m} \left[\frac{t}{t_{ch}} - \frac{1}{Ct_{ch}}(1 - \mathrm{e}^{-Ct}) \right] \quad (0 \leq t \leq t_{ch})，\tag{6.6}$$

$$v(t) = \frac{2p_m}{C_m} \left[1 - \frac{1}{Ct_{ch}}(\mathrm{e}^{-Ct_{ch}} - 1)\,\mathrm{e}^{-Ct} \right] \quad (t > t_{ch})。\tag{6.7}$$

将式(6.3)、式(6.6)和式(6.7)分别代入式(6.1)中，可求得作用于结构顶板上的压力：

$$p_j(t) = \frac{2p_m}{1+\dfrac{1}{\overline{\rho c}}}\left[\frac{t}{t_{ch}}+\frac{1}{\overline{\rho c}}\frac{1}{Ct_{ch}}(1-e^{-Ct})\right] \quad (0 \leqslant t \leqslant t_{ch}), \tag{6.8}$$

$$p_j(t) = \frac{2p_m}{1+\dfrac{1}{\overline{\rho c}}}\left[1+\frac{1}{\overline{\rho c}}\frac{1}{Ct_{ch}}(e^{-Ct_{ch}}-1)e^{-Ct}\right] \quad (t > t_{ch})_{\circ} \tag{6.9}$$

式中：$\overline{\rho c}=\rho'c_1'/\rho c_1$。

对式(6.8)和式(6.9)进行简单分析，可以较为明显地得出在 $t=t_{ch}$ 时，会出现 $p_j(t)$ 的最大值，为：

$$p_j(t)_{max} = \frac{2p_m}{1+\dfrac{1}{\overline{\rho c}}}\left[1+\frac{1}{\overline{\rho c}}\frac{1}{Ct_{ch}}(1-e^{-Ct_{ch}})\right]_{\circ} \tag{6.10}$$

同时，在 $t=t_{ch}$ 时，结构上部土层中将会出现卸载波。下面将对 $t<t_{ch}$ 时覆土层中波的情况进行分析，图 6.1 所示为覆土层中波的反射情况。如果此时覆土层中某一点时刻的压力 $p(Z,t)$ 对时间的一阶偏导数小于或等于零，根据图 6.1 可知(Z,t)点的压力为：

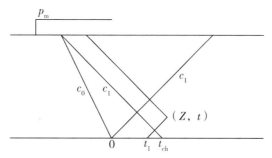

图 6.1　$t<t_{ch}$ 时覆土层中入射压缩波与结构上的反射波

$$P(Z,t) = p_m+p_m\frac{t_1}{t_{ch}}-\rho c_1 v(t_1), \tag{6.11}$$

$$t_1 = t-\frac{Z}{c_1}, \tag{6.12}$$

$$\frac{\partial p(Z,t)}{\partial t} = \frac{p_m}{t_{ch}}\left(\frac{\overline{\rho c}-1}{\overline{\rho c}+1}+\frac{2e^{-ct}}{\overline{\rho c}+1}\right)_{\circ} \tag{6.13}$$

因为覆土层土的密度一般小于软土地基中的土，所以显然式(6.13)中覆土层中某一点时刻的压力 $p(Z,t)$ 对时间的一阶偏导数大于零，即当 $t<t_{ch}$ 时，在覆土层中不可能出现卸载波。

6.2.1.2 结构卸载波的发展与刚性结构的运动

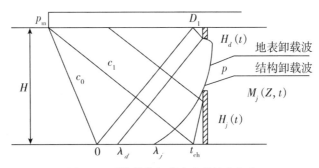

图 6.2 刚性结构卸载波发展的特征线

图 6.2 所示为刚性结构卸载波发展的特征线。根据图 6.2，推导得到卸载区的边界条件如下所示：

$$p^*(t) = p_m + p_m \frac{\lambda_j}{t_{ch}} - \rho c_1 v(\lambda_j),\tag{6.14}$$

$$v^*(t) = \frac{p_m + p_m \dfrac{\lambda_j}{t_{ch}} - \rho c_1 v(\lambda_j)}{\rho c_1}。\tag{6.15}$$

结构运动的微分方程为：

$$m \frac{dv(t)}{dt} = p_j(t) - \rho' c_1' v(t)。\tag{6.16}$$

同时，因为在同一时刻卸载区各截面土的速度、加速度相等，故卸载区土体的基本运动微分方程为：

$$p^*(t) - p_j(t) = \rho H_j(t) \frac{dv(t)}{dt}。\tag{6.17}$$

将式(6.16)和式(6.17)进行联立，得：

$$[m + \rho H_j(t)] \frac{dv(t)}{dt} + \rho' c_1' v(t) = p^*(t)。\tag{6.18}$$

又根据在同一时刻卸载区各截面土的速度、加速度相等，可以得到：

$$\frac{dv(t)}{dt} = \left[\frac{dv(\lambda j)}{d\lambda j} - \frac{p_m}{\rho c_1 t_{ch}} \right] \left[1 - \frac{1}{c_1} \frac{dH_j(t)}{dt} \right]。\tag{6.19}$$

将式(6.14)、式(6.15)和式(6.19)代入式(6.18)，整理得：

$$\frac{dH_j(t)}{dt} = c_1 \left\{ 1 + \frac{p_m(\overline{\rho c} - 1) - \left[p_m \dfrac{\lambda_j}{t_{ch}} - \rho c_1 v(\lambda_j) \right](1 + \overline{\rho c})}{[m + \rho H_j(t)] \left[\dfrac{dv(\lambda_j)}{d\lambda_j} - \dfrac{p_m}{\rho c_1 t_{ch}} \right]} \right\}。\tag{6.20}$$

对式(6.20)进行求解,即可求得刚性结构整体沉降的速度、加速度以及结构顶板压力。

6.2.1.3　卸载波的发展及其与结构卸载波相交时刻的确定

根据图 6.2,可知在 0 点由结构表面发生的反射压缩波 0—D_1 遇地表反射后,将引起土层中压力的卸载。因此,自点 D_1 将自地表向下传播一卸载波,称为地表卸载波。在其传播过程中,地表卸载波将与结构卸载波相交于点 P,对应时刻为 t_p。此后,结构上的覆土层将变为刚体。

根据图 6.2,可得卸载区土体的速度及下端的压力为:

$$v_d(t) = \frac{p_m - p_m \dfrac{\lambda_d}{t_{ch}} + \rho c_1 v(\lambda_d)}{c_1 \rho}, \tag{6.21}$$

$$p_d(t) = p_m + p_m \frac{\lambda_d}{t_{ch}} - \rho c_1 v(\lambda_d)。 \tag{6.22}$$

进而得到卸载区土体的运动微分方程:

$$p_m - p_d(t) = \rho H_d(t) \frac{\mathrm{d}v_d(t)}{\mathrm{d}t}。 \tag{6.23}$$

根据式(6.21)和 $\lambda_d = t - \dfrac{H - H_d(t)}{c_1}$,可以得到:

$$\frac{\mathrm{d}v_d(t)}{\mathrm{d}t} = \left[\frac{\mathrm{d}v_j(\lambda_d)}{\mathrm{d}\lambda_d} - \frac{p_m}{\rho c_1 t_{ch}} \right] \left[1 + \frac{1}{c_1} \frac{\mathrm{d}H_d(t)}{\mathrm{d}t} \right]。 \tag{6.24}$$

将式(6.22)和式(6.24)代入式(6.23),化简得:

$$\frac{\mathrm{d}H_d(t)}{\mathrm{d}t} = c_1 \left\{ \frac{\rho c_1 v_j(\lambda d) - p_m \dfrac{\lambda_d}{t_{ch}}}{\rho H_d(t) \left[\dfrac{\mathrm{d}v_j(\lambda_d)}{\mathrm{d}(\lambda_d)} - \dfrac{p_m}{\rho c_1 t_{ch}} \right]} - 1 \right\}。 \tag{6.25}$$

根据式(6.25)进行求解,得:

$$H_d(t_p) + H_j(t_p) = H。 \tag{6.26}$$

如前所述,地表卸载波将与结构卸载波相交于点 P,对应时刻为 t_p。此后,结构上的覆土层将变为刚体。得到下列运动微分方程式:

$$(m + \rho H) \frac{\mathrm{d}v(t)}{\mathrm{d}t} = p_m - p_g(t)。 \tag{6.27}$$

式中: $Z = \dfrac{\rho' c_1'}{m + \rho H}$。

对式(6.27)左右两边进行积分,求解得:

$$\rho_g(t) = \rho_g(t_p)\, e^{z(t-t_p)} + p_m \left[1 - e^{-z(t-t_p)} \right] = \left[\rho_g(t_p) - p_m \right] e^{-z(t-t_p)} + p_m \circ \tag{6.28}$$

同时，对式(6.28)进行简要分析，可得以下结论：

$$\begin{cases} t_m = t_p\,, & p_{gm} = p_g(t_p) & \left[p_g(t_p) > p_m \right] \\ t_m = \infty\,, & p_{gm} = p_m & \left[p_g(t_p) \leqslant p_m \right] \end{cases} \circ \tag{6.29}$$

相关理论表明，式(6.25)中的参数 ct_{ch} 对 t_p 的影响不大，可以忽略；对 t_p 影响较大的因素是 $\overline{\rho c}$，当 $\overline{\rho c}$ 增大时，t_p 也逐渐增大；当 $c_0/c_1 = \gamma_c$ 增大时，t_p 逐渐减小。具体变化规律如下所示：

$$\begin{cases} \dfrac{t_p}{t_{ch}} = 2.00 \sim 2.50 & (\gamma_c = 2) \\[2mm] \dfrac{t_p}{t_{ch}} = 1.60 \sim 1.90 & (\gamma_c = 3) \end{cases} \circ \tag{6.30}$$

最终对式(6.30)进行整理，得：

$$t_p = \left[\frac{\gamma_c}{\gamma_c - 1} \sim \left(\frac{1}{2} + \frac{\gamma_c}{\gamma_c - 1} \right) \right] t_{ch} \circ \tag{6.31}$$

6.2.1.4　计算结果拓展

为了使计算结果能广泛应用于各种不同的情况，在计算中采用以下变量：

$$\overline{H_j}(\bar{t}) = \frac{H_j(t)}{H}, \tag{6.32}$$

$$\overline{H_d}(\bar{t}) = \frac{H_d(t)}{H}, \tag{6.33}$$

$$\bar{t} = \frac{t}{t_{ch}}, \tag{6.34}$$

$$\overline{V}(\bar{t}) = \frac{\rho c_1 v(t)}{p_m}, \tag{6.35}$$

$$\overline{p_j}(\bar{t}) = \frac{p_j(t)}{p_m}, \tag{6.36}$$

$$\overline{p_g}(\bar{t}) = \frac{p_g(t)}{p_m} \circ \tag{6.37}$$

根据式(6.32)至式(6.37)，最终求解得到刚性结构顶板和底板的压力时程变化曲线，如图6.3所示。

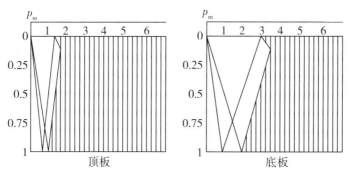

图 6.3　刚性结构顶板和底板的压力时程变化曲线

最后需要特别注意，因为本节中假定了作用在地表面的是突加平台动荷载，所以各个解只能适用于较小的升压时间内，否则会产生较大误差。

6.2.2　突加线性衰减冲击波作用下刚性结构上的压力和动荷载

在上节中，已应用一维平面波理论分析研究了浅埋土中刚性结构的相互作用，但仅仅是对其中突加恒定压力作用下的情况进行了分析，得出了作用于刚性结构顶板和底板上的压力时程变化曲线。

本节主要对防护工程中的突加线性衰减核爆冲击波荷载作用的情况，将给出作用于结构顶板和底板上的相互作用的压力计算曲线和动荷载。采用的基本假设为：①将土介质加载时应力-应变关系假定为双线性曲线，卸载时应力-应变关系假定为常应变曲线；②忽略刚性结构中墙与土之间的摩擦。

6.2.2.1　土中刚性结构中的动力响应

为了简化覆土层中的卸载波研究，对突加线性衰减核爆冲击波荷载进行简化，如图 6.4 所示。简化思想是结构卸载波与地表卸载波相交，但起始点不同，前者为地面压力起始点，后者为结构压力起始点。

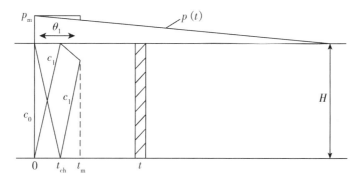

图 6.4　冲击波荷载的简化曲线

简化的理论依据为：上节计算表明，在突加恒定不变冲击波的荷载作用下，刚性结构

覆土层结构卸载波与地表卸载波的相交时刻(图 6.5)满足以下公式:

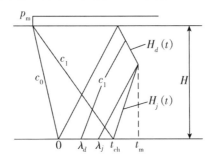

图 6.5　刚性结构覆土层中的特征线

$$t_p = \left[\frac{\gamma_c}{\gamma_c - 1} \sim \left(\frac{1}{2} + \frac{\gamma_c}{\gamma_c - 1} \right) \right] t_{\text{ch}}, \tag{6.38}$$

$$\theta_1 = \left[\frac{\gamma_c + 1}{\gamma_c - 1} \sim \left(\frac{1}{2} + \frac{\gamma_c + 1}{\gamma_c - 1} \right) \right] t_{\text{ch}}。 \tag{6.39}$$

当 $\gamma_c = 2 \sim 3$ 时, θ_1 的范围如下:

$$\theta_1 = \begin{cases} (3 \sim 3.5) t_{\text{ch}} & (\gamma_c = 2) \\ (2 \sim 2.5) t_{\text{ch}} & (\gamma_c = 3) \end{cases}。 \tag{6.40}$$

　　根据上述公式, 显然对于浅埋土中结构而言, 必定存在 $\theta_1 \ll t_+$。所以在 θ_1 以前把突加线性衰减荷载简化为恒定荷载误差较小。因此, 这样简化后可以直接利用上节的分析结果。

　　需要特别注意, 在 θ_1 时刻以后, 即结构卸载波与地表卸载波相交以后, 核爆冲击波已不能再继续简化为恒定荷载, 而必须按线性衰减荷载计算。此时, 上节的分析结果已不再适用, 需重新进行推导。

　　由于结构卸载波与地表卸载波相交以后, 覆土层变为不动刚体, 所以刚性结构的运动微分方程为:

$$p(t) - p_g(t) = (m + \rho_1 H) \frac{\mathrm{d}v(t)}{\mathrm{d}t}。 \tag{6.41}$$

式中: $p(t)$ 为作用在地表面的核爆冲击波荷载; $p_g(t)$ 为作用于刚性结构底板上的相互作用荷载; $\mathrm{d}v(t)/\mathrm{d}t$ 为刚体运动的加速度; m 为刚性结构单位面积的质量; ρ_1 为覆土层的密度; H 为覆土层的厚度。

　　根据图 6.4, 当 $t_p < t \leqslant t_+ - \dfrac{t_{\text{ch}}}{\gamma_c - 1}$ 时, 可得:

$$p(t) = \left\{ 1 - \left[\frac{t}{t_+} + \frac{t_{\text{ch}}}{(\gamma_c - 1) t_+} \right] \right\} p_{\text{m}}。 \tag{6.42}$$

将式(6.42)代入式(6.41), 整理得:

$$\frac{\mathrm{d}p_g(t)}{\mathrm{d}t} + z p_g(t) = z \left\{ 1 - \left[\frac{t}{t_+} + \frac{t_{\text{ch}}}{(\gamma_c - 1) t_+} \right] \right\} p_{\text{m}}。 \tag{6.43}$$

对式(6.43)进行积分求解, 得:

$$p_g(t)=\left[1-\frac{t_{ch}}{(\gamma_c-1)t_+}-\frac{t}{t_+}+\frac{1}{zt_+}\right]p_m+\left\{p_g(t_p)-\left[1-\frac{t_{ch}}{(\gamma_c-1)t_+}-\frac{t_p}{t_+}+\frac{1}{zt_+}\right]p_m\right\}e^{-z(t-t_p)}。\quad(6.44)$$

式中：$z=\dfrac{\rho_2c_2}{m+\rho_1H}$，其中 c_2、ρ_2 分别为地基土的塑性波速和密度。

当 $t>t_+-\dfrac{t_{ch}}{\gamma_c-1}$ 时，可得：

$$\frac{dp_g(t)}{dt}+zp_g(t)=0。\quad(6.45)$$

对式(6.45)进行积分求解，得：

$$p_g(t)=p_g(t_{p1})e^{-z(t-t_p)}。\quad(6.46)$$

式中：$t=t_+-\dfrac{t_{ch}}{\gamma_c-1}$。

根据式(6.46)，求解得到其他运动参数的表达式为：

$$v(t)=\frac{p_g(t)}{c_2\rho_2},\quad(6.47)$$

$$\frac{dv(t)}{dt}=\begin{cases}-\dfrac{p_m}{\rho_2c_2}\left\{\dfrac{1}{t_+}+z\left[\dfrac{p_g(t_p)}{p_m}-\left(1-\dfrac{t_{ch}}{(\gamma_c-1)t_+}-\dfrac{t_p}{t_+}+\dfrac{1}{zt_+}\right)\right]e^{-z(t-t_p)}\right\}&\left(t_p<t\leqslant t_+-\dfrac{t_{ch}}{\gamma_c-1}\right)\\ \dfrac{p_g(t_{p1})}{\rho_2c_2}ze^{-z(t-t_{p1})}&\left(t>t_+-\dfrac{t_{ch}}{\gamma_c-1}\right)\end{cases},\quad(6.48)$$

$$p_j(t)=\begin{cases}\left[1-\left(\dfrac{t}{t_+}+\dfrac{t_{ch}}{(\gamma_c-1)t_+}\right)\right]p_m-\rho_1H\dfrac{dv(t)}{dt}&\left(t_p<t\leqslant t_+-\dfrac{t_{ch}}{\gamma_c-1}\right)\\ -\rho_1H\left[\dfrac{dv(t)}{dt}\right]&\left(t>t_+-\dfrac{t_{ch}}{\gamma_c-1}\right)\end{cases}。\quad(6.49)$$

式中：$v(t)$ 为刚体运动速度；$p_j(t)$ 为作用于刚性结构顶板上的相互作用荷载压力；$F_j(t)$、$F_g(t)$ 分别为刚性结构整体沉降引起的作用于顶板和底板上的惯性荷载；m_1、m_2 分别为单位面积顶板和底板的质量。

上述公式是在刚性结构顶板上有覆土的情况。当刚性结构顶板表面不存在覆土时，即刚性结构顶板与地表面齐平时，需另行推导：

$$p_j(t)=p(t)=\begin{cases}p_m\left(1-\dfrac{t}{t_+}\right)&(0\leqslant t\leqslant t_+)\\ 0&(t>t_+)\end{cases}。\quad(6.50)$$

则刚性结构的运动微分方程为：

$$\frac{dp_g(t)}{dt}+C_1p_g(t)=C_1p(t)。\quad(6.51)$$

式中：$C_1=\dfrac{\rho_2c_2}{m}$，其解为：

$$p_g(t) = \begin{cases} p_{\mathrm{m}}\left[\left(1+\dfrac{1}{C_1 t_+}\right)(1-\mathrm{e}^{-C_1 t}) - \dfrac{t}{t_+}\right] & (0 \leqslant t \leqslant t_+) \\ p_{\mathrm{m}}\left[\dfrac{1}{C_1 t_+}(\mathrm{e}^{C_1 t_+}-1)-1\right]\mathrm{e}^{-C_1 t} & (t > t_+) \end{cases} \quad (6.52)$$

根据式(6.52)，求得其他运动参数的表达式为：

$$v(t) = \frac{p_g(t)}{\rho_2 c_2}, \quad (6.53)$$

$$\frac{\mathrm{d}v(t)}{\mathrm{d}t} = \begin{cases} \dfrac{p_{\mathrm{m}} C_1}{\rho_2 c_2}\left[\left(1+\dfrac{1}{C_1 t_+}\right)\mathrm{e}^{-C_1 t} - \dfrac{1}{C_1 t_+}\right] & (0 \leqslant t \leqslant t_+) \\ \dfrac{p_{\mathrm{m}} C_1}{\rho_2 c_2}\left[\dfrac{1}{C_1 t_+}(1-\mathrm{e}^{-C_1 t_+})+1\right]\mathrm{e}^{-C_1 t} & (t > t_+) \end{cases}, \quad (6.54)$$

$$F_j(t) = \begin{cases} -\overline{m_1} p_{\mathrm{m}}\left[\left(1+\dfrac{1}{C_1 t_+}\right)\mathrm{e}^{-C_1 t} - \dfrac{1}{C_1 t_+}\right] & (0 \leqslant t \leqslant t_+) \\ -\overline{m_1} p_{\mathrm{m}}\left[\dfrac{1}{C_1 t_+}(1-\mathrm{e}^{-C_1 t_+})+1\right] & (t > t_+) \end{cases}, \quad (6.55)$$

$$F_g(t) = \begin{cases} -\overline{m_2} p_{\mathrm{m}}\left[\left(1+\dfrac{1}{C_1 t_+}\right)\mathrm{e}^{-C_1 t} - \dfrac{1}{C_1 t_+}\right] & (0 \leqslant t \leqslant t_+) \\ -\overline{m_2} p_{\mathrm{m}}\left[\dfrac{1}{C_1 t_+}(1-\mathrm{e}^{-C_1 t_+})+1\right] & (t > t_+) \end{cases} \quad (6.56)$$

式中：$\overline{m_1} = m_1/m$；$\overline{m_2} = m_2/m$。

联立式(6.50)和式(6.55)可得作用在刚性结构顶板上的动荷载为：

$$p_{jf}(t) = p_j(t) + F_j(t) = \begin{cases} p_{\mathrm{m}}\left\{1 - \dfrac{t}{t_+} - \overline{m_1}\left[\left(1+\dfrac{1}{C_1 t_+}\right)\mathrm{e}^{-C_1 t} - \dfrac{1}{C_1 t_+}\right]\right\} & (0 \leqslant t \leqslant t_+) \\ \overline{m_1} p_{\mathrm{m}}\left[\dfrac{1}{C_1 t_+}(\mathrm{e}^{-C_1 t_+}+1)-1\right]\mathrm{e}^{-C_1 t} & (t > t_+) \end{cases} \quad (6.57)$$

对式(6.57)进行求导，求得作用在刚性结构顶板上的动荷载最大值及其相对应的时间：

$$p_{jfm} = p_{\mathrm{m}}\left\{1 - \frac{1-\overline{m_1}+\ln\left[\overline{m_1}(1+C_1 t_+)\right]}{C_1 t_+}\right\}, \quad (6.58)$$

$$t_{jfm} = \frac{1}{C_1}\ln\left[\overline{m_1}(1+C_1 t_+)\right]。 \quad (6.59)$$

联立式(6.52)和式(6.56)，求解得：

$$p_{gf}(t) = \begin{cases} p_{\mathrm{m}}\left\{1 - \dfrac{t}{t_+} + (1-\overline{m_2})\left[\dfrac{1}{C_1 t_+} - \left(1+\dfrac{1}{C_1 t_+}\right)\mathrm{e}^{-C_1 t}\right]\right\} & (0 \leqslant t \leqslant t_+) \\ p_{\mathrm{m}}(1-\overline{m_2})\left[\dfrac{1}{C_1 t_+}(\mathrm{e}^{C_1 t_+}-1)-1\right]\mathrm{e}^{-C_1 t} & (t > t_+) \end{cases}, \quad (6.60)$$

$$p_{gfm} = p_{\mathrm{m}}\left\{1 - \frac{1}{C_1 t_+}\frac{\overline{m_2}+\ln\left[(1-\overline{m_2})(1+C_1 t_+)\right]}{C_1 t_+}\right\}, \quad (6.61)$$

$$t_{gfm} = \frac{1}{C_1} \ln\left[\left(1-\overline{m_2}\right)\left(1+C_1 t_+\right)\right] 。 \tag{6.62}$$

根据上述公式，可以求得刚性结构顶板和底板上的包括相互作用荷载和相应惯性荷载在内的动荷载，并根据自由场应力近似地确定作用于刚性结构侧壁上的压力之后，就可以按照地面无沉降结构的问题进行相应的动力分析。

6.2.2.2　计算结果拓展

为了使计算结果能广泛应用于各种不同的情况，在计算中采用以下变量：

$$\overline{v}(\overline{t}) = \frac{c_1\rho_1 v(t)}{p_m}, \qquad \overline{t} = \frac{t}{t_{ch}}, \tag{6.63}$$

$$\overline{v}(\overline{t}) = \frac{c_2\rho_2 v(t)}{p_m}, \qquad \overline{t} = \frac{t}{t_+}, \tag{6.64}$$

$$\overline{p_j}(t) = \frac{p_j(t)}{p_m}, \qquad \overline{p_g}(t) = \frac{p_g(t)}{p_m}, \qquad \overline{F_j}(t) = \frac{F_j(t)}{p_m}, \qquad \overline{F_g}(t) = \frac{F_g(t)}{p_m} 。 \tag{6.65}$$

影响浅埋刚性结构的参数主要有 6 个，其中 Ct_{ch} 的具体表达式如下所示：

$$Ct_{ch} = \frac{\rho_1 H}{m}\left(1-\frac{1}{\gamma_c}\right)\left(1+\overline{\rho c}\right) 。 \tag{6.66}$$

如果令 $S = \rho_1 H/m$，$K = h_1/h_2$（其中 h_1、h_2 分别为刚性结构顶板和底板的厚度），则式 (6.66) 可进一步简化为：

$$Ct_{ch} = S\left(1-\frac{1}{\gamma_c}\right)\left(1+\overline{\rho c}\right), \tag{6.67}$$

$$\overline{m_2} = \frac{\overline{m_1}}{K} 。 \tag{6.68}$$

所以，作用在浅埋刚性结构顶板和底板上的最大动荷载计算曲线如图 6.6 所示。

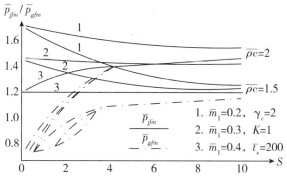

图 6.6　刚性结构顶板和底板的最大动荷载计算曲线

根据上述计算结果及图 6.6，刚性结构的顶板最大动荷载一般出现在 $\overline{t}_{jfm} = 1$ 时，即刚性结构卸载波与地表卸载波相交的瞬时。图 6.7 所示为 $\overline{t}_p$ 随 S 的变化曲线。

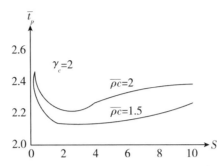

图 6.7　刚性结构卸载波与地表卸载波无因次相交时刻的计算曲线

当刚性结构顶板与地表齐平时，其最大动荷载主要与三个参数有关，分别是 $C_1 t_+$、$\bar{m}_1$ 和 K。当 $\bar{m}_1 = 0.2$、$K = 1.0$ 时，作用在刚性结构顶板和底板上的最大动荷载及相应的时间如图 6.8 所示。

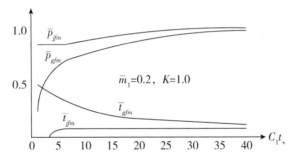

图 6.8　齐地表刚性结构无因次顶板和底板的最大动荷载及其相应时间曲线

下面对计算结果进行讨论：

（1）各种参数对刚性结构顶板和底板最大动荷载及其相应时间的影响。上述计算结果表明，当 $\gamma_c = 2 \sim 3$、$K = 1 \sim 1.5$ 时，对最大动荷载的影响较小。但由于 γ_c 的值会对最大动荷载达到的时间产生影响，具体表现为 $\bar{t}_p$ 和 $\bar{t}_{gfm}$ 的数值随 γ_c 的增大而减小，此时 $\bar{t}_p$ 的值可按下式进行计算：

$$\bar{t}_p = \frac{\gamma_c}{\gamma_c - 1} \sim \left(\frac{1}{2} + \frac{\gamma_c}{\gamma_c - 1} \right)。 \tag{6.69}$$

根据图 6.6，可知当 $\bar{m}_1$ 较小时，$\bar{p}_{jfm}$ 随 S 的增大而减小；但当 $\bar{m}_1$ 增加到某一数值时，即会转变为 $\bar{p}_{jfm}$ 随 S 的增大而增大。这是由于惯性荷载的影响越来越显著；在任何 $\bar{m}_1$ 值下，$\bar{p}_{gfm}$ 始终随 S 的增大而增大，而且其值始终小于 $\bar{p}_{jfm}$；随着 $\bar{m}_1$ 的增加，$\bar{p}_{jfm}$ 逐渐减小，而随着 $\bar{m}_2$ 的增加，$\bar{p}_{gfm}$ 逐渐增大。同时，当 $S > 3 \sim 5$ 时，它们的影响已经不再显著；随着 $\bar{\rho c}$ 的增加，$\bar{p}_{jfm}$ 不断增大，这是由于地基土的刚性越大，使压缩波反射更甚所致；$\bar{p}_{gfm}$ 一方面随刚性结构运动性变差而减小，另一方面又直接与 $c_2 \rho_2$ 成正比，因而总的结果还是随着 $\bar{\rho c}$ 的增加而增大。随着 S 的增大，刚性结构的顶板和底板压力逐渐趋近于某一稳定值。这表明，当 S 很大时，升压时间很长，刚性结构与地基土介质相匹配，惯性荷载很小，$\bar{p}_{jfm}$ 和 $\bar{p}_{gfm}$ 均逐渐接近于不同土介质上面的土介质的反射压力数值。

（2）惯性荷载对刚性结构顶板和底板最大动荷载的影响。对于土中浅埋结构而言，由于方向的关系，考虑惯性荷载将使得 $\bar{p}_{jfm}$ 减小，$\bar{p}_{gfm}$ 增加。由于 $\bar{p}_{jfm}$ 出现较 $\bar{p}_{gfm}$ 较早，所以

惯性荷载对 $\bar{p}_{jfm}$ 影响较大。计算结果表明，考虑惯性荷载和不考虑惯性荷载相比，$\bar{p}_{jfm}$ 相差最大可达 61%（图 6.9）。

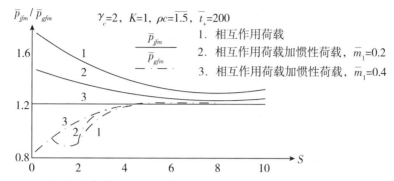

图 6.9　叠加惯性荷载与否对浅埋结构顶板和底板最大动荷载的影响对比曲线

由上可见，无论是土中浅埋刚性结构或与地表齐平的刚性结构，惯性荷载对于作用于顶板和底板上的总动荷载的最大值及其变化规律的影响不能忽略，否则误差较大。三系数法不恰当地忽略了刚性结构整体沉降产生的惯性荷载。此外，三系数法在确定动力系数时，采用的自振频率没有采用恰当的方式考虑覆土层的质量，进而降低了自振频率，导致计算得到的动力系数偏大；同时，假设中采用的荷载波形是有升压平台的波形，而实际上作用在刚性结构顶板上的动荷载波形由于受地表卸载波和结构卸载波的影响，与具有升压平台的波形相差甚远。因此，动力系数按有升压平台的荷载进行计算将会导致较大的误差，而且覆土层厚度越小，其误差越大。

6.2.3　侧壁剪力对土中浅埋刚性结构动力反应的影响

根据实际工程的内部情况，本节假设刚性结构顶部覆土和侧面的介质相同，而底部介质与顶部和侧面介质不同，并考虑覆土层中卸载波的影响。

6.2.3.1　侧壁剪力表达式的推导

当附着在刚性结构侧壁上的介质质点与邻近土介质质点之间的剪切力小于土介质之间的黏结力和摩擦力所能提供的最大值，此时二者之间会产生相对剪切。按照一维平面波理论，其剪切力 τ 计算如下：

$$\tau(h,\ t)=\frac{c_a}{c_1}[\rho_1 c_1 v_0(t)-P_h(h,\ t)]。 \tag{6.70}$$

式中：c_s 为结构侧壁外土介质的剪切波速，具体表达式见式(6.71)；ν 为刚性结构侧壁外土介质的泊松比；$P_h(h,\ t)$、$v_h(h,\ t)$ 分别为刚性结构侧壁外一定深度处土介质质点的应力和运动速度。

$$c_s=c_0\sqrt{\frac{1-2v}{2(1-v)}}。 \tag{6.71}$$

式中：c_0 为结构侧壁外土介质的初始波速。

同时，剪切应力的值不能超过由土介质之间黏结力和摩擦力所能提供的最大值，否则将引起土介质中间的相对运动，即开裂。剪切应力的最大值按下式进行计算：

$$\tau_{\max} = \xi P_h(h, t)\tan \varphi + C_{\circ} \tag{6.72}$$

式中：ξ 为结构侧面土介质的侧压系数；φ 为结构侧面土介质的内摩擦角；C 为结构侧面土介质的内黏聚力。

刚性结构侧壁在某一时刻所受到的剪力就是侧壁上各点的剪切应力沿所有垂直表面积的积分。当侧壁为矩形时，侧壁所受到的剪力按下式进行计算：

$$F_s(t) = B\int_0^H \tau(h, t)\mathrm{d}h_{\circ} \tag{6.73}$$

式中：B 为结构侧墙的外宽；H 为结构侧墙的外高。

6.2.3.2　考虑侧壁剪力时刚性结构的动力响应

1. 加载条件下刚性结构的动力响应

如上节所述，在结构卸载波与地表卸载波相交之前，可将作用在地表面的线性衰减冲击波荷载简化为恒定荷载。通过这种简化，在加载条件下，考虑刚性结构侧壁的剪力时，作用在刚性结构上的荷载如图 6.10 所示。

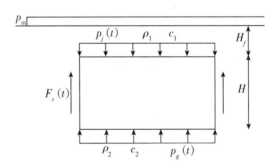

图 6.10　浅埋刚性结构考虑剪力作用时的示意

此时，结构的基本运动微分方程为：

$$m_0\dot{v}_0(t) = p_j(t) - p_g(t) - \frac{F_s(t)}{F_j}_{\circ} \tag{6.74}$$

将相关的表达式代入式(6.74)，整理得：

$$\dot{v}_0(t) + Zv_0(t) = \frac{2}{m_0}\left[p_h(t) + \frac{c_s}{c_1 L}\int_0^H p_h(h, t)\mathrm{d}h\right]_{\circ} \tag{6.75}$$

式中：Z 的表达式如下式所示：

$$Z = \frac{1}{m_0}\left(\rho_1 c_1 + \rho_2 c_2 + 2\frac{H}{L}\rho_1 c_s\right)_{\circ} \tag{6.76}$$

对式(6.75)进行求解，得：

$$v_0(t) = \frac{2}{m_0}\int_0^t\left[p_h(u) + \frac{c_s}{c_1 L}\int_0^H p_h(u)\,\mathrm{d}h\right]\mathrm{e}^{-Z(t-u)}\,\mathrm{d}u_{\circ} \tag{6.77}$$

如果假设压缩波到达刚性结构顶板表面的时刻为 0，则距地表 h 深度处的压缩波应力大小为：

$$p_h(h, t) = \begin{cases} p_m\left(\dfrac{t}{t_{ch}} - \dfrac{h-H_f}{c_0 t_{ch}}\right) & \left(\dfrac{h-H_f}{c_0} \leqslant t \leqslant t_{ch} + \dfrac{h-H_f}{c_0}\right) \\ p_m & \left(t > t_{ch} + \dfrac{h-H_f}{c_0}\right) \end{cases} \quad (6.78)$$

将式(6.78)代入式(6.77)进行计算，得到 $v_0(t)$ 的具体表达式。同时，由于不同时刻压缩波到达刚性结构侧壁的位置不同，所以对于不同的到达时刻，$v_0(t)$ 具有不同的表达式。

当 $t \leqslant t \leqslant \dfrac{H}{c_0}$ 和 $t \leqslant \dfrac{H}{c_0} < t_{ch}$ 时，$v_0(t)$ 的表达式如下所示：

$$v_0(t) = \frac{2p_m}{Zm_0}\left\{\left(1 + \frac{1}{4}\beta\eta\bar{t}\right) - \frac{1}{Zt_{ch}}\left[\frac{1}{2}\beta\eta\bar{t} + \left(1 - \frac{\beta\eta}{2Zt_{ch}}\right)(1 - e^{-Zt_{ch}\bar{t}})\right]\right\}; \quad (6.79)$$

当 $\dfrac{H}{c_0} < t \leqslant t_{ch}$ 时，$v_0(t)$ 的表达式如下所示：

$$v_0(t) = \frac{2p_m}{Zm_0}\left\{\left(1 + \frac{\beta}{2}\right)\bar{t} - \frac{1}{4}\beta\eta - \frac{1}{Zt_{ch}}\left[1 + \frac{\beta}{2}\left(1 - \frac{\eta}{Zt_{ch}}e^{-Zt_{ch}\left(\bar{t}-\frac{1}{\eta}\right)}\right) - \left(1 - \frac{\beta\eta}{2Zt_{ch}}\right)e^{-Zt_{ch}\bar{t}}\right]\right\}. \quad (6.80)$$

式中：β、Zt_{ch} 为结构侧壁剪力的影响系数；η 为压缩波在 t_{ch} 时间内在土中经过的路程与结构外高的比值。其具体表达式如下所示：

$$\beta = 2\frac{H}{L}\frac{c_s}{c_1}, \quad (6.81)$$

$$Zt_{ch} = c_0 t_{ch}\left(1 + \frac{\beta}{1 + \overline{\rho c}}\right), \quad (6.82)$$

$$\eta = \frac{c_0 t_{ch}}{H}. \quad (6.83)$$

式中各参数的含义详见上节，此处不再赘述。

根据 $v_0(t)$ 的具体表达式，可以进一步求解得到刚性结构运动的加速度、顶板和底板相互作用的动荷载和附加惯性荷载。它们的表达式分别为：

$$\dot{v}_0(t) = \begin{cases} \dfrac{2p_m}{Zm_0 t_{ch}}\left[1 + \frac{1}{2}\beta\eta\left(\bar{t} - \frac{1}{Zt_{ch}}\right) - \left(1 - \frac{\beta\eta}{2Zt_{ch}}\right)e^{-Zt_{ch}\bar{t}}\right] & \left(t \leqslant t_{ch} \leqslant \dfrac{H}{c_0} \text{或} t \leqslant \dfrac{H}{c_0} < t_{ch}\right) \\ \dfrac{2p_m}{Zm_0 t_{ch}}\left[1 + \frac{1}{2}\beta - \frac{\beta\eta}{2Zt_{ch}}e^{-Zt_{ch}\left(\bar{t}-\frac{1}{\eta}\right)} - \left(1 - \frac{\beta\eta}{2Zt_{ch}}\right)e^{-Zt_{ch}\bar{t}}\right] & \left(\dfrac{H}{c_0} < t \leqslant t_{ch}\right) \end{cases} \quad (6.84)$$

$$p_j(t) = 2p_m - \rho_1 c_1 v_0(t), \quad (6.85)$$

$$p_g(t) = \rho_2 c_2 v_0(t), \quad (6.86)$$

$$p_{fj} = -m_j \dot{v}_0(t), \quad (6.87)$$

$$p_{fg} = m_g \dot{v}_0(t). \quad (6.88)$$

对式(6.79)～式(6.84)中的有量纲量进行无量纲化，经过整理得到无量纲相互作用的动荷载和附加惯性荷载的具体表达式：

$$\bar{p}_j(\bar{t}) = 2 - \bar{v}_0(\bar{t}) , \tag{6.89}$$

$$\bar{p}_g(\bar{t}) = \overline{\rho c}\bar{v}_0(\bar{t}) , \tag{6.90}$$

$$\bar{p}_{fj}(\bar{t}) = -\frac{\bar{m}_j(1+\overline{\rho c})}{Ct_{\mathrm{ch}}}\dot{\bar{v}}_0(\bar{t}) , \tag{6.91}$$

$$\bar{p}_{fg}(\bar{t}) = -\frac{\bar{m}_g(1+\overline{\rho c})}{Ct_{\mathrm{ch}}}\dot{\bar{v}}_0(\bar{t}) 。 \tag{6.92}$$

2. 结构卸载波发展阶段时刚性结构的动力响应

上述计算表明，刚性结构顶板在 $t=t_{\mathrm{ch}}$ 时开始发生卸载，即出现结构卸载波，如图 6.11 所示。

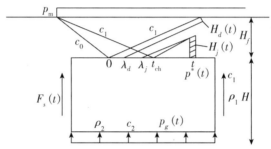

图 6.11　覆土层中的结构卸载波及其特征线

此时卸载区土体和结构的基本运动微分方程为：

$$p^*(t) - p_j(t) = \rho_1 H_j(t)\dot{v}_0(t) , \tag{6.93}$$

$$p_j(t) - p_g(t) - \frac{F_s(t)}{F_j} = m_0\dot{v}_0(t) 。 \tag{6.94}$$

联立式(6.93)和式(6.94)，整理得：

$$\left[m_0 + \rho_1 H_j(t)\right]\dot{v}_0(t) = p^*(t) - p_g(t) - \frac{F_s(t)}{F_j} 。 \tag{6.95}$$

同时根据特征关系，求得结构卸载波的边界条件为：

$$p^*(t) = p_{\mathrm{m}} + p_{\mathrm{m}}\frac{\lambda_j}{t_{\mathrm{ch}}} - \rho_1 c_1 v_0(\lambda_j) , \tag{6.96}$$

$$v_0(t) = v^*(t) = \frac{p_{\mathrm{m}} - \left[p_{\mathrm{m}}\dfrac{\lambda_j}{t_{\mathrm{ch}}} - \rho_1 c_1 v_0(\lambda_j)\right]}{\rho_1 c_1} , \tag{6.97}$$

$$\lambda_j = t - \frac{H_j(t)}{c_1} , \tag{6.98}$$

$$\dot{v}_0(t) = \left[\dot{v}_0(\lambda_j) - \frac{p_{\mathrm{m}}}{\rho_1 c_1 t_{\mathrm{ch}}}\right]\left[1 - \frac{1}{c_1}\dot{H}_j(t)\right] 。 \tag{6.99}$$

将式(6.96)～式(6.99)和 $p_g(t)$、$F_s(t)$ 的表达式代入式(6.95)中，进行化简得：

$$\dot{H}_j(t)=c_1\left\{1-\dfrac{p_{\mathrm{m}}(1-\overline{\rho c})-\beta+\dfrac{2c_s}{c_1L}\displaystyle\int_0^H p_h(h,t)\mathrm{d}h+[p_{\mathrm{m}}\overline{\lambda}_j-\rho_1 c_1 v_0(\lambda_j)(1+\overline{\rho c}+\beta)]}{[m_0+\rho_1 H_j(t)]\left[\dot{v}_0(\lambda_j)-\dfrac{p_{\mathrm{m}}}{\rho_1 c_1 t_{\mathrm{ch}}}\right]}\right\}。$$

$$(6.100)$$

式中：$\overline{\lambda}_j=\lambda_j/t_{\mathrm{ch}}$。

将 $p_h(h,t)$ 的具体表达式代入式(6.100)，进行积分得到 $\dot{H}_j(t)$ 在各个时间段的具体表达式。在下列各表达式的推导中，取 $H'=c_0(t-t_0)$，$t_0=H_f/c_0$。

当 $t\leqslant t\leqslant\dfrac{H}{c_0}$ 时：

$$\dot{H}_j(t)=c_1\left\{1-\dfrac{p_{\mathrm{m}}(1-\overline{\rho c})-\beta+\dfrac{\beta\eta}{2}(2\overline{t}-1)+[p_{\mathrm{m}}\overline{\lambda}_j-\rho_1 c_1 v_0(\lambda_j)(1+\overline{\rho c}+\beta)]}{[m_0+\rho_1 H_j(t)]\left[\dot{v}_0(\lambda_j)-\dfrac{p_{\mathrm{m}}}{\rho_1 c_1 t_{\mathrm{ch}}}\right]}\right\};\quad(6.101)$$

当 $t_{\mathrm{ch}}<\dfrac{H}{c_0}\leqslant t\leqslant t_{\mathrm{ch}}+\dfrac{H}{c_0}$ 和 $\dfrac{H}{c_0}<t_{\mathrm{ch}}\leqslant t\leqslant t_{\mathrm{ch}}+\dfrac{H}{c_0}$ 时：

$$\dot{H}_j(t)=c_1\left\{1-\dfrac{p_{\mathrm{m}}\left[1-\overline{\rho c}-\beta+\dfrac{\beta\eta}{2}\left(2\overline{t}-t^2-1+\dfrac{2t}{\eta}-\dfrac{1}{\eta^2}\right)\right]+[p_{\mathrm{m}}\overline{\lambda}_j-\rho_1 c_1 v_0(\lambda_j)(1+\overline{\rho c}+\beta)]}{[m_0+\rho_1 H_j(t)]\left[\dot{v}_0(\lambda_j)-\dfrac{p_{\mathrm{m}}}{\rho_1 c_1 t_{\mathrm{ch}}}\right]}\right\};$$

$$(6.102)$$

当 $t\geqslant t_{\mathrm{ch}}+\dfrac{H}{c_0}$ 时：

$$\dot{H}_j(t)=c_1\left\{1-\dfrac{p_{\mathrm{m}}(1-\overline{\rho c})+[p_{\mathrm{m}}\overline{\lambda}_j-\rho_1 c_1 v_0(\lambda_j)(1+\overline{\rho c}+\beta)]}{[m_0+\rho_1 H_j(t)]\left[\dot{v}_0(\lambda_j)-\dfrac{p_{\mathrm{m}}}{\rho_1 c_1 t_{\mathrm{ch}}}\right]}\right\}。\quad(6.103)$$

采用无量纲的形式对式(6.101)～式(6.103)进行表示，如下所示：

当 $1\leqslant\overline{t}\leqslant\dfrac{1}{\eta}$ 时：

$$\dot{H}_j(t)=\left(1-\dfrac{1}{r_c}\right)\left\{\dfrac{1-\overline{\rho c}-\beta+\dfrac{\beta\eta}{2}(2\overline{t}-1)[\overline{\lambda}_j-\overline{v}_0(\overline{\lambda}_j)](1+\overline{\rho c}+\beta)}{\left[\dfrac{(1+\overline{\rho c}+\beta)}{Zt_{\mathrm{ch}}}+\dfrac{\overline{H}_j(t)}{1-\dfrac{1}{r_c}}\right][\dot{\overline{v}}_0(\overline{\lambda}_j)-1]}\right\};\quad(6.104)$$

当 $\dfrac{1}{\eta}\leqslant\overline{t}\leqslant 1+\dfrac{1}{\eta}$ 和 $1\leqslant\overline{t}\leqslant 1+\dfrac{1}{\eta}$ 时：

$$\dot{H}_j(t) = \left(1-\frac{1}{r_c}\right)\left\{1-\frac{1-\overline{\rho c}-\beta+\frac{\beta\eta}{2}\left(2\bar{t}-t^2-1+\frac{2\bar{t}}{\eta}-\frac{1}{\eta^2}\right)\left[\bar{\lambda}_j-\bar{v}_0(\bar{\lambda}_j)\right](1+\overline{\rho c}+\beta)}{\left[\frac{(1+\overline{\rho c}+\beta)}{Zt_{ch}}+\frac{\overline{H}_j(\bar{t})}{1-\frac{1}{r_c}}\right]\left[\dot{\bar{v}}_0(\bar{\lambda}_j)-1\right]}\right\}; \quad (6.105)$$

当 $\bar{t} \geqslant 1+\frac{1}{\eta}$ 时：

$$\dot{H}_j(t) = \left(1-\frac{1}{r_c}\right)\left\{1-\frac{1-\overline{\rho c}+\left[\bar{\lambda}_j-\bar{v}_0(\bar{\lambda}_j)\right](1+\overline{\rho c}+\beta)}{\left[\frac{(1+\overline{\rho c}+\beta)}{Zt_{ch}}+\frac{\overline{H}_j(\bar{t})}{1-\frac{1}{r_c}}\right]\left[\dot{\bar{v}}_0(\bar{\lambda}_j)-1\right]}\right\}. \quad (6.106)$$

此时，刚性结构的无因次运动速度、加速度以及顶板相互作用的动荷载按照下列公式进行计算：

$$\bar{v}_0(t) = 1-\bar{\lambda}_j-\bar{v}_0(\bar{\lambda}_j), \quad (6.107)$$

$$\dot{\bar{v}}_0(t) = \left[\dot{\bar{v}}_0(\bar{\lambda}_j)-1\right]\left[1-\frac{\overline{H}_j(\bar{t})}{1-\frac{1}{r_c}}\dot{\bar{v}}_0(\bar{t})\right], \quad (6.108)$$

$$\bar{p}_j(t) = 1+\bar{\lambda}_j-\bar{v}_0(\bar{\lambda}_j)-\frac{\overline{H}_j(\bar{t})}{1-\frac{1}{r_c}}\dot{\bar{v}}_0(\bar{t}). \quad (6.109)$$

3. 结构卸载波与地表卸载波相交后刚性结构的动力响应

如上节所述，结构卸载波和地表卸载波相交后，地表冲击荷载无法继续简化为恒压荷载。此时，在线性衰减冲击波荷载的作用下，刚性结构的基本运动微分方程如下所示：

$$(m_0+\rho_1 H_f)\dot{v}(t) = p(t)-p_g(t)-\frac{F_s(t)}{F_j}. \quad (6.110)$$

其对应的刚性结构计算简图如图 6.12 所示。

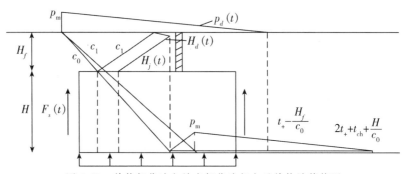

图 6.12　结构卸载波与地表卸载波相交后结构计算简图

将 $F_s(t)$ 的具体表达式代入式(6.110)，进行积分得到：

$$\dot{p}_g(t) + Z' p_g(t) = \frac{\rho_2 c_2}{m_0 + \rho_1 H_f}\left[p(t) + \frac{2c_s}{c_1 L}\int_0^H p_h(h,\ t)\,\mathrm{d}h \right], \tag{6.111}$$

$$Z' = \frac{\rho_2 c_2 + 2\dfrac{H}{L}\rho_1 H_f}{m_0 + \rho_1 H_f}。$$

对式(6.111)进行积分，求解得：

$$p_g(t) = p_g(t_{pi})\,\mathrm{e}^{-Z'(t-t_{pi})} + \frac{\rho_2 c_2}{m_0 + \rho_1 H_f}\int_{tpi}^t\left[p(u) + \frac{2c_s}{c_1 L}\int_0^H p_h(h,\ t)\,\mathrm{d}h \right]\mathrm{e}^{-Z'(t-u)}\,\mathrm{d}u。$$

$$\tag{6.112}$$

如果将压缩波到达刚性结构顶板表面的时刻作为零时，则距地表 h 处压缩波应力的表达式转换为：

$$p_h(h,\ t) = \begin{cases} p_m\left(t - \dfrac{h-H_f}{c_0 t_{ch}}\right) & \left(\dfrac{h-H_f}{c_0} \leqslant t \leqslant t_{ch} + \dfrac{h-H_f}{c_0}\right) \\[2ex] p_m\left(1 - \dfrac{t-t_{ch}}{2t_+} + \dfrac{h-H_f}{2c_0 t_+}\right) & \left(t_{ch} + \dfrac{h-H_f}{c_0} \leqslant t \leqslant 2t_+ + t_{ch} + \dfrac{h-H_f}{c_0}\right) \\[2ex] 0 & \left(t \geqslant 2t_+ + t_{ch} + \dfrac{h-H_f}{c_0}\right) \end{cases} \tag{6.113}$$

则地表冲击波荷载为：

$$p(t) = p_m\left(1 - \frac{t}{t_+} + \frac{h-H_f}{c_0 t_+}\right)。 \tag{6.114}$$

将式(6.113)和式(6.114)代入式(6.112)，计算得：

$$\bar{p}_g(\bar{t}) = \bar{p}_g(\bar{t}_{pi})\,\mathrm{e}^{-Z' t_{ch}(\bar{t}-\bar{t}_{pi})} + \frac{\overline{\rho c}}{\overline{\rho c}+\beta}\,p_m\left[A - B\,\mathrm{e}^{-Z' t_{ch}(\bar{t}-\bar{t}_{pi})} \right], \tag{6.115}$$

$$Z' = \frac{\overline{\rho c}+\beta}{\dfrac{\overline{\rho c}+1}{C t_{ch}}} + \frac{r_c}{r_c - 1}。 \tag{6.116}$$

对于式(6.115)中 A、B、$\bar{t}_{pi}$ 而言，其表达式分为以下几种情况：

一是结构卸载波与地表卸载波在小于或等于 H/c_0 时相交，即 $t_p \leqslant H/c_0$，则当 $t_p \leqslant t \leqslant \dfrac{H}{c_0}$（即 $\bar{t}_p \leqslant \bar{t} \leqslant \dfrac{1}{\eta}$）时：

$$\begin{cases} F_1(\bar{t}) = 1 - \dfrac{1}{(r_c-1)\bar{t}_+} - \dfrac{\bar{t}}{\bar{t}_+} - \dfrac{1}{2}\beta\eta\left(1 + \dfrac{1-\bar{t}}{2\bar{t}_+} - 2\bar{t}\right) \\[2ex] \qquad\quad + \dfrac{1}{Z' t_{ch}\bar{t}_+}\left[1 - \dfrac{1}{2}\beta\eta\left(1 + 2\bar{t} + \dfrac{1}{Z' t_{ch}} - \bar{t}\right) \right]; \\[2ex] A = F_1(\bar{t}) \\[1ex] B = F_1(\bar{t}_{p1}) \\[1ex] \bar{t}_{pi} = \bar{t}_{p1} = t_p \end{cases} \tag{6.117}$$

当 $\dfrac{H}{c_0} \leqslant t \leqslant t_{ch} + \dfrac{H}{c_0}\left(即\ \dfrac{1}{\eta} \leqslant \bar{t} \leqslant 1 + \dfrac{1}{\eta}\right)$ 时：

$$
\begin{cases}
F_2(\bar{t}) = 1 - \dfrac{1}{(r_c-1)\bar{t}_+} - \dfrac{\bar{t}}{\bar{t}_+} - \dfrac{1}{2}\beta\left[\eta(1-\bar{t}^2)\left(1+\dfrac{1}{2\bar{t}_+}\right)+\dfrac{1}{\eta}-2\bar{t}\right] \\
\qquad + \dfrac{1}{Z't_{ch}\bar{t}_+}\dfrac{1}{2}\beta\left[\eta(1+2\bar{t}_+)\left(1-\bar{t}+\dfrac{1}{Z't_{ch}}\right)+2\bar{t}_+\right] \\
A = F_2(\bar{t}) \\
B = F_2(\bar{t}_{p2}) \\
\bar{t}_{pi} = \bar{t}_{p2} = \dfrac{1}{\eta}
\end{cases} ; \quad (6.118)
$$

当 $t_{ch} + \dfrac{H}{c_0} \leqslant t \leqslant t_+ - \dfrac{t_{ch}}{r_c-1}\left(即\ 1+\dfrac{1}{\eta} \leqslant \bar{t} \leqslant \bar{t}_+ - \dfrac{1}{r_c-1}\right)$ 时：

$$
\begin{cases}
F_3(\bar{t}) = 1 - \dfrac{1}{(r_c-1)\bar{t}_+} - \dfrac{\bar{t}}{\bar{t}_+} + \beta\left[1+\dfrac{1}{2\bar{t}_+}\left(1-\bar{t}+\dfrac{1}{2\eta}\right)\right]+\dfrac{1}{Z't_{ch}\bar{t}_+}\dfrac{1}{2}\beta \\
A = F_3(\bar{t}) \\
B = F_3(\bar{t}_{p3}) \\
\bar{t}_{pi} = \bar{t}_{p3} = 1 + \dfrac{1}{\eta}
\end{cases} ; \quad (6.119)
$$

当 $t_+ - \dfrac{t_{ch}}{r_c-1} \leqslant t \leqslant 2t_+ + t_{ch} + \dfrac{H}{c_0}\left(即\ \bar{t}-\dfrac{1}{r_c-1} \leqslant \bar{t} \leqslant 2\bar{t}_+ +1+\dfrac{1}{\eta}\right)$ 时：

$$
\begin{cases}
F_4(\bar{t}) = \beta\left[1+\dfrac{1}{2\bar{t}_+}\left(1-\bar{t}+\dfrac{1}{2\eta}\right)\right]+\dfrac{1}{Z't_{ch}\bar{t}_+} \\
A = F_4(\bar{t}) \\
B = F_4(\bar{t}_{p4}) \\
\bar{t}_{pi} = \bar{t}_{p4} = \bar{t}_+ - \dfrac{1}{r_c-1}
\end{cases} ; \quad (6.120)
$$

当 $t \geqslant 2t_+ + t_{ch} + \dfrac{H}{c_0}$ 时 $\left(即\ \bar{t} \geqslant 2\bar{t}_+ +1+\dfrac{1}{\eta}\right)$ 时：

$$
\begin{cases}
A = B = 0 \\
\bar{t}_{pi} = \bar{t}_{p5} = 2\bar{t}_+ +1+\dfrac{1}{\eta}\ 。
\end{cases} \quad (6.121)
$$

二是结构卸载波与地表卸载波在大于或等于 H/c_0、小于或等于 $t_{ch}+H/c_0$ 时相交，则此时仍可按照式(6.118)～式(6.121)进行计算，但 $\bar{t}_{pi}=\bar{t}_{p2}=\bar{t}_p$。

三是结构卸载波与地表卸载波在大于或等于 $t_{ch}+H/c_0$ 时相交，则此时仍可按照式(6.119)～式(6.121)进行计算，但 $\bar{t}_{pi}=\bar{t}_{p3}=\bar{t}_p$。

根据式(6.90)，求得无量纲加速度表达式。当 $1 \leqslant \bar{t} \leqslant \dfrac{1}{\eta}$ 时：

$$\dot{v}_0(t) = \frac{Z't_{\mathrm{ch}}}{\overline{\rho c}}\left\{\frac{\overline{\rho c}}{\overline{\rho c}+\beta}\left[1-\frac{1}{(r_c-1)\bar{t}_+}-\frac{\bar{t}}{\bar{t}_+}-\frac{1}{2}\beta\eta\left(1+\frac{(1-\bar{t})^2}{2t_+}-2\bar{t}\right)\right]-\bar{p}_g(\bar{t})\right\}; \quad (6.122)$$

当 $\dfrac{1}{\eta}\leqslant\bar{t}\leqslant1+\dfrac{1}{\eta}$ 或 $1\leqslant\bar{t}\leqslant1+\dfrac{1}{\eta}$ 时：

$$\dot{v}_0(t) = \frac{Z't_{\mathrm{ch}}}{\overline{\rho c}}\left\{\frac{\overline{\rho c}}{\overline{\rho c}+\beta}\left[1-\frac{1}{(r_c-1)\bar{t}_+}-\frac{\bar{t}}{\bar{t}_+}-\frac{1}{2}\beta\eta(1-\bar{t})^2\left(1+\frac{1}{2\bar{t}_+}-2\bar{t}\right)\right]-\bar{p}_g(\bar{t})\right\}; \quad (6.123)$$

当 $1+\dfrac{1}{\eta}\leqslant\bar{t}\leqslant\bar{t}_+-\dfrac{1}{r_c-1}$ 或 $\bar{t}_p\leqslant\bar{t}\leqslant\bar{t}_+-\dfrac{1}{r_c-1}$ 时：

$$\dot{v}_0(t) = \frac{Z't_{\mathrm{ch}}}{\overline{\rho c}}\left\{\frac{\overline{\rho c}}{\overline{\rho c}+\beta}\left[1-\frac{1}{(r_c-1)\bar{t}_+}-\frac{\bar{t}}{\bar{t}_+}+\beta\left(1+\frac{1-\bar{t}+\frac{1}{\eta}}{2\bar{t}_+}\right)\right]-\bar{p}_g(\bar{t})\right\}; \quad (6.124)$$

当 $\bar{t}_+-\dfrac{1}{r_c-1}\leqslant\bar{t}\leqslant2\bar{t}+1+\dfrac{1}{\eta}$ 时：

$$\dot{v}_0(t) = \frac{Z't_{\mathrm{ch}}}{\overline{\rho c}}\left\{\frac{\overline{\rho c}}{\overline{\rho c}+\beta}\left[1+\frac{1}{2\bar{t}_+}\left(1-\bar{t}+\frac{1}{2\eta}\right)\right]-\bar{p}_g(\bar{t})\right\}; \quad (6.125)$$

当 $\bar{t}\geqslant2\bar{t}+1+\dfrac{1}{\eta}$ 时：

$$\dot{v}_0(t) = \frac{Z't_{\mathrm{ch}}}{\overline{\rho c}}\bar{p}_g(\bar{t})\,。 \quad (6.126)$$

根据卸载区土体的基本运动微分方程，可得刚性结构顶板相互作用的动荷载。卸载区土体的基本运动微分方程为：

$$p(t)-p_j(t) = \rho_1 H_j\dot{v}(t)\,。 \quad (6.127)$$

将式(6.127)采用无量纲形式进行表示，化简得：

$$\bar{p}_j(\bar{t}) = \begin{cases} 1-\dfrac{\bar{t}}{\bar{t}_+}-\dfrac{1}{(r_c-1)\bar{t}_+}-\dfrac{1}{1-\dfrac{1}{r_c}}\dot{\bar{v}}_0(\bar{t}) & \left(\bar{t}\leqslant\bar{t}_+\leqslant\dfrac{1}{r_c-1}\right) \\[4mm] -\dfrac{1}{1-\dfrac{1}{r_c}}\dot{\bar{v}}_0(\bar{t}) & \left(\bar{t}\geqslant\bar{t}_+-\dfrac{1}{r_c-1}\right) \end{cases} \quad 。 \quad (6.128)$$

刚性结构顶板和底板的附加惯性荷载仍然按照式(6.91)和式(6.92)进行计算。

6.3　突加线性衰减冲击波作用下成层式结构的动荷载

以往在核爆冲击波作用下确定成层式结构计算荷载时，均不考虑遮弹层的作用，认为地面整体式遮弹层对结构没有明显的影响。但这一结论仅当遮弹层为无限大的不动刚性层时才正确。实际上，位于分配层上部的有限尺寸的遮弹层，在地面爆炸冲击波压力的作用下将产生运动，从而影响压缩波在分配层中的波动过程。适当地选择成层式结构系统中遮弹层与支撑结构中的参数组合，将会明显地影响支撑结构的动荷载及其响应值。

本节的研究方法是将支撑结构视为刚性体，讨论由周围介质联系的遮弹层与支撑结构的两自由度体系，求得支撑结构与周围介质相互作用的动压力，以及支撑结构刚体运动的附加惯性力。再使两者叠加，求得支撑结构的计算动荷载。此种方法仅忽略了支撑结构变形对相互作用的影响，对于软土地基上的钢筋混凝土结构，误差较小。本节的计算分析适用于核爆及空气燃料弹爆炸条件下，浅埋矩形成层式单跨及多跨结构的动力计算。

本节分析时，采用下列基本假设：①采用一维平面应力波理论进行分析，假设遮弹层延长部及支撑结构基础下的土层深度是无限的。②考虑到遮弹层和支撑结构的受力变形与其整体运动相比十分微小，所以在分析相互作用时，将它们视为刚体。③在成层式结构体系振动变形的全过程中，在防护工程的相关设计中，有实用价值的是结构达到破坏或设计极限状态最大变位前的变形阶段。相关计算已经表明：结构最大变位的瞬时与其计算动荷载最大值的瞬时相接近。因此，在结构出现最大动变位瞬时以前及其邻域的时间内，周围介质可视为线弹性变形介质，即视为土的弹性应力极限为零，并忽略结构卸载波的影响。

6.3.1 体系运动微分方程组的建立

6.3.1.1 遮弹层与支撑结构相互作用的动压力

为建立遮弹层与支撑结构相互作用的运动微分方程，分别取不同的时间轴 t 和 λ，其结构示意图如图 6.13 所示。同时，考虑到时标起点的差异及遮弹层和支撑结构间压缩波的传播时间，则有：

$$\lambda = t - 2\frac{H_f}{c_1}。 \tag{6.129}$$

式中：H_f 为结构分配层的厚度；c_1 为结构分配层的变形传播速度，在工程的压缩荷载范围内取塑性波速。

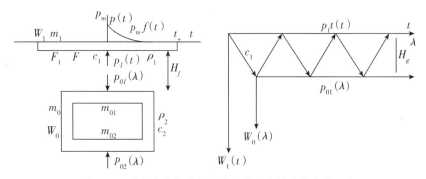

图 6.13　成层式结构布置及遮弹层和支撑结构荷载示意

此时，结构中分配层的应力可归结为求解一维有限长弹性杆两端有速度边界的波动问题。根据一维平面应力波理论可知：

当 $0 \leqslant t \leqslant 2\dfrac{H_f}{c_1}$ 时，遮弹层所受分配层介质作用的动压力为：

$$p_1(t) = \rho_1 c_1 \dot{W}_1(t)。 \qquad (6.130)$$

当 $t \geqslant 2\dfrac{H_f}{c_1}$ 时，如果分配层两端的边界条件为每隔 $2\dfrac{H_f}{c_1}$ 时间变化的阶梯状速度边界，可求得：

$$p_1(t) = \left[\rho_1 c_1 \dot{W}_1(t) + \sum_{i=2}^{m} 2\rho_1 c_1 \dot{W}_1(\tilde{t})\right] - \left[2\rho_1 c_1 \dot{W}_0(\lambda) + \sum_{j=2}^{m-1} 2\rho_1 c_1 \dot{W}_0(\tilde{\lambda})\right]。 \quad (6.131)$$

式中：

$$\tilde{t} = t - 2(i-1)\frac{H_f}{c_1}; \qquad (6.132)$$

$$\tilde{\lambda} = \lambda - 2(j-1)\frac{H_f}{c_1}; \qquad (6.133)$$

$$m \leqslant \frac{t}{2\dfrac{H_f}{c_1}} + 1。 \qquad (6.134)$$

则支撑结构所受分配层和地基介质作用的动压力为：

当 $\lambda \geqslant 0$ 时：

$$\begin{cases} p_{01}(\lambda) = \displaystyle\sum_{i=2}^{m} 2\rho_1 c_1 \dot{W}_1(\tilde{t}) - \left[\rho_1 c_1 \dot{W}_0(\lambda) + \sum_{j=2}^{m-1} 2\rho_1 c_1 \dot{W}_0(\tilde{\lambda})\right] \\ p_{02}(\lambda) = \rho_2 c_2 \dot{W}_0(\tilde{\lambda}) \end{cases}。 \qquad (6.135)$$

对式(6.131)和式(6.135)进行整理，得：

$$p_1(t) = \frac{\rho_1 c_1^2}{H_f}\left\{\frac{H_f}{c_1}\dot{W}_1(t) + \sum_{i=2}^{m} 2\frac{H_f}{c_1}\dot{W}_1(\tilde{t}) - \left[2\frac{H_f}{c_1}\dot{W}_0(\lambda) + \sum_{j=2}^{m-1} 2\frac{H_f}{c_1}\dot{W}_0(\tilde{\lambda})\right]\right\}, \quad (6.136)$$

$$p_{01}(\lambda) = \frac{\rho_1 c_1^2}{H_f}\left\{\sum_{i=2}^{m} 2\frac{H_f}{c_1}\dot{W}_1(\tilde{t}) - \left[\frac{H_f}{c_1}\dot{W}_0(\lambda) + \sum_{j=2}^{m-1} 2\frac{H_f}{c_1}\dot{W}_0(\tilde{\lambda})\right]\right\}。 \quad (6.137)$$

当 $m \gg 2$ 时，可将时间间隔为 $2\dfrac{H_f}{c_1}$ 变化的阶梯状速度曲线取为连续的速度变化求积，即

$$\frac{H_f}{c_1}\dot{W}_1(t) + \sum_{i=2}^{m} 2\frac{H_f}{c_1}\dot{W}_1(\tilde{t}) \approx \int_0^t \dot{W}_1(t)\,\mathrm{d}t = W_1(t), \qquad (6.138)$$

$$2\frac{H_f}{c_1}\dot{W}_0(\lambda) + \sum_{j=2}^{m-1} 2\frac{H_f}{c_1}\dot{W}_0(\tilde{\lambda}) \approx \int_0^\lambda \dot{W}_0(\lambda)\,\mathrm{d}\lambda = W_0(t)。 \qquad (6.139)$$

在相关工程要求可以接受的范围内，可以对式(6.135)和式(6.136)进行简化，得：

$$p_1(t) = \begin{cases} \rho_1 c_1 \dot{W}_1(t) & \left(0 \leqslant t \leqslant 2\dfrac{H_f}{c_1}\right) \\[4mm] \dfrac{\rho_1 c_1^2}{H_f}[W_1(t) - W_0(t)] & \left(t \geqslant 2\dfrac{H_f}{c_1}\right) \end{cases} \text{。} \quad (6.140)$$

当 $\lambda \geqslant 0$ 时：

$$\begin{cases} p_{01}(\lambda) = \dfrac{\rho_1 c_1^2}{H_f}\left\{ W_1(t) - \dfrac{H_f}{c_1}\dot{W}_1(t) - \left[W_0(\lambda) - \dfrac{H_f}{c_1}\dot{W}_0(\lambda) \right] \right\} \\[4mm] p_{02}(\lambda) = \rho_2 c_2 \dot{W}_0(\lambda) \end{cases} \text{。} \quad (6.141)$$

6.3.1.2 建立体系运动微分方程组

1. 遮弹层的运动微分方程

在讨论介质与结构相互作用的动力响应时，可将遮弹层与支撑结构视为可动刚体，则有：

$$m_1 \ddot{W}_1(t) = \begin{cases} p_m f(t) - \rho_1 c_1 \dot{W}_1(t) & \left(0 \leqslant t < 2\dfrac{H_f}{c_1}\right) \\[4mm] p_m f(t) - \dfrac{\rho_1 c_1^2}{H_f}\dfrac{F}{F+F_1}[W_1(t) - W_0(\lambda)] - \rho_1 c_1 \dfrac{F}{F+F_1}\dot{W}_1(t) & \left(t \geqslant 2\dfrac{H_f}{c_1}\right) \end{cases} \text{。} \quad (6.142)$$

式中：m_1 为遮弹层单位平面面积内的质量；F 为支撑结构的平面面积；$F+F_1$ 为遮弹层的平面面积；$p_m f(t)$ 为地面作用的冲击波压力。

2. 支撑结构的运动微分方程

相关理论表明，对支持结构的作用力有结构顶板相互作用的动压力、基础相互作用的动压力和结构整体沉降引起的附加惯性力。因此，支撑结构的运动微分方程为：

$$m_0 \ddot{W}_0(\lambda) = p_{01}(\lambda) - p_{02}(\lambda) \text{。} \quad (6.143)$$

对式(6.143)进行整理，得：

$$m_0 \ddot{W}_0(\lambda) = \dfrac{\rho_1 c_1^2}{H_f}W_1(t) - \rho_1 c_1 \dot{W}_1(t) - \dfrac{\rho_1 c_1^2}{H_f}W_0(\lambda) + (\rho_1 c_1 - \rho_2 c_2)\dot{W}_0(\lambda) \quad (\lambda \geqslant 0) \text{。} \quad (6.144)$$

式中：m_0 为支撑结构单位平面面积内的质量。

3. 成层式结构体系的运动微分方程组

令 $\bar{F} = F/(F+F_1)$，则成层式结构体系的运动微分方程组为：

$$\ddot{W}_1(t) = \begin{cases} \dfrac{p_m}{m_1}f(t) - \dfrac{\rho_1 c_1}{m_1}\dot{W}_1(t) & \left(0 \leqslant t < 2\dfrac{H_f}{c_1}\right) \\[4mm] \dfrac{p_m}{m_1}f(t) - \bar{F}\dfrac{\rho_1 c_1^2}{H_f}[W_1(t) - W_0(\lambda)] - (1-\bar{F})\dfrac{\rho_1 c_1}{m_1}\dot{W}_1(t) & \left(t \geqslant 2\dfrac{H_f}{c_1}\right) \end{cases}, \quad (6.145)$$

$$\ddot{W}_0(t) = \dfrac{\rho_1 c_1^2}{m_0 H_f}W_1(t) - \dfrac{\rho_1 c_1}{m_0}\dot{W}_1(t) - \dfrac{\rho_1 c_1^2}{m_0 H_f}W_0(\lambda) + \dfrac{\rho_1 c_1 - \rho_2 c_2}{m_0}\dot{W}_0(\lambda) \text{。} \quad (6.146)$$

将方程组进行无量纲化，令

$$t_1 = \frac{H_f}{c_1}, \qquad W_d = \frac{p_m t_1}{\rho_1 c_1}, \qquad \overline{W}_1 = \frac{W_1}{W_d}, \qquad \overline{W}_0 = \frac{W_0}{W_d}, \qquad \overline{t} = \frac{t}{t_1},$$

$$\overline{\lambda} = \frac{\lambda}{t_1}, \qquad \overline{m} = \frac{m_0}{m_1}, \qquad \overline{K} = \frac{\rho_2 c_2}{\rho_1 c_1}, \qquad \varphi = \frac{\rho_1 c_1}{m_0},$$

则式（6.142）和式（6.143）的无量纲化形式为：

$$\ddot{\overline{W}}_1 = \begin{cases} -\overline{m}(\varphi t_1)\dot{\overline{W}}_1 + \overline{m}(\varphi t_1)f & (0 \leqslant \overline{t} < 2) \\ -(1-\overline{F})\overline{m}(\varphi t_1)\dot{\overline{W}}_1 - \overline{F}\,\overline{m}(\varphi t_1)\overline{W}_1 + \overline{F}\,\overline{m}(\varphi t_1)\overline{W}_0 + \overline{m}(\varphi t_1)f & (\overline{t} \geqslant 2) \end{cases},$$

$$\tag{6.147}$$

$$\ddot{\overline{W}}_0 = -(\varphi t_1)\dot{\overline{W}}_1 + (1-\overline{K})(\varphi t_1)\dot{\overline{W}}_0 + (\varphi t_1)\overline{W}_1 - (\varphi t_1)\overline{W}_0 \quad (\overline{\lambda} \geqslant 0)。 \tag{6.148}$$

式（6.147）和式（6.148）的初始条件为：

$$\begin{cases} \text{当}\ \overline{t} = 0\ \text{时}, \overline{W}_1(0) = 0, \dot{\overline{W}}_1(0) = 0 \\ \text{当}\ \overline{\lambda} = 0\ \text{时}, \overline{W}_1(\overline{t}) = \overline{W}_1(2), \dot{\overline{W}}_1(\overline{t}) = \dot{\overline{W}}_1(2) \\ \text{当}\ \overline{t} = 2\ \text{时}, \overline{W}_0(\overline{\lambda}) = \overline{W}_0(0) = 0, \dot{\overline{W}}_0(\overline{\lambda}) = \dot{\overline{W}}_0(0) = 0 \end{cases}。 \tag{6.149}$$

需要特别注意，当地面冲击波压力的进程变化规律一定时，确定成层式结构体系运动状态的独立无量纲参数主要有四个：$\overline{F}$、$\overline{m}$、$\overline{K}$、φt_1。它们分别表征遮弹层面积覆盖率、成层式结构与遮弹层的惯性比、成层式结构顶部与地基土的刚度以及系统中波动与振动的耦合作用。

6.3.2　相互作用动压力、附加惯性荷载及结构计算动荷载

6.3.2.1　结构顶盖及基础介质相互作用的动压力

支撑结构顶盖所受与分配层介质相互作用的动压力，实际上包含遮弹层运动时程变化的影响。根据式（6.141），可知作用于支撑结构顶盖的相互作用动压力为：

$$p_{01} = \frac{\rho_1 c_1^2}{H_f}\left(W_1 - \frac{H_f}{c_1}\dot{W}_1 - W_0 + \frac{H_f}{c_1}\dot{W}_0\right)。 \tag{6.150}$$

式中各参数意义详见上节，此处不再赘述。

如果令 $\overline{p}_{01} = p_{01}/p_m$，将式（6.150）进行无量纲化，则作用于结构顶盖的无量纲相互作用动压力为：

$$\begin{aligned} \overline{p}_{01} &= \frac{\rho_1 c_1}{p_m}\frac{c_1}{H_f}\left(W_1 - \frac{H_f}{c_1}\dot{W}_1 - W_0 + \frac{H_f}{c_1}\dot{W}_0\right) \\ &= \frac{t_1}{W_d}\frac{1}{t_1}(W_d\overline{W}_1 - W_d\dot{W}_1 - W_d W_0 + W_d\dot{W}_0)。 \end{aligned} \tag{6.151}$$

将式（6.151）进行进一步化简，得：

$$\overline{p}_{01} = W_1 - \dot{W}_1 - W_0 + \dot{W}_0。 \tag{6.152}$$

同理，根据式(6.141)，作用于基础的无量纲相互作用动压力为：

$$\bar{p}_{02}=\frac{p_{02}}{p_m}=\frac{\rho_2 c_2}{p_m}\dot{W}_0=\frac{\rho_2 c_2}{\rho_1 c_1}\frac{\rho_1 c_1}{p_m}\frac{W_d}{t_1}\bar{W}=\bar{K}\frac{t_1}{W_d}\frac{W_d}{t_1}\bar{W}_{\circ} \tag{6.153}$$

将式(6.153)进行进一步化简，得：

$$\bar{p}_{02}=\bar{K}\dot{\bar{W}}_{0\circ} \tag{6.154}$$

根据式(6.147)和式(6.148)，$\dot{\bar{W}}_0$、$\dot{\bar{W}}_1$ 及 $\bar{W}_0$、$\bar{W}_1$ 可按下列方程组进行计算：

$$\begin{cases} \ddot{\bar{W}}_1+(1-\bar{F})\,\bar{m}(\varphi t_1)\,\dot{\bar{W}}_1+\bar{F}\bar{m}(\varphi t_1)\,\dot{\bar{W}}_1-\bar{F}\bar{m}(\varphi t_1)\,\bar{W}_0=\bar{m}(\varphi t_1)\left[\,1-\bar{n}(2+\bar{t})\,\right] \\ \ddot{\bar{W}}_0+(\varphi t_1)\,\dot{\bar{W}}_1-(1-\bar{K})\,(\varphi t_1)\,\dot{\bar{W}}_1-(\varphi t_1)\,\bar{W}_1+(\varphi t_1)\,\bar{W}_0=0 \end{cases}_{\circ} \tag{6.155}$$

同时采用拉普拉斯积分变化，则式(6.155)的解为：

$$\bar{X}=\frac{\Delta X}{\Delta},\quad \bar{Y}=\frac{\Delta Y}{\Delta},\quad \bar{P}=\frac{\Delta P}{\Delta},\quad \bar{Q}=\frac{\Delta Q}{\Delta}_{\circ} \tag{6.156}$$

式中：$\bar{X}=\bar{W}_1$；$\bar{Y}=\bar{W}_0$；$P=\dot{\bar{W}}_{11}$；$Q=\dot{\bar{W}}_{0\circ}$

根据式(6.154)～式(6.156)，求得 $\bar{p}_{01}$ 和 $\bar{p}_{02}$ 的解析表达式为：

$$\bar{p}_{01}=P_{11}\mathrm{e}^{-m\bar{t}}\sin(n\bar{t})+P_{12}\mathrm{e}^{-m\bar{t}}\cos(n\bar{t})+P_{13}\mathrm{e}^{-l\bar{t}}+P_{14}\mathrm{e}^{-\bar{t}}+P_{15}, \tag{6.157}$$

$$\bar{p}_{02}=P_{21}\mathrm{e}^{-m\bar{t}}\sin(n\bar{t})+P_{22}\mathrm{e}^{-m\bar{t}}\cos(n\bar{t})+P_{23}\mathrm{e}^{-l\bar{t}}+P_{24}\mathrm{e}^{-\bar{t}}+P_{25}, \tag{6.158}$$

$$P_{11}=(-P_3+X_3)S_{31}+(-P_2+Q_2+X_2)S_{21}+(-P_1+Q_1+X_1-Y_1)S_{11}+$$
$$(-P_0+Q_0+X_0-Y_0)S_{01}+(-P_5+Q_5+X_5-Y_5)S_{51},$$

$$P_{12}=(-P_3+X_3)S_{32}+(-P_2+Q_2+X_2)S_{22}+(-P_1+Q_1+X_1-Y_1)S_{12}+$$
$$(-P_0+Q_0+X_0-Y_0)S_{02}+(-P_5+Q_5+X_5-Y_5)S_{52},$$

$$P_{13}=(-P_3+X_3)S_{33}+(-P_2+Q_2+X_2)S_{23}+(-P_1+Q_1+X_1-Y_1)S_{13}+$$
$$(-P_0+Q_0+X_0-Y_0)S_{03}+(-P_5+Q_5+X_5-Y_5)S_{53},$$

$$P_{14}=(-P_5+Q_5+X_5-Y_5)S_{55},$$

$$P_{15}=(-P_0+Q_0+X_0-Y_0)S_{06}+(-P_5+Q_5+X_5-Y_5)S_{56},$$

$$P_{21}=\bar{K}(Q_2S_{21}+Q_1S_{11}+Q_0S_{01}+Q_5S_{51}),$$

$$P_{22}=\bar{K}(Q_2S_{22}+Q_1S_{12}+Q_0S_{02}+Q_5S_{52}),$$

$$P_{23}=\bar{K}(Q_2S_{23}+Q_1S_{13}+Q_0S_{03}+Q_5S_{53}),$$

$$P_{24}=\bar{K}Q_5S_{55},$$

$$P_{25}=\bar{K}(Q_0S_{06}+Q_5S_{56}),$$

$$P_0=A_5B_1(1-2\bar{n})-\bar{n}A_5B_2,$$

$$P_1=A_5B_2(1-2\bar{n})-A_3B_2X(0)-\bar{n}A_5+B_1P(0),$$

$$P_2=A_5(1-\bar{n})-A_3X(0)+B_2P(0),$$

$$P_3=P(0),$$

$$P_5=-\bar{n}A_5B_1,$$

$$Q_0=A_5B_1(1-\bar{n}),$$

$$Q_1=(A_1+A_3)B_1X(0)-A_5B_1(1-2\bar{n})+B_1P(0),$$

$$Q_2=B_1\left[X(0)-P(0)\right],$$

$$Q_5 = -\bar{n} A_5 B_1,$$

$$X_0 = (A_1 B_2 + A_3 B_1) X(0) - \bar{n} A_5 + B_1 P(0) + A_5 B_2 (1 - 2\bar{n}),$$

$$X_1 = (A_1 B_2 + B_1) X(0) + B_2 P(0) + A_5 (1 - 2\bar{n}),$$

$$X_2 = (A_1 + B_1) X(0) + P(0),$$

$$X_3 = X(0),$$

$$X_5 = A_5 B_1 (1 - 2\bar{n}) - \bar{n} A_5 B_2,$$

$$Y_0 = (A_1 + A_3) B_1 X(0) - A_5 B_1 (1 - 2\bar{n}) + B_1 P(0),$$

$$Y_5 = -\bar{n} A_5 B_1,$$

$$S_{21} = \frac{bm + m^2 + n^2}{n \left[(l-m)^2 + n^2 \right]},$$

$$S_{22} = \frac{1}{(l-m)^2 + n^2},$$

$$S_{23} = -\frac{1}{(l-m)^2 + n^2},$$

$$S_{31} = \frac{(l-m) m^2 - (l+m) n^2}{n \left[(l-n)^2 + n^2 \right]},$$

$$S_{32} = 1 - \frac{l^2}{(l-m)^2 + n^2}。$$

6.3.2.2　结构顶盖及基础的附加惯性荷载

1. 结构顶盖的附加惯性荷载

结构顶盖单位面积上的惯性荷载可按下式进行计算：

$$F_{j0}(t) = -m_j \ddot{W}_0。 \tag{6.159}$$

式中：m_j 为结构顶盖单位面积上的质量。

令 $\bar{F}_{j0}(\bar{t}) = F_{j0}/p_m$，$\bar{m}_0 = m_0/m_j$，将式（6.159）进行无量纲化，得：

$$\bar{F}_{j0}(\bar{t}) = -\frac{m_j}{p_m} \ddot{W}_0 = -\frac{m_j}{p_m} \frac{W_d}{t_1^2} \ddot{\bar{W}}_0 = -\frac{m_j}{p_m} \frac{1}{t_1^2} \frac{p_m t_1}{\rho_1 c_1} \ddot{\bar{W}}_0$$

$$= -\frac{m_j}{p_m} \frac{W_d}{p_m t_1} \ddot{\bar{W}}_0 = -\frac{1}{\dfrac{\rho_1 c_1}{m_j} t_1} \ddot{\bar{W}}_0。 \tag{6.160}$$

将式（6.160）进行化简，得：

$$\bar{F}_{j0}(\bar{t}) = M_{01} \ddot{\bar{W}}_0。 \tag{6.161}$$

式中：

$$M_{01} = -\frac{1}{\bar{m}_0 (\varphi t_1)}。$$

则式（6.161）可改为：

$$\bar{F}_{j0}(\bar{t}) = M_{01} \left[R_1 \mathrm{e}^{-m\bar{t}} \sin(n\bar{t}) + R_2 \mathrm{e}^{-m\bar{t}} \cos(n\bar{t}) + R_3 \mathrm{e}^{-l\bar{t}} + R_4 \right]。 \tag{6.162}$$

式中：

$$R_1 = -mR_{01} - nR_{02}\,;$$

$$R_2 = -mR_{02} + nR_{01}\,;$$

$$R_3 = -lR_{03}\,;$$

$$R_4 = \frac{Q_5}{l(m^2+n^2)}\,;$$

$$R_{01} = Q_2 S_{21} + Q_1 S_{11} + Q_0 S_{01} + Q_5 S_{51}\,;$$

$$R_{02} = Q_2 S_{22} + Q_1 S_{12} + Q_0 S_{02} + Q_5 S_{52}\,;$$

$$R_{03} = Q_2 S_{23} + Q_1 S_{13} + Q_0 S_{03} + Q_5 S_{53}\,。$$

2. 结构底板的附加惯性荷载

结构底板单位面积上的附加惯性荷载可按下式进行计算：

$$F_{g0}(t) = -(-m_g \ddot{W}_0) = m_g \ddot{W}_0\,。 \tag{6.163}$$

式中：m_g 为结构底板单位面积上的质量。

令 $\bar{F}_{g0}(\bar{t}) = \bar{F}_{g0}/p_m$，$\bar{H}_1 = m_j/m_g = d_1/d_2$，将式（6.163）进行无量纲化，得：

$$\bar{F}_{g0}(\bar{t}) = \frac{m_g}{p_m}\ddot{W}_0 = \frac{m_g}{t_1}\frac{W_d}{p_m t_1}\ddot{\bar{W}}_0 = \frac{m_g}{t_1}\frac{1}{\rho_1 c_1}\ddot{\bar{W}}_0 = \frac{1}{\bar{H}_1 \dfrac{\rho_1 c_1}{m_j}t_1}\ddot{\bar{W}}_0\,。 \tag{6.164}$$

将式（6.164）进行化简，得：

$$\bar{F}_{g0}(\bar{t}) = M_{02}\ddot{\bar{W}}_0\,。 \tag{6.165}$$

将 $\ddot{\bar{W}}_0$ 的解析表达式代入式（6.165）中求解，得：

$$\bar{F}_{g0}(\bar{t}) = M_{02}\left[R_1 e^{-m\bar{t}}\sin(n\bar{t}) + R_2 e^{-m\bar{t}}\cos(n\bar{t}) + R_3 e^{-l\bar{t}} + R_4 \right], \tag{6.166}$$

$$M_{02} = \frac{1}{\bar{H}_1 \dfrac{\rho_1 c_1}{m_j}t_1} = \frac{1}{\bar{H}_1 \bar{m}_0(\varphi t_1)} = -\frac{M_{01}}{\bar{H}_1}\,。 \tag{6.167}$$

式中：m_j 为结构顶盖单位平面面积上的质量；d_1 为结构顶盖的厚度；d_2 为结构底板的厚度。

6.3.2.3 成层式结构的计算动荷载

成层式结构的计算动荷载，可视为土介质与结构相互作用的动压力与结构刚体位移的惯性荷载的叠加。

1. 结构顶板的计算动荷载

将顶板的荷载进行无量纲化，即令 $\bar{p}_{j0} = p_{j0}/p_m$，则

$$\bar{p}_{j0} = \bar{p}_{01} + \bar{F}_{j0}\,。 \tag{6.168}$$

对式（6.168）进行求解，得：

$$\bar{p}_{j0} = p_{j01} e^{-m\bar{t}}\sin(n\bar{t}) + p_{j02}e^{-m\bar{t}}\cos(n\bar{t}) + p_{j03}e^{-l\bar{t}} + p_{j04}\bar{t} + p_{j05}, \tag{6.169}$$

式中：

$$p_{j01} = P_{11} + M_{01}R_1 ; \qquad p_{j02} = P_{12} + M_{01}R_2 ;$$
$$p_{j03} = P_{13} + M_{01}R_3 ; \qquad p_{j04} = P_{14} ; \qquad p_{j05} = P_{15} + M_{01}R_4 。$$

2. 结构底板的计算动荷载

将底板的荷载进行无量纲化，即令 $\bar{p}_{g0} = p_{g0}/p_m$，则

$$\bar{p}_{g0} = \bar{p}_{02} + \bar{F}_{g0} 。 \tag{6.170}$$

对式(6.17)进行求解，得：

$$\bar{p}_{g0} = p_{g01}\mathrm{e}^{-m\bar{t}}\sin(n\bar{t}) + p_{g02}\mathrm{e}^{-m\bar{t}}\cos(n\bar{t}) + p_{g03}\mathrm{e}^{-l\bar{t}} + p_{g04}\bar{t} + p_{g05} 。 \tag{6.171}$$

式中：

$$p_{g01} = \bar{K}R_{01} + M_{02}R_1 ; \qquad p_{g02} = \bar{K}R_{02} + M_{02}R_2 ;$$
$$p_{g03} = \bar{K}R_{03} + M_{02}R_3 ; \qquad p_{g04} = P_{24} ; \qquad p_{g05} = P_{25} + M_{02}R_4 。$$

在体系振动的前期阶段(结构达到最大动变位期间)如图 6.14 所示。

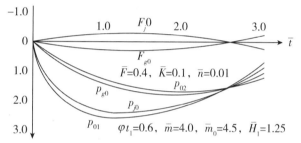

图 6.14　成层式结构相互作用的动压力、附加惯性荷载及计算动荷载时程曲线

3. 结构侧墙的计算动荷载

在本节讨论的条件下，结构侧墙的计算动荷载可按下式进行计算：

$$p_{c0} = \xi\rho_1 c_1 \dot{W}_1 。 \tag{6.172}$$

式中：ξ 为土的侧压力系数。则结构侧墙的无量纲动荷载为：

$$\bar{p}_{c0} = \frac{p_{c0}}{p_m} = \xi\frac{\rho_1 c_1}{p_m}\frac{W_d}{t_1}\dot{\bar{W}}_1 = \xi\frac{1}{W_d}W_d\dot{\bar{W}}_1 。 \tag{6.173}$$

对式(6.173)进行整理，得：

$$p_{c0} = \xi\dot{\bar{W}}_1 。 \tag{6.174}$$

需要特别注意的是，在全面讨论 p_{c0} 的变化时，同样也需要考虑遮弹层的不同运动阶段。已有相关计算表明，在结构顶板和底板达到最大动变位期间 $p_{c0} \approx \xi \ll 1$，并且仅由 p_{c0} 单独引起的结构动内力变化较缓慢。同时，侧向传播的压缩波作用于结构侧墙全表面有一个均布的过程。因此，可以忽略遮弹层运动的第一阶段，由此可以得出：

$$\bar{p}_{c0} = \xi\left[T_{01}\mathrm{e}^{-m\bar{t}}\sin(n\bar{t}) + T_{02}\mathrm{e}^{-m\bar{t}}\cos(n\bar{t}) + T_{03}\mathrm{e}^{-l\bar{t}} + T_{04}\bar{t} + T_{05}\right] 。 \tag{6.175}$$

式中：

$$T_{01} = P_3 S_{31} + P_2 S_{21} + P_1 S_{11} + P_0 S_{01} + P_5 S_{51} ;$$
$$T_{02} = P_3 S_{32} + P_2 S_{22} + P_1 S_{12} + P_0 S_{02} + P_5 S_{52} ;$$
$$T_{03} = P_3 S_{33} + P_2 S_{23} + P_1 S_{13} + P_0 S_{03} + P_5 S_{53} ;$$
$$T_{04} = P_5 S_{55} ; \qquad T_{05} = P_0 S_{06} + P_5 S_{56} 。$$

第7章 冲击作用与防护结构计算

7.1 弹体在混凝土中侵彻深度预测方法

侵彻问题的研究不仅仅包括纯侵彻，还涉及震塌、贯穿现象。大量侵彻与贯穿试验表明，在常规弹体作用下，这几种现象都主要表现为局部变形与破坏特征。

(1)侵彻。大量高速弹体试验(使用炮弹等)后确认，当板(或壳)足够厚时，仅发生弹体在结构内的侵彻，同时可能形成正面(入射)漏斗坑图[7.1(a)]，而破坏的混凝土碎粒被从坑中抛出。

(2)震塌。当减小板的厚度而其他参数不变时，在板的背面出现辐射状裂缝；进一步减小结构厚度，导致在板的背面出现混凝土震塌。这个现象是由复杂的波动过程引起的。可以简单解释如下：在弹体侵彻过程中，在结构内有一列压缩应力波沿结构厚度方向传播，压缩波在背部自由表面反射，使应力符号改变，而在界面上的入射波与反射波的强度相同。由此产生的拉应力波从板的后表面向相反方向传播。如果在某一个非常小的所谓"破坏延迟时间 t_p"内，拉应力超过了混凝土的动力拉伸强度，则发生混凝土震塌[图7.1(b)]。

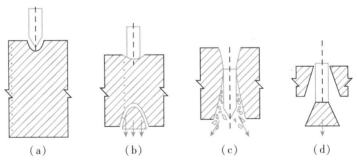

图 7.1 钢筋混凝土板局部破坏

(3)冲击不震塌厚度。存在着一个板厚阈值 H_s，即板不发生震塌的最小厚度，即为冲击不震塌厚度。

(4)贯穿。进一步减小板的厚度，震塌即转为板被弹体贯穿。如果弹体是尖头的，则入射漏斗坑可能与震塌坑相通[图7.1(c)]。如果弹体是平头的，则入射漏斗坑的容积通常不大，并且发生所谓的纯贯穿或"动力冲切"[图7.1(d)]。

(5)冲击不贯穿厚度。存在着贯穿阈值 H_p，如果不顾这个"冲击不贯穿厚度"，过分减小结构厚度，将导致板被贯穿。显然，在一般情况下 $H_p < H_s$。

虽然对上述三种现象加以了定义，但到目前通过对大量试验资料的处理所得到的经验公式仍是这个领域内研究的主要成果[修正 Petry 公式、美国陆军工程兵(ACE)公式、修正的美国国防研究委员会(NDRC)公式、Ammann-Whitney 公式、Kar 公式、Hughes 公式、Adeli-Amin 公式、CEA/EDF 穿透公式、CEA/EDF/AEA 公式、别列赞公式等]，在此基础上也建立起了一些理论计算模型。

7.1.1 经验公式

混凝土、钢筋混凝土结构在弹丸撞击下的响应和破坏分析起来十分困难，这是由各组元的能量吸收机制和破坏模式不同以及它们之间的相互作用造成的。因此，混凝土侵彻和穿透的大多数研究是试验性质的。混凝土侵彻和穿透的研究受军工部门的影响极深，在过去的几十年里，核电工业已投入大量的人力和物力研究大质量物体对混凝土结构的低速撞击问题。绝大多数已发表的工作只考虑如何推导混凝土受到弹丸正撞时的经验公式，因为人们认为这种组合对给定质量和速度(动能)的弹丸来说最具破坏力。在大多数情况下，采用无限靶体的经验侵深 x 来预测在给定质量和速度(动能)的弹丸撞击下防止混凝土靶板发生痂斑破坏的临界厚度 h_s 和穿透的临界厚度 h_0。

目前最常用的经验公式主要有以下几种：

(1)修正 Petry 公式。1910 年初始研发的修正 Petry 公式可以写成：

英制单位：

$$x = 12K_p \frac{W}{A} \log\left(1 + \frac{v_i^2}{215000}\right);$$ (7.1)

国际单位：

$$x = 0.06K_p \frac{W}{A} \log\left(1 + \frac{v_i^2}{2000}\right).$$ (7.2)

式中：x 为侵彻深度(in，m)；v_i 为撞击速度(ft/s，m/s)；W/A 是弹丸单位投影面的重量(lb/in², kg/m²)。基于对侵彻系数 K_p 值的选取有两种修正 Petry 公式。在修正 Petry I 公式中，对厚重混凝土 $K_p = 0.00799$，对常规钢筋混凝土 $K_p = 0.00426$，对特别增强混凝土 $K_p = 0.00284$。在修正 Petry I 公式中，K_p 是混凝土强度 f_c 的函数。

Amirikian 建议穿透厚度(即正好击穿的混凝土靶板厚度)由下列方程给出：

$$h_p = 2x.$$ (7.3)

其中，x 由方程(7.1)和(7.2)估算。方程(7.3)定义为修正 Petry 公式穿透。在使用修正 Petry 公式时，常把痂斑厚度定义为

$$h_p = 2.2x.$$ (7.4)

(2)美国陆军工程兵(ACE)公式。美国陆军工程兵在 1946 年开发了下面的侵彻深度公式：

英制单位：

$$\frac{x}{d} = \frac{282Dd^{0.125}}{f_c^{1/2}}\left(\frac{v_i}{1000}\right)^{1.5} + 0.5;$$ (7.5)

国际单位：

$$\frac{x}{d} = 3.5 \times 10^{-4} \frac{Dd^{0.125}}{f_c^{1/2}} v_i^{1.5} + 0.5 。 \tag{7.6}$$

式中：$D = W/d^3$ 和 d 分别是弹丸的口径密度（lb/in^3，kg/m^3）和弹丸直径（in，m）；f_c 为混凝土无围压时的压缩强度（lb/in^2，Pa）。穿透厚度和痂斑厚度可以写成：

$$\frac{h_p}{d} = 1.32 + 1.24 \left(\frac{x}{d}\right) \quad (1.35 \leqslant \frac{x}{d} \leqslant 13.45)， \tag{7.7}$$

$$\frac{h_s}{d} = 2.12 + 1.36 \left(\frac{x}{d}\right) \quad (0.65 \leqslant \frac{x}{d} \leqslant 11.6765)。 \tag{7.7}$$

方程(7.6)只是试验数据的统计拟合。对直径分别为 12.7 mm、37 mm、75 mm、76.2 mm 和 155 mm 的弹丸进行了穿透和痂斑破坏试验，混凝土靶板厚度 h 与弹径 d 的比在 3 和 18 之间，即：$3 \leqslant h/d \leqslant 18$。这些关系只适用于所指的比值范围。超过所陈述的试验参量范围，方程(7.5)和(7.6)可能导致错误结果。比值小于 3 时，方程(7.7)和(7.8)结果将更趋保守。

(3)修正的美国国防研究委员会(NDRC)公式。1946 年，美国国防研究委员会提出了非变形弹丸侵彻厚混凝土靶板的侵彻理论，该理论对试验数据提供了一个较好的近似。基于该理论，NDRC 建议 x/d 由下面的方程求得：

英制单位：

$$G(x, d) = KNDd^{0.2} \left(\frac{v_i}{1000}\right)^{1.8}； \tag{7.9}$$

国际单位：

$$G(x, d) = KNDd^{0.2} v_i^{1.8}。 \tag{7.10}$$

其中，

$$G(x, d) = \left(\frac{x}{2d}\right)^2 \quad \left(\frac{x}{d} \leqslant 2.0\right)， \tag{7.11}$$

$$G(x, d) = \left(\frac{x}{d}\right) - 1 \quad \left(\frac{x}{d} \geqslant 2.0\right)。 \tag{7.12}$$

这里，N 是弹头形状因子：对平弹头 $N = 0.72$，对球形弹 $N = 0.84$，对钝头弹 $N = 1.00$，对尖头弹 $N = 1.14$。K 为混凝土强度的函数。后来，Kennedy 给出了 K 的一个表达式：

$$K = \frac{3.8 \times 10^{-5}}{\sqrt{f_c}}。 \tag{7.13}$$

方程(7.9)~(7.13)称为修正 NDRC 侵彻公式。

靶板厚度与弹径比大于 3，即 $h/d \geqslant 3$ 时，方程(7.9)~方程(7.13)和方程(7.7)和(7.8)结合可以用来预测防止穿透和痂斑破坏的靶板厚度；$h/d \leqslant 3$ 时，防止穿透和痂斑破坏的靶板厚度可由下面的方程确定：

$$\frac{h_p}{d} = 3.19 \left(\frac{x}{d}\right) - 0.718 \left(\frac{x}{d}\right)^2 \quad \left(\frac{x}{d} \leqslant 1.35\right)， \tag{7.14}$$

$$\frac{h_s}{d} = 7.19 \left(\frac{x}{d}\right) - 5.060 \left(\frac{x}{d}\right)^2 \quad \left(\frac{x}{d} \leqslant 0.65\right)。 \tag{7.15}$$

h/d 由方程(7.14)和(7.15)获得。方程(7.14)(7.7)和方程(7.15)(7.8)以及方程(7.9)～
(7.13)称为修正 NDRC 穿透和痂斑破坏公式。相对于 ACE 公式，NDRC 公式的主要优点
是它们能够推广到靶板厚度与弹径比小于 3 的情形，而不会导致不合理的结果。

（4）Ammann-Whitney 公式。Ammann-Whitney 公式主要是用来预测因爆炸产生的碎片
对混凝土靶板的侵彻，它可以写成如下形式：

英制单位：

$$\frac{x}{d} = \frac{282NDd^{.0.2}}{\sqrt{f_c}} \left(\frac{v_i}{1000} \right)^{1.8}; \tag{7.16}$$

国际单位：

$$\frac{x}{d} = \frac{5.96 \times 10^{-8} NDd^{.0.2}}{\sqrt{f_c}} v_i^{1.8}。 \tag{7.17}$$

方程(7.16)和方程(7.7)(7.8)一起可以用来预估 h_p 和 h_s。V_1 应该大于 1000 ft/s
(304.8 m/s)，因此，该公式并不适用于核电工业主要感兴趣的低速弹丸撞击问题。

（5）Kar 公式。侵彻深度由下面方程求得：

英制单位：

$$G(x, d) = \left(\frac{E}{E_m} \right)^{1.25} \frac{180NDd^{0.2}}{\sqrt{f_c}} \left(\frac{v_i}{1000} \right)^{1.8}; \tag{7.18}$$

国际单位：

$$G(x, d) = KNDd^{0.2} v_i^{1.8}。 \tag{7.19}$$

其中，

$$G(x, d) = \left(\frac{x}{2d} \right)^2 \quad \left(\frac{x}{d} \leqslant 2.0 \right), \tag{7.20}$$

$$G(x, d) = \left(\frac{x}{d} \right) - 1 \quad \left(\frac{x}{d} \geqslant 2.0 \right)。 \tag{7.21}$$

针对 $h/d \leqslant 3$ 的情形，靶板穿透和痂斑破坏的最小厚度可用以下方程预估：

$$\frac{h_p - a}{d} = 3.19 \left(\frac{x}{d} \right) - 0.718 \left(\frac{x}{d} \right)^2 \quad \left(\frac{x}{d} \leqslant 1.35 \right), \tag{7.22}$$

$$\beta_k \left(\frac{h_s - a}{d} \right) = 7.91 \left(\frac{x}{d} \right) - 5.060 \left(\frac{x}{d} \right)^2 \quad \left(\frac{x}{d} \leqslant 0.65 \right); \tag{7.23}$$

针对 $3 \leqslant h/d \leqslant 18$ 的情形，靶板穿透和痂斑破坏最小厚度可用以下方程预估：

$$\frac{h_p - a}{d} = 1.32 + 1.24 \left(\frac{x}{d} \right) \quad \left(1.35 \leqslant \frac{x}{d} \leqslant 13.45 \right), \tag{7.24}$$

$$\beta_k \left(\frac{h_s - a}{d} \right) = 2.12 + 1.36 \left(\frac{x}{d} \right) \quad \left(0.65 \leqslant \frac{x}{d} \leqslant 11.6765 \right)。 \tag{7.25}$$

其中 $\beta_k = (E_m/E)^{0.2}$，E、E_m 分别是弹丸和软钢的弹性模量；a 是混凝土中骨料尺寸的
一半。

（6）Hughes 公式。Hughes 基于修正的 NDRC 侵彻理论，在假定混凝土的行为是脆性的
而不是延性的基础上，提出了一个量纲一致的方程。侵彻深度可以写成（国际单位）：

$$\frac{x}{d}=\frac{0.19N_H I_H}{1+12.31\ln(1+0.03I_H)}。 \tag{7.26}$$

式中：$I_H=MV_i^2/f_t d^3$；N_H 是弹头形状因子，它对平头、钝头、球形和尖头弹丸分别取值 1.0、1.12、1.26 和 1.39。这里必须指出：如果把静态拉伸强度 f_t 看成 $\sqrt{f_c}$ 的线性函数，那么该方法所产生的结果与 NDRC 公式的结果非常类似。

防止痂斑破坏和穿透的最小混凝土靶板厚度可由以下方程估算

$$\frac{h_s}{d}=5.0\left(\frac{x}{d}\right) \qquad \left(\frac{x}{d}\leqslant0.7\right), \tag{7.27}$$

$$\frac{h_s}{d}=2.3+1.74\left(\frac{x}{d}\right) \qquad \left(\frac{x}{d}\geqslant0.7\right), \tag{7.28}$$

和

$$\frac{h_p}{d}=3.6\left(\frac{x}{d}\right) \qquad \left(\frac{h}{d}<3.5\right), \tag{7.29}$$

$$\frac{h_p}{d}=1.4+1.58\left(\frac{x}{d}\right) \qquad \left(\frac{h}{d}>3.5\right)。 \tag{7.30}$$

(7) Adeli-Amin 公式。1988 年，基于欧洲和美国试验计划所得到的试验数据，并利用无量纲的冲击因子 I 和最小二乘法，Adeli 和 Amin 建议了预估混凝土侵彻深度的两个方程（均为国际单位）：

$$\frac{x}{d}=0.0416+0.1698I-0.0045I^2, \tag{7.31}$$

$$\frac{x}{d}=0.0123+0.196I-0.008I^2+0.0001I^3。 \tag{7.32}$$

防止痂斑破坏和穿透的最小厚度可由下面的方程来预估：

$$\frac{h_s}{d}=1.8685+0.4035I-0.0114I^2, \tag{7.33}$$

$$\frac{h_p}{d}=0.9060+0.3214I-0.0104I^2。 \tag{7.34}$$

这些公式适用的参量范围如下：$89\leqslant v_i\leqslant756$ ft/s（$27\leqslant v_i\leqslant312$ m/s），$0.7\leqslant h/d\leqslant18$，$d\leqslant12$ in（$d\leqslant0.3$ m），$0.24\leqslant W\leqslant756$ lb（$0.1\leqslant W\leqslant343$ kg），$0.3\leqslant I\leqslant21$ 和 $x/d\leqslant2.0$。

(8) CEA/EDF 穿透公式。以下方程中所有的参量都使用国际单位，除非另有说明。Berriaud 等推导了预测钢筋混凝土靶板低速穿透的 CEA/EDF（法国原子能委员会/法国电力公司）公式可以表达为

$$h_p=0.3083f_c^{-3/8}\left(\frac{M}{d}\right)^{1/2}v_i^{3/4}。 \tag{7.35}$$

在上述方程式中，混凝土的密度取值为 2500 kg/m³，单向钢筋量为 0.8%～1.5%。同时，钢筋量可能对穿透厚度有很大的影响。因此，方程式(7.35)不适用于钢筋量在所陈述的范围之外的混凝土结构。另外两个 CEA/EDF 公式直接预测穿透速度，即：

$$v_p^2 = 1.7 f_c \rho_t^{1/3} \left(\frac{dh^2}{M} \right)^{4/3}, \tag{7.36}$$

或

$$v_p^2 = 1.7 f_c \rho_t^{1/3} \left(\frac{dh^2}{M} \right)^{4/3} (r+0.3)。 \tag{7.37}$$

其中 ρ_t 是混凝土密度($\mathrm{kg/m^3}$)。这两个方程的区别在于方程(7.37)考虑了钢筋量对穿透过程的影响。方程(7.35)～(7.37)适用范围是 $20 < V_i < 200~\mathrm{m/s}$,$0.3 < h/d < 4$,$r$ 是弯曲钢筋量,在 $0 \sim 4\%$ 之间。

(9)CEA/EDF/AEA 公式。有学者对 NDRC 公式进行了进一步的修正,其结果主要对低速撞击情况的预测有影响。x/d 由下面的方程确定:

$$G(x, d) = \frac{3.8 \times 10^{-5} N M v_i^{18}}{\sqrt{f_c} d^{2.8}}。 \tag{7.38}$$

其中

$$G(x, d) = 0.55 \left(\frac{x}{d} \right) - \left(\frac{x}{d} \right)^2 \quad \left(\frac{x}{d} \leqslant 0.22 \right), \tag{7.39}$$

$$G(x, d) = \left(\frac{x}{2d} \right)^2 + 0.0605 \quad \left(0.22 \leqslant \frac{x}{d} \leqslant 2 \right), \tag{7.40}$$

$$G(x, d) = \frac{x}{d} - 0.9395 \quad \left(\frac{x}{d} \geqslant 2 \right)。 \tag{7.41}$$

CEA/EDF/AEA 公式适用的参数范围是:

$15 < v_i < 300~\mathrm{m/s}$,$22 < f_c < 44~\mathrm{Mpa}$,$5000 < M/d^3 < 200000~\mathrm{kg/m^3}$。

对固体弹丸撞击混凝土靶板而言,防止靶板背面痂斑破坏的最小厚度可由下面的方程预估:

$$\frac{h_s}{d} = 5.3 G^{1/3}。 \tag{7.42}$$

其中,G 由方程(7.38)计算。该方程适用的参量范围是:$29 < v_i < 238~\mathrm{m/s}$,$1500 < \dfrac{M}{d^2 h_s} < 40000~\mathrm{kg/m^3}$,$26 < f_c < 44~\mathrm{Mpa}$ 和 $2 < \dfrac{h_s}{d} < 5.56$。

穿透速度 v_0 可由下面的方程预估:

$$v_a = 1.3 \rho_t^{1/6} k_c^{1/2} \left(\frac{ph^2}{\pi M} \right)^{2/3} (r+0.3)^{1/2} \left[1.2 - 0.6 \left(\frac{C_r}{h} \right) \right], \tag{7.43}$$

$$v_p = \begin{cases} v_a & (v_a \leqslant 70~\mathrm{m/s}) \\ v_a \left[1 + \left(\dfrac{v_a}{500} \right)^2 \right] & (v_a > 70~\mathrm{m/s}) \end{cases}。 \tag{7.44}$$

其中 p 和 C_r 分别是弹丸的周长和钢筋的间距。$f_c < 37~\mathrm{MPa}$ 时取 $k_c = f_c$,$f_c \geqslant 37~\mathrm{MPa}$ 时取 $k_c = 37$ MPa。方程(7.43)和(7.44)适用的参量范围是:$3 < v_p < 345~\mathrm{m/s}$,$200 < \dfrac{M}{p^2 h} < 50000~\mathrm{kg/m^3}$,

$22<f_c<52$ MPa，$0.2<p/\pi h<2$，$0.025<MV_i^2/2f_c d^3<30$，$0.12<r<0.6$。

若 $r>0.6$，则 $r=0.6$；$0.12<C_r/h<0.49$，若 C_r 未知或 $C_r/h>0.49$，则 $C_r/h=0.49$。

（10）别列赞公式。别列赞公式是俄国提出的，该公式是半经验公式，并且量纲不符。

$$H=\lambda_1\lambda_2 K_q \frac{M}{D^2}vK_a\cos\alpha。$$

式中：H 为侵彻深度，m；λ_1 为弹形系数；λ_2 为弹径系数；M 为弹质量，kg；D 为弹径，m；v 为命中速度，m/s；α 为命中角，度；K_a 为弹的偏转系数，在土壤、回填石渣、干砌块石及抗压强度 $\alpha\leq 15$ MPa 的岩石中取 $K_a=1$；K_q 为介质材料侵彻系数。

此公式是 1912 年俄国在第聂伯河口的别列赞岛上进行大量试验基础上总结出来的经验公式。它认为弹丸在介质内做直线运动，由运动方程推导出来：

设 $R=CD^2v$，则 $M\dfrac{\mathrm{d}v}{\mathrm{d}t}=-CD^2v$，$Mv\dfrac{\mathrm{d}v}{\mathrm{d}H}=-CD^2v$，$M\mathrm{d}v=-CD^2\mathrm{d}H$，积分得：$H=\dfrac{1}{C}\dfrac{M}{D^2}v$，

令 $\dfrac{1}{C}=\lambda_1\lambda_2 K_q$ 则得别列赞公式。

别列赞公式仅考虑了介质的黏滞抗力，从这点上来说是不够合理的。但是，在推导中做了一些假设与实际情况是有出入的，甚至是很大的出入（如弹丸旋转、介质中弹道非直线、介质非均匀等），为弥补不足，通过试验得出修正系数来校准。这样，公式的准确性在很大程度上取决于修正系数的准确性。别列赞公式中的 K_q 是在旧式旋转弹丸试验基础上得出的，对现代弹丸用弹形系数进行修正，虽然误差减小了，但是仍存在很大的局限性，特别是对现代钻地武器，其可靠性更令人质疑。

现有的众多的冲击防护设计指南都建议使用经验方法来进行侵彻评估。美国陆军手册（M-5-855-1）建议使用陆军工程兵（ACE）公式［方程(7.5)(7.6)］来预测侵彻深度。而美国空军手册（ESL-TR-87-57）则建议使用修正国防委员会（NDRC）公式［方程(7.9)～(7.13)］来预测侵彻深度，采用陆军工程兵公式［方程(7.7)(7.8)］来预测痂斑破坏和穿透。最新的英国军用手册使用 CEA/EDF/AEA 公式［方程(7.38)～(7.41)，方程(7.42)～(7.44)］来预测侵彻深度、痂斑破坏和穿透。

7.1.2　理论研究

目前的理论研究所建立的分析模型大体上可以分为两大类，即空穴膨胀近似理论和微元阻力定律理论。

7.1.2.1　空穴膨胀近似（CEA）理论

把一个物体侵入半无限介质模拟成该介质中一个空穴膨胀的分析概念最早是 1945 年由 Bishop 等人首先提出的。他们发展了柱形和球形空穴由初始零半径的准静态膨胀的解并把它用来近似作用在尖头冲头上的力。后来，Goodier 利用 Hill 和 Hopkins 推导的不可压缩弹塑性材料的球形空穴膨胀解发展了研究刚性球侵入金属靶板的动态模型。

在球形空穴膨胀分析和柱形空穴膨胀理论中，侵彻抗力可以表达成靶体的内聚（剪切）

阻力和弹在靶体中运动的惯性效应(动阻力)的和。空穴膨胀分析给出了穴壁径向应力 σ_r 和膨胀速度 v_e 之间的下列关系式：

$$\sigma_r = A_i + B_i v_e^2 \quad (i = 1,\ 2)。 \tag{7.45}$$

式中：下标 1 和 2 分别指锁变静水压和线性静水压。对锁变静水压，有：

$$A_1 = \frac{2Y}{3}(1 - \ln\eta^*)， \tag{7.46}$$

$$B_1 = \frac{\rho_t}{\gamma^2}\left[\frac{3Y}{E_t} + \eta^*\left(1 - \frac{3Y}{2E_t}\right)^2 + \frac{3(\eta^*)^{2/3} - \eta^*(4 - \eta^*)}{2(1 - \eta^*)}\right]， \tag{7.47}$$

$$\gamma = \left[\left(1 + \frac{Y}{2E_t}\right)^3 - 1 + \eta^*\right]^{1/3}。 \tag{7.48}$$

式中：Y、E_t 和 η^* 分别是极限偏(剪切)应力、压缩弹性模量和混凝土的锁变体积应变。对线性静水压，A_2 可以显式确定，B_2 通过在转换速度 V_1 时的应力匹配来估算，即

$$A_2 = \frac{2Y}{3}\left[1 + \ln\left(\frac{2E_t}{3Y}\right)\right]， \tag{7.49}$$

$$B_2 = B_1 + \frac{25\rho_t}{81}(A_1 - A_2)。 \tag{7.50}$$

作者给出了弹头压力、减加速度–时间历程和侵彻深度的封闭解。对锁变静水压或线性静水压，侵彻深度可以写成：

$$x = K_1\ln(1 + K_2 v_i^2)。 \tag{7.51}$$

其中，$K_1 = W/2\beta_1$；$K_2 = \beta_1/\alpha_1$；$i = 1,\ 2$。α_1、β_1 的表达式较长，与弹丸特性及靶体性能有关。

对高速撞击而言，侵彻过程可以分为两个阶段。起初，混凝土发生锁变行为；然后，在侵彻的某一时刻，弹丸的速度减至转化速度(v_t)，低于此速度时线性行为发生。在转化速度，我们有：

$$x_t = \frac{M}{2\beta_1}\ln\left(\frac{\alpha_1 + \beta_1 v_i^2}{\alpha_1 + \beta_1 v_t^2}\right)。 \tag{7.52}$$

那么，最后的侵彻深度可以表达成：

$$x = x_t + \frac{M}{2\beta_2}\ln\left(1 + \frac{\beta_2 v_t^2}{\alpha_2}\right)。 \tag{7.53}$$

1994 年，Forrestal、Altman、Cragile 和 Hanchak 推导了一个预测刚性卵形弹侵彻半无限混凝土靶板的半经验公式。基于试验观测，侵彻过程可以分为两个区域，即开坑区($x/d \le 2$)和隧道区($x/d \ge 2$)。又进一步假设，对开坑区，作用在弹丸上的阻力与侵彻深度直接成正比；对隧道区，阻力是靶板剪切强度和惯性的函数。该侵彻方程包含一个无量纲经验常数(S)，它与混凝土无围压压缩强度 f_c 有关。

Forrestal 等人建议半无限混凝土靶板在弹丸撞击下的响应对应着两个不同的区域(即开坑区和隧道区)，可由下面不同的阻力定律来描述：

$$F = \begin{cases} cx & \left(0 \leqslant \dfrac{x}{d} \leqslant 2\right) \\ A(Sf_c + N_c\rho_t v^2) & \left(\dfrac{x}{d} \geqslant 2\right) \end{cases} \tag{7.54}$$

其中 c 是个常数。从牛顿运动第二定律并利用初始条件 $x(t=0)=0$、$v(t=0)=v_1$，在 $x=2d$ 处的力、速度和位移的连续条件和最终条件 $v=0$，可以得到方程(7.51)所给出的最终侵彻深度 x。有趣的是，因为在侵深 $x=2d$ 处两个解必须匹配，常数 c 是撞击速度和控制隧道行为的参量的函数，于是

$$c = \frac{M(v_i^2 - v_1^2)}{4d^2}。 \tag{7.55}$$

其中，

$$v_1^2 = \frac{Mv_1^2 - 0.5\pi d^3 Sf_c}{M + 0.5\pi d^3 N_c\rho_t}。 \tag{7.56}$$

对卵形刚性长杆弹，侵彻方程可以写成：

$$\frac{x}{d} = \frac{1}{2\rho_t Nd}\frac{M}{A}\ln\left(1 + \frac{N_c\rho_t v_1^2}{Sf_c}\right) + 2 \quad \left(\frac{x}{d} > 2\right)。 \tag{7.57}$$

其中 N_c 由以下方程给出：

$$N_c = \frac{8\psi - 1}{24\psi^2}, \tag{7.58}$$

其中 ψ 是弹首部曲率半径(CRH，calibre-radius-head)；S 是个经验常数，依赖于混凝土无围压压缩强度。方程(7.57)与试验数据吻合得好，其试验参量范围是：$7.62 \leqslant d \leqslant 76.2$ mm，$13.5 \leqslant f_c \leqslant 96$ MPa，$370 < v_1 < 1100$ m/s。

脆性材料(陶瓷、岩石和混凝土等)对空穴膨胀的阻力以及它们在破坏前吸收冲击能量的能力取决于用这些材料制成的靶板的侵彻过程中所发现的三个区域的相对宽度。这三个区域是转化/塑性区、过程/开裂区和弹性区，其宽度依赖于空穴膨胀的速率和微尺度上材料的无序(即损伤容限)。从试验数据有可能导出三个区域的宽度，但裂纹的密度目前仍难以确定。在缺少详细微观力学试验数据的情况下，Mastilovic 和 Krajcinovic 发展了一种预测刚性长杆弹侵入靶体深度的模型，该模型利用粒子动力学模拟来预估靶体的抗力。模型的所有材料参量可以在试验室中加以鉴别和测量。模型与混凝土靶板和石灰石在卵形弹丸撞击下的一些试验数据进行了比较，发现其精度还是令人满意的。

Macek 和 Duffey 发展了一种有限球形空穴膨胀技术来模拟侵彻人造和地质介质弹丸的承载情况：为了近似多种靶板，使用了 Mohr-Coulomb 损伤−塑性模型、广义压力相关塑性模型以及材料的不可压缩性假定；有限空穴膨胀近似再加上定向采样有效地捕捉到近表面和铺层效应，而不必借助先验的或经验修正因子；精确整合了 Mohr-Coulomb 模型，提供了一种与常规隐示或显示有限元结构分析一起使用的非常有效的加载算式；同时，也给出了一种更广义的本构模型，需要数值积分和较强的计算程序。有限空穴膨胀近似与岩石、土壤、混凝土靶板正撞和斜撞一些试验数据进行了比较。结果发现，轴向加速度主要是冲击速度的函数，横向加速度在攻击角恒定的情况下受斜度的影响最大。

7.1.2.2　微元阻力定律理论(DAFL)

一种替代空穴膨胀近似理论的分析方法是使用微元阻力定律，它提供弹丸外表面上每一点处的正应力和剪切应力的显示表达。DAFL 方法提供刚体弹丸运动的六自由度分析。根据所研究的特定问题，它可能是三维、二维和一维的。对三维钻地问题，DAFL 方法的使用受到严格的限制，共需要 9 个参量来描述靶板和地表效应，其中只有两个参量(密度和声速)是已知的，其他参量可用给定靶板的试验数据的回归分析来经验确定。美国陆军水道试验站(WES)随后采纳并修正了该方法，提供了斜撞击分析的二维理论，构成了现今还在使用的 WES'PENCO2D 程序的基础。

以往学者建议的一种侵彻理论假定在任意时刻刚性弹丸上每单位面积上冲击压力是侵彻深度 x 和那一刻的瞬时速度 v 的函数。单位面积上的冲击压力可由下式来表示：

$$P = C\,H\!\left(\frac{x}{d}\right)f(v)。 \tag{7.59}$$

其中，$H(x/d)$ 和 $Cf(v)$ 由下式确定：

$$H\!\left(\frac{x}{d}\right)=\begin{cases}\dfrac{x}{2d} & \left(\dfrac{x}{d}\leqslant 2\right)\\[2mm] 1.0 & \left(\dfrac{x}{d}\geqslant 1.0\right)\end{cases}, \tag{7.60}$$

$$Cf(v)=\frac{263820}{KN}\left(\frac{v}{12000d}\right)^{0.2}。 \tag{7.61}$$

其中，x、d 和 v 的单位分别是英寸(in)、英寸(in)和英尺/秒(ft/s)，K 是侵彻因子。

根据牛顿运动第二定律，撞击后任意时刻 t 弹丸的运动方程是：

$$\frac{W}{g}\frac{d^2x}{dt^2}=\frac{W}{g}\frac{v\,dv}{dx}=-F=-PA。 \tag{7.62}$$

其中，$V=dx/dt$；F 和 A 分别是总的抗(冲击)力和时刻 t 的弹丸的接触面积；g 是重力加速度。引进 $D=W/d^5$ 和 $A=\pi d^2/4$ 后，方程(7.62)可以写成下面的形式：

$$Dv\frac{dv}{dx}=-\frac{\pi g}{4d}P。 \tag{7.63}$$

用分离变量法积分方程(7.62)并利用撞击时的初始条件($t=0$，$x=0$ 和 $v=v_1$)和侵彻结束时的最终条件($v=0$)，通过修正所使用的量纲单位，可直接得到修正的 NDRC 公式[方程(7.10)~(7.12)]。因此，由方程(7.59)所定义的冲击力关系式和修正 NDRC 公式是相通的。

Riera 文章中的若干特性特别适合于核电工业，尤其是公开发表的大部分最新试验数据都与平头弹丸有关。可以认为该方法是 DAFL 方法的一个例子。假定平头弹丸侵入刚性-理想塑性体靶板的力是指数形式。对半无限靶体的侵彻，力函数具有下面的形式：

$$F=\beta(x/d)\frac{\pi d^2 f_c}{4}。 \tag{7.64}$$

其中，$\beta(x/d)$ 可近似为：

$$\beta(x/d) = \beta_1 - \beta_2 \exp(-c_1 x/d)。 \tag{7.65}$$

作者声称 β_1、β_2 和 c_1 是无量纲系数，依赖弹头形状和侵彻速度。后者的陈述有些模糊，因为可以推论这些系数随 v 而变化（从而也随 x 和 t 变化）。但在随后的计算中这点并不明显，在积分过程中它们被视为常数。进一步说，方程(7.64)隐含着侵彻力随着侵深的增加而趋于常数，而所有的空穴膨胀分析的结果表明冲击力必须随侵深变化，这是因为弹丸的减加速度和侵彻力的速度相关[例如，方程(7.65)]。

Riera 利用非线性回归方法把侵深有关的数据与冲击因子 $I = NMv_i^2/(d^3 f_c)$ 拟合起来，确定了三个常数，发展了他的模型。我们注意到这里的冲击因子与随后 7.3 节所使用的无量纲能量相差一个系数，即 $N/2$。Riera 后来通过用 $2\pi f_t$ 替代 f_c 来修正 I，称拉伸强度 f_t（径向压缩或 Brazilian 试验测得）构成更好的材料强度参量。他没有提供找到系数与弹头形状相关的分析方法，而是建议用经验方法确定。他也注意到 $\beta_1 - \beta_2$ 的差可借助圆形冲头对刚性-塑性半无限空间的准静态解来检测。

处理了半无限靶体的侵彻问题以后，Riera 继续务实地处理板侵彻、穿透和痂斑破坏问题。他假定侵彻抗力[由方程(7.63)定义]关于板的中面对称，并假定当弹丸进入板的一半时，如果一半的动能被吸收，穿透就发生了，从而确定了靶板的侵彻抗力。随后，讨论了穿透和崩落的一般形式，需要试验上确定弹头形状的敏感性。文章中所倡导的一些一般原则在未来的研究中可能有用。

最后，除了简单地讨论了尺寸效应和钢筋的影响外，他还着重讨论了低 h/d 比值靶板的痂斑破坏问题，认识到应力波反射所产生的拉伸脉冲所起的重要作用。

7.1.2.3 其他研究

精确讨论薄板（低 h/d 比值）的临界条件时所遇到的困难在讨论 NDRC 公式时是显而易见的。研发 Bechtel 和 Stone-Webster 公式的目的是提供产生痂斑破坏临界厚度的更好的预测，CEA/EDF/AEA 公式[方程(7.38)和(7.43)、(7.44)]则对预测穿透厚度提供了重要的改进。

对受到平头弹丸撞击的相对薄的靶板（即低 h/d 比值），其中特别关心的一个问题是锥形裂纹或剪切冲塞的形成。人们可能会猜测平头弹丸冲击侵彻可能的模型形式。然而，中厚金属板的冲塞模型可以用来作为混凝土冲击模型的样板。这样做的主要困难是如何考虑加筋所造成的复杂影响，钢筋会限制混凝土的剪切冲塞，而且塞柱通过钢筋时被挤压，常常造成塞柱的破碎。

大多数混凝土冲塞模型只限于较低速撞击的情形，比起厚金属板的多阶段穿透模型来说要简单得多。Evason 和 Fullard 建议了一个简单的混凝土穿透模型，包括两个阶段：压入和剪切开裂。利用能量守恒方法来评估塑性压缩并建议了剪切冲塞形成的力表达式。模型与有限范围的低速试验结果吻合得较好。

Fullard 基于撞击速度达 15 m/s 的平头弹丸的大尺寸试验计划对钢筋混凝土靶板中铃形剪切冲塞的形成提出了一种半经验能量方法。假定弹丸的动能通过三种机制耗散，即混凝土的侵彻、铃形裂纹的形成和钢筋对剪切冲塞运动的阻碍。该方法与有限的试验数据吻合得较好, 但因为需要事先知道弹丸的侵彻深度, 因而目前还不能用来预测钢筋混凝土靶板在平头弹丸撞击下的穿透。

Eibl 发展了钢筋混凝土靶板在平头弹丸撞击下的二自由度(TDOF)模型, 第一自由度是剪切冲塞的质量和刚度, 第二自由度是周围靶板的总体弯曲。冲塞运动的阻力由三阶段函数来表征, 第一阶段由混凝土的拉伸强度控制, 第二阶段由剪切面内的钢筋控制, 第三阶段由靶板背面的弯曲钢筋控制。

Yankelevsky 发展了一种较简单的模型来描述混凝土靶板在平头弹丸低速撞击下的侵彻和穿透。该模型包括两个相互连接的阶段即动态侵彻和冲击剪切。在第一阶段, 弹丸侵入半无限体介质的过程不受靶背面的影响。当塑性激波阵面(它所携带的能量要比在它之前的弹性波大得多)遇到靶的后面的边界时, 产生曲线状的剪切裂纹, 从而形成哑铃形的冲塞。在第二阶段, 弹丸向前推动塞柱, 把它从周围的混凝土中剪掉, 直到侵彻整个靶板。两阶段之间的转化是通过比较弹丸运动的瞬时阻力和剪切掉剩余塞柱所需的最大力的相对大小来确定的。穿透厚度就是侵彻和完全剪掉塞柱并使弹丸和塞柱在侵彻末完全停止的厚度。结果表明模型预测与有限的试验数据吻合得较好。

7.1.3 数值模拟

20 世纪 50 年代末以来, 固体的侵彻和穿透一直是一个十分活跃的研究领域。能够预估或进行冲击研究的大量计算机程序分为两类: 拉格朗日法和欧拉法。除了纯粹的拉格朗日法和纯粹的欧拉法以外, 还有任意拉格朗日和欧拉技术(ALE)、光滑粒子流体动力学法(SPH)以及它与有限差分和有限元的结合、粒子法和离散元法等。尽管数值方法已成功地用来预估金属靶板的侵彻和穿透, 但因缺乏合适的材料模型, 数值方法对混凝土撞击问题的应用还不是十分成功。因此, 研究者近年来更加重视发展更实际的本构关系, 以便更好地对混凝土行为进行数值模拟和预测。尽管提出了大量不同的材料模型, 也取得了一些成功, 但对力学和材料科学界仍具有挑战性的问题还是研发可信的混凝土材料模型。该模型应能描述加载路径相关性和三轴行为、材料性能的应变率敏感性和混凝土材料的完全破坏。下面简短地介绍一下在民用(核能工业)领域混凝土撞击响应的数值模拟和取得的一些重要进展。

1988 年, Broadhouse 和 Neilso 发展了 Winfrith 混凝土材料模型, 该模型已嵌入DYNA3D 软件包, 用来分析钢筋混凝土靶板受刚性弹丸撞击时的响应问题。模型涉及与应变有关的拉伸, 直到材料的拉伸强度极限。进一步的拉伸变形耦合于裂纹-正应力的线性拉伸相关的衰减(即内聚模型), 直到一个单元中裂纹的开口。因此, 一个真实的裂纹是由网格邻近单元中的几个平行裂纹来模拟的, 每个裂纹在相同的拉伸应变达到零正应力, 拉伸应变的总和等于真实裂纹产生时的拉伸应变。后来, Jowett 重新评估了 DYNA3D 中混凝土模型的参量, 发现若干问题需要探讨。他建议了一个双线性拉伸相关的裂纹应力衰减函数, 它与动态拉伸强度和断裂能有关。他也建议考虑材料的应变率的相关性和进行网格的纯剪切数值研究, 以便确定裂纹开口所吸收的能量是否高于拉伸破坏所需要的能量。这是因为对一个裂纹的两边相对运动时骨料互锁的模拟有疑问。一些文献中的 Winfrith 混凝土材料模型中包含了应变率相关性, 并建议考虑骨料尺寸和裂纹开口速度的单位面积断裂能。

1990 年以来，有学者用 DYNA3D 对英国 Cheddar 结构试验中心（STC）的数据进行了分析，目的是验证使用已安装在软件包中的 Winfrith 混凝土材料模型来模拟分析钢筋混凝土靶板受刚性弹丸撞击时响应的可靠性，以便预测未来的试验结果和通过数值方法确定几何相似尺度率是否成立。这项工作的目的是建立信心，使人们相信该软件可以应用于真实结构而不仅仅是用于研究。目前，人们能接受的是损伤只限于锥形裂纹。

7.2　弹体与异形体弹塑性碰撞的力学模型

长期以来，人们一直都在研究各种接触碰撞问题，并提出了许多接触力计算模型，包括质点碰撞、刚体碰撞、柔性体横向碰撞及柔性体轴向碰撞等，其中就接触局部变形如何影响整个碰撞过程的研究方面人们就做了大量工作。1882 年，由赫兹（H. R. Hertz）发表了他的经典论文《论弹性固体的接触》开始，赫兹接触理论（以下简称"赫兹理论"）被广泛用于描述弹性固体的法向接触问题。在赫兹理论基础上，20 世纪 50 年代以来，Cattaneo、Mindlin、Deresiewicz、Cundall、Maw 等人研究了摩擦作用下的弹性斜碰撞问题，并提出了H-M 模型、H-MD 模型、H-DD 模型、DEM 模型、CMD 模型等，但上述接触模型几乎均用于描述粒状体之间的静态接触或低速碰撞。近年来，Johnson、Thornton、Di Renzo、Vu-Quoc、Stronge 等人将弹性接触模型推广到弹塑性接触问题，研究了接触体在弹塑性接触碰撞过程中的法向及切向接触力与位移之间的关系，并发表了一系列相关方面的文章。然而，由于接触力-位移关系很复杂，需要借助数值方法才能解答，大大限制了这些模型在实际工程中的推广应用，而且它们并没有涉及动力问题，对高速接触碰撞问题不再适用。

由于问题的复杂性，目前国内外在弹体与异形体的碰撞研究方面进行得甚少。尽管国内有个别学者提出了弹体与异形体弹塑性碰撞的接触力-位移关系，但接触模型中对接触刚度、接触位移和恢复系数都未做深入分析研究，因而这些模型是比较粗略的，在实际应用中也是很不方便的。针对上述问题，本节通过引进恢复系数，建立弹体与异形体弹塑性接触碰撞过程中的接触力与位移之间的关系。

7.2.1　近似准静态分析的适用性

赫兹提出了接触点周围的接触力及位移的隐式关系，而接触力和位移均为两接触体的几何形状及弹性常数的函数。尽管赫兹理论本质是针对准静态弹性接触问题，却已被广泛用于解决弹塑性碰撞问题。值得强调的是，赫兹理论对局部塑性变形，特别是对接触区的变形历史无法做到定量描述，为使赫兹理论正确，对撞击速度加了更严格的限制。对于接触变形很小的撞击，采用赫兹理论来描述其接触过程是相当方便有效的；当撞击速度很大时，接触力和变形也相应较大，则需要考虑准静态分析的适用性问题。

几乎接触体中所有质点的速度都是因为应力波从接触区向外传播而减速，大部分波动能量通过膨胀波 $C_1 = [E_i(1-v_i)/\rho_i(1-v_i-2v_i^2)]^{1/2}$ 的传播而耗散。膨胀波速与材料体积模量有关，对于金属 $C_1 \approx 4 \times 10^3 \sim 5 \times 10^3$ m/s，对于陶瓷 $C_1 \approx 8 \times 10^3 \sim 9 \times 10^3$ m/s，对于混凝土 $C_1 \approx 2 \times 10^3 \sim 3 \times 10^3$ m/s。

根据膨胀波速，两个完全一样的球体的碰撞时间可表示为：

$$T_c = 5.07 \frac{R_i}{C_1} \left[\frac{(1-v_i)^4 C_1}{(1-2v_i)^2 v_0} \right]^{1/5} 。 \tag{7.66}$$

膨胀波通过球体的时间为 $t_B = 2R_i/C_1$，因此，在碰撞期间膨胀波来回传播的次数可表示为：

$$n = \frac{T_c}{t_B} = 2.56 \left[\frac{(1-v_i)^4 C_1}{(1-2v_i)^2 v_0} \right]^{1/5} 。$$

对于中低速碰撞而言，膨胀波在碰撞期间可以来回传播多次。Love 建议准静态 Hertz 理论只适用于膨胀波来回传播的次数很大，即 $(C_1/v_0)^{1/5} \gg 1$ 的情形。假如这个条件不满足，Love 指出在碰撞结束后，碰撞能量仍然以振动形式存在，而且当两接触体尺寸相差很大时，上述条件不再适用。Johnson 研究表明，当发生塑性变形时，塑性变形的效果是减小接触压力脉冲的强度，从而减少转变为弹性波的动能，因而仍然可以采用准静态接触理论进行碰撞分析。

图 7.2、图 7.3 分别列出了不同材料的膨胀波来回传播次数 n 及 $(C_1/v_0)^{1/5}$ 随撞击速度变化的情况。从图中可以看出，当撞击速度为 $300 \sim 1000$ m/s 时，膨胀波能来回传播多次，并且 $(C_1/v_0)^{1/5} \gg 1$；另外，材料的波阻抗越大，膨胀波来回传播次数及 $(C_1/v_0)^{1/5}$ 也越大。由此可知，如果两接触体尺寸相差不大时，可以采用准静态接触理论进行碰撞分析。

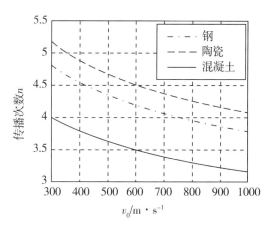

图 7.2　膨胀波来回传播次数与撞击速度的关系

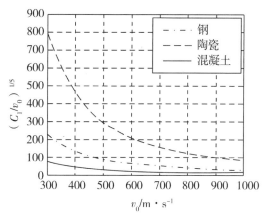

图 7.3　$(C_1/v_0)^{1/5}$ 与撞击速度的关系

7.2.2　波动能量耗散分析

如果两接触体尺寸相差较大时，弹性应力波引起的能量耗散将不能忽略。在这种情况下，应力波将导致应力重分布，并且尺寸较小的撞击体中的能量耗散可以忽略不计，而尺寸较大的撞击体中却没有足够的时间使应力波来回多次传播。因此，撞击期间的动能及弹性应变能在整个接触体中的分布不能近似认为是均匀的。

Hunter 研究了两弹性球体的振动能量问题。研究发现，当 $(C_1/v_0)^{3/5}\gg1$ 时，大部分能量为接触点材料的弹性应变能，而波动耗散的能量不到1%，这种观点与 Tsai 的弹性动力分析结果是一致的。在压缩初期，接触点的径向应力比准静态分析得到的径向应力大，大部分接触应力集中在接触区很小的范围内，球形波从接触点向外传播，随着应力波在接触体中的传播而产生的应力突变 $[\sigma]/E\approx v_0/C_1$ 很小。因此，碰撞能大部分为接触点的局部变形能。

Hunter 假定接触力随时间呈正弦曲线变化，并且对于率无关材料而言，法向压入量与接触力同时达到最大，并提出了碰撞过程中因弹性波引起的能量耗散与初始动能的比值为：

$$\frac{W_e}{Mv_0^2/2}=3.85\times\beta(1+v)\left(\frac{1-v^2}{1-2v}\right)^{1/2}\left(\frac{v_0}{C_0}\right)^{3/5}=3.85\times\beta\left(\frac{1-v}{1-2v}\right)^2\left(\frac{v_0}{C_1}\right)^{3/5}\left(\frac{C_0}{C_1}\right)^{12/5}。 \tag{7.68}$$

式中：$\beta(v)$ 为泊松比的函数。可以看出，当 $(C_1/v_0)^{3/5}\gg1$ 时，波动能量耗散为初始动能的很小一部分，因而在动力分析中可以忽略不计。对于钢材、陶瓷及混凝土材料，容易验算 $(C_1/v_0)^{3/5}\gg1$，所以当两接触体尺寸相差不大时，撞击过程中可以忽略因波动而引起的能量耗散。

7.2.3 局部接触力–位移关系

在建立弹体与异形体碰撞的接触力模型时，如果考虑接触碰撞过程中材料的局部破坏或破碎，那么问题将非常复杂。但是，从许多动力试验的结果中，我们可以发现固体材料有这样一种动力特性：随着加载速率提高，材料瞬时应力出现明显的滞后现象，滞后时间与冲击应力、材料特性和温度等条件有关。随着屈服极限提高，滞后时间则逐渐缩短。对于岩石、混凝土、陶瓷等脆性材料在动荷载作用下的破坏准则至今仍没有统一的看法，目前大部分断裂准则还是沿用最大应力理论、最大变形理论和最大剪应力理论等静力方案来对其动态断裂进行描述。然而，在冲击或爆炸作用下，会引起材料的复杂的应力–应变状态，并且材料的强度与应变率有关。一般来说，应变率越高，其强度提高也越多。研究表明，断裂的发生不仅与作用应力的大小有关，而且与应力作用的持续时间有关，必须考虑与时间有关的动态断裂准则。目前比较流行的断裂准则是损伤积累准则。损伤积累准则考虑了应力在空间上的弥散和在时间上的积累（对于陶瓷等脆性材料，相关试验研究发现，在冲击荷载作用下明显存在先驱弹性波和塑性"弥散波"的规则双波结构，即塑性波较弹性波传播慢得多）。如果拉应力超过动态断裂强度，则材料发生破坏的可能性取决于

$$\int_0^{t^*}(\sigma-\sigma)^q\mathrm{d}\sigma\geq J_0。 \tag{7.69}$$

式中：t^* 为材料破坏时间；q 为材料常数；σ_c 为材料断裂所需的临界应力；J_0 为拉应力的极限冲量值。

由此看出，在高应变率下材料的破坏为一个累计损伤过程，即破坏存在时间效应。由于弹体与异性体在高速撞击过程中的接触时间非常短，可以假设在高速碰撞瞬间材料来不及发生破坏，接触区仍然是局部弹塑性变形状态。

7.2.3.1　接触力模型

由准静态分析的适用性可知，准静态的接触变形理论适用于撞击速度与膨胀波速相比非常小或者说膨胀波最小谱波长远大于接触体特征尺寸条件下的弹塑性动力分析。弹体与异性体高速撞击的动力分析属于上述范畴，因此采用以下模型。

设 f 为接触力，则接触力与接触位移的关系为：

$$f = K\delta - \bar{f}。 \tag{7.70}$$

式中：K 为弹性接触刚度；δ 为接触体的相对位移；$\bar{f}$ 为由于局部塑形流动产生的松弛力。由接触理论可知，对于同种材料的接触问题，法向与切向接触刚度是不耦合的，即使对不同的材料接触，这种耦合效应也是很小的，可以忽略不计。因此，法向和切向接触力–位移关系可写成：

$$f_n = K_n\delta_n - \bar{f_n}, \tag{7.69}$$

$$f_\tau = K_\tau\delta_\tau - \bar{f_\tau}。 \tag{7.70}$$

在式(7.71)和(7.72)的弹塑性动力分析中，假如将接触体材料的应变率、应变强化、发热效应等因素均考虑进去，问题将变得非常复杂。几十年来，作为一阶近似的刚塑性理论用于分析塑性问题一直都在进行，并在实际工程中得到应用。对于弹塑性接触问题，如果采用一阶刚塑性理论计算，结果误差较大，必须计及弹性效应对近似理论加以修正。由于弹体与异形体高速撞击过程中的接触力与接触变形的关系十分复杂，这里暂时采用理想的弹塑性力与位移关系来简化(图 7.4)。另外，若采用有限元等数值方法来处理局部的塑性变形，对于高速撞击问题实际上是不可能的。为此，我们引入恢复系数来处理局部的塑性变形。

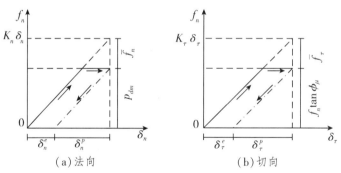

図 7.4　摩擦接触的理想弹塑性本构关系

真实的偏航结构材料构成复杂、结构形式多样，但本质上都是利用异性体的非平直表面使弹体产生非对称力。因此，可以将弹体与异性体的碰撞简化为偏心球体与固定半球体的斜碰撞问题进行考虑，如图 7.5 所示。

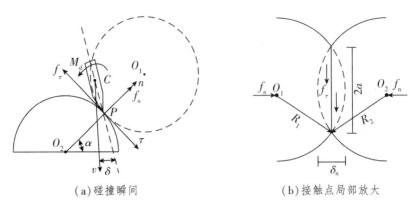

（a）碰撞瞬间　　　　　　（b）接触点局部放大

图 7.5　弹体与异性体的弹塑性碰撞模型

以弹体的平面运动为研究对象，当弹体与异性体发生碰撞时，弹体在接触点处将受到法向冲量 I_n 和切向冲量 I_r 的作用，共同改变弹体的运动状态。弹体运动状态的改变主要由恢复系数和滑动摩擦系数极限值控制。对于冲击碰撞问题的滑动摩擦系数，目前还未能准确描述，只能通过某些假设或非碰撞问题的摩擦系数来确定。对于冲击碰撞问题，假定两接触体发生相对滑动的条件为 $f_\tau = |\mu f_n|$，其中 μ 为静摩擦系数。事实上，当 $f_\tau \leqslant |\mu f_n|$ 时已经发生了相对滑动。为简化问题，许多偏心碰撞研究都忽略接触点处由于切向相对运动产生的变形。

由于冲击碰撞过程中的滑动摩擦系数难以确定，这里假定 $I_\tau = \xi I_n$。考虑法向及切向接触力 f_n、f_τ，由牛顿第二运动定律分别写出弹体质心的法向及切向运动方程为：

$$f_n = M_p \frac{\mathrm{d}}{\mathrm{d}t}[v_n - \omega L_0 \sin(\alpha+\beta)] , \tag{7.73}$$

$$f_\tau = \xi f_n = M_p \frac{\mathrm{d}}{\mathrm{d}t}[v_\tau - \omega L_0 \cos(\alpha+\beta)] 。 \tag{7.74}$$

式中：M_p 为弹体（或偏心球）的质量；ω 为弹体绕接触点转动的角速度；α 为接触点法向与水平方向的夹角；v_n、v_τ 分别为弹体接触点处的法向和切向相对速度；L_0 为全弹质心距；ξ 为比例系数，取决于摩擦条件。

由相对运动学原理可知，弹体关于接触点的动量矩守恒，即

$$\frac{\mathrm{d}}{\mathrm{d}t}\{M_p k_R^2 \omega - M_p L_0 \cos(\alpha+\beta)[v_\tau - \omega L_0 \cos(\alpha+\beta)] - M_p L_0 \sin(\alpha+\beta)[v_n - \omega L_0 \sin(\alpha+\beta)]\} = 0 。$$
$$\tag{7.75}$$

式中：$k_R = \sqrt{J_p/M_p}$ 为弹体绕接触点在射平面内转动的回转半径，其中 $J_p = M_p\left(\dfrac{L^2}{3} + \dfrac{D^2}{12}\right)$。

接触点相对速度等于相对位移对时间的导数，即

$$v_{n1} - v_{n2} = v_n = \frac{\mathrm{d}\delta_n}{\mathrm{d}t} ; \qquad v_{\tau 1} - v_{\tau 2} = v_\tau = \frac{\mathrm{d}\delta_\tau}{\mathrm{d}t} 。 \tag{7.76}$$

由式（7.73）～（7.76）可得：

$$f_n = \left(\frac{k_R^2 M_p}{k_R^2 + \xi e_1 e_2 + e_1^2}\right)\frac{\mathrm{d}^2 \delta_n}{\mathrm{d}t^2} , \tag{7.77}$$

$$f_\tau = \left(\frac{\xi k_R^2 M_p}{\xi k_R^2 + \xi e_1 e_2 + e_2^2} \right) \frac{\mathrm{d}^2 \delta_\tau}{\mathrm{d}t^2}。 \tag{7.78}$$

式中：$e_1 = L_0 \sin(\alpha + \beta)$；$e_2 = L_0 \cos(\alpha + \beta)$。令 $M_n^* = \dfrac{k_R^2 M_p}{k_R^2 + \xi e_1 e_2 + e_1^2}$，$M_\tau^* = \dfrac{\xi k_R^2 M_p}{\xi k_R^2 + e_1 e_2 + \xi e_2^2}$，则上两式可写成：

$$f_n = M_n^* \frac{\mathrm{d}^2 \delta n}{\mathrm{d}t^2}, \tag{7.79}$$

$$f_\tau = M_\tau^* \frac{\mathrm{d}^2 \delta_\tau}{\mathrm{d}t^2}。 \tag{7.80}$$

式 (7.79) 关于 δ_n 积分给出：

$$\frac{1}{2} M_n^* \left[v_n^2 - \left(\frac{\mathrm{d}\delta_n}{\mathrm{d}t} \right)^2 \right] = \int_0^{\delta_n} f_n \mathrm{d}\delta_n。 \tag{7.81}$$

式中：$v_2 = (v_{n1} - v_{n2})|_{t=0}$ 为接触开始时两球接触体质心的法向相对速度。当压缩变形达到最大值 δ_n^* 时，$\delta_n = 0$，则式 (7.81) 变为：

$$\frac{1}{2} M_n^* v_n^2 = \int_0^{\delta_n^*} f_n \mathrm{d}\delta_n。 \tag{7.82}$$

式 (7.82) 表示局部变形所吸收的运动能。

如果 $v_\tau = (v_{\tau_1} - v_{\tau_2})|_{t=0}$ 为接触开始时两接触体质心的切向相对运动速度，δ_τ^* 表示最大切向位移值，同理，由式 (7.80) 可以得到：

$$\frac{1}{2} M_\tau^* v_\tau^2 = \int_0^{\delta_\tau^*} f_\tau \mathrm{d}\delta_\tau。 \tag{7.83}$$

当变形达到最大值以后，弹性恢复所做的功等于回复的运动能，有如下关系：

$$\frac{1}{2} M_n^* v_n'^2 = \int_0^{\delta_n^e} f_n' \mathrm{d}\delta_n', \tag{7.84}$$

$$\frac{1}{2} M_\tau^* v_\tau'^2 = \int_0^{\delta_\tau^e} f_\tau' \mathrm{d}\delta_\tau'。 \tag{7.85}$$

式中："′" 表示恢复变形量。

根据恢复系数的定义，法向和切向恢复系数 e_n、e_τ 分别为：

$$e_n = v_n'/v_n, \qquad e_\tau = v_\tau'/v^\tau。 \tag{7.86}$$

由式 (7.86) 及式 (7.82) ~ (7.85) 得到：

$$e_n^2 = \frac{\displaystyle\int_0^{\delta_n^e} f_n' \mathrm{d}\delta_n'}{\displaystyle\int_0^{\delta_n^*} f_n \mathrm{d}\delta_n}, \qquad e_\tau^2 = \frac{\displaystyle\int_0^{\delta_\tau^e} f_\tau' \mathrm{d}\delta_\tau'}{\displaystyle\int_0^{\delta_\tau^*} f_\tau \mathrm{d}\delta_\tau}。 \tag{7.87}$$

如果 f_n 超过弹性极限后某一值时，则接触点产生塑性变形。根据弹塑性变形做功原理可知：

$$\int_0^{\delta_n^e} f_n' \mathrm{d}\delta_n' = \frac{1}{2} p_{\mathrm{dm}} \delta_n^e, \tag{7.88}$$

$$\int_0^{\delta_n^e} f_n' \mathrm{d}\delta_n' = p_{\mathrm{dm}} \delta_n^p + \frac{1}{2} p_{\mathrm{dm}} \delta_n^e \text{。} \tag{7.89}$$

式中：p_{dm} 为平均动态屈服接触压力；δ_n^e、δ_n^p 分别为法向弹性变形和塑性变形。

由式(7.88)和式(7.89)之比得：

$$e_n^2 = \frac{\delta_n^e}{2\delta_n^p + \delta_n^e}, \tag{7.90}$$

$$\delta_n^e + \delta_n^p = \delta_n \text{。} \tag{7.91}$$

由式(7.90)和式(7.91)可推得：

$$\frac{\delta_n^p}{\delta_n} = \frac{1 - e_n^2}{1 + e_n^2} \text{。} \tag{7.92}$$

由于变形与材料特性及碰撞相对运动速度有关，所以从式(7.92)可知恢复系数也与上述因素有关，由式(7.71)和(7.72)可知：

$$f_n = K_n \delta_n \left(1 - \frac{\delta_n^p}{\delta_n}\right) \text{。} \tag{7.93}$$

将式(7.92)代入式(7.93)得：

$$f_n = K_n \delta_n \frac{2e_n^2}{1 + e_n^2} \text{。} \tag{7.94}$$

式(7.94)表示接触点法向的接触力-位移关系。

对于切向位移情况，当切向接触力 f_τ 达到某一最大值时就会发生塑性剪切滑移。塑性滑动由摩尔-库仑(Mohr-Coulomb)定律控制，即

$$f_\tau = \begin{cases} |f_n| \tan \Phi_\mu & (f_\tau \leqslant |\mu f_n|) \\ -\mu f_n \mathrm{sign}(v_\tau) & (f_\tau > |\mu f_n|) \end{cases} \text{。} \tag{7.95}$$

式中：Φ_μ 为接触点的内摩擦角。

通过式(7.94)类似的推导，则有：

$$f_\tau = K_\tau \delta_\tau \frac{2e^2}{1 + e_\tau^2} \text{。} \tag{7.96}$$

由式(7.94)和式(7.96)可知，当为弹性接触时，即 $e_n = e_\tau \approx 1.0$，接触力-位移关系符合胡克(Hook)定律。

7.2.3.2 接触刚度

相关资料表示，法向和切向接触刚度的耦合效应是很小的，因此，可以根据接触理论分别对它们进行讨论。

弹体与异形体接触瞬间，它们最初是在一个点上接触，在接触荷载作用下，它们在最初的接触点附近发生变形，致使它们在一个有限的区域上接触，这些区域比起两接触体尺寸来说是很小的，并且我们认为每个接触体表面在宏观或微观的尺度上都是外形光滑的。这样我们就可以引入非协调表面的概念：接触区中这样两个表面之间的初始空隙，可以用二次多项式足够近似地表示，即接触体相对曲率 $1/R'$ 和 $1/R''$ 足够大时，非协调接触表面完全可以用最初接触点上的曲率半径表征。因此，这样的接触问题符合赫兹（Hertz）理论应用的条件。

1. 法向接触刚度 K_n

两接触体接触区形状对接触变形、接触力的大小和分布都有影响，由于弹头形状比较复杂，要准确描述弹头和异形体的接触区的形状较为困难，需对接触区进行适当的理想化。赫兹理论指出，对于一般外形旋转体的接触问题，在预先不能确切知道接触区的准确形状时，可假定接触区为椭圆形，通过等效相对曲率半径将椭圆形接触区问题转化为圆形接触区问题进行考虑，并通过椭圆偏心率的修正因子对接触区局部变形及接触力进行修正。为简化计算，可假设接触区为椭圆形，引入等效相对曲率半径 R^*，定义为：

$$R^* = (R'R'')^{1/2} = \frac{1}{2}(A_1 B_1)^{-1/2}。 \tag{7.97}$$

其中：

$$A_1 + B_1 = \frac{1}{2}\left(\frac{1}{R'} + \frac{1}{R''}\right) = \frac{1}{2}\left(\frac{1}{R'_p} + \frac{1}{R''_p} + \frac{1}{R'_b} + \frac{1}{R''_b}\right),$$

$$B_1 - A_1 = \frac{1}{2}\left[\left(\frac{1}{R'_p} - \frac{1}{R''_p}\right) - \left(\frac{1}{R'_b} - \frac{1}{R''_b}\right)\right]。$$

式中：R'_i、R''_i 分别为两接触体在接触点处的主曲率半径，下标 p、b 分别代表弹体和异形体。以下分析计算均假定弹头半长轴为弹头曲率半径，半短轴为弹体半径，弹头曲率半径为 $R_p = \left(\frac{1}{R'_p} + \frac{1}{R''_p}\right)^{-1}$。

有学者指出，即使接触椭圆长短轴之比较大时，采用等效相对曲率半径为 R^* 的圆形接触区的公式计算得到的接触区局部变形及接触力的误差都不超过 5%。因此，这里考虑等效相对曲率半径为 R^* 的两接触体的接触情况，并且修正因子的取值为 1.0。由赫兹理论可知，两接触体的法向相对位移 δ_n 和接触区有效半径 a 的表达式分别为：

$$\delta_n = \left(\frac{9f_n^2}{16R^* E^{*2}}\right)^{1/3}, \tag{7.98}$$

$$a = \left(\frac{3f_n R^*}{4E^*}\right)^{1/3}。 \tag{7.99}$$

式中：$E^* = \left(\frac{1-\nu_p^2}{E_p} + \frac{1-\nu_b^2}{E_b}\right)$；$\nu_p$、$\nu_b$ 分别为两接触体的泊松比；E_p、E_b 分别为两接触体的弹性模量。根据刚度的定义，求式（7.98）对法向接触力 f_n 微分的导数，可以确定法向接触刚度为：

$$K_n = \left(\frac{\partial \delta_n}{\partial f_n}\right)^{-1} = \frac{3}{2}\left(\frac{9}{16}\frac{1}{E^{*2}}\frac{1}{R^*}\frac{1}{f_n}\right)^{-1/3} = 2E^*a。 \tag{7.100}$$

由式(7.98)~(7.100)得到：

$$K_n = \frac{4}{3}E^*\sqrt{R^*}\delta_n^{1/2}。 \tag{7.101}$$

由式(7.101)可知，法向接触刚度不是一个常量，不但与接触体材料特性有关，而且与接触体相对曲率半径及法向相对位移有关。

因为接触体半径 a 与两接触体的切向相对运动无关，由式(7.98)和式(7.101)可得：

$$f_n = K_n\delta_n = \frac{4}{3}E^*\sqrt{R^*}\delta_n^{3/2}。 \tag{7.102}$$

根据牛顿第二定律，两接触体的法向运动微分方程为：

$$M^*\frac{\mathrm{d}v_n}{\mathrm{d}t} = M^*\frac{\mathrm{d}\delta_n^2}{\mathrm{d}t^2} = -f_n。 \tag{7.103}$$

式中：$M^* = M_pM_b/(M_p+M_b) \approx M_p$；$v_n$ 为撞击压缩过程中两接触体的法向相对速度。将式(7.102)代入式(7.103)并对 δ_n 积分得到：

$$\frac{1}{2}\left[\left(\frac{\mathrm{d}\delta_n}{\mathrm{d}t}\right)^2 - v_{n,0}^2\right] = -\frac{8E^*\sqrt{R^*}}{15M^*}\delta_n^{5/2}。 \tag{7.104}$$

当法向相对位移 δ_n 达到最大时，有 $\dot{\delta}_n = 0$，则由式(7.104)求出最大法向相对位移为：

$$\delta_n^* = \left(\frac{15M^*}{16E^*\sqrt{R^*}}v_{n,0}^2\right)^{2/5}。 \tag{7.105}$$

将式(7.105)代入式(7.102)，可得最大法向接触力 f_n^* 为：

$$f_n^* = \frac{4}{3}E^*\sqrt{R^*}\left(\frac{15M^*}{16E^*\sqrt{R^*}}v_{n,0}^2\right)^{3/5}。 \tag{7.106}$$

相应的最大接触半径 a^* 为：

$$a^* = \sqrt{R^*}\left(\frac{15M^*}{16E^*\sqrt{R^*}}v_{n,0}^2\right)^{1/5}。 \tag{7.107}$$

图7.6、图7.7分别为根据赫兹理论得到的法向接触刚度、法向接触力随位移变化情况。

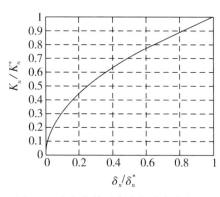

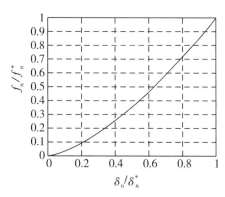

图 7.6　法向接触刚度随位移变化曲线　　　　图 7.7　法向接触力随位移变化曲线

2. 切向接触刚度 K_τ

目前对于切向接触刚度 K_τ 还没有统一的确定方法。在缺乏固体力学理论基础上，很多研究者都假定 $K_\tau \approx K_n$。另外，考虑到撞击的动力效应，也有文献认为 $K_\tau / K_n = 1/[1 + (R^*/k_R)^2]$，$k_R = \sqrt{J_C/M^*}$ 为接触体的回转半径。但有文献指出，当两接触体材料特性相似时，以上假设与实际情况是比较相近的。然而，当接触体材料特性差别较大时，上述假设就不妥了，需要根据刚度定义来确定。

赫兹理论给出了法向弹性接触的接触力与位移的关系。在赫兹理论基础上，Cattaneo 和 Mindlin 首先研究了恒法向接触力作用下的切向接触力变化情况，后来，明德林（Mindlin）和德雷谢维奇（Deresiewicz）又研究了两球体在法向和切向接触力同时变化情况下的切向接触力与位移关系，并提出了斜向弹性摩擦接触情况下的切向接触力与位移的增量形式的计算方法，统称为 CMD 理论。最近，Vu-Quoc 等人在 CMD 理论基础上又研究了两球体的弹塑性斜碰撞情况，就切向接触刚度及接触力的计算方法进行了较详细的讨论。

在无滑动的弹性接触情况下，明德林提出了较为简单的切向接触力与位移关系（M 模型）：

$$f_\tau = K_\tau \delta_\tau = \left(8G^* \sqrt{R^*} \, \delta_n^{1/2}\right) \delta_\tau \, 。 \tag{7.108}$$

考虑到接触过程中微观滑移现象，明德林和德雷谢维奇采用增量形式提出了不同的切向接触力计算方法（MD 模型），这些方法可以统一表示为：

$$\Delta f_\tau = K_\tau \Delta \delta_\tau \, 。 \tag{7.109}$$

式中：

$$K_\tau = K_\tau(\delta_n, \ \delta_\tau, \ E^*, \ G^*, \ R^*, \ \mu) \, 。 \tag{7.110}$$

值得注意的是，式（7.110）同时依赖于法向和切向位移，需要考虑加载和卸载路径以及法向和切向接触力同时变化的情况，因而计算过程非常繁琐。只有假定法向接触力为恒值的情况下，才可以得到切向接触力和位移关系的显式表达式。

以上关于切向接触力和位移关系的计算方法大部分需要采用增量形式，在实际应用中是相当麻烦的。我们通过一些数学积分方法可以将增量形式与宏观接触力和位移关系的计算方法统一起来。为了分析方便，先引入 Maw 等人在分析斜碰撞过程中采用的几个参数：

$$\kappa = \frac{K_\tau}{K_n}, \qquad \psi_0 = \frac{\kappa}{\mu} \frac{v_{\tau,0}}{v_{n,0}}, \qquad \chi = \frac{k_R \kappa}{2} \, 。 \tag{7.111}$$

式中：κ 为接触刚度的比值；ψ_0 为与命中角有关的入射条件；μ 为静摩擦系数；χ 为与接触体回转半径有关的参数；k_R 为接触体的回转半径。Maw 研究发现，对于不同的入射条件，切向接触力在整个撞击过程中的变化情况是不同的。当 $\psi_0 \leqslant 1$ 时，整个撞击过程为弹塑性接触过程；当 $1 < \psi_0 < 4\chi - 1$ 时，撞击以滑动开始，并以滑动结束；当 $\psi_0 \geqslant 4\chi - 1$ 时，整个撞击过程均为滑动过程。

图 7.8 为由 M 模型和 MD 模型计算得到的法向接触力为恒值时切向接触力加载的示意图。由图 7.5 可知，M 模型中假定切向接触刚度等于初始加载刚度，当切向位移较小时，M 模型的切向接触力与 MD 模型的切向接触力较为接近，但切向接触力的偏差随着位移增大而增大，直到发生滑动的位置。对于 M 模型而言，产生滑动时刻的最大切向位移为：

$$\delta_{\tau,M}^{*} = \frac{2}{3}\delta_{\tau,MD}^{*}\text{。} \tag{7.112}$$

式中：$\delta_{\tau,M}^{*} = \kappa\delta_{n}/\mu$。

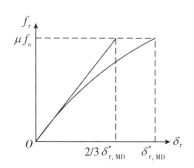

图 7.8 切向接触力随位移变化示意

不难发现，对于 $1 < \psi_0 < 4\chi - 1$ 来说，这种滑动前的偏差对整个过程的切向接触力同样有很大影响。尽管当 $\psi_0 \leqslant 1$ 时，M 模型与 MD 模型的计算结果比较接近，但会出现另外一种情况，就是宏观切向接触力与位移之间的同步性问题。当切向位移增量 $\Delta f_\tau \leqslant \mu\Delta f_n$ 时，切向接触力可以直接由式 (7.108) 计算得到，滑移发生在接触接近结束的时刻，此时法向接触力趋向于零而切向接触力仍为非零值，因而在 MD 模型中的切向接触刚度仍需继续采用 M 模型中的切向接触刚度 $K_{\tau,M}$。

在上述分析的基础上，我们可以得到法向和切向接触力同时改变的情况下宏观切向接触力与位移的关系。在接触开始时刻，假设接触点的法向与切向速度为恒值，即 $v_n = v_{n,0}$ 和 $v_\tau = v_{\tau,0}$（Di Renzo 证明了该假设的正确性）。通过对速度积分，我们可以得到 τ 时刻的瞬时位移：

$$\delta_n|_\tau = \int_0^\tau v_n \mathrm{d}t = v_{n0}\tau, \tag{7.113}$$

$$\delta_\tau|_\tau = \int_0^\tau v_\tau \mathrm{d}t = v_{\tau0}\tau\text{。} \tag{7.114}$$

对式 (7.109) 积分可以得到：

$$\begin{aligned}
f_{\tau,MD} &= \int_0^\tau \frac{\mathrm{d}(f_{\tau,MD})}{\mathrm{d}t} = \int_0^\tau K_{\tau,M}|_t \cdot v_\tau|_t \mathrm{d}t \\
&= 8G^* \sqrt{R^*}\, v_{n,0}^{1/2}\, v_{\tau,0} \int_0^\tau t^{1/2}\mathrm{d}t \\
&= \frac{2}{3}K_{\tau,M}|_\tau \cdot \delta_\tau|_\tau\text{。}
\end{aligned} \tag{7.115}$$

根据接触初期速度为恒值的假设，由式 (7.108) 和式 (7.115) 可知，对于相同的切向位移 δ_τ，M 模型与 MD 模型有如下关系：

$$f_{\tau,MD} = \frac{2}{3}f_{\tau,M}\text{。} \tag{7.116}$$

事实上，在接触碰撞过程中的速度并非为恒值；但在接触初期，由于法向和切向位移很小，相应的接触力很小，因此对速度变化没有明显影响。由式 (7.116) 得到的切向接触力对于命中角很小的情况是不太精确的，它与实际切向接触力相比偏大。

通过上述分析，我们可以得到一个修正的 MD 模型表达式：

$$f_\tau = \left(\frac{16}{3} G^* \sqrt{R^*} \delta_n^{1/2} \right) \delta_\tau \circ \tag{7.117}$$

该公式采用积分形式给出，从而避开了 MD 模型中复杂的增量形式。

由式(7.117)可以得到弹性接触过程中的切向接触刚度 K_τ 为：

$$K_\tau = \frac{16}{3} G^* \sqrt{R^*} \delta_n^{1/2} \circ \tag{7.118}$$

式中：$G^* = \left(\dfrac{2-v_p}{G_p} + \dfrac{2-v_b}{G_b} \right)^{-1} \circ$

由式(7.118)可知，切向接触刚度不是一个常量，不但与接触体材料特性有关，而且还与接触体相对曲率半径及切向相对位移有关。由式(7.101)和式(7.118)之比得到：

$$\frac{f_n}{f_\tau} = \frac{E^*}{4G^*} = \frac{(2-v_p) G_b + (2-v_b) G_p}{2(1-v_p) G_b + 2(1-v_b) G_p} \circ \tag{7.119}$$

由式(7.119)可得，只有两接触体材料特性相似时才可认为 $K_\tau \approx K_n$。

图 7.9、图 7.10 分别为切向接触刚度及切向接触力随位移变化情况。可以看出，即使是弹性接触，切向变形也是不可逆的。

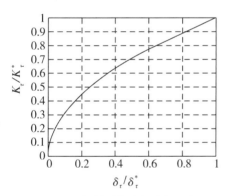

图 7.9 切向接触刚度随位移变化曲线

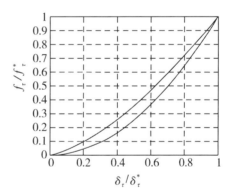

图 7.10 切向接触力随位移变化曲线

7.2.3.3　恢复系数

恢复系数表征两接触体接触碰撞后变形恢复的能力。多年来，众多学者对恢复系数进行了一系列研究。Thornton 建立了两球体弹性碰撞的接触力与位移的关系并建立了法向恢复系数表达式；Johnson 假定平均屈服接触压力 $p_m = 3Y$，提出了理想刚塑性接触的恢复系数近似表达式，由于公式中没有考虑塑性变形对接触半径的影响，因而对于有限的塑性变形其计算结果误差较大；Zhang X 和 Vu-Quoc 利用有限元方法研究了两球体弹塑性碰撞过程中切向恢复系数与碰撞速度之间的关系，但其中有些参数不能通过材料特性确定；Adams 和 Tran 在 Chang 和 Ling 提出的法向接触力和位移关系模型的基础上，提出了一种单向滑动的恢复系数表达式；Stronge 根据法向弹塑性碰撞压缩过程中的能量转换原理，提出了基于能量耗散的恢复系数。尽管已有众多学者对碰撞过程中的恢复系数进行了大量理论和试验研究，但研究结果表明：当撞击速度很低时，恢复系数计算结果较为精确；在中高速撞击情况下，由于忽略了动力效应对材料特性的影响，恢复系数理论计算值与试验结果的误差总是超出20%以上。因此，目前人们对碰撞恢复系数尚没有一个相对精确的定义。

1. **法向恢复系数 e_n**

由赫兹接触理论可知，接触区内的应力分布为：

$$p(r) = p_0 \left[1 - \left(\frac{r}{a} \right)^2 \right]^{1/2} = \frac{3f_n}{2\pi a^2} \left[1 - \left(\frac{r}{a} \right)^2 \right]^{1/2} \text{。} \tag{7.120}$$

式中：p_0 为接触区中心最大接触压力。Tabor 发现，当接触区最大压力 $p_0 = p_Y < 1.6Y$ 时，接触区压力分布可由式(7.120)确定；当 $p_0 \geq 1.6Y$ 时，材料发生屈服，并且在塑性变形产生后接触区出现应力重分布现象，塑性压入期间的平均屈服接触压力 $p_m \geq (2.7 \sim 3.0)Y$。

假如法向撞击速度足以使其中一个接触体材料发生屈服，则动能损耗等于法向接触力做功，即

$$\frac{1}{2} M^* v_Y^2 = \int_0^{\delta_{n,y}} f_n \mathrm{d}\delta_n = \frac{8E^* a_Y^5}{15R^2} \text{。} \tag{7.121}$$

式中：v_Y 为材料的屈服强度；a_Y 为相应于材料屈服瞬间的接触半径。

由式(7.99)和式(7.121)得到材料屈服时的法向平均接触压力为：

$$p_m = \frac{2E^* a_Y}{\pi R^2} \text{。} \tag{7.122}$$

联立式(7.121)和式(7.122)得到：

$$v_Y = \left(\frac{\pi}{2E^*} \right)^2 \left(\frac{8\pi R^{*3}}{15M^*} \right)^{1/2} p_m^{5/2} = 3.194 \left(\frac{p_m^5 R^{*3}}{E^{*4} M^*} \right)^{1/2} \text{。} \tag{7.123}$$

为描述材料屈服后的行为，假设接触体材料为理想弹塑性材料，赫兹应力分布为"截形"(图7.11)，则材料屈服以后的法向接触力可以写为：

$$f_n = f_n^e - 2\pi \int_0^{a_p} \left[p(r) - p_m \right] r \mathrm{d}r \text{。} \tag{7.124}$$

式中：f_n^e 为赫兹弹性接触力，由式(7.102)确定；a_p 为塑性接触半径，在该范围内接触压力均匀分布。将式(7.124)积分可以得到：

$$f_n = \pi a_p^2 p_m + f_n^e \left[1 - \left(\frac{a_p}{a} \right)^2 \right]^{3/2} \text{。} \tag{7.125}$$

考虑到屈服条件，p_m 可以写为：

$$p_m = \frac{3f_n^e}{2\pi a} \left[1 - \left(\frac{a_p}{a} \right)^2 \right]^{1/2} \text{。} \tag{7.126}$$

联立式(7.125)和式(7.126)可得到：

$$\left[1 - \left(\frac{a_p}{a} \right)^2 \right] = \left(\frac{a_Y}{a} \right)^2 \quad \text{或} \quad a^2 = a_p^2 + a_Y^2 \text{。} \tag{7.127}$$

将式(7.127)代入式(7.125)得到塑性加载过程的法向接触力为：

$$f_n + f_{n,Y} + \pi p_m R^* (\delta_n - \delta_{n,Y}) \text{。} \tag{7.128}$$

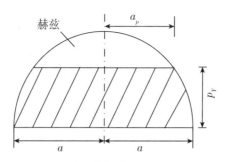

图 7.11　弹塑性接触的法向压力分布

如果加载过程中发生塑性变形，由于接触表面的永久变形，则卸载过程中将有 $1/R_p^* <$ $1/R^*$，在卸载过程中由赫兹弹性接触理论控制。但此时的相对曲率为 $1/R_p^*$，设与卸载点对应的最大法向接触力为 f_n^*，则有：

$$R_p^* f_n^* = R^* f_n^{e*}。 \tag{7.129}$$

其中等效弹性接触力 f_n^{e*} 为：

$$f_n^{e*} = \frac{4}{3} E^* \sqrt{R^*} \delta_n^{*3/2}。 \tag{7.130}$$

塑性加载曲线与赫兹理论曲线在屈服点处相切（图 7.12），因此，塑性加载过程的法向接触刚度为：

$$K_n = 2E^* a_Y = \pi R^* p_m。 \tag{7.131}$$

最大塑性压入量及相对曲率半径分别为：

$$\delta_n^* = \frac{2f_n^* + f_{n,Y}}{2\pi p_m}, \tag{7.132}$$

$$R_p^* = \frac{4E^*}{3f_n^*} \left[\frac{2f_n^* + f_{n,Y}}{2\pi p_m} \right]^{3/2}。 \tag{7.133}$$

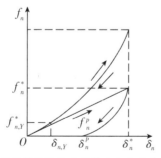

图 7.12　理想弹塑性法向接触力与位移关系

当碰撞速度 $v_{n,0} \leqslant v_Y$ 时，接触点没有发生塑性变形，如果忽略弹性波耗散的能力，则有 $e_0 = 1.0$；当碰撞速度 $v_{n,0} > v_Y$ 时，则恢复动能等于弹性恢复所做的功能，因此有：

$$\frac{1}{2} M^* v_n'^2 = \frac{2}{5} f_n^* (\delta_n^* - \delta_n^p)。 \tag{7.134}$$

式中：

$$\delta_n^* - \delta_n^p = \frac{a^{*2}}{R_p^*}。 \tag{7.135}$$

利用式(7.132)和式(7.133)可得到：

$$\frac{1}{2}M^* v_{n,0}'^2 = \frac{3f_n^{*2}}{10E^* a^*}。 \tag{7.136}$$

根据恢复系数的定义 $e_n = v_{n,0}'/v_{n,0}$，得到：

$$e_n^2 = \frac{3f_n^{*2}}{5E^* a^* M^* v_{n,0}^2}。 \tag{7.137}$$

由于初始动能等于变形能，所以：

$$\frac{1}{2}M^* v_{n,0}^2 = \frac{2}{5}f_{n,Y}\delta_{n,y} + \frac{1}{2}(f_{n,Y} + f_n^*)(\delta_n^* - \delta_{n,Y})。 \tag{7.138}$$

将式(7.102)和式(7.131)代入上式得到：

$$f_n^{*2} = 2E^* a_Y \left(M^* v_{n,0}^2 - \frac{1}{6}M^* v_Y^2 \right)。 \tag{7.139}$$

将式(7.139)代入式(7.137)，可以得到恢复系数 e_n^2 为：

$$e_n^2 = \frac{6a_Y}{5a^*}\left[1 - \frac{1}{6}\left(\frac{v_Y}{v_{n,0}}\right)^2 \right]。 \tag{7.140}$$

将式(7.122)和式(7.140)代入上式，得到：

$$e_n^2 = \frac{6\sqrt{3}}{5}\left[\frac{f_{n,Y}}{2f^* + f_{n,Y}} \right]^{1/2}\left[1 - \frac{1}{6}\left(\frac{v_Y}{v_{n,0}}\right)^2 \right]。 \tag{7.141}$$

联立式(7.102)、式(7.121)、式(7.141)得到：

$$e_n = \left(\frac{6\sqrt{3}}{5}\right)^{1/2}\left[1 - \frac{1}{6}\left(\frac{v_Y}{v_{n,0}}\right)^2 \right]^{1/2}\left[\frac{\dfrac{v_Y}{v_{n,0}}}{\dfrac{v_Y}{v_{n,0}} + 2\sqrt{\dfrac{6}{5} - \dfrac{1}{5}\left(\dfrac{v_Y}{v_{n,0}}\right)^2}} \right]^{1/4}。 \tag{7.142}$$

对于中高速塑性撞击，由于 $(v_Y/v_{n,0})^2 \to 0$，则式(7.142)变为：

$$e_n = \left(\frac{6\sqrt{3}}{5}\right)^{1/2}\left(\frac{v_Y}{v_Y + \dfrac{2\sqrt{6}}{\sqrt{5}}v_{n,0}} \right)^{1/4}。 \tag{7.143}$$

令 $v_{n,0} \gg v_Y$，式(7.143)可进一步简化为：

$$e_n = \left(\frac{6\sqrt{3}}{5}\right)^{1/2}\left(\frac{\sqrt{5}}{2\sqrt{6}}\right)^{1/4}\left(\frac{v_Y}{v_{n,0}}\right)^{1/4}。 \tag{7.144}$$

式(7.123)中的平均屈服接触压力需要通过试验来确定，不同的撞击速度其取值不同。对于中低速弹塑性碰撞。有学者建议 $p_m = 2.8Y$，也有学者认为 $p_m = 3.0Y$，这些假定均未考虑材料的动力效应。对于高速撞击问题，材料的惯性应力可能在数值上可与抵抗变形的材料屈服应力相比较，当 $\rho_0 \cdot v_{n,0}^2/Y \geqslant 1$ 时，惯性应力甚至变得比屈服强度更重要。因此，在高速碰撞过程中惯性效应是不可忽略的因素，而以往的恢复系数中并没有考虑惯性效应的影响。

Mulhearn 指出，在任何接触表面下都存在近似球状的径向位移。Johnson 建议在接触区附近可以近似地采用不可压缩的球形膨胀模型来描述弹塑性压入情况，并且在接触区核心往外依次会出现半球状的塑性区$(r=a)$和半球壳状的弹性区$(r=b)$（图 7.13）。根据 Von Mises 屈服条件有：

$$J_2 = \frac{1}{6}\left[(\sigma_1-\sigma_2)^2+(\sigma_2-\sigma_3)^2+(\sigma_3-\sigma_1)^2\right] = \frac{Y^2}{3}。 \tag{7.145}$$

式中：$J_2 = (1/2)s_{ij}s_{ij}$，s_{ij} 为偏应力张量；σ_i 为主应力。

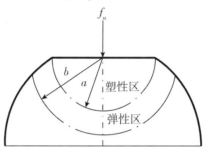

图 7.13　弹塑性压入的空腔模型

根据塑性区不可压缩条件，径向位移、径向应力及环向应力分别为：

$$v_r = v_r(a)\left(\frac{a}{r}\right)^2, \tag{7.146}$$

$$\sigma_r = \sigma_0 - \frac{2}{3}Y, \tag{7.147}$$

$$\sigma_\theta = \sigma_\varphi = \sigma_0 + \frac{Y}{3}。 \tag{7.148}$$

式中：σ_0 为静水压力。

弹性区中的径向应力、环向应力及位移分别为：

$$\sigma_r = -\frac{2}{3}Y\left(\frac{b}{r}\right)^3, \tag{7.149}$$

$$\sigma_\theta = \sigma_\varphi = \frac{Y}{3}\left(\frac{b}{r}\right)^3, \tag{7.150}$$

$$u_r = \frac{b^3 Y}{6Gr^2}。 \tag{7.151}$$

由连续介质力学可知，变形区内质点在球坐标下的径向运动方程为：

$$\rho_0\left(\frac{\partial v_r}{\partial t}+v_r\frac{\partial v_r}{\partial r}\right) = \frac{\partial \sigma_r}{\partial r}+\frac{2(\sigma_r-\sigma_\theta)}{r}。 \tag{7.152}$$

由上述方程解得塑性区的径向应力为：

$$\sigma_r(r) = -\frac{2Y}{3}-2Y\ln\left(\frac{b}{r}\right)-\rho\frac{\partial[a^2v_r(a)]}{\partial t}\left(\frac{1}{r}-\frac{1}{b}\right)+\frac{\rho a^4 v_r^2(a)}{2}\left(\frac{1}{r^4}-\frac{1}{b^4}\right)。 \tag{7.153}$$

根据弹塑性区边界速度连续条件 $v_r(b^-)=v_r(b^+)$，即

$$v_r(b^-) = \frac{a^2}{b^2}\frac{\mathrm{d}a}{\mathrm{d}t} = v_r(b^+) = \frac{\mathrm{d}r}{\mathrm{d}t} = \frac{\mathrm{d}u_r}{\mathrm{d}t} \approx \frac{b^2 Y}{2Gb^2}\frac{\mathrm{d}b}{\mathrm{d}t}。 \tag{7.154}$$

由式(7.154)积分得到：

$$\frac{a}{b} = \left(\frac{Y}{2G}\right)^{1/3} = \left[\frac{(1+v)Y}{E}\right]^{1/3}。 \tag{7.155}$$

代入式(7.153)并忽略惯性效应，得到塑性区径向应力：

$$\sigma_r(a) = -\frac{2Y}{3}\left\{1+\ln\left[\frac{E}{(1+v)Y}\right]\right\} \approx -4Y。 \tag{7.156}$$

从式(7.156)可以发现，接触区的法向屈服应力$|\sigma_r(a)| \approx 4.0Y$大于假设的平均屈服接触压力$p_m = 2.8Y \sim 3.0Y$。由于弹体与异形体的碰撞过程属于中高速撞击范畴，即有$\rho_0 v_0^2 / Y \geqslant 1$，此时接触区的惯性效应可能抵得上材料的屈服强度，因而惯性效应非常重要。在以往的研究中，基本上都是采用准静态接触理论来分析球形体之间的低速碰撞，并不考虑材料的动力效应。然而，要精确考虑碰撞过程中的惯性效应是非常困难的，这里进行粗略分析。

忽略惯性效应的影响，可以通过与静态屈服强度Y的比值来估算：

$$\frac{\rho_0 v_r}{Ya}\frac{\partial a^2}{\partial t} \approx \frac{\rho_0 v_{n,0}^2}{E}\frac{E}{Y}\frac{R}{a} \approx \left(\frac{v_{n,0}}{C_0}\right)^{3/2}\left(\frac{E}{Y}\right)^{1/4}。 \tag{7.157}$$

式中：$C_0 = \sqrt{E/\rho_0}$为弹性波速。

因此，粗略考虑惯性效应的平均动态屈服接触压力可以写成：

$$p_{dm} = D_m Y = \left[4+\left(\frac{v_{n,0}}{C_0}\right)^{3/2}\left(\frac{E}{Y}\right)^{1/4}\right]Y。 \tag{7.158}$$

式中：$D_m = 4-\left(\frac{v_{n,0}}{C_0}\right)^{3/2}\left(\frac{E}{Y}\right)^{1/4}$，称为动态放大系数；$Y$为材料的静态屈服强度。

Tabor 和 Crook 用撞击试验来推断动态屈服压力p_{dm}，不出所料，他们发现平均动态屈服压力比平均静态屈服压力p_m大一个因子。图7.14为v_0/C_0对p_{dm}的影响，其中$E=210$ GPa，$Y=650$ MPa，$C_0=5200$ m/s。从图中可以看出，在高速撞击过程中，惯性效应对平均屈服接触压力的影响较大，当$v_0/C_0=0.2$时，平均动态屈服接触压力比平均静态屈服接触压力提高10%左右。图7.15为考虑惯性效应的恢复系数随撞击速度变化的情况，从图中可以看出，$v/v_Y > 50$时，式(7.143)计算结果与以往学者的数值模拟结果比较接近。

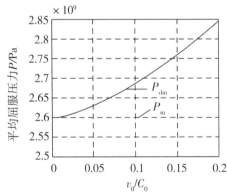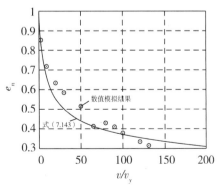

图7.14　惯性效应对静/动态屈服压力的影响　　图7.15　恢复系数随撞击速度变化曲线

2. 切向恢复系数 e_τ

对于弹塑性接触冲击问题的切向恢复系数 e_τ，迄今为止没有一个普遍认可的近似表达式。作为工程应用上的一种近似，有学者给出了切向恢复系数 e_τ 和法向恢复系数 e_n 之间的关系：

$$e_\tau = \alpha_\tau (1+e_n) - 1。 \tag{7.159}$$

式中：α_τ 为与命中角和摩擦系数有关的量，其表达式为：

$$\alpha_\tau = k_R \mu \frac{v_{\tau,0}}{v_{n,0}}。 \tag{7.160}$$

式中：$v_{n,0}$、$v_{\tau,0}$ 分别为弹体在接触点处的初始法向和切向相对速度。

7.2.4 冲击碰撞过程的摩擦效应

冲击碰撞过程中的一个很不确定的因素就是作用在接触表面的摩擦系数。确定冲击碰撞问题摩擦系数的复杂性表现在它与撞击条件、物理条件及接触体的材料特性等因素有关，而这些因素往往难以确定。因此，对于冲击碰撞过程摩擦系数的确定一直都没有得到令人满意的解决办法。

7.2.4.1 有效摩擦系数

对于钢材之间的冲击碰撞，哈钦斯(Hutchings)试验研究表明，低速简单滑移时的摩擦系数值接近 0.05。陈大年则指出，只有在计及接触点的微粒间相互作用且满足一定条件时，试验中的有效摩擦系数才有可能接近 0.05，这是哈钦斯为使计算的反弹速度及角度与试验结果相一致，在所有计算中所取的作为调节系数的摩擦系数值。然而，如果连续犁沟发生，犁沟作用则是冲击过程及初始冲击角的函数，就冲击过程平均值而言，大于 0.05。因此他认为，冲击荷载下可滑移界面间的有效摩擦系数是滑移、滚动、犁沟效应的个别或交互作用的结果，相互转换的总体效果是：冲击有效摩擦系数是冲击过程及初始入射角的函数，其冲击过程平均值远小于低速简单滑移的摩擦系数。

有学者从 Bowden 等人的最先相关研究出发，定义了一种有效冲击摩擦系数 μ_e，它是黏着项 μ_A 与犁沟项 μ_p 的组合，等于切向有效摩擦力 f_τ 与法向荷载 f_n 之比。f_τ 为剪切项与犁沟项的组合，即

$$f_\tau = \zeta A_c s + \eta A_c' p'。 \tag{7.161}$$

式中：状态参量 ζ 依赖于剪切金属结合点的状态——滑移或移动；状态参量 η 依赖于冲击体撞击靶体过程中所产生的犁沟效应的状态——犁与否；A_c 和 A_c' 分别为真实接触面积和真实犁沟面积；s 和 p' 分别为接触面 A_c 上的剪应力和横截面 A_c' 上的正应力。因而：

$$\mu_e = \frac{f_\tau}{f_n} = \zeta \frac{A_c s}{f_n} + \eta \frac{A_c' p'}{f_n} = \zeta \mu_A + \eta \mu_p。 \tag{7.162}$$

7.2.4.2 黏着摩擦系数

令 $\zeta \approx 1$，$\eta \approx 0$，则 $\mu_e = \mu_A$。这是假设在冲击的全过程中，仅存在且始终存在黏着摩擦的情况。剪切项 μ_A 关联到接触点的黏着效应。有学者提出了一种黏着摩擦系数的分形几何模型，总的黏着摩擦系数 μ_A 可用如下简单的表达式描述：

$$\mu_A = \begin{cases} \left(\dfrac{1-2\nu}{2}F_e + \dfrac{\tau_m}{p_m}F_p\right) \Big/ \left[F_e + \dfrac{(p_m^2 - \zeta_T \tau_m^2)^{1/2}}{p_m}F_p\right] & (a_1 > a_c) \\[3mm] \dfrac{\tau_m}{(p_m^2 \zeta_T \tau_m^2)^{1/2}} & (a_1 \leqslant a_c) \end{cases} \tag{7.163}$$

式中：F_e、F_e 分别为接触点上弹性变形区与塑性变形区的荷载，与分形维数 D 及表面的一种特征尺度 G 有关；a_1、a_c 分别为最大接触面积及区分弹性接触与塑性接触区域的临界接触面积；ν 为泊松比；τ_m、p_m 分别为塑性接触区的平均剪切流动应力及流动压力；ζ_T 为 Tabor 准则中的参数。研究表明，分别考虑了忽略与计及接触点的微粒间的相互作用，两种情况的结果完全不同。在忽略接触点的微粒间相互作用的情况下，对于哈钦斯试验而言，黏着摩擦系数不可能接近 0.05；然而，局部的压痕试验并不能给出不同压力下粗糙表面的性态，在计及接触点的微粒间相互作用的情况下，且 $a_1 \leqslant a_c$ 时，对于哈钦斯试验而言，黏着摩擦系数有可能接近 0.05。

7.2.4.3 犁沟摩擦系数

令 $\zeta \approx 0$，$\eta \approx 1$，则 $\mu_e = \mu_p$。这是假设在冲击的全过程中，仅存在且始终存在犁沟效应的情况。犁沟冲击摩擦系数 μ_p 可表示为：

$$\mu_p = \begin{cases} \dfrac{0.9}{12}\dfrac{(2a_1)^3}{R^*}(p_m^2 \zeta_T \tau_m^2)^{1/2}/f_n \tan|\phi| & (t \leqslant t^*) \\[3mm] \dfrac{0.9}{12}\dfrac{\{(a_1 - R^* \sin\phi)^2 + [R^* - y - R^*(1-\cos\phi)]^2\}^{3/2}}{R^* f_n \tan\beta}(p_m^2 \zeta_T \tau_m^2)^{1/2} & (t > t^*) \end{cases} \tag{7.164}$$

式中：t^* 为撞击体和靶体的名义接触面小于整个陷坑表面的起始时刻；R^* 为相对曲率半径；y、ϕ、β 分别为撞击瞬间的几何参数。

由上述公式可以看出，接触界面间的滑移（$\zeta \approx 1$）或滚动（$\zeta \approx 0$）依赖于每一瞬间的切向力与法向力之比是否大于剪切项 μ_A，接触界面间存在犁沟（$\eta \approx 1$）与否则依赖于接触体的相对硬度及冲击状态。对于弹体与异形体的高速冲击接触过程而言，如果弹体与异形体均为金属材料，则两种材料的硬度比较接近，应认为犁沟效应小，并且在弹体和异形体的偏心高速碰撞过程中基本上不存在滚动状态（$\zeta = \eta \approx 0$），因此，可以近似认为有效冲击摩擦系数接近 0.05。

由于金属与非金属材料之间的摩擦机制尚不清楚，使问题更加复杂，一般认为摩擦系数 μ 与速度有关；但是，各个经验公式采用的试验数据不同，所得到的摩擦系数经验公式也不同。这里我们采用以下经验公式：

$$\mu = \begin{cases} \mu_d & (v_0 > v_d) \\ \mu_s - \dfrac{\mu_s - \mu_d}{v_0} v_d & (v_0 \leq v_d) \end{cases} \circ \tag{7.165}$$

式中：v_0 为撞击速度；μ_d 和 μ_s 为撞击速度有关的常数，对于金属与岩石、混凝土、陶瓷等脆性材料的接触，$\mu_s = 0.05$，$\mu_d = 0.08$，$v_d = 30.0 \ \mathrm{m/s}$。

7.2.5　局部接触力-时间关系

式(7.94)和式(7.96)中的 K_n 和 K_τ 分别为弹性变形阶段所对应的法向和切向接触刚度，与材料特性、接触位移及相对曲率半径有关；δ_n 和 δ_τ 分别为弹塑性的法向与切向位移量。由于塑性流动产生的松弛力分别通过引入法向和切向恢复系数 e_n 和 e_τ 加以考虑，因此，法向和切向接触力-位移关系可分别表示为：

$$f_n = K_n(\delta_n) \delta_n \frac{2e_n^2}{1 + e_n^2} = \frac{4}{3} E^* \sqrt{R^*} \delta_n^{3/2} \frac{2e_n^2}{1 + e_n^2}, \tag{7.166}$$

$$f_\tau = K_\tau(\delta_\tau) \delta_\tau \frac{2e_\tau^2}{1 + e_\tau^2} = \frac{4}{3} G^* \sqrt{R^*} \delta_n^{1/2} \delta_\tau \frac{2e_\tau^2}{1 + e_\tau^2} \circ \tag{7.167}$$

当两接触体的材料特性及相对曲率半径一定时，式(7.166)和式(7.167)中右边的变量为接触相对位移，只要得到接触相对位移和时间的关系，即可得到碰撞过程中的接触力-时间曲线。

7.2.5.1　法向接触力-时间关系

如果忽略撞击过程中的震动效应，则利用式(7.166)可以直接求得两接触体的法向位移-时间关系。

根据牛顿第二运动定律，两接触体的弹塑性法向运动方程为：

$$M^* \frac{\mathrm{d}^2 \delta_n}{\mathrm{d} t_2} = -k_1 \delta_n^{3/2} \quad \text{或} \quad \frac{\mathrm{d}^2 \delta_n}{\mathrm{d} t^2} + \frac{k_1}{M^*} \delta_n^{3/2} = 0 \circ \tag{7.168}$$

式中：$k_1 = \dfrac{4}{3} E^* \sqrt{R^*} \dfrac{2e_n^2}{1 + e_n^2}$。式(7.168)对 δ_n 积分得到：

$$\frac{1}{2} \left[\left(\frac{\mathrm{d}\delta_n}{\mathrm{d}t} \right)^2 - v_{n,0}^2 \right] = -\frac{2}{5} \frac{k_1}{M^0} \delta_n^{5/2} \circ \tag{7.169}$$

式中：$v_{n,0}$ 为两球体碰撞前的相对运动速度。令相对运动速度 $\delta_n = 0$，则得到最大弹塑性法向压缩量 δ_n^* 为：

$$\delta_n^* = \left(\frac{5 M^* v_{n,0}^2}{4 k_1} \right)^{2/5} = \left(\frac{15 M^* v_{n,0}^2}{16 E^* \sqrt{R^*}} \right)^{2/5} \left(\frac{1 + e_n^2}{2 e_n^2} \right)^{2/5} \circ \tag{7.170}$$

借鉴赫兹关于弹性接触的分析方法，弹塑性压入时间 t_{ep} 可通过对式(7.169)的第二次积分来确定：

$$t_{ep} = \int_0^{\delta_0} \frac{d\delta_n}{\sqrt{v_{n,0}^2 - \frac{4}{5}\frac{k_1}{M^*}\delta_n^{5/2}}} = \frac{\delta_n^*}{v_{n,0}}\int_0^1 \frac{d(\delta_n/\delta_n^*)}{\sqrt{1-(\delta_n/\delta_n^*)^{5/2}}}$$

$$= \frac{2}{5}\sqrt{\pi}\frac{\Gamma\left(\frac{2}{5}\right)}{\Gamma\left(\frac{9}{10}\right)}\frac{\delta_n^*}{v_{n,0}} = 1.4716\frac{\delta_n^*}{v_{n,0}}$$

$$= 1.4716\left(\frac{5M^*}{4k_1}\right)^{2/5}\left(\frac{1}{v_{n,0}}\right)^{1/5}\text{。} \tag{7.171}$$

式中：$\Gamma(\bullet)$ 为 Gamma 函数。

由式(7.104)的第二次积分给出法向弹性相对位移-时间关系：

$$t_e = \frac{\delta_n^*}{v_{n,0}}\int \frac{d(\delta_n/\delta_n^*)}{\sqrt{1-(\delta_n/\delta_n^*)^{5/2}}}\text{。} \tag{7.172}$$

由于忽略波动中所消耗的能量，故对于完全弹性碰撞，整个法向弹性压入时间为：

$$t_e = \frac{\delta_n^*}{v_{n,0}}\int_0^1 \frac{d(\delta_n/\delta_n^*)}{\sqrt{1-(\delta_n/\delta_n^*)^{5/2}}}$$

$$= 1.4716\frac{\delta_n^*}{v_{n,0}} = 1.4716\left(\frac{15M^*}{16E^*\sqrt{R^*}}\right)^{2/5}\left(\frac{1}{v_{n,0}}\right)^{1/5}\text{。} \tag{7.173}$$

为了描述恢复阶段所需的时间，需要在弹性压入所需时间的基础上引入恢复系数来描述弹性恢复阶段所需要的时间。假定在弹性恢复阶段法向相对速度从零变到 $v'_{n,0} = e_n \cdot v_{n,0}$，并由赫兹理论控制，则弹性恢复阶段所需要的时间为：

$$t'_e = 1.4716\left(\frac{15M^*}{16E^*\sqrt{R^*}}\right)^{2/5}\left(\frac{1}{v'_{n,0}}\right)^{1/5}$$

$$= 1.4716\left(\frac{15M^*}{16E^*\sqrt{R^*}}\right)^{2/5}\left(\frac{1}{e_n v_{n,0}}\right)^{1/5}\text{。} \tag{7.174}$$

由此可知，弹塑性接触时间由弹塑性压入时间 r_{ep} 和弹性恢复时间 t'_e 两部分组成：

$$T_c = t_{ep} + t'_e$$

$$= 1.4716\left(\frac{5M^*}{4k_1}\right)^{2/5}\left(\frac{1}{v_{n,0}}\right)^{1/5} + 1.4716\left(\frac{15M^*}{16E^*\sqrt{R^*}}\right)^{2/5}\left(\frac{1}{e_n v_{n,0}}\right)^{1/5}$$

$$= 1.4716\left(\frac{15M^*}{16E^*\sqrt{R^*}}\right)^{2/5}\left(\frac{1}{v_{n,0}}\right)^{1/5}\left[\left(\frac{1+e_n^2}{2e_n^2}\right)^{2/5} + \left(\frac{1}{e_n}\right)^{1/5}\right]$$

$$= \left[\left(\frac{1+e_n^2}{2e_n^2}\right)^{2/5} + \left(\frac{1}{e_n}\right)^{1/5}\right]t_e\text{。} \tag{7.175}$$

图 7.16 为弹塑性接触时间与撞击速度的关系。可以发现，撞击速度越大，接触时间就越短。

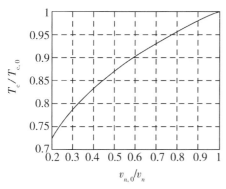

图 7.16　弹性接触时间与撞击速度关系

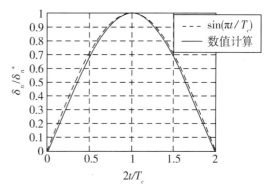

图 7.17　法向相对位移随时间变化曲线

令 $Z=\delta_n/\delta_n^*$，对式（7.168）积分以得到法向位移 δ_n 与时间 t 之间的关系：

$$t=\frac{\delta_n^*}{v_{n,0}}\int\frac{\mathrm{d}Z}{\sqrt{1-Z^{5/2}}}。\tag{7.176}$$

采用式（7.176）及式（7.166）可以求得弹塑性碰撞的法向接触力与时间变化关系，但它并不是一个显式关系，在实际应用中不方便。为了得到法向接触力与时间关系的显式表达式，需要建立法向位移-时间关系。由于式（7.176）为椭圆积分，通过数值计算可以得到法向位移-时间曲线，其计算结果如图 7.17 所示。从图中可以发现，该积分可以比较良好地表示为：

$$\frac{\delta_n}{\delta_n^*}\approx\sin\left(\pi\frac{t}{2t_{\mathrm{ep}}}\right)。\tag{7.177}$$

将式（7.177）代入式（7.166），即可得到弹塑性碰撞的法向接触力-时间关系：

$$f_n(t)=\begin{cases}\dfrac{4}{3}E^*\sqrt{R^*}\left[\delta_n^*\sin\left(\pi\dfrac{t}{2t_{ep}}\right)\right]^{3/2}\dfrac{2e_n^2}{1+e_n^2}&(0<t\leqslant t_{\mathrm{ep}})\\[4mm]\dfrac{4}{3}E^*\sqrt{R^*}\left[\delta_n^*\sin\left(\pi\dfrac{T_c-t}{2t_e'}\right)\right]^{3/2}\dfrac{2e_n^2}{1+e_n^2}&(t_{\mathrm{ep}}<t\leqslant T_c)\end{cases}。\tag{7.178}$$

对于准静态弹性碰撞，可采用下式进行线性近似：

$$\begin{aligned}f_n(t)&=f_n^*\sin\left(\pi\frac{t}{2t_e}\right)=\frac{4}{3}E^*\sqrt{R^*}\delta_n^{*3/2}\sin\left(\pi\frac{t}{2t_e}\right)\\&=\frac{4}{3}E^*\sqrt{R^*}\left(\frac{15M^*}{16E^*\sqrt{R^*}}v_{n,0}^2\right)^{3/5}\sin\left(\pi\frac{t}{2t_e}\right)\quad(0<t\leqslant 2t_e)。\end{aligned}\tag{7.179}$$

7.2.5.2　切向接触力-时间关系

如果两物体具有相同的弹性常数，则切向接触力并不影响法向接触力；如果固体具有不同的弹性特征，就不再是这种情况，并且切向接触力与法向接触力确实有相互作用。但研究结果表明，切向接触力对法向接触力以及接触面积的影响通常是非常小的，尤其是当极限摩擦系数明显地小于 1 时。因此，为了使问题得以简化，在我们关于涉及切向接触力问题的分析中，将忽略这个相互作用，并假设由于法向接触力和切向接触力的作用而产生的位移是彼此独立的。因此，切向接触力-位移关系可以写成：

$$f_\tau(t) = \begin{cases} \dfrac{16}{3}G^*\sqrt{R^*}\left[\delta_n^*\sin\left(\pi\dfrac{t}{2t_{ep}}\right)\right]^{1/2}\delta_\tau(t)\dfrac{2e_\tau^2}{1+e_\tau^2} & (0 < t \leqslant t_{ep}) \\[3mm] \dfrac{16}{3}G^*\sqrt{R^*}\left[\delta_n^*\sin\left(\pi\dfrac{T_c-t}{2t_e'}\right)\right]^{1/2}\delta_\tau(t)\dfrac{2e_\tau^2}{1+e_\tau^2} & (t_{ep} < t \leqslant T_c) \end{cases} \tag{7.180}$$

对于切向接触力(或摩擦力)计算来说，区分静摩擦和滑动摩擦至关重要。虽然许多文献中已有众多描述摩擦的模型，但至今人们还不能明晰摩擦机理，准确地计算摩擦力。即使在给定的摩擦定律中，与材料有关的系数还得通过试验确定。相关文献论述了计算摩擦力的一些假设：①滑动摩擦力与法向压力成正比，比例系数为摩擦系数 μ；②摩擦系数与接触区域的大小无关；③静摩擦系数大于滑动摩擦系数；④滑动摩擦系数为常数，与相对运动速度的大小无关；⑤滑动摩擦力的方向与相对滑动的方向相反。

由于切向接触力与法向接触力有关，而法向接触力与切向接触力却无关，因而对于不同的入射条件，切向接触力随时间的变化是很复杂的。当命中角较小时，切向接触力一般为法向接触力的滞后状态；当命中角较大时，切向接触力与法向接触力随时间几乎是同步变化的。针对弹体与异形体的撞击过程，容易验算 $\psi_0 \geqslant 4\chi - 1$，故我们只考虑整个撞击过程均为稳定滑动的情况。此时切向接触力方向始终与滑动方向相反，并由 Mohr-Coulomb 定律控制，即

$$f_\tau = -\mu f_n \operatorname{sign}(v_\tau)。 \tag{7.181}$$

在滑动接触过程中，滑动摩擦系数 μ 为一个常量，它由材料以及接触面的物理条件所决定，设切向位移-时间关系为：

$$\delta_\tau(t) = \begin{cases} \delta_\tau^*\sin\left(\pi\dfrac{t}{2t_{ep}}\right) & (0 < t \leqslant t_{ep}) \\[3mm] \delta_\tau^*\sin\left(\pi\dfrac{T_c-t}{2t_e'}\right) & (t_{ep} < t \leqslant T_c) \end{cases} \tag{7.182}$$

将式(7.182)代入式(7.180)得到滑动接触过程中的切向接触力-时间关系为：

$$f_\tau(t) = \begin{cases} \dfrac{3}{16}G^*\sqrt{R^*}\,\delta_n^{*\,1/2}\delta_\tau^*\sin\left(\pi\dfrac{t}{2t_{ep}}\right)^{3/2}\dfrac{2e_\tau^2}{1+e_\tau^2} & (0 < t \leqslant t_{ep}) \\[3mm] \dfrac{3}{16}G^*\sqrt{R^*}\,\delta_n^{*\,1/2}\delta_\tau^*\sin\left(\pi\dfrac{T_c-t}{2t_e'}\right)^{3/2}\dfrac{2e_\tau^2}{1+e_\tau^2} & (t_{ep} < t \leqslant T_c) \end{cases} \tag{7.183}$$

式中：δ_τ^* 为最大切向弹塑性位移量。

7.2.6　几种不同材料之间的接触碰撞分析

下面分析几种材料之间相互接触碰撞的情况，主要研究材料特性(包括弹性模量、泊松比、屈服强度)、撞击速度对接触刚度、恢复系数、接触时间的影响规律以及接触力-时间关系。

取接触体材料分别为钢-钢、钢-陶瓷、钢-RPC，材料的主要物理力学参数如表 7.1

所示。考虑两球体的斜撞击，其中球体直径均为 0.2 m，撞击角(速度方向与接触点法线方向的夹角)为 30°，$v_0 = 300 \sim 800$ m/s，如图 7.18 所示。

表 7.1　材料物理力学性能参数

材料	密度 $\rho / kg \cdot m^{-3}$	弹性模量 E/Gpa	泊松比 ν	屈服强度 Y/MPa	弹性波速 $C_0/m \cdot s^{-1}$
钢	7800	210	0.31	650	5200
陶瓷	3800	355	0.227	3900	9260
RPC	2850	65	0.20	300	4770

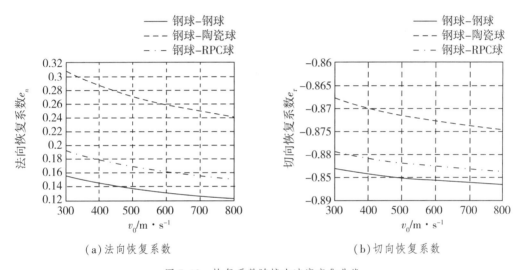

(a) 法向恢复系数　　　　　(b) 切向恢复系数

图 7.18　恢复系数随撞击速度变化曲线

由图 7.18 可知，随着撞击速度增大，法向恢复系数减小；切向恢复系数为负值，说明在滑动接触过程中，接触体的切向速度方向不发生改变，但是，相对于初始速度有所减小，并且撞击速度越大，切向恢复系数绝对值越大。此外，在相同撞击速度下，材料硬度越高，材料变形恢复能力越强。

图 7.19 表明，撞击速度对弹塑性压入时间的影响非常小，而对弹性恢复时间的影响相对明显，主要原因是：弹塑性压入过程中的弹性变形只占整个接触变形很小的一部分(图 7.20)，大部分接触时间为全塑性压入时间；当材料为理想弹塑性材料时，塑性压入时间与法向相对速度无关。在弹性恢复过程中，恢复时间与材料的恢复初始速度有关，并由赫兹理论控制。因此，材料变形恢复能力越强，相应的恢复时间就越短。

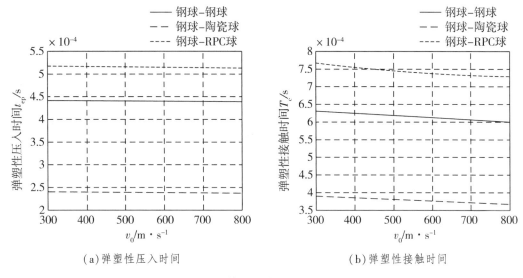

(a) 弹塑性压入时间　　　　　　　　　　(b) 弹塑性接触时间

图 7.19　接触时间随撞击速度变化曲线

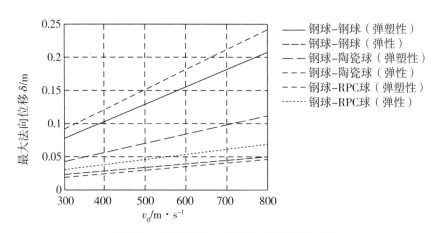

图 7.20　最大法向压入量随撞击速度变化曲线

　　由图 7.21 可以看出，接触力与两接触体材料特性有关，由于钢和陶瓷两种材料的硬度较高，因而法向接触力最大，但两者接触时间较短。切向接触力同时受到法向压入量和切向压入量的影响，且与两接触体的剪切模量有关，因而其变化规律比较复杂，与摩擦条件有关。

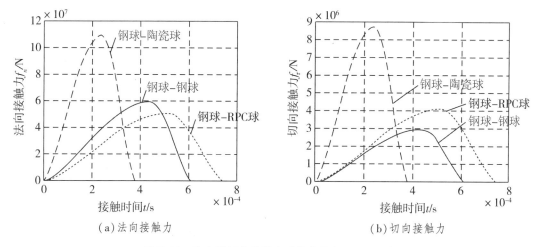

（a）法向接触力　　　　　　　　　　（b）切向接触力

图 7.21　法向及切向接触力时程曲线（$v = 500$ m/s）

　　图 7.22 中比较了弹性和弹塑性两种方法的计算结果。可以看出：采用弹性方法分析的接触时间比采用弹塑性方法分析的接触时间要短；由于忽略了塑性流动的松弛力，因此，弹性接触力较弹塑性接触力大很多。

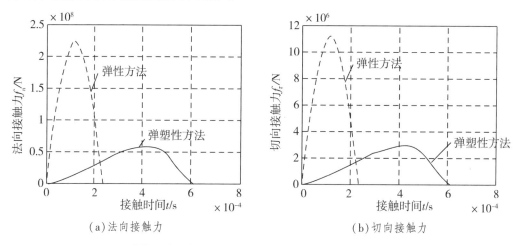

（a）法向接触力　　　　　　　　　　（b）切向接触力

图 7.22　弹性与弹塑性分析方法计算结果比较（钢球－钢球：$v = 500$ m/s）

　　从图 7.23 可以看出，最大接触力随撞击速度和相对曲率半径的增大而增大；但当被撞击球体的半径达到一定值时对最大接触力的影响不明显，显然，这种情况相当于球体与平面之间的接触碰撞。

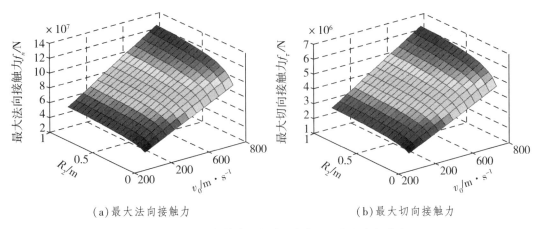

(a) 最大法向接触力　　　　　　　　(b) 最大切向接触力

图 7.23　最大接触力与相对曲率半径及撞击速度关系

7.3　弹体与异形体碰撞的偏航作用机理分析

　　表面异形(偏航板、格栅、空心三棱柱等)和强度不均匀材料(块石混凝土、钢球混凝土、钢管栅混凝土等)由于能有效地诱导弹体偏航,因此,具有独特的抗侵彻性能。这是近年来国内外许多研究机构通过大量试验研究取得的非常有用的定性结论。但是,由于弹体与异形体的碰撞过程是一种十分复杂、变化迅速的力学现象,而影响碰撞过程的因素又是多种多样的,要对弹体偏航作用机理进行完整的理论分析非常困难。目前在这方面的研究工作以试验研究为主,辅之以在某些近似假设条件下的数值模拟方法来解决这类问题,而在理论研究方面进行得非常少;即使是在试验研究方面也大多数是研究弹体宏观偏转效果,对弹体偏航作用机理缺乏深入理解。已有的试验结果表明,非对称力是引起弹体偏航的直接原因。然而,影响弹体偏航效果的因素很多,如命中速度、弹体与异形体的材料特性及几何参数、弹体初始入射状态等,这些因素相互制约,它们之间怎样影响非对称力以及非对称力如何作用,需要进一步探讨。尽管国内有人对弹体与球形体撞击的偏航问题进行了一些理论分析,但为了分析方便,引入了恢复系数(常量)来解决方程中出现的未知冲量,因而,这些理论研究仍然没有建立接触力与上述影响因素之间的关系。

　　有鉴于此,本章利用所建立的弹体与异形体碰撞的接触力-位移关系,并推导出弹体与异形体碰撞的攻角表达式。这里采用简单的准静态弹塑性接触理论,研究复杂的弹体与异形体碰撞问题,确定弹体与异形体碰撞过程中的非对称力以及影响非对称力的主要因素,从本质上分析了弹体的偏航作用机理。

7.3.1　弹体偏航力学机理

7.3.1.1　弹体运动微分方程

由第 5 章可知，弹体与异形体碰撞瞬间的法向和切向接触力–时间关系可以分别近似地表示为：

$$f_n(t)=\begin{cases}\dfrac{4}{3}E^*\sqrt{R^*}\left[\delta_n^*\sin\left(\pi\,\dfrac{t}{2t_{ep}}\right)\right]^{3/2}\dfrac{2e_n^2}{1+e_n^2} & (0<t\leqslant t_{ep})\\[4mm]\dfrac{4}{3}E^*\sqrt{R^*}\left[\delta_n^*\sin\left(\pi\,\dfrac{T_c-t}{2t_e'}\right)\right]^{3/2}\dfrac{2e_n^2}{1+e_n^2} & (t_{ep}<t\leqslant T_c)\end{cases},\qquad(7.184)$$

$$f_\tau(t)=\begin{cases}\dfrac{16}{3}G^*\sqrt{R^*}\delta_n^{*1/2}\delta_\tau^*\sin\left(\pi\,\dfrac{t}{2t_{ep}}\right)^{3/2}\dfrac{2e_\tau^2}{1+e_\tau^2} & (0<t\leqslant t_{ep})\\[4mm]\dfrac{16}{3}G^*\sqrt{R^*}\delta_n^{*1/2}\delta_\tau^*\sin\left(\pi\,\dfrac{T_c-t}{2t_e'}\right)^{3/2}\dfrac{2e_\tau^2}{1+e_\tau^2} & (t_{ep}<t\leqslant T_c)\end{cases}$$

或

$$f_\tau(t)=\left|\mu f_n(t)\right|。\qquad(7.185)$$

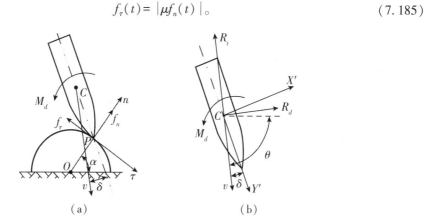

图 7.24　弹体与异形体碰撞模型

图 7.24 为弹体与异形体碰撞模型。如图 7.24(b) 所示，以弹体与异形体接触瞬间的质心 C 为原点建立坐标系 $x'o'y'$，设弹体速度方向与水平方向的夹角为 θ，初始攻角为 δ_0，命中速度为 v_0，绕垂直于射平面的质心轴的转动惯量为 $J_C=M_p\dfrac{L^2+D^2}{12}$，其中 L 为弹体长度，D 为弹体直径。为了使问题分析方便，需要做如下假设：①射平面在弹体侵入过程中方位不变，即弹体攻角和落角始终在射平面内，并且假定弹体速度方向与水平方向的夹角 θ、攻角 δ、落角 β 均以顺时针为正，角速度 ω 以逆时针为正；②不考虑弹体绕弹轴旋转对射平面的影响；③作用在弹体上的力只有接触力 f 在接触点的法向分力 f_n、切向分力 f_τ 以及绕垂直于射平面质心轴的力矩 M_d。

根据刚体运动学原理，可以写出弹体质心的运动微分方程为：

$$M_p \frac{\mathrm{d}^2 x'}{\mathrm{d}t^2} = R_d \cos \delta + R_t \sin \delta, \qquad (7.186)$$

$$M_p \frac{\mathrm{d}^2 y'}{\mathrm{d}t^2} = R_d \sin \delta - R_t \cos \delta, \qquad (7.187)$$

$$J_C \frac{\mathrm{d}^2 \beta}{\mathrm{d}t^2} = M_d \, 。 \qquad (7.188)$$

式中: R_d、R_t 分别为接触力沿垂直于速度方向和平行于速度方向上的分量, 并且有:

$$R_d = f_n \sin(\alpha+\theta) + f_\tau \cos(\alpha+\theta), \qquad (7.189)$$

$$R_t = -f_n \cos(\alpha+\theta) + f_\tau \sin(\alpha+\theta), \qquad (7.190)$$

$$M_d = [f_n \sin(\alpha+\theta-\delta) + f_\tau \cos(\alpha+\theta-\delta)] L_0 \, 。 \qquad (7.191)$$

弹体质心速度在坐标轴方向上的分量为:

$$\frac{\mathrm{d}x'}{\mathrm{d}t} = -v \sin \delta, \qquad (7.192)$$

$$\frac{\mathrm{d}y'}{\mathrm{d}t} = v \cos \delta \, 。 \qquad (7.193)$$

对上两式进行微分可得:

$$\frac{\mathrm{d}^2 x'}{\mathrm{d}t^2} = -\sin \delta \frac{\mathrm{d}v}{\mathrm{d}t} - v \cos \delta \frac{\mathrm{d}\delta}{\mathrm{d}t}, \qquad (7.194)$$

$$\frac{\mathrm{d}^2 y'}{\mathrm{d}t^2} = \cos \delta \frac{\mathrm{d}v}{\mathrm{d}t} - v \sin \delta \frac{\mathrm{d}\delta}{\mathrm{d}t} \, 。 \qquad (7.195)$$

将上两式分别代入式(7.186)和式(7.187), 经整理后得到:

$$\frac{\mathrm{d}v}{\mathrm{d}t} = -\frac{R_t}{M_p}, \qquad (7.196)$$

$$v \frac{\mathrm{d}\delta}{\mathrm{d}t} = -\frac{R_d}{M_p} \, 。 \qquad (7.197)$$

式中: $\beta = \theta - \delta$。

式(7.196)和式(7.197)是弹体质心运动方程, 式(7.188)是弹体绕质心轴转动的运动方程。由式(7.196)可以看出, 阻力分量 R_t 使弹体减速; 由式(7.197)和式(7.180)可以看出, 阻力分量 R_d 和阻力矩 M_d 使弹体偏转。这在力学上解释了弹体与异形体碰撞的减速和偏航的力学机理。由此可见, 影响弹体减速和偏航的因素很多, 包括法向接触力 f_n、切向接触力 f_τ、弹体入射状态及撞击点位置等。但总的来说, 沿弹体速度方向的阻力使弹体减速, 垂直于弹体速度方向的阻力使弹体偏转。

7.3.2 影响因素分析

由以上分析可知, 影响弹体偏航的因素很多。但是, 考虑再多的影响因素也无法完善地描述各种因素的影响。因此, 这里只考虑几个主要因素的影响规律。

考虑到 $\theta = \beta + \delta$, 则式(7.178) ~ (7.197)可化成:

$$\frac{\mathrm{d}v}{\mathrm{d}t} = \frac{f_n\cos(\alpha+\beta+\delta) - f_\tau\sin(\alpha+\beta+\delta)}{M_p}, \tag{7.198}$$

$$\frac{\mathrm{d}\delta}{\mathrm{d}t} = -\frac{f_n\sin(\alpha+\beta+\delta) + f_\tau\cos(\alpha+\beta+\delta)}{M_p v}, \tag{7.199}$$

$$\frac{\mathrm{d}\omega}{\mathrm{d}t} = \frac{[f_n\sin(\alpha+\beta) + f_\tau\cos(\alpha+\beta)]L_0}{J_C}, \tag{7.200}$$

$$\frac{\mathrm{d}\beta}{\mathrm{d}t} = -\omega。 \tag{7.201}$$

式中：L_0 为弹尖到弹体质心的距离。式（7.198）～（7.201）即为考虑弹体与异形体弹塑性碰撞的运动微分方程，其中 t 为自变量，v、δ、ω、β 为因变量。引入初始条件 v_0、δ_0、ω_0、β_0，利用数值方法可以求得各因变量随时间变化的情况。在表达式比较复杂的情况下，利用全区间积分的变步长四阶 Runge-Kutta 法可以得到较为精确的数值解。

下面以 Ø57 mm 半穿甲弹与陶瓷半球的碰撞为例，分别计算弹头与异形体的曲率半径比值 R_p/R_b、命中速度 v_0、命中角 φ 和初始攻角 δ_0 对弹体速度、攻角、角速度以及落角的影响，具体计算参数见表 7.2，算例见表 7.3。

表 7.2　材料物理力学参数

材料	密度 $\rho/\mathrm{kg}\cdot\mathrm{m}^{-3}$	弹性模量 E/Gpa	泊松比 ν	剪切模量 G/GPa	屈服强度 Y/MPa	弹性波速 $C_0/\mathrm{m}\cdot\mathrm{s}^{-1}$
弹体	7800	220	0.31	80.1	885	5200
陶瓷球	3800	355	0.227	144.7	3900	9260
RPC 球	2850	65	0.20	27.1	300	4770

表 7.3　算例

算例	R_p/R_b	$v_0/\mathrm{m}\cdot\mathrm{s}^{-1}$	$\alpha/°$	$\theta_0/°$	$\delta_0/°$
1	1、4.56、9.12	500	45	90	0
2	4.56	300、500、1000	45	90	0
3	4.56	500	45	60、70、80	0
4	4.56	500	45	75、80、90	5、10、20

7.3.2.1　曲率半径比 R_p/R_b 的影响

从图 7.25 可以看出，弹体速度随接触时间先减小后增大，说明弹体部分动能在接触压入过程中转化为弹塑性变形能，恢复过程中弹性变形能又转化为弹体动能。异形体曲率半径越大，弹体撞击结束时的速度越大，即碰撞过程中的塑性变形随异形体曲率半径增大而减小。

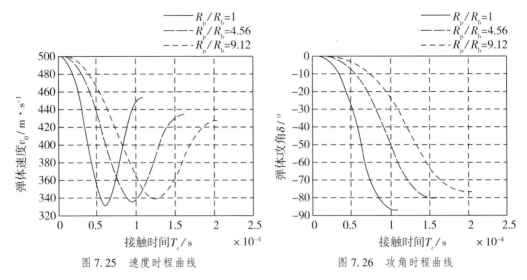

图 7.25　速度时程曲线　　　　　　　　　　图 7.26　攻角时程曲线

由图 7.26 和图 7.27 可知，异形体曲率半径越大，弹体最终获得的攻角和角速度也越大。这是因为异形体曲率半径越大，弹体受到的冲量作用也越大。

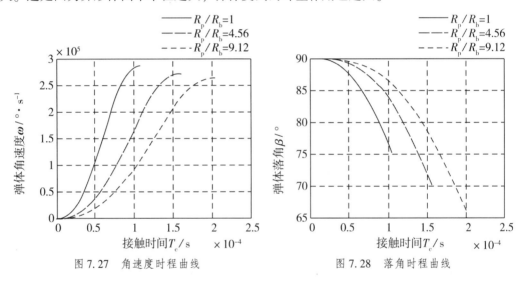

图 7.27　角速度时程曲线　　　　　　　　　图 7.28　落角时程曲线

从图 7.28 可以看出，异形体曲率半径越大，弹体落角变化量越小。其原因是异形体曲率半径对弹体的角速度影响不明显，而接触时间随异形体曲率半径增大而明显缩短，导致弹体落角变化量减小。

7.3.2.2　命中速度 v_0 的影响

从图 7.29 可以看出，不同命中速度下的弹体速度时程曲线变化规律比较相似，弹体命中速度越大，局部塑性变形所消耗的弹体动能也越大。

由图 7.30 和图 7.31 可知，弹体命中速度对所获得的攻角影响不大，对角速度的影响却十分显著。弹体命中速度越大，所获得的角速度也越大。也就是说，作用于弹体的动量矩随命中速度增大而增大。

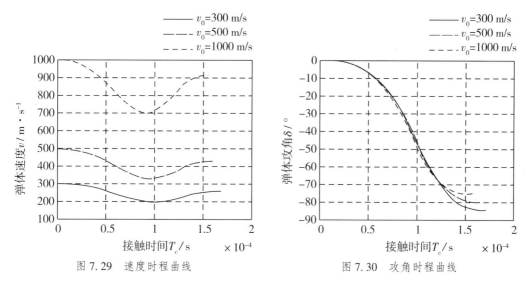

图 7.29 速度时程曲线   图 7.30 攻角时程曲线

从图 7.32 可以看出，弹体命中速度越大，角速度越大。因此，在碰撞接触时间相差不大的情况下，碰撞结束时落角变化也越明显。

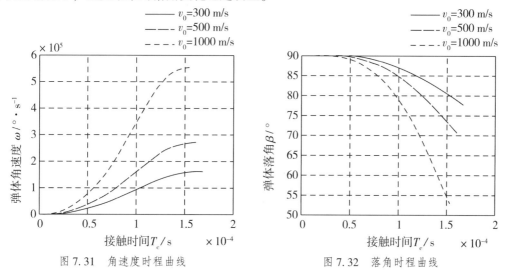

图 7.31 角速度时程曲线   图 7.32 落角时程曲线

7.3.2.3 θ_0 的影响

从图 7.33 可以看出，当弹体 θ_0 较大时，弹体速度沿接触点法向的分量越大，相应的法向压入量也越大。因此，弹塑性变形所消耗的动能就越大，结果是碰撞结束时弹体的速度越小。

由图 7.34 和图 7.35 可知，弹体攻角和角速度均随 θ_0 的增大而增大。这是由于 θ_0 越大，弹体所受的冲量作用也越大。

从图 7.36 可以看出，弹体落角变化量随 θ_0 的增大而增大。

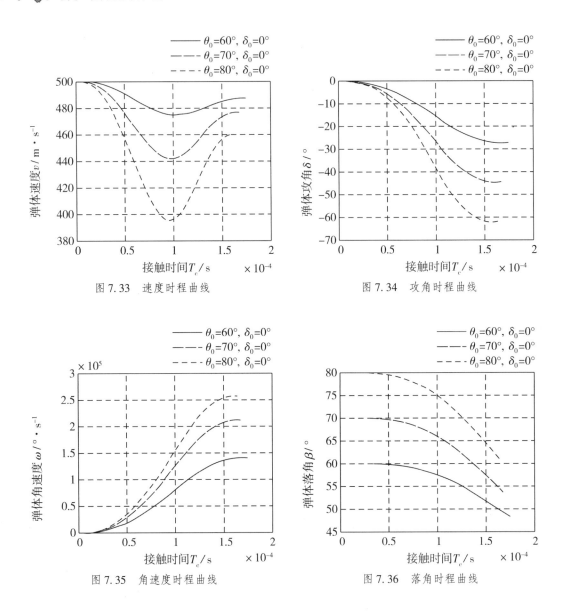

图 7.33　速度时程曲线

图 7.34　攻角时程曲线

图 7.35　角速度时程曲线

图 7.36　落角时程曲线

7.3.2.4　初始攻角 δ_0 的影响

从图 7.37 可以看出,在落角不变的情况下,弹体初始攻角越大,碰撞结束时的速度越小,也就是说塑性变形所消耗的动能越大。

由图 7.38 和图 7.39 可知,弹体初始攻角越大,所获得的攻角和角速度也越大,这是因为初始攻角越大,弹体速度沿接触面法向的分量越大,弹体所受的非对称撞击力增大所致;同理,弹体落角变化量随初始攻角增大而增大(图 7.40)。

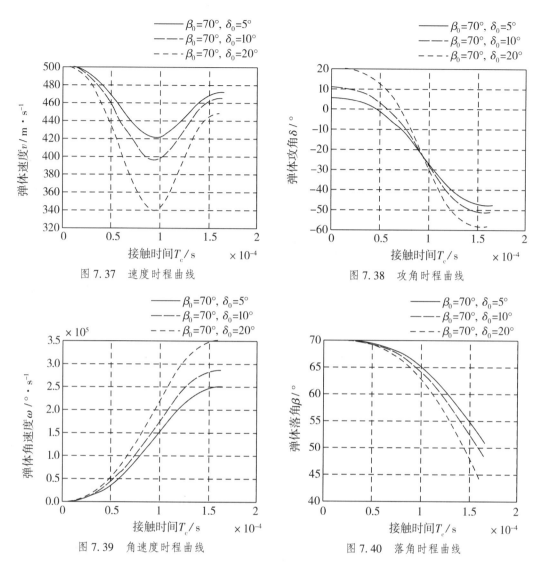

图 7.37 速度时程曲线

图 7.38 攻角时程曲线

图 7.39 角速度时程曲线

图 7.40 落角时程曲线

　　上面就几种不同情况下对弹体侵彻威力有重要影响的速度、攻角、角速度以及落角时程曲线进行了计算分析，主要解决了采用经典撞击理论无法描述的弹体落角变化问题。总的来说，弹体落角变化量随异形体曲率半径的增大而减小，随命中速度沿接触点法向分量的增大而增大。

7.3.3　弹体与异形体碰撞的攻角表达式

　　采用数值方法求解弹体各个参量时程曲线是比较繁琐的，在实际工程中应用起来很不方便。事实上，我们关心的是弹体与异形体碰撞后所获得的攻角和角速度。因此，可以通过经典的撞击理论来确定弹体的最终攻角及角速度表达式。

　　如图 7.41 所示，以异形体中心 o 为原点建立坐标系 xoy，且 xoy 平面与弹体射平面重合，其中 x 轴水平向右，y 轴垂直向上。

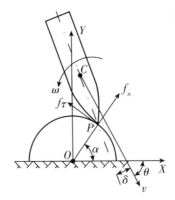

图 7.41 弹体受力状态

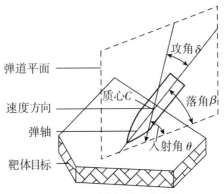

图 7.42 弹体初始入射状态

根据经典撞击理论，可以列出弹体的动量和动量矩方程：

$$M_p(v_x v_0 \cos \theta_0) = P_n \cos \alpha - P_\tau \sin \alpha = \int_0^{T_c} f_n(t)\,\mathrm{d}t\cos \alpha - \int_0^{T_c} f_\tau(t)\,\mathrm{d}t\sin \alpha, \quad (7.202)$$

$$M_p(v_y v_0 \cos \theta_0) = P_n \cos \alpha - P_\tau \sin \alpha = \int_0^{T_c} f_n(t)\,\mathrm{d}t\sin \alpha + \int_0^{T_c} f_\tau(t)\,\mathrm{d}t\cos \alpha, \quad (7.203)$$

$$J_C \omega = P_n e_1 - P_\tau e_2 = \left[\int_0^{T_c} f_n(t)\,\mathrm{d}t\sin(\alpha+\theta_0-\delta_0) + \int_0^{T_c} f_\tau(t)\,\mathrm{d}t\cos(\alpha+\theta_0-\delta_0) \right] L_0 \circ (7.204)$$

式中：v_x、v_y 分别为碰撞后弹体质心速度在 x、y 方向的分量；θ_0、θ 分别为碰撞前后弹体质心运动方向与 x 轴的夹角(图 7.42)；L_0 为全弹质心距。

由上述方程得到弹体与半球体撞击后的速度和角速度分别为：

$$v_x = \frac{\int_0^{T_c} f_n(t)\,\mathrm{d}t\cos \alpha + \int_0^{T_c} f_\tau(t)\,\mathrm{d}t\sin \alpha}{M_p} + v_0\cos \theta_0, \quad (7.204)$$

$$v_y = \frac{\int_0^{T_c} f_n(t)\,\mathrm{d}t\sin \alpha + \int_0^{T_c} f_\tau(t)\,\mathrm{d}t\cos \alpha}{M_p} - v_0\sin \theta_0, \quad (7.205)$$

$$\omega = \frac{\left[\int_0^{T_c} f_n(t)\,\mathrm{d}t \sin(\alpha+\theta_0-\delta_0) + \int_0^{T_c} f_\tau(t)\,\mathrm{d}t \cos(\alpha+\theta_0-\delta_0)\right] L_0}{J_C} \quad (7.206)$$

因此，弹体的攻角和角速度的表达式为：

$$
\begin{aligned}
\delta &= \arctan\left|\frac{v_y}{v_x}\right| - \theta_0 + \delta_0 \\
&= \arctan\left|\frac{\dfrac{\int_0^{T_c} f_n(t)\,\mathrm{d}t \sin\alpha + \int_0^{T_c} f_\tau(t)\,\mathrm{d}t\cos\alpha}{M_p} - v_0\sin\alpha}{\dfrac{\int_0^{T_c} f_n(t)\,\mathrm{d}t\cos\alpha - \int_0^{T_c} f_\tau(t)\,\mathrm{d}t\sin\alpha}{M_p} - v_0\cos\alpha}\right| - \theta_0 + \delta_0 \\
&= \arctan\left|\frac{(\sin\alpha + \mu\cos\alpha)\int_0^{T_c} f_n(t)\,\mathrm{d}t - M_p v_0\sin\theta_0}{(\cos\alpha - \mu\sin\alpha)\int_0^{T_c} f_n(t)\,\mathrm{d}t + M_p v_0\cos\theta_0}\right| - \theta_0 + \delta_0 \quad (7.207)
\end{aligned}
$$

$$\omega = \frac{\left[\sin(\alpha+\theta_0-\delta_0) + \mu\cos(\alpha+\theta_0-\delta_0)\right]\int_0^{T_c} f_\tau(t)\,\mathrm{d}t}{J_C} L_0 \quad (7.208)$$

7.3.4 几种因素对弹体偏航效果的影响

为了分析几种主要因素对弹体偏航效果的影响，下面以本书课题试验中采用的 Ø57 mm 半穿甲弹与陶瓷半球或 RPC 半球的碰撞为例，分析材料特性、相对曲率半径比、接触点位置、弹体命中速度、弹体入射状态及摩擦系数等因素对弹体攻角和角速度的影响，具体计算参数见表 7.2，算例见表 7.4。

表 7.4 算例

算例	R_p/R_b	$v_0/\mathrm{m \cdot s^{-1}}$	$\alpha/°$	$\theta_0/°$	$\delta_0/°$	μ
1	0.1~5	500	45	90	0	0.08
2	4.56	500	30~90	90	0	0.08
3	4.56	200~1000	45	90	0	0.08
4	4.56	500	45	60~90	0	0.08
5	4.56	500	45	70~100	0~30	0.08
6	4.56	500	45	90	0	0.02~0.2

7.3.4.1 曲率半径比 R_p/R_b 的影响

从图 7.43 可以看出，接触刚度随异形体曲率半径及法向位移的增大而增大，并且法向接触刚度与切向接触刚度比较接近；另外，异形体材料强度越高，接触刚度也越大。

由图 7.44 可知，恢复系数随异形体曲率半径的增大而增大，并且异形体材料硬度越高，法向恢复系数越大，说明碰撞过程中材料发生的塑性变形较小，即弹体消耗的动能较少。切向恢复系数绝对值随材料硬度增大而减少，这是由于弹体克服切向摩擦力做功所消耗的能量随材料硬度增大而增大所致。

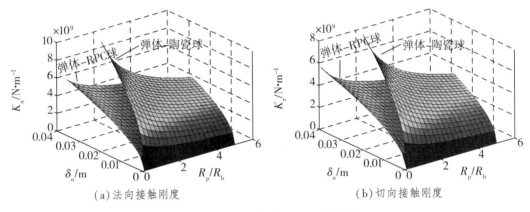

(a) 法向接触刚度　　　　　　　(b) 切向接触刚度

图 7.43 接触刚度随 R_p/R_b 变化关系

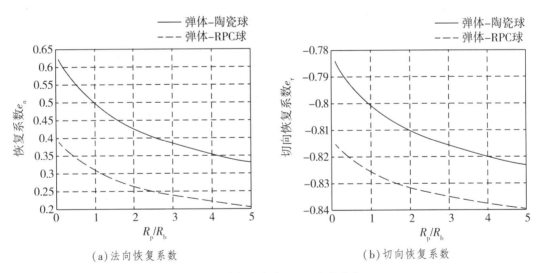

(a) 法向恢复系数　　　　　　　(b) 切向恢复系数

图 7.44 恢复系数随 R_p/R_b 变化曲线

由图 7.45 可知，最大法向位移随异形体曲率半径的减小而增大，材料强度越高，最大法向位移也越小。

图 7.46 为接触时间随弹头与异形体曲率半径比值变化的情况。异形体曲率半径越小，接触时间越长；此外，异形体材料强度越高，塑性变形越小，因而接触时间也越短。

从图 7.47 可以看出，接触力随异形体曲率半径的增大而增大，且材料强度越高，接触力也越大。

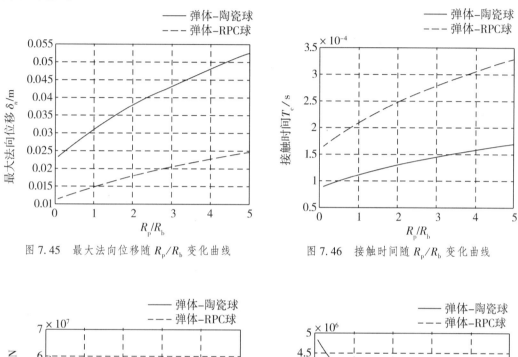

图 7.45 最大法向位移随 R_p/R_b 变化曲线   图 7.46 接触时间随 R_p/R_b 变化曲线

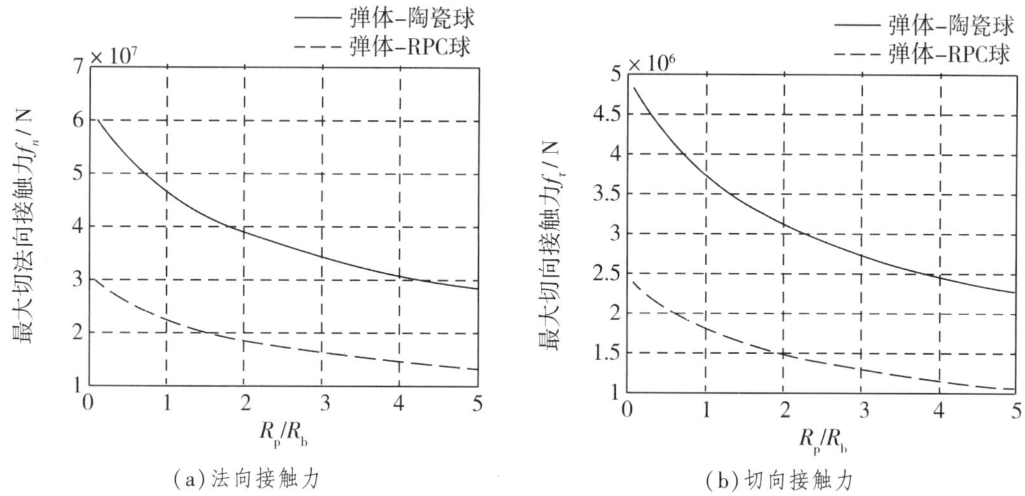

（a）法向接触力   （b）切向接触力

图 7.47 最大接触力随 R_p/R_b 变化曲线

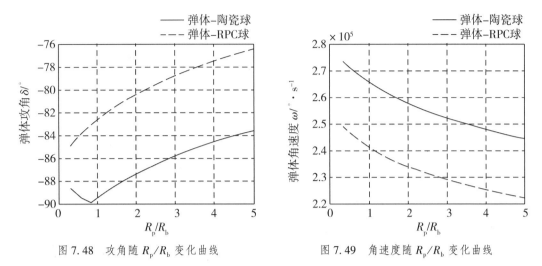

图 7.48　攻角随 R_p/R_b 变化曲线　　　　图 7.49　角速度随 R_p/R_b 变化曲线

图 7.48 为弹体攻角随弹头与异形体曲率半径比值变化的情况。可以看出，在该种撞击条件下，弹体攻角非常大，均达到 76°以上，当弹头与陶瓷球曲率半径比值为 0.75 左右时，弹体攻角达到最大；弹体与 RPC 球碰撞的攻角随 RPC 球曲率半径的减小而减小。

从图 7.49 可以看出，弹体角速度随异形体曲率半径的减小而减小，并且异形体材料强度越高，弹体的角速度也越大。

7.3.4.2　接触点位置 α 的影响

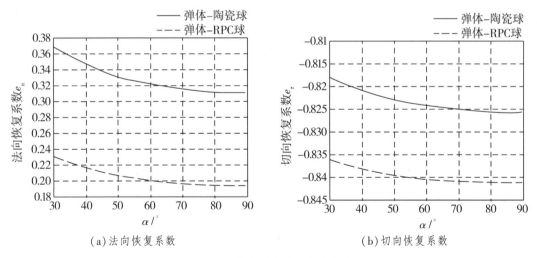

（a）法向恢复系数　　　　　　　　　　（b）切向恢复系数

图 7.50　恢复系数随 α 变化曲线

由图 7.50 可见，法向恢复系数随 α 增大而下降。其原因是 α 越大，法向速度分量越大，材料越容易发生屈服，由于塑性变形消耗的运动能增加，相应的弹性变形能减小所致；切向恢复系数绝对值随 α 增大而增大。

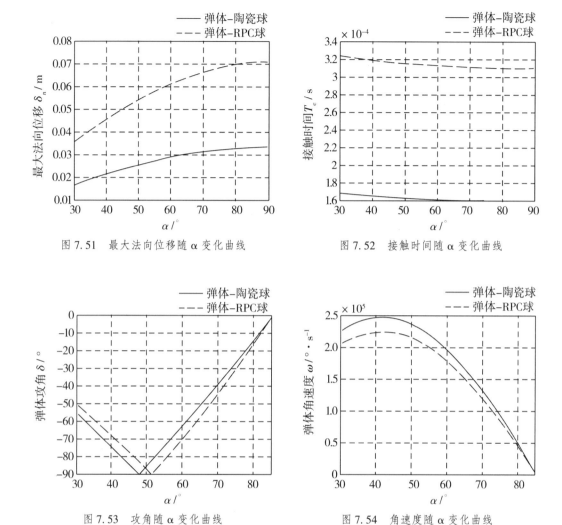

图 7.51 最大法向位移随 α 变化曲线

图 7.52 接触时间随 α 变化曲线

图 7.53 攻角随 α 变化曲线

图 7.54 角速度随 α 变化曲线

由图 7.51 可见，最大法向位移随 α 增大而增大，且材料强度越低，发生的塑性变形越大。

由图 7.52 可见，接触时间随 α 增大而减小，即法向命中速度越大，接触时间就越短。

从图 7.53 可以看出，随着撞击点 α 改变，弹体攻角很明显存在一个最大值，当 α = 50° 左右时，弹体攻角达到最大值，几乎为 90°。这说明弹体撞击该点时的垂直速度分量几乎为零，而水平速度分量达到最大。

图 7.54 为弹体角速度随撞击点变化情况。与弹体攻角情况随撞击点变化的规律对应。当 α = 45° 左右时，弹体角速度达到最大，即此时非对称撞击力对弹体质心的动量矩达到最大值。

7.3.4.3 　命中速度 v_0 的影响

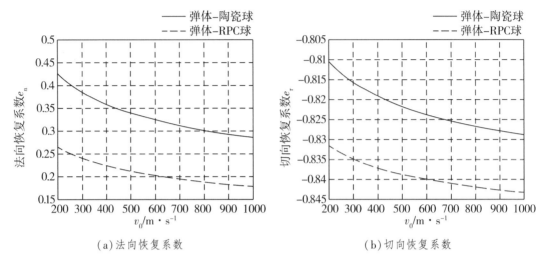

(a)法向恢复系数 　　　　　　　　(b)切向恢复系数

图 7.55 　恢复系数随命中速度变化曲线

由图 7.55 可见，法向恢复系数随弹体命中速度增大而降低；切向恢复系数绝对值随命中速度增大而增大，即命中速度越大，切向速度分量变化值越小。

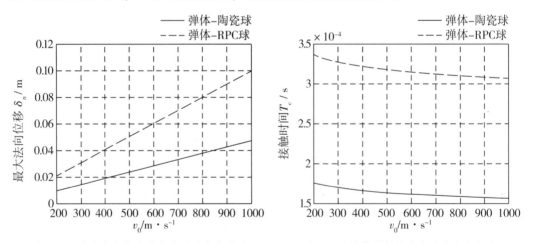

图 7.56 　最大法向位移随命中速度变化曲线 　　　　图 7.57 　接触时间随命中速度变化曲线

由图 7.56 可知，最大法向位移随命中速度几乎呈线性增大，并且材料强度越低，最大法向位移就越大。

由图 7.57 可知，接触时间随命中速度增大而减小。

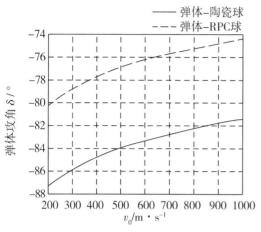

图 7.58　攻角随命中速度变化曲线

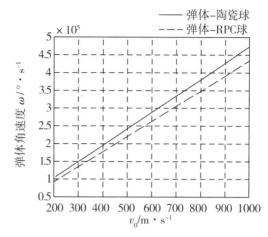

图 7.59　角速度随命中速度变化曲线

由图 7.58 可以发现，弹体攻角随命中速度增大而减小。由图 7.59 可以看出，弹体角速度随命中速度增大而大致呈线性增大。

7.3.4.4　θ_0 的影响

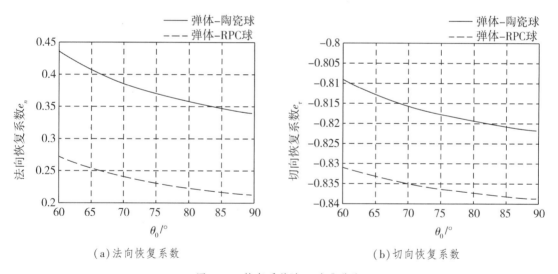

（a）法向恢复系数　　　　　　　　　　（b）切向恢复系数

图 7.60　恢复系数随 θ_0 变化曲线

由图 7.60 可以看出，恢复系数随弹体 θ_0 增大而减小。这是由于 θ_0 越大，撞击的法向速度分量越大，材料塑性变形越大的缘故。

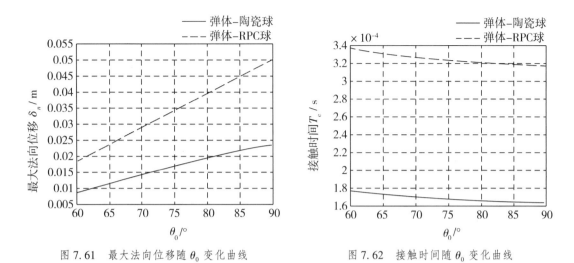

图 7.61 最大法向位移随 θ_0 变化曲线   图 7.62 接触时间随 θ_0 变化曲线

由图 7.61 可以看出，弹体 θ_0 越大，法向速度分量就越大。因此，最大法向位移随弹体 θ_0 增大而增大。

由图 7.62 可以看出，弹体 θ_0 越大，法向速度分量越大。因而接触时间就越短。

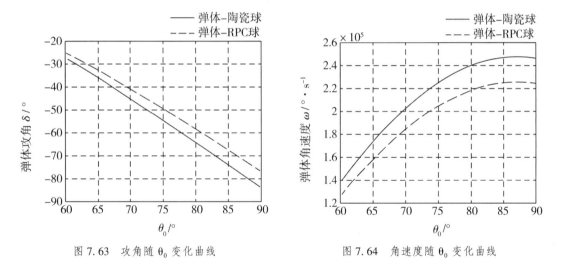

图 7.63 攻角随 θ_0 变化曲线   图 7.64 角速度随 θ_0 变化曲线

图 7.63 和图 7.64 分别为弹体攻角及角速度随 θ_0 变化情况。可以看出，弹体攻角随 θ_0 增大而增大。还可以发现，当弹体 θ_0 达到某值时，弹体角速度变化不大，甚至出现减小现象，说明此时作用于弹体质心的动量矩达到最大。

7.3.4.5 初始攻角 δ_0 的影响

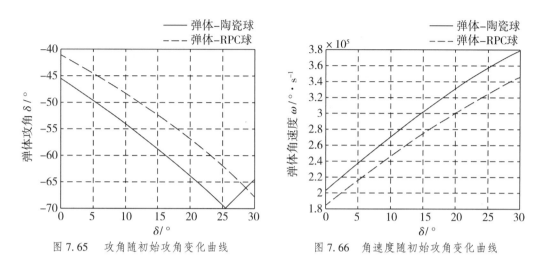

图 7.65　攻角随初始攻角变化曲线　　　　图 7.66　角速度随初始攻角变化曲线

从图 7.65 和图 7.66 可以发现,当弹体带初始攻角与异形体碰撞时,其攻角及角速度均随 δ_0 增大而基本呈线性增大。此外,由图 7.65 可知,对于弹体与陶瓷球的碰撞,当弹体初始攻角为 25° 左右时,弹体攻角达到最大值。

7.3.4.6 摩擦系数 μ 的影响

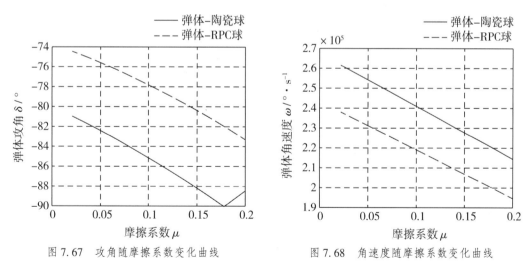

图 7.67　攻角随摩擦系数变化曲线　　　　图 7.68　角速度随摩擦系数变化曲线

由图 7.67 可以看出,摩擦系数对弹体攻角也有明显的影响,并且摩擦系数存在一个最佳值,该值因材料而异,材料强度越高,最佳值越小。由图 7.68 可以看出,弹体角速度随摩擦系数增大而减小。这是由于切向摩擦力越大,对弹体质心的反向动量矩增大,因而抵消了部分正向动量矩。

上面计算分析了几种重要因素对弹体与异形体碰撞偏航效果的影响,可以看出各因素的影响错综复杂。总结起来，可以发现如下规律：①异形体材料硬度或强度越高，弹体的攻角和角速度越大；②在弹体垂直入射情况下，弹体与异形体存在最佳接触位置，大约 $\alpha=45°$ 时，弹体的攻角和角速度达到最大值；③在入射状态不变的情况下，弹体攻角随命中速度增大而减小，角速度随命中速度增大而增大；④在命中速度不变的情况下，弹体攻角和角速度随弹体命中速度在接触点法向方向分量的增大而增大；⑤弹体与异形体存在最佳摩擦系数使得弹体攻角达到最大值，最佳摩擦系数随异形体材料强度增大而减小，弹体角速度随摩擦系数增大而减小。

7.4　弹体在复合遮弹层中侵彻深度的计算方法

弹体与异形体碰撞过程中由于受到非对称接触力作用，弹体将产生攻角以及在射平面内绕质心轴旋转，导致弹体对靶体的斜入射和偏航入射。此外，当弹体对靶体材料侵彻时，在弹体和靶体接触的表面上，由于靶体对弹体阻力的不对称影响，弹体在侵彻过程中也要发生弹道偏转。因此，研究任意入射条件下弹体在遮弹层中侵彻深度的计算方法时需要考虑攻角、角速度以及靶体自由表面的影响。

目前，对弹体垂直侵彻深度的计算研究成果较为丰富和深入。但关于弹体斜侵彻问题的研究大多数停留在试验性研究阶段，在理论研究方面还只限于在选定的材料本构模型条件下的数值模拟分析。由于侵彻过程中靶体材料的变形、断裂和破碎机理都不清楚，这种数值模拟由于缺乏可信的原始参数，仍不能为工程设计提供可靠的理论基础。本节根据弹体侵彻过程中近区运动学关系，在计算分析过程中考虑攻角、角速度以及靶体自由表面对弹体斜侵彻过程的影响，推导出弹体表面任一点的应力，建立弹体在靶体介质中的运动微分方程，进而确定弹体斜侵彻深度的计算方法，在此基础上进一步建立概率意义上的弹体在表面含偏航球的复合遮弹层中侵彻深度的简化计算公式。

7.4.1　侵彻过程中弹体表面任一点的应力

7.4.1.1　近区应力与应变关系

目前侵彻与爆炸问题的研究离实际问题的解决还有相当的距离，尤其是对近区大多数是根据试验归纳拟合的相似系数，往往存在数量级的误差。但是，侵彻与爆炸近区性状（空腔及近区破坏半径）是最终决定辐射出来的波的基本参数，是反映能量的分配份额和揭示侵彻、贯穿及爆炸地震动等重要特性的关键因素。因此，靶体介质中侵彻与爆炸近区的研究一直成为试验与理论研究的热点和难点。

侵彻与爆炸近区在理论研究方面主要是根据空腔膨胀理论，采用各种简单或复杂的状态方程及本构关系。但是，在迄今为止的众多的国内外研究工作中均忽略了一个事实，那就是目前对侵彻与爆炸作用的近区介质运动学关系的表征与近区应力–变形状态不相符合。空腔球体周壁上的位移变形较大而不能采用小变形理论，由于近区介质以运动能为主，也就是近区破碎介质的体积实际上仍停留在达到峰值应力时的体积大小上，可认为是不可压缩介质。对不可压缩介质而言，近区的位移变化可直接采用质量守恒条件，即 $r^3 - a^3 = (r-w)^3$，由此得到：

$$w(r) = r^3 - \sqrt[3]{r^3 - a^3} = \frac{a^3}{3r^2} + \frac{a^6}{9r^5} + \frac{5a^9}{81r^8} + L_\circ \tag{7.210}$$

式中：$w(r)$ 为径向位移；a 为空腔半径。

根据式(7.210)可得到径向应变和环向应变分别为：

$$\varepsilon_r = \frac{\partial w}{\partial r} = 1 - \left[\frac{1}{\sqrt[3]{1 - \left(\frac{a}{r}\right)^3}} \right]^2, \tag{7.211}$$

$$\varepsilon_\theta = \frac{w}{r} = 1 - \sqrt[3]{1 - \left(\frac{a}{r}\right)^3}_\circ \tag{7.212}$$

对于介质的径向运动速度，无论是对连续介质还是非连续介质均满足动量守恒定律。因此，根据动量守恒可得：

$$\begin{aligned} v_r &= C_p \left| \varepsilon_r \right| = C_p \left\{ 1 - \left[\frac{1}{\sqrt[3]{1 - \left(\frac{a}{r}\right)^3}} \right]^2 \right\} \\ &= C_p \left[\frac{2}{3}\left(\frac{a}{r}\right)^3 + \frac{5}{9}\left(\frac{a}{r}\right)^6 + \frac{40}{81}\left(\frac{a}{r}\right)^9 + L \right] \\ &\approx C_p \left[\frac{2}{3}\left(\frac{a}{r}\right)^{3-k} + \frac{5}{9}\left(\frac{a}{r}\right)^{6-k} + \frac{40}{81}\left(\frac{a}{r}\right)^{9-k} \right] \left(\frac{a}{r}\right)^k_\circ \end{aligned} \tag{7.213}$$

令 $\eta = \frac{2}{3}\left(\frac{a}{r}\right)^{3-k} + \frac{5}{9}\left(\frac{a}{r}\right)^{6-k} + \frac{40}{81}\left(\frac{a}{r}\right)^{9-k}$，则式(7.213)可写为：

$$v_r = \eta C_p \left(\frac{a}{r}\right)^k = C_p^* \left(\frac{a}{r}\right)^k_\circ \tag{7.214}$$

式中：η 为等价系数；$C_p^* = \eta C_p$ 为近区破碎介质的等价变形波速。

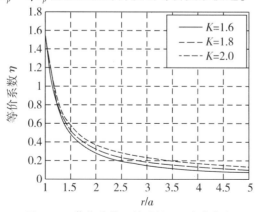

图 7.69　等价系数 η 随近区 r/a 变化曲线

对于不同的 k 值(不同的扩容系数)，在不同的近区 r/a 计算得到的等价系数 η 如图 7.69 所示。可见，等价系数 η 随 r/a 的增大而减小。

7.4.1.2 弹体在介质中的侵彻阻抗

大量侵彻试验现象表明，对于目前弹体在混凝土等脆性介质中侵彻，靶体介质的变形与破坏状态通常分为破碎状态（近区）、径向裂纹状态和弹性状态。根据空腔膨胀理论，破碎区介质的运动方程在球坐标下的形式为：

$$\rho_0 \left(\frac{\partial v_r}{\partial t} + v_r \frac{\partial v_r}{\partial r} \right) = \frac{\partial \sigma_r}{\partial r} + \frac{2(\sigma_r - \sigma_\theta)}{r} \text{。} \tag{7.215}$$

式中：ρ_0 为介质的初始密度（在不可压缩介质中密度变化的影响可以忽略）；v_r 为质点径向速度；σ_r、σ_θ 分别为径向及环向应力分量。则近区的破碎介质状态采用 Tresca 塑性条件可以相当完善地描述为：

$$\sigma_\theta^{\mathrm{p}} - \sigma_r^{\mathrm{p}} = 2\tau_s^{\mathrm{p}} \text{。} \tag{7.216}$$

式中：$\tau_s^{\mathrm{p}} = \dfrac{2\mu'}{1-\mu'}\tau_s^{\mathrm{e}}$ 为破碎介质的残余强度；μ' 为破碎介质间的摩擦系数。

由式（7.215）和式（7.126）得到破碎区内径向应力的一般解：

$$\sigma_r^{\mathrm{p}} = 4\tau_s^{\mathrm{p}}\ln r - \frac{k}{k-1}\rho_0 C_p^* \dot{a} \left(\frac{a}{r} \right)^{k-1} + \frac{1}{2}\rho_0 v_r^2(r, t) + C(r) \text{。} \tag{7.217}$$

式中：$C(r)$ 为 r 的任意函数，上标 p、f、e 分别表示破碎区、裂纹区和弹性区。

由于径向裂纹区的精确动力条件对解的影响不大，径向裂纹区介质的惯性效应可不考虑，径向裂纹区类似径向的柱状，环向应力分量 $\sigma_\theta^{\mathrm{f}} = 0$。由静力平衡条件 $\pi r^2 \sigma_r^{\mathrm{f}} + \pi b^2 \sigma_r^{\mathrm{f}}(b) = 0$ 得到：

$$-\sigma_r^{\mathrm{f}} = 2\tau_s^{\mathrm{e}} \frac{b^2}{r^2} \text{。} \tag{7.218}$$

由 $r = b$ 处的连续条件可得函数 $C(r)$：

$$C(r) = 2\tau_s^{\mathrm{e}} + 4\tau_s^{\mathrm{p}}\ln b - \frac{k}{k-1}\rho_0 C_p^* \dot{a} \left(\frac{a}{b} \right)^{k-1} + \frac{1}{2}\rho_0 v_r^2(b, t) \text{。} \tag{7.219}$$

将式（7.219）代入式（7.217），可得空腔表面的法向应力表达式为：

$$-\sigma_r^{\mathrm{p}}(r=a) = 2\tau_s^{\mathrm{e}} + 4\tau_s^{\mathrm{p}}\ln\left(\frac{b}{a} \right) + \frac{k}{k-1}\rho_0 C_p^* \dot{a}\left[1 - \left(\frac{a}{b} \right)^{k-1} \right] + \frac{1}{2}\rho_0 \dot{a}^2 \left[\left(\frac{a}{b} \right)^{2k} - 1 \right] \text{。} \tag{7.220}$$

令：

$$\lambda_s = 2\tau_s^{\mathrm{e}}\left[1 - \frac{\tau_s^{\mathrm{p}}}{\tau_s^{\mathrm{e}}}\ln\left(\frac{a}{b} \right)^2 \right],$$

$$\lambda_d = \frac{k}{k-1}\left[1 - \left(\frac{a}{b} \right)^{k-1} \right],$$

$$\lambda_e = \frac{1}{2}\left[1 - \left(\frac{a}{b} \right)^{2k} \right],$$

则式（7.220）可写为：

$$p = -\sigma_r^{\mathrm{p}}(r=a) = \lambda_s + \lambda_d \rho_0 C_p^* \dot{a} - \lambda_e \rho_0 \dot{a}^2 \text{。} \tag{7.221}$$

式中：$\dfrac{a}{b}=\dfrac{3}{2}\sqrt[4]{\dfrac{2\pi\gamma_0 W_e}{n\gamma_B}}a$；$\gamma_0=\dfrac{\tau_s^e}{G}$；$W_e=\dfrac{1}{2}\tau_s^e\gamma_0$ 为弹性势能；γ_B 为有效表面能，γ_B 与 K_c 在

平面应变情况下 $\gamma_B=\dfrac{\pi K_c^2(1-v)}{4G}$；$K_c$ 为介质的应力强度因子；v 为介质泊松比。取 $l=$

$\left(\dfrac{K_c}{\tau_s^e}\right)^2$，则 $\dfrac{a}{b}=\lambda\sqrt[4]{\dfrac{D}{2l}}$，其中 $\lambda=3\sqrt[4]{\dfrac{W_e}{n\tau_s^e(1-v)}}$。

由式（7.221）可知：第一项表征介质强度的影响，第二项表征介质动力效应的影响，第三项表征靶体表面介质向后喷射的影响。数值计算表明，当弹体着靶速度 $v_0 \leqslant 1000\ \mathrm{m/s}$ 时，该项对侵彻深度的影响可以忽略。

由于 $\varepsilon\ll 1$，则 $a/b\ll 1$，因此，式（7.221）中系数项可以忽略 a/b 高阶项的影响。如果不考虑破碎区中的扩容效应，即 $k=2.0$，则式（7.221）中的系数可以简化为：

$$\lambda_s=2\tau_s^e\left[1-\dfrac{\tau_s^p}{\tau_s^e}\ln\left(\dfrac{a}{b}\right)^2\right]=2\tau_s^e\left[1-\dfrac{\mu'}{1-\mu'}\ln\left(\dfrac{a}{b}\right)^4\right], \tag{7.222}$$

$$\lambda_d=\dfrac{k}{k-1}\left[1-\left(\dfrac{a}{b}\right)^{k-1}\right]=2\left(1-\dfrac{a}{b}\right)。 \tag{7.223}$$

7.4.2　弹体垂直侵彻深度计算公式

有学者的研究表明，锥形弹头与弧形弹头的弹体侵彻深度计算值相差不超过 5%。为了计算方便起见，本节弹体均按锥形弹头进行计算。忽略式（7.221）中第三项的影响，利用牛顿第二运动定律可得弹体的垂直侵彻深度表达式为：

$$H_{\mathrm{pen}}=\dfrac{M_p}{\beta_1}\left[v_0-\dfrac{\alpha_1}{\beta_1}\ln\left(1+\dfrac{\beta_1}{\alpha_1}v_0\right)\right]。 \tag{7.224}$$

式中：

$$\alpha_1=\tau_s^e\pi D^2\left(1+2\mu\dfrac{l_r}{D}\right)\left[\dfrac{1}{2}+\dfrac{\mu'}{4(1-\mu')}-\dfrac{2\mu'}{1-\mu'}\ln\left(\lambda\sqrt[4]{\dfrac{D}{2l}}\right)\right];$$

$$\beta_1=\rho_0 C_p^*\pi D^2\dfrac{1+2\mu\dfrac{l_r}{D}}{\sqrt{1+4\dfrac{l_r^2}{D^2}}}\left[\dfrac{1}{2}-\dfrac{4}{9}\left(\lambda\sqrt[4]{\dfrac{D}{2l}}\right)\right];$$

μ 为弹体与介质间的滑动摩擦系数；l_r 为弹头长度；D 为弹体直径；l_r/D 为弹头长度与弹体直径之比，对于通常的弹体 l_r/D 在 $1.5\sim3.0$ 之间，且 $\sqrt{1+4\left(\dfrac{l_r}{D}\right)^2}\bigg/\dfrac{2l_r}{D}\approx1$。

计算还表明，对于混凝土等脆性介质，当 $v_0>500\ \mathrm{m/s}$ 时，式（7.15）中对数项的影响小于 5%。因此，公式（7.224）可简化为：

$$H_{\mathrm{pen}}=\dfrac{M_p}{D^2}K_1 K_2 K_p v_0。 \tag{7.225}$$

式中：弹形系数 $K_1 = \dfrac{\sqrt{1+4\dfrac{l_r^2}{D^2}}}{\pi\left(1+2\mu\dfrac{l_r}{D}\right)} \approx \dfrac{2\dfrac{l_r}{D}}{\pi\left(1+2\mu\dfrac{l_r}{D}\right)}$；弹体比例换算系数 $K_2 = \dfrac{1}{\dfrac{1}{2}-\dfrac{4}{9}\lambda\sqrt[4]{\dfrac{D}{2l}}}$；侵

彻系数 $K_p = \dfrac{1}{\rho_0 C_p^*}$。

7.4.3 弹体斜侵彻深度计算方法

7.4.3.1 自由表面对斜侵彻的影响

在不对称的斜入射情况中，弹体侧表面分成两部分：第一部分，弹体侧表面的法线方向与自由表面法线方向成锐角(上表面)；第二部分，弹体侧表面的法线方向与自由表面法线方向成钝角(下表面)，如图 7.70 所示。作用在这两个表面的侵彻阻力是不同的。阻力不对称的影响因素主要有：侵彻深度 H、弹体命中角 φ 以及弹体攻角 δ。

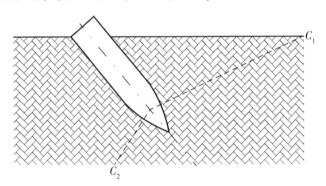

图 7.70 自由表面对斜侵彻的影响示意

由式(7.221)可知，由于自由表面的影响，成锐角的表面所受惯性效应作用比成钝角的表面小，因此，法向成钝角的那个侧面所受的侵彻阻力一般比成锐角的表面大；但是，具体相差多大，目前还没有理论能够定量描述清楚。根据试验现象，我们分段考虑自由表面对弹体侵彻过程的影响，即在弹体侵入部分小于弹头长度时考虑自由表面不对称影响，并在弹体上侧表面阻力乘以一个不对称系数。为了计算方便，这里引用如下的考虑方法，即不对称影响系数取为：

$$K_C = \begin{cases} 2\beta/\pi & (\,|\beta|<\pi/2) \\ 1 & (\beta=\pi/2) \end{cases} \tag{7.226}$$

由式(7.12)和式(7.17)得到弹体表面应力为：

$$\sigma_n = K_C(A + B\dot{a}) \tag{7.227}$$

式中：$A = \lambda_s$；$B = \lambda_d \rho_0 C_p^*$。

根据试验现象分段考虑自由表面对弹体侵彻过程的影响时，弹体的侵彻过程可分为三个阶段：第一阶段，弹头部开始侵入至弹体下表面完全侵入靶体；第二阶段，侵彻继续进行至弹体上表面完全侵入靶体，其中部分弹杆部侵入；第三阶段，弹体完全侵入至停止运动。在不同的侵彻阶段，弹头上、下表面侵入部分 l_1、l_2 的值并不相同，其在各阶段的值为：

$$\begin{cases} l_1 = \dfrac{H\cos\varphi}{\cos(\phi-\varphi)}, & l_2 = \dfrac{H\cos\varphi}{\cos(\phi+\varphi)} & \left[0 \leqslant H < \dfrac{l_r\cos(\phi+\varphi)}{\cos\varphi}\right] \\[3mm] l_1 = \dfrac{H\cos\varphi}{\cos(\phi-\varphi)}, & l_2 = l_r & \left[\dfrac{l_r\cos(\phi+\varphi)}{\cos\varphi} \leqslant H < \dfrac{l_r\cos(\phi-\varphi)}{\cos\varphi}\right] \\[3mm] l_1 = l_2 = l_r & & \left[H \geqslant \dfrac{l_r\cos(\phi-\varphi)}{\cos\varphi}\right] \end{cases} \quad (7.228)$$

式中：l_r 为弹头长度；H 为弹体垂直侵入深度。

7.4.3.2　弹体运动微分方程

为了确定弹体的侵彻深度，需要建立弹体在介质中的运动方程。为了使问题得以简化，需要补充如下假设：①作用在弹体上的力只有阻力 F 在弹体质心速度方向上的分量 F_t、在垂直于弹体质心速度方向的分量 F_d 以及绕垂直射平面质心轴的力矩 M_d；②认为弹体是刚性的，在侵彻过程中不产生变形，并且弹坑的直径与弹体直径相同（一般认为弹体着速在 800 m/s 以内的低速冲击中，弹体基本不变形）。

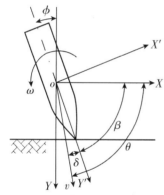

图 7.71　弹体初始入射状态

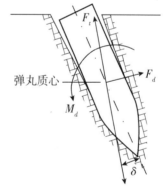

图 7.72　弹体斜侵彻过程中的受力状态

如图 7.71 所示，以弹体与靶体接触瞬间的质心 o 为原点建立坐标系 xoy，x 轴为水平，y 轴为垂直向下，射平面与 xoy 重合。根据图 7.72 所示的受力简图，设弹体质量为 M_p，绕质心在射平面内的转动惯量为 J_C，则可以建立弹体运动微分方程为：

$$M_p \frac{\mathrm{d}^2 x}{\mathrm{d}t^2} = F_d \sin\theta - F_t \cos\theta, \quad (7.229)$$

$$M_p \frac{\mathrm{d}^2 y}{\mathrm{d}t^2} = -F_d \cos\theta - F_t \sin\theta, \quad (7.230)$$

$$J_C \varepsilon = -M_d。 \quad (7.231)$$

式中：$\varepsilon = \dfrac{\mathrm{d}^2\beta}{\mathrm{d}t^2}$ 为角加速度；$\beta = \theta - \delta$ 为弹落角；δ 为弹体攻角。

由于 $\dfrac{\mathrm{d}x}{\mathrm{d}t}=v\cos\theta$, $\dfrac{\mathrm{d}y}{\mathrm{d}t}=v\sin\theta$, 对它们进行微分可得到:

$$\frac{\mathrm{d}^2 x}{\mathrm{d}t^2}=\cos\theta\frac{\mathrm{d}v}{\mathrm{d}t}-v\sin\theta\frac{\mathrm{d}\theta}{\mathrm{d}t}, \tag{7.232}$$

$$\frac{\mathrm{d}^2 y}{\mathrm{d}t^2}=\sin\theta\frac{\mathrm{d}v}{\mathrm{d}t}+v\cos\theta\frac{\mathrm{d}\theta}{\mathrm{d}t}。 \tag{7.233}$$

将上两式代入式(7.229)和式(7.230)得到:

$$\frac{\mathrm{d}v}{\mathrm{d}t}=-\frac{F_t}{M_p}, \quad v\frac{\mathrm{d}\theta}{\mathrm{d}t}=-\frac{F_d}{M_p}。 \tag{7.234}$$

7.4.3.3　侵彻阻力

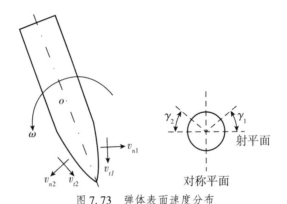

图 7.73　弹体表面速度分布

如图 7.73 所示,假定弹体攻角为 δ,绕质心在射平面内转动的角速度为 ω,则弹体表面任一点处的法向速度 v_n 和切向速度 v_τ 分别为:

$$v_n=v\cos\delta\sin\varphi\pm[\omega(L_0-l)-v\sin\delta]\cos\varphi\cos\gamma, \tag{7.235}$$

$$v_\tau=v\cos\delta\cos\varphi\pm[-\omega(L_0-l)+v\sin\delta]\sin\varphi\cos\gamma。 \tag{7.236}$$

式中: γ 为通过弹体表面某一点子午面与射平面的夹角, $[-90,90]$; L_0 为全弹质心距。为了计算方便,人为地将弹体用垂直于射平面的对称面(即子午面)分为上下两部分,分别用下标 1 和 2 表示, ± 分别表示弹体上、下表面。

根据空腔膨胀理论和库仑定律,并考虑靶体自由表面的影响,弹体表面的法向和切向应力可分别表示为:

$$\sigma_n=\begin{cases}(2\beta/\pi)(A+Bv_{1,n}) & (\text{上表面})\\ A+Bv_{2,n} & (\text{下表面})\end{cases}, \tag{7.237}$$

$$\sigma_\tau=\mu\sigma_n。 \tag{7.238}$$

式中: $v_{1,n}$、$v_{2,n}$ 分别表示弹体上、下表面某一点的法向速度; μ 为弹体与介质间的滑动摩擦系数。弹体表面任一点的侵彻阻力分别为:

$$\mathrm{d}F_n=\sigma_n\mathrm{d}A=\frac{\sigma_n l\tan\varphi\mathrm{d}l\mathrm{d}\gamma}{\cos\varphi}, \tag{7.239}$$

$$dF_\tau = \mu dF_n = \mu \frac{\sigma_n l \tan \varphi d l d\gamma}{\cos \varphi}。 \tag{7.240}$$

因此，得到侵彻阻力沿垂直于弹轴方向和平行于弹轴方向上的分量分别为：

$$F_{x'} = F_{1,x'} + F_{2,x'}。 \tag{7.241}$$

其中：

$$F_{1,x'} = \int_0^{l_1} \int_{-\pi/2}^{\pi/2} (\mu \sin \phi - \cos \phi) \cos \gamma \frac{\sigma_{1,n} l \tan \phi d l d\gamma}{\cos \phi};$$

$$F_{2,x'} = -\int_0^{l_2} \int_{-\pi/2}^{\pi/2} (\mu \sin \phi - \cos \phi) \cos \gamma \frac{\sigma_{2,n} l \tan \phi d l d\gamma}{\cos \phi}。$$

$$F_{y'} = F_{1,y'} + F_{2,y'}。 \tag{7.242}$$

其中：

$$F_{1,y'} = -\int_0^{l_1} \int_{-\pi/2}^{\pi/2} (\mu \cos \phi + \sin \phi) \frac{\sigma_{1,n} l \tan \phi d l d\gamma}{\cos \phi};$$

$$F_{2,y'} = -\int_0^{l_2} \int_{-\pi/2}^{\pi/2} (\mu \cos \phi + \sin \phi) \frac{\sigma_{2,n} l \tan \phi d l d\gamma}{\cos \phi}。$$

$$M_d = M_{x'} + M_{y'} = (M_{1,x'} + M_{2,x'}) + (M_{1,y'} + M_{2,y'})。 \tag{7.243}$$

其中：

$$M_{1,x'} = \int_0^{l_1} \int_{-\pi/2}^{\pi/2} (L_0 - l)(\mu \sin \phi - \cos \phi) \cos \gamma \frac{\sigma_{1,n} l \tan \phi d l d\gamma}{\cos \phi};$$

$$M_{2,x'} = -\int_0^{l_2} \int_{-\pi/2}^{\pi/2} (L_0 - l)(\mu \sin \phi - \cos \phi) \cos \gamma \frac{\sigma_{2,n} l \tan \phi d l d\gamma}{\cos \phi};$$

$$M_{1,y'} = \int_0^{l_1} \int_{-\pi/2}^{\pi/2} (l \tan \phi \cos \gamma)(\mu \cos \phi + \sin \phi) \frac{\sigma_{1,n} l \tan \phi d l d\gamma}{\cos \phi};$$

$$M_{2,y'} = -\int_0^{l_2} \int_{-\pi/2}^{\pi/2} (l \tan \phi \cos \gamma)(\mu \cos \phi + \sin \phi) \frac{\sigma_{2,n} l \tan \phi d l d\gamma}{\cos \phi}。$$

对式(7.241)～(7.243)积分得到：

$$F_{x'} = a_1 v \sin \delta + a_2 v \cos \delta + a_3 \omega + a_4, \tag{7.244}$$

$$F_{y'} = b_1 v \sin \delta + b_2 v \cos \delta + b_3 \omega + b_4, \tag{7.245}$$

$$M_d = c_1 v \sin \delta + c_2 v \cos \delta + c_3 \omega + c_4。 \tag{7.246}$$

式中：

$$a_1 = -\frac{1}{4}(\mu \sin \phi - \cos \phi) \tan \phi B \pi (K_C l_1^2 + l_2^2);$$

$$a_2 = (\mu \sin \phi - \cos \phi) \tan^2 \phi B (K_C l_1^2 - l_2^2);$$

$$a_3 = (\mu \sin \phi - \cos \phi) \tan \phi B \pi \left[\frac{1}{4}(K_C l_1^2 + l_2^2) L_0 - \frac{1}{6}(K_C l_1^3 + l_2^3) \right];$$

$$a_4 = \frac{(\mu \sin \phi - \cos \phi)}{\cos \phi} \tan \phi A (K_C l_1^2 - l_2^2);$$

$$b_1 = (\mu \cos \phi + \sin \phi) \tan \phi B (K_C l_1^2 - l_2^2);$$

$$b_2 = -\frac{1}{2}(\mu\cos\phi+\sin\phi)\tan^2\phi B\pi(K_C l_1^2+l_2^2);$$

$$b_3 = (\mu\cos\phi+\sin\phi)\tan\phi B\left[\frac{2}{3}(K_C l_1^3-l_2^3)-(K_C l_1^2-l_2^2)L_0\right];$$

$$b_4 = -\frac{1}{2}\frac{(\mu\cos\phi+\sin\phi)}{\cos\phi}\tan\phi A\pi(K_C l_1^2+l_2^2);$$

$$c_1 = -(\mu\sin\phi-\cos\phi)\tan\phi B\pi\left[\frac{1}{4}(K_C l_1^2+l_2^2)L_0-\frac{1}{6}(K_C l_1^3+l_2^3)\right]$$
$$-\frac{1}{6}(\mu\cos\phi+\sin\phi)\tan^2\phi B\pi(K_C l_1^3+l_2^3);$$

$$c_2 = (\mu\sin\phi-\cos\phi)\tan^2\phi B\left[(K_C l_1^2-l_2^2)L_0-\frac{2}{3}(K_C l_1^3-l_2^3)\right]$$
$$+\frac{2}{3}(\mu\cos\phi+\sin\phi)\tan^3\phi B(K_C l_1^3-l_2^3);$$

$$c_3 = (\mu\sin\phi-\cos\phi)\tan\phi B\pi\left[\frac{1}{8}(K_C l_1^4+l_2^4)-\frac{1}{6}(K_C l_1^3+l_2^3)L_0+\frac{1}{4}(K_C l_1^2+l_2^2)L_0^2\right]$$
$$+(\mu\cos\phi+\sin\phi)\tan^2\phi B\pi\left[\frac{1}{6}(K_C l_1^3+l_2^3)L_0-\frac{1}{8}(K_C l_1^4+l_2^4)\right];$$

$$c_4 = \frac{(\mu\sin\phi-\cos\phi)}{\cos\phi}\tan\phi A\left[(K_C l_1^2-l_2^2)L_0-\frac{2}{3}(K_C l_1^3-l_2^3)\right]$$
$$+\frac{2}{3}\frac{(\mu\cos\phi+\sin\phi)}{\cos\phi}\tan^2\phi A(K_C l_1^3-l_2^3)。$$

为了应用式(7.229)和式(7.230)，将弹头表面的侵彻阻力沿平行于质心速度方向和垂直于质心速度方向分解得到：

$$F_t = F_{x'}\sin\delta-F_{y'}\cos\delta$$
$$= -(a_1+b_2)v\cos^2\delta+(a_2-b_1)v\sin\delta\cos\delta+a_3\omega\sin\delta$$
$$-b_3\omega\cos\delta+a_4\sin\delta-b_4\cos\delta+a_1 v, \tag{7.247}$$

$$F_d = F_{x'}\cos\delta+F_{y'}\sin\delta$$
$$= (a_2-b_1)v\cos^2\delta+(a_1+b_2)v\sin\delta\cos\delta+b_3\omega\sin\delta$$
$$+a_3\omega\cos\delta+b_4\sin\delta+a_4\cos\delta+b_1 v。 \tag{7.248}$$

将式(7.246)、式(7.247)和式(7.248)分别代入式(7.231)、式(7.234)得到：

$$\frac{dv}{dt} = -\frac{-(a_1+b_2)v\cos^2\delta+(a_2-b_1)v\sin\delta\cos\delta+a_3\omega\sin\delta}{M_p} \rightarrow$$
$$\frac{-b_3\omega\cos\delta+a_4\sin\delta-b_4\cos\delta+a_1 v}{M_p}, \tag{7.249}$$

$$\frac{d\delta}{dt} = -\frac{(a_2-b_1)v\cos^2\delta+(a_1+b_2)v\sin\delta\cos\delta+b_3\omega\sin\delta}{M_p v} \rightarrow$$
$$\frac{+a_3\omega\cos\delta+b_4\sin\delta+a_4\cos\delta+b_1 v}{M_p v}+\omega, \tag{7.250}$$

$$\frac{\mathrm{d}\omega}{\mathrm{d}t} = \frac{c_1 v \sin\delta + c_2 v \cos\delta + c_3\omega + c_4}{J_C}, \tag{7.251}$$

$$\frac{\mathrm{d}\beta}{\mathrm{d}t} = -\omega。 \tag{7.252}$$

由弹体质心运动就可以确定弹体头部尖顶的运动方程:

$$\frac{\mathrm{d}X_h}{\mathrm{d}t} = v\cos(\beta+\delta) + \omega L_0\sin\beta, \tag{7.253}$$

$$\frac{\mathrm{d}Y_h}{\mathrm{d}t} = v\sin(\beta+\delta) - \omega L_0\cos\beta。 \tag{7.254}$$

式中: X_h、Y_h 分别为弹体头部尖顶的水平和垂直位移。引入初始条件 v_0、δ_0、ω_0、β_0、$X_{h,0}$、$Y_{h,0}$,利用 Runge-Kutta 法求解方程组(7.249)~(7.254),可以求得弹体侵彻深度 Y_h,并可以得到弹体头部尖顶的运动轨迹曲线。

7.4.3.4　算例

简要分析弹体命中角 φ、初始攻角 δ_0、初始角速度 ω_0 及命中速度 v_0 等因素对弹体侵彻过程的影响,采用如下提供的靶体材料参数:RPC+2.5%钢纤维,$f_c = 145$ MPa,$\tau_s^e = 6.216$ MPa,$\rho_0 = 2800$ kg/m³,$C_p^* = 1150$ m/s,$\lambda = 0.46$,$D/(2l) = 0.475$。弹体参数:$M_p = 4.44$ kg,$L_0 = 0.465$ m,$D = 0.057$ m,$v_0 = 500$ m/s,$\phi = 15.5°$。

从图 7.74(a)可以看出,在斜入射情况下,弹体命中角越大,侵彻深度越小;从图 7.74(b)可以看出,由于弹体初始攻角的影响,弹道轨迹发生弯曲,弹体初始攻角越大,弹道轨迹弯曲更加明显,侵彻深度显著减小;从图 7.74(c)、7.74(d)可以看出,弹体初始角速度越大,侵彻深度越小,且弹体角速度对侵彻深度的影响程度随命中速度增加而减小。

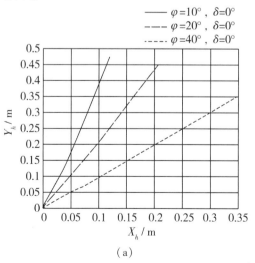

(a)

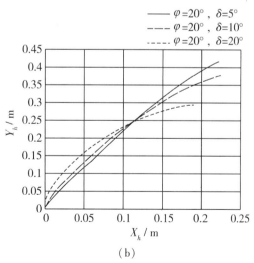

(b)

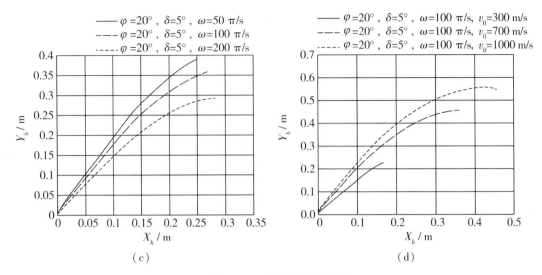

图 7.74　弹体侵彻轨迹曲线

7.4.4　任意入射弹体侵彻深度简化计算公式

根据前面的推导,通过计算可以得到垂直入射条件下弹体在不含偏航球的靶体介质中的侵彻深度 $H_{pen,1}$、任意入射条件下弹体在不含偏航球的靶体介质中的侵彻深度 $H_{pen,2}$ 和任意入射条件下弹体在含偏航球的靶体介质中的侵彻深度 $H_{pen,3}$。遗憾的是,仅有 $H_{pen,1}$ 才有解析表达式,$H_{pen,2}$ 和 $H_{pen,3}$ 一般均要通过数值计算才能得到解答,大大限制了理论计算在实际工程中的推广应用。因此,有必要进行简化公式的研究。

7.4.4.1　斜入射影响率

试验和理论计算都已证实,斜入射条件下,弹体的侵彻深度比垂直入射的情况要小,定义 ΔH_1 为任意入射条件下弹体在不含偏航球的靶体介质中的侵彻深度相对垂直入射条件下弹体在不含偏航球的靶体介质中的侵彻深度的减小值,则有:

$$\Delta H_1 = H_{pen,1} - H_{pen2} \text{。} \tag{7.255}$$

为了应用方便,引入弹体斜入射和偏航入射综合影响率 ζ_1,则斜入射和偏航入射对侵彻深度的影响可以用下面的公式来表示:

$$\zeta_1 = \frac{\Delta H_1}{H_{pen,1}} = \frac{H_{pen,1} - H_{pen,2}}{H_{pen,1}} \text{。} \tag{7.256}$$

于是得到弹体斜入射和偏航入射的侵彻深度计算公式:

$$H_{pen,2} = (1 - \zeta_1) H_{pen,1} \text{。} \tag{7.257}$$

式中：$H_{pen,1}$ 是由公式(7.225)计算出的弹体垂直入射时的侵彻深度。

7.4.4.2　偏航球影响率

1. 弹体与偏航球碰撞对侵彻深度的影响

与斜入射一样，定义 ΔH_2 为任意入射条件下弹体在含偏航球的靶体介质中的侵彻深度相对任意入射条件下弹体在不含偏航球的靶体介质中的侵彻深度的减小值：

$$\Delta H_2 = H_{\text{pen},2} - H_{\text{pen},3}。 \tag{7.258}$$

引入偏航球影响率 ζ_2，则偏航球与弹体碰撞对侵彻深度的影响可以用下面的公式来表示：

$$\zeta_2 = \frac{\Delta H_2}{H_{\text{pen},2}} = \frac{H_{\text{pen},2} - H_{\text{pen},3}}{H_{\text{pen},2}}。 \tag{7.259}$$

于是得到任意入射情况下，弹体与偏航球发生碰撞时的侵彻深度计算公式：

$$H_{\text{pen},3} = (1 - \zeta_2) H_{\text{pen},2}。 \tag{7.260}$$

式中：$H_{\text{pen},2}$ 是弹体任意入射不含偏航球的靶体介质中的侵彻深度。

2. 平均减小侵彻深度

在公式（7.52）中，仅仅考虑了弹体与偏航球发生碰撞。显然，这只是一种最理想的情况。实际上，弹体在入射过程中可能与偏航球碰撞，也可能不发生碰撞，并且不同的入射条件和不同命中位置都有着不同的侵彻深度减小值。因此，必须从概率的意义上来考虑偏航球对侵彻深度的影响。为此，引入侵彻深度平均减小值 $\Delta \bar{H}_2$。

偏航球在靶体介质表面按中心排列方式均匀分布，其平面分布如图 7.75 所示，两偏航球心水平间距为 d，遮弹层面积为 $S = ab$。弹体命中每一偏航球周围面积 $S_0 = d^2$ 范围时的侵彻深度平均减小值即为 $\Delta \bar{H}_2$。

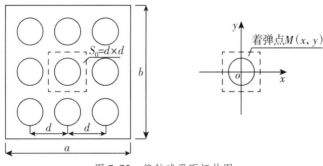

图 7.75　偏航球平面拓扑图

假定在 S_0 上的命中概率密度分布函数 $P(x, y)$ 为均匀分布，即：

$$P(x, y) = \begin{cases} 1/S_0 & (x, y \in S_0) \\ 0 & (x, y \notin S_0) \end{cases}。 \tag{7.261}$$

于是得到：

$$\Delta \bar{H}_2 = \iint\limits_{S_0} P(x, y) \Delta H(x, y) \, dx dy。 \tag{7.262}$$

为了分析方便，这里假设弹体只有在命中偏航球的情况下才产生偏航效果，并且弹体与偏航球的接触点为弹体头部尖顶。由于整体坐标与局部坐标是一致的，因而有：

$$\Delta \bar{H}_2 = \frac{1}{S_0} \int_{R_0}^{2\pi} \int_0^{R_0} r \Delta H(r) \, \mathrm{d}r \mathrm{d}\theta。 \tag{7.263}$$

式中：$\Delta H(r)$ 为弹体命中点 $M(r, \theta)$ 时的侵彻深度减小值。

设弹体命中角为 φ，命中点 $M(r, \theta)$ 距离偏航球心为 $r = \sqrt{x^2 + y^2}$，根据几何关系可以得到 $\alpha = \arccos(r/R_b)$，R_b 为偏航球半径。根据第 6 章分析可知，弹体获得的攻角或角速度与弹体轴线偏离接触点法线方向的角度大致呈线性关系。因此，可以简单地将弹体命中任意点 $M(r, \theta)$ 时偏航球对侵彻深度的影响程度表征为：

$$\Delta H(r) = \Delta H_2 \left(1 - \frac{\phi}{\alpha} \right)。 \tag{7.264}$$

将式(7.264)代入式(7.263)并令：

$$\psi = \frac{1}{S_0} \int_{R_0}^{2\pi} \int_0^{R_0} r \left(1 - \frac{\varphi}{\alpha} \right) \mathrm{d}r \mathrm{d}\theta, \tag{7.265}$$

于是得到：

$$\Delta \bar{H} = \psi \Delta H_2。 \tag{7.266}$$

以 $\Delta \bar{H}$ 替换 ΔH_2 则可得到考虑偏航球几何分布特征的侵彻深度计算公式：

$$H_{\mathrm{pen},3} = (1 - \psi \zeta_2) H_{\mathrm{pen},2}。 \tag{7.267}$$

7.4.4.3 侵彻深度简化计算公式

根据前面的分析，相对于垂直入射，式(7.257)定义了斜入射对弹体侵彻深度的影响率 ζ_1；相对于含偏航球的情况，式(7.267)定义了概率意义上的偏航球对弹体侵彻深度的影响率 $\psi \zeta_2$。

令 $\lambda_1 = 1 - \zeta_1$，$\lambda_2 = 1 - \psi \zeta_2$，分别代入式(7.257)、式(7.267)得到：

$$H_{\mathrm{pen},2} = (1 - \zeta_1) H_{\mathrm{pen},1} = \lambda_1 H_{\mathrm{pen},1}, \tag{7.268}$$

$$H_{\mathrm{pen},3} = (1 - \psi \zeta_2) H_{\mathrm{pen},2} = \lambda_2 H_{\mathrm{pen},2}。 \tag{7.269}$$

将弹体垂直侵彻靶体介质的侵彻深度计算公式(7.225)代入式(7.268)，得到弹体在表面含偏航球的复合遮弹层中的侵彻深度简化计算公式：

$$H_{\mathrm{pen}} = \lambda_1 \lambda_2 \frac{M_p}{D^2} K_1 K_2 K_p v_0。 \tag{7.270}$$

式中：λ_1 称为斜入射偏转系数；λ_2 称为偏航球偏转系数。

7.4.4.4 弹体侵彻深度与试验结果比较

1. 弹体参数

弹体直径 $D = 0.057$ m，弹体长度 $L = 0.456$ m，弹头锥半角 $\phi = 15.5°$，命中角 $\varphi = 0°$，初始攻角 $\delta = 0°$，弹体质量 $M_p = 4.44$ kg。

2. 靶体参数

RPC+6%钢纤维，$f_c = 150$ MPa，$\tau_s^e = 6.216$ MPa，$\rho_0 = 2800$ kg/m³，$C_p^* = 1650$ m/s，$\lambda = 0.46$，$D/(2l) = 0.475$。

3. 偏转系数

根据弹道学原理，如果弹道为直线，攻角为0°；如果弹道为曲线，则攻角为非零。在计算中，应该认为弹体的弹道为直线，或在它接触目标之前，已经调整成直线。由于侵彻阻力主要作用在弹体的头部，弹体接触异形体的瞬间，在重力、接触力及惯性力的作用下，侵彻阻力的作用点通常都偏离弹体的质心，运动状态将发生改变，弹体的姿态也发生变化，即发生"偏转"现象，后续的侵彻轨迹必定偏离原来的"航线"，即出现"偏航"现象。这种现象在试验后靶体破坏情况（图7.76）得以证实。由于弹体命中角 $\varphi = 0°$，初始攻角 $\delta = 0°$，显然，有 $\lambda_1 = 1.0$；取偏航球半径 $R_b = 0.05$ m，球心距离 d = 0.124 m。

$(a) v_0 = 505$ m/s

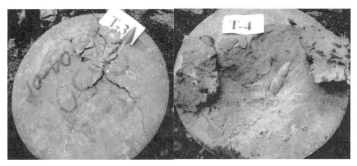

$(b) v_0 = 373$ m/s

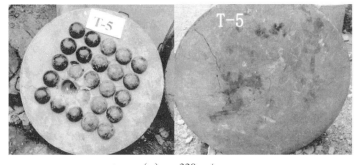

$(c) v_0 = 320$ m/s

图 7.76　试验结果

表 7.5　理论计算结果与试验结果比较

靶体编号	偏转系数 λ_2	命中速度/$m \cdot s^{-1}$	试验值/m	计算值/m	误差/%
T-3	0.9051	320	0.181	0.194	-7.2
T-4	0.8780	373	0.312	0.219	29.8
T-5	0.8173	505	0.335	0.276	17.6

　　从表 7.5 可以发现，当弹体速度较小时，理论计算结果与试验结果比较接近；当弹体速度较大时，理论计算结果比试验结果偏小，且偏差较大。造成这种偏差的影响因素较多，包括弹体命中点位置、命中速度、入射姿态及靶体其他 RPC 球柱、厚度等。但原因主要是由于试验靶体厚度较小，当弹体速度较大时，靶体背面形成大面积漏斗块或被贯穿，导致弹体侵彻模型靶体的侵彻深度比侵彻半无限靶体的真实侵彻深度偏大。

第 8 章　爆炸作用与防护结构计算

8.1　爆炸破坏的主要形式

爆炸破坏的主要形式有：

(1)碎片的破坏作用。爆炸产生的碎片一般会在 100～500 m 的范围内飞散，且速度极高，会对人员安全造成极大的威胁。

(2)冲击波的破坏作用。TNT 炸药爆炸时会产生急剧膨胀的高温高压气体，炸药附近的气体瞬间膨胀并挤压其周围的空气，同时把爆炸反应所释放的部分能量传递给周围压缩的空气层，空气因此会产生扰动，这种扰动在空气中的传播就称为爆炸冲击波。急速传播的爆炸冲击波会引起周围空气压力的骤变，从而对人员和建筑物造成严重的伤害。波阵面超压是爆炸冲击波产生破坏作用的主要原因，在爆炸中心附近，波阵面上的超压峰值可达几个甚至十几个大气压，这种急剧的压力变化会对人员和建筑物会产生很大的损伤。

(3)造成火灾。TNT 炸药发生爆炸后，爆炸产生的高温高压气体会在极短的时间扩散，可是对一般可燃物来说，不足以造成起火燃烧。因为爆炸作用耗用了大量的氧气，在一定的时间内会减弱燃烧。但是，爆炸发生后会在建筑物内遗留大量的热量或残余火苗，会引发可燃气体、易燃或可燃液体的燃烧，进而引发火灾。

8.2　爆炸冲击波

8.2.1　爆炸冲击波的产生

核爆炸、化学爆炸都会产生爆炸冲击波。其中，粒子产生化学反应，造成高温、高压引发的爆炸都是化学爆炸，炸药爆炸是典型的化学爆炸。炸药起爆后，其可燃物以及氧化剂在极短时间内发生分解反应，释放巨大能量，使得空气介质温度瞬间升高，达到 $(3～5)\times10^3$ K，空气压力骤然提高，压缩外围空气，导致气体往外运动。由于爆炸释放的能量巨大，释放的时间极短，导致四周空气压力产生突跃的阵面。这类对于空气的扰动表现为波的形态，并且由于炸药具备特定的体积与质量，其物质完全发生化学分解反应转化为能量需要一定的时间(虽然时间很短)，在这段时间内爆轰产物会不断转化为冲击波并提供能量，使得爆炸冲击波获得前进的速度向外传播。随着炸药物质完全反应结束，空气的能量迅速衰减，空气压力逐渐下降直至与大气压相同，空气冲击波失去能量的输入；但是，由于具有初速度，空气介质仍然会向前运动，从而形成稀疏区，其压力低于大气压（图 8.1）。同时，由于冲击波在运动途径中会产生能量损失，爆炸冲击波的压力会随着传播距离增大以及时间增加而降低。其压力变化曲线如图 8.2 所示。

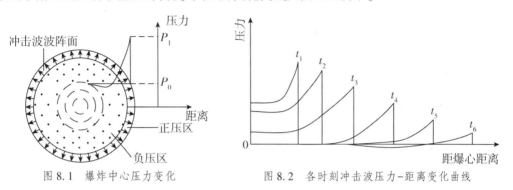

图 8.1 爆炸中心压力变化   图 8.2 各时刻冲击波压力–距离变化曲线

8.2.2 冲击波的特性

8.2.2.1 存在超压及负压

从爆炸空气冲击波的产生可以知道，冲击波从爆心向外传播，像一个球体，这个球体分为压缩区和稀疏区。在球体的外层，未受到扰动的空气接触到冲击波后被压缩，空气压力瞬间增大，使得空气介质获得速度往球体外运动。而随着空气介质的离开，这一点的空气压力不断下降，形成稀疏区，其压力低于正常大气压。通常把大于正常大气压的瞬间压力称作超压，把小于正常大气压的瞬间压力称作负压。当空气冲击波通过空间某一个点时，该点的压力瞬间提升至超压，随后逐渐下降形成负压（图 8.3）。

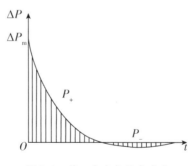

图 8.3 某一点空气压力变化

由图 8.3 可见，超压是突然增加的，且峰值较大；负压是级变的，峰值相对较小。因此，一般只考虑正相作用的超压，不考虑负压；但在有些情况下仍需考虑负压，如防护门等防冲击波设备既要抗正压作用也要抗负压作用时。

8.2.2.2　存在动压

由于冲击波波阵面内的空气质点具有速度，因而当它的运动受阻时，这部分动能就要以压力的形式表现出来，这部分压力被称为动压。动压与空气质点速度的平方成正比。动压表现为一种强风力，因而有时又称为拖曳力。由于给定点处动压随时间的变化相当于风速变化，因此动压随时间的下降速率比超压要大。当超压下降为零时，空气粒子产生的风速因惯性而不会立即变为零，故动压正相持续时间要比超压正相持续时间长一些，而动压负相持续时间要比超压负相持续时间短一些。同样，动压对防护结构产生的破坏作用一般也发生在冲击波动压正相作用期间。

当空气冲击波达到时，空气中的物体即会受到超压的作用；而动压是一种潜在的能量，仅当波阵面内质点运动受阻时才会显现出来。空气冲击波沿地面传播时，地面只受到超压作用，动压不表现出来。空气冲击波横向作用于细长的电线杆上时，超压的作用使电线杆受到均匀轴向压力，这种作用在工程上常常可以忽略；由于空气质点的运动受到电线杆的阻挡，使电线杆受到横向作用的动压作用。因此，对于细长杆状或筒状结构，如悬索电线杆、斜拉桥、桁架桥和烟囱等，动压将成为破坏效应的控制参数。

此外，确定空气冲击波对防护结构效应的另一个重要参数是冲量。冲量被定义为空气冲击波超压时程曲线下的面积。

因此，空气冲击波的基本参数主要有以下几类：冲击波超压峰值或波阵面超压 ΔP_+（$\Delta P_+ = p_+ - p_0$，其中 p_+ 为波阵面的绝对压力，p_0 为大气压力），冲击波负压峰值或波阵面负超压 ΔP_- [$\Delta P_- = p_0 - p_-$，其中 p_- 为冲击稀疏区（负压区）最大绝对压力]，冲击正压作用时间 t_+ 及负压作用时间 t_-，冲击波超压（正相）随时间的变化规律（时程曲线）$\Delta P_+(t)$，冲击波动压 q，冲击波冲量 i，等等。

8.2.2.3　遇孔入射，遇障碍反射、绕射

空气冲击波遇到孔口时，由于孔口内外空气压力不一样，必然导致空气冲击波的入射，并在孔口内传播。这就是防护工程的口部要安装防空气冲击波的防护设备或设施的原因。空气冲击波遇到障碍时，高速运动的空气质点受到阻滞，空气变密，超压必然增大，这种现象被称为反射。通常反射压力会达到入射压力的 2～8 倍或以上，所以在防护工程中反射压力是重要考虑因素。同时，高气压处空气的密度大，低气压处空气的密度小，空气会从密度大的地方流向密度小的地方，在障碍拐角处发生绕射。

核爆空气冲击波与化爆空气冲击波都是瞬时爆炸产生的，均具有上述空气冲击波的基本特性，但由于两者的爆炸机制以及冲击波形成不同，它们还是具有一定差别的。核爆空气冲击波作用时间较长，一般为几百毫秒至数秒；化爆空气冲击波正压作用时间要短得多，一般仅数毫秒或数十毫秒。由于作用时间的差异，核爆空气冲击波衰减慢，遇孔入射、绕射能力强；化爆空气冲击波衰减快，遇孔入射、绕射能力弱，负压低，但结构反弹作用大。

8.2.3 冲击波的危害

冲击波的危害具体分为对人体的危害和给建筑物带来的毁坏。其中，对人的伤害主要是使得耳膜、肺脏受伤，如果冲击波超压超过一定压力值时，会导致脏腑器官严重受损，尤其会造成肺、肝、脾破裂，以至导致人员死亡。其具体危害程度如表8.1所示。

表8.1 冲击波超压对人体危害程度

危害程度	超压/10^5 Pa	对人的影响
轻微	0.2~0.3	轻度受伤
中等	0.3~0.5	中度受伤，耳膜受损，骨折
严重	0.5~1.0	脏肺重度受伤，危及生命
极严重	>1.0	死亡

资料来源：罗立胜：《基于面力效应的 HFR-LWC 梁抗爆性能研究》，陆军工程大学国防工程学院学位论文，2019 年。

爆炸产生的爆炸冲击波传播到结构上，即与结构产生相互作用，发生一系列的反射、衍射以及绕射。在相互作用的过程中，爆炸冲击波本身受到削弱。同时，爆炸冲击波以爆炸荷载的形式作用在结构的各个构件上，引发结构的动力响应、损伤破坏甚至连续倒塌。

当建筑结构外部发生爆炸后，爆炸冲击波对于建筑结构的作用通常可以分为三个过程：①对迎向爆炸冲击波的结构外围墙、柱及窗户产生向内的推力，窗户上的玻璃可能变成碎片，柱也可能被破坏，如图8.4（a）所示；②对楼板及梁等构件产生向上的推力，如图8.4（b）所示；③结构处于爆炸冲击波的包围之中，屋顶有向下的压力，整个建筑四周构件受到向内的压力作用，如图8.4（c）所示。

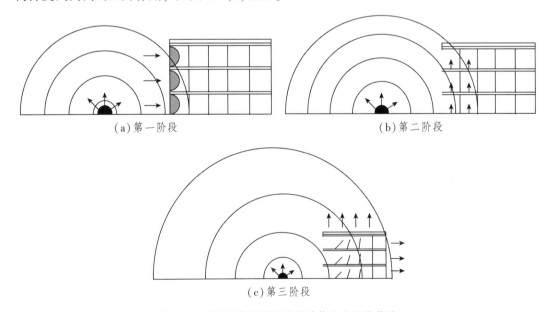

（a）第一阶段　　　　　　　　　　　　（b）第二阶段

（c）第三阶段

图 8.4　外部爆炸环境下建筑结构上的爆炸荷载

建筑外爆炸环境下作用于建筑结构或构件上的爆炸荷载与下列因素有关：①炸药的重量；②炸药起爆点和建筑结构或构件的相对位置；③建筑结构或构件本身的几何形状；④建筑结构或构件与地面的关系(地上或地下)。

8.3　爆炸荷载的确定

8.3.1　爆炸荷载的简化

由于炸药爆炸产生的空气冲击波作用在物体上的时间非常短暂，由此产生的荷载作用时间短，结构响应还没有达到峰值荷载就已经衰减消失，物体的位移峰值往往出现荷载作用过后的自振阶段。实际工程设计中，因为化爆冲击波正压作用的破坏程度比负压作用要严重，从防护目标建筑的角度考虑，设计时可以不考虑负压作用，把作用在结构上的冲击波荷载按等冲量 i 简化为无升压时间的三角形荷载，其中等冲量时间按 $\tau = 2i/P_m$ 确定(图8.5)。

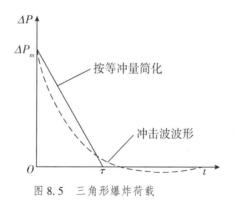

图 8.5　三角形爆炸荷载

8.3.2　爆炸荷载理论计算模型

进行防护工程设计时，需要知道设计爆炸荷载的超压峰值以及正压持续时间等参数，必要参数获得后可以通过超压准则、冲量准则以及超压-冲量准则给构件受到的损伤效应进行预测和评价。一般工程难以通过试验获得必要参数，因此。通过经验公式计算以及数值模拟预测作用在结构上的爆炸荷载是主要的途径。根据爆炸相似律定义比例距离 R，从而得到超压最大值以及持续时间与比例距离的关系：

$$R = \frac{L}{\sqrt[3]{W}}, \tag{8.1}$$

$$\Delta P_+ = f(R), \tag{8.2}$$

$$t_+ = \sqrt[3]{W}\phi(R)。 \tag{8.3}$$

式中：L 为装药半径(爆心到结构物的距离，m)；W 为装药量(kg)；f 和 ϕ 的函数形式由理论推导结合试验验证确定。

国内外专家学者为探究超压峰值、作用时间与比例距离的函数关系，进行了大量的理论分析和试验研究，得到了许多已经被广泛应用的经验公式，这些经验公式是关于比例距离 R 的函数 f 与 ϕ 的多项式展开。美国陆军技术手册《抗偶然爆炸结构设计手册》(TM 5-1300)中给出了球形炸药在空气中爆炸产生的冲击波超压峰值理论计算公式：

$$\Delta P = \frac{1.8629}{R} + \frac{11.19933}{R^2} - \frac{0.9315}{R^3} + \frac{0.02665}{R^4} \quad (0.037 \leqslant R \leqslant 0.3967), \tag{8.4}$$

$$\Delta P = \frac{1.24033}{R} + \frac{3.92737}{R^2} + \frac{7.29823}{R^3} - \frac{1.94425}{R^4} \quad (0.3967 \leqslant R \leqslant 3.967), \tag{8.5}$$

$$\Delta P = \frac{0.15797}{R} + \frac{196958}{R^2} - \frac{6.27228}{R^3} + \frac{24.89097}{R^4} \quad (3.967 \leqslant R \leqslant 39.67)。 \tag{8.6}$$

H. L. Brode 基于模型相似理论给出了空气中爆炸冲击波超压峰值的经验公式：

$$\Delta P = \frac{0.67}{R^3} + 0.1 \quad (\Delta P > 1 \text{ MPa}), \tag{8.7}$$

$$\Delta P = \frac{0.975}{R} + \frac{0.1455}{R^2} + \frac{0.585}{R^3} - 0.0019 \quad (0.01 \text{ MPa} \leqslant \Delta P \leqslant 1 \text{ MPa})。 \tag{8.8}$$

J. Henrych 采用试验的方法提出了无限空气域空气中爆炸冲击波超压峰值的经验计算公式：

$$\Delta P = \frac{1.4072}{R} + \frac{0.554}{R^2} - \frac{0.0357}{R^3} + \frac{0.000625}{R^4} \quad (0.05 \leqslant R \leqslant 0.3), \tag{8.9}$$

$$\Delta P = \frac{0.6194}{R} - \frac{0.033}{R^2} + \frac{0.213}{R^3} \quad (0.3 \leqslant R \leqslant 1), \tag{8.10}$$

$$\Delta P = \frac{0.066}{R} + \frac{0.405}{R^2} + \frac{0.329}{R^3} \quad (1 \leqslant R \leqslant 10)。 \tag{8.11}$$

Baker 归纳了球状 TNT 装药的超压峰值公式：

$$\Delta P = \frac{2.006}{R} + \frac{0.194}{R^2} - \frac{0.004}{R^3} \quad (0.05 \leqslant R \leqslant 0.5), \tag{8.12}$$

$$\Delta p = \frac{0.067}{R} + \frac{0.301}{R^2} + \frac{0.431}{R^3} \quad (0.5 \leqslant R \leqslant 70.9)。 \tag{8.13}$$

Mills 用相似理论及数值模拟相结合的方法得到 TNT 爆炸冲击波超压峰值的表达式：

$$\Delta P = \frac{0.108}{R} - \frac{0.114}{R^2} + \frac{1.772}{R^3}。 \tag{8.14}$$

TM 5-1300 给出了球形 TNT 和半球形 TNT 炸药发生爆炸时爆炸荷载参数的一系列图表。

当炸药在空气中发生爆炸时，正压作用时间是影响爆炸冲击波能否对其周围结构产生破坏的一个重要参数。已知炸药的能量 E_0、空气初始状态压力 P_0、密度 ρ_0 以及爆炸空气冲击波的传播距离 R，正压作用时间 t_+ 可表示为：

$$t_+ = f_1(E_0, P_0, \rho_0, R)。 \tag{8.15}$$

利用量纲分析的方法可以得到：

$$\frac{t_+}{\sqrt[3]{W}} = f_1\left(\frac{L}{\sqrt[3]{W}}\right)。 \tag{8.16}$$

球形装药在空中爆炸时，t_+ 的计算公式为：

$$\frac{t_+}{\sqrt[3]{W}} = 1.35 \times 10^{-3} R^{1/2} \text{。}$$ （8.17）

当爆炸冲击波遇到刚性地面时，t_+ 的计算公式为：

$$\frac{t_+}{\sqrt[3]{W}} = 1.52 \times 10^{-3} R^{1/2}\text{；}$$ （8.18）

当爆炸冲击波遇到普通土壤地面时，t_+ 的计算公式为：

$$\frac{t_+}{\sqrt[3]{W}} = 1.49 \times 10^{-3} R^{1/2} \text{。}$$ （8.19）

J. Henrych 在大量试验研究的基础上给出正压持续时间的经验公式：

$$t_+ = \sqrt[3]{W}\,(0.107 + 0.444R + 0.264R^2 - 0.129R^3 + 0.0335R^4)\text{；}$$ （8.20）

Baker 给出正压持续时间的经验公式为：

$$t_+ = 1.5 \times 10^{-3} W^{1/6} \sqrt{L}\text{；}$$ （8.21）

Wu Chegnwing 通过理论推导与试验分析，得出正压持续时间为：

$$t_+ = 1.9R^{1.3} + 0.5R^{0.72} W^{0.16}\text{。}$$ （8.22）

已有学者对众多经验公式的可靠性进行验证，发现：当比例距离大于 1 $\text{m/kg}^{1/3}$ 时，各个公式估算值比较接近；当比例距离小于 0.3 $\text{m/kg}^{1/3}$ 时，各个公式的估算值差别较大。这是由于近距离爆炸的影响因素过多，各个公式考虑的侧重点有差异。从整体比较来看，TM 5-1300 的预测值比较保守，适合用于设计。

8.4　防护结构损伤评估

8.4.1　破坏准则

爆炸荷载作用下结构构件的损伤程度评估是一个极其复杂的课题。迄今为止，结构构件在爆炸荷载作用下的损伤程度评估方面能够实际应用的成果仍为空白。评估爆炸破坏、计算结构动态响应时，需从两个方面考虑，即受力与施力。受力方面考虑结构受力作用产生的最大挠度、转角等响应状态，施力方面考虑施力大小、方向等变化。以评估钢管 *RPC* 柱爆炸损伤为例，炸药当量、爆炸距离、反射、绕射等因素都会影响爆炸荷载作用于结构的大小、持续时间和衰减过程。爆炸荷载与结构之间不同的相互关系，在计算动态响应时，可以有不同的考虑方法，即爆炸冲击波破坏准则。目前广泛使用的损伤准则有超压准则、冲量准则、超压-冲量准则。

（1）超压准则。超压准则认为当作用于结构上的超压荷载超过某一临界数值时，结构便达到破坏标准。该准则适用于爆炸持续时间长，当结构达到最大响应时爆炸荷载无明显衰减，可视为准静态荷载的情况。由于在使用时仅需测量或计算超压这一项数值，过程简便、难度较小，超压准则成为常用准则之一。

（2）冲量准则。冲量准则在超压准则的基础上考虑了爆炸持续时间的影响，通过计算爆炸产生的冲量，即 $I = \int_0^{t_d} P(t)\,\mathrm{d}t$，来评估结构的破坏程度。该准则以冲量为唯一标准，认为当作用于结构上的冲量超过某一临界值时，即可认为结构被破坏了。

（3）超压-冲量准则。以上两种准则都较为片面，如：超压准则忽略了爆炸持续时间对结构响应的影响，冲量准则忽略了荷载很小但持续时间很长的情况。综合考虑超压与冲量的破坏效应，20 世纪 70 年代，美国某研究所建立了超压-冲量准则。该准则以超压与冲量共同作为评判标准，认为只有当超压和冲量同时超出某临界值时，结构才会被破坏。具体表达式如下：

$$(P - P_{\mathrm{cr}})(I - I_{\mathrm{cr}}) = C。 \tag{8.23}$$

式中：C 为某一损伤等级决定的常数；P_{cr}、I_{cr} 分别为 C 值损伤等级对应的超压与冲量的临界值。

将超压-冲量准则表征在直角坐标系中，即可做出结构构件的压力-冲量曲线，即 P-I 曲线，这在爆炸荷载作用下的损伤程度评估领域是比较认可的研究方向。

8.4.2 P-I 曲线的介绍

P-I 曲线是爆炸荷载作用下某一特定构件的等损伤线，每一条 P-I 曲线对应某一特定程度的损伤。研究人员在对第二次世界大战中遭炸弹破坏的房屋的破坏程度进行评估时，首次引入了 P-I 曲线。随后，P-I 曲线常被用于对结构的损伤以及爆炸荷载作用下人体的伤亡情况进行评估。

图 8.6 给出了某结构构件典型的 P-I 曲线。对应于每一条 P-I 曲线，在 P-I 空间中，有两条渐近线，即超压渐近线和冲量渐近线，分别定义了超压和冲量两个参数的临界值。可以将 P-I 空间中的爆炸荷载分为冲量荷载、准静态荷载和动力荷载。当结构承受脉冲荷载时，结构的响应仅与爆炸荷载的冲量有关，而与爆炸荷载的超压无关，这就在 P-I 空间中形成一条竖线，界定出使结构构件发生某一特定程度损伤所需的最小冲量，即冲量渐近线。同样，在准静态荷载的作用下，结构的响应与爆炸荷载的冲量无关，仅取决于爆炸荷载的超压峰值。因此，在 P-I 空间中形成一条横向渐近线，用来界定结构构件发生某一特定程度损伤所需的最小超压峰值，即准静态渐近线。在动力荷载作用下，结构构件的响应

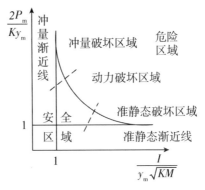

图 8.6 典型 P-I 曲线

不仅与爆炸荷载的冲量有关，而且与爆炸荷载的超压峰值有关。

从图 8.6 亦可以看出，*P–I* 曲线本身将 *P–I* 空间分成两部分。当作用在结构构件上的爆炸荷载落在 *P–I* 曲线的右上方时，其对结构构件造成的损伤程度要高于该曲线所对应的程度；相反地，如果作用在结构构件上的爆炸荷载落在 *P–I* 曲线的左下方，其对结构构件造成的损伤程度要低于该曲线所对应的程度。这就是 *P–I* 曲线用来评估爆炸荷载作用下结构构件损伤程度的基本原理。通常情况下，在 *P–I* 空间中会有一组 *P–I* 曲线，分别对应于不同的损伤程度等级(范围)，如低度损伤、中度损伤和重度损伤等。这样，把某一特定的爆炸荷载投影到 *P–I* 曲线图的 *P–I* 空间中，根据它所落入的区域，便可以预测出在该爆炸荷载作用下结构构件可能发生的损伤程度等级。

8.4.3　*P–I* 曲线的确定方法

近年来，研究者提出了一系列确定结构构件 *P–I* 曲线的方法。根据这些方法的本质，可以将其分为三大类，即解析方法、试验方法和数值方法。

8.4.3.1　解析方法

在解析方法中，通常将结构构件简化为单自由度体系，并采用单自由度体系在爆炸荷载作用下的最大位移作为破坏准则。在此破坏准则的基础上，通过计算单自由度体系在不同爆炸荷载作用下的最大位移响应来确定结构构件的 *P–I* 曲线。

利用解析方法，Li 和 Meng 基于单自由度模型的物理分析方法，采用基于最大位移的破坏准则，得到了单自由度体系归一化的 *P–I* 曲线，在此基础上研究了爆炸荷载形状(三角形荷载、矩形荷载等)对单自由度体系归一化的 *P–I* 曲线的影响，并提出了一种等效 *P–I* 曲线，用来消除爆炸荷载形状对 *P–I* 曲线的影响。

Fallah 和 Louca 提出了一种将结构构件简化为弹塑性增强和弹塑性软化单自由度体系，进而确定其 *P–I* 曲线的解析方法。此方法将结构构件简化为单自由度结构体系时，采用了较为精确的本构关系，从而提高了由此计算得到的结构构件 *P–I* 曲线的精度。

上述两种解析方法适用的单自由度体系可以是弹性的、理想弹塑性的、刚塑性的、弹塑性增强的以及弹塑性软化的，并且能够同时考虑爆炸荷载形状对结构构件 *P–I* 曲线的影响。然而，这两种方法均需将结构构件简化为单自由度体系，这一本质思想有着其自身的局限性。众所周知，在爆炸荷载作用下，尤其是爆炸荷载的持续时间很短，结构构件的影响往往是局部的。在这种情况下，结构构件的高阶模态可能会控制结构构件的破坏。由于简化的单自由度体系仅能代表结构某阶模态的响应，因此，将结构构件简化为单自由度体系对于分析爆炸荷载作用下构件的动力行为可能并不合适。同时，上述两种方法得到的 *P–I* 曲线也不能够准确地预测结构构件在多种损伤模式下的损伤程度。因为在不同的损伤模式下，结构构件基于最大位移的破坏准则可能有较大差别，如相同的最大位移所对应的剪切破坏的损伤程度要远大于弯曲破坏的损伤程度。

为克服上述两种解析方法得到的 *P–I* 曲线在预测多种损伤模式下结构构件的损伤程度的局限性，有学者提出了一种新的考虑梁多种损伤模式的 *P–I* 曲线的确定方法。该方法同时考虑了弯曲破坏和剪切破坏两种破坏模式(图8.7),是运用解析法确定结构构件多损伤模式 $P\text{-}I$ 曲线的一次有效尝试。

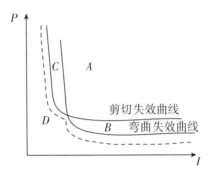

图 8.7　弯曲破坏和剪切破坏曲线组合

图 8.7 中,$P\text{-}I$ 曲线由两种阈值曲线组合,分别为弯曲失效曲线和剪切失效曲线。两者联合曲线即为结构真实破坏曲线,其特征如下:①当荷载作用时间短,呈冲量作用于结构时,荷载对应的 P 与 I 的组合将落在 C 区域,此时结构处于剪切失效的危险范围内,极易遭受剪切破坏;②当荷载作用时间较长,呈准静态作用于结构时,荷载对应的 P 与 I 的组合将落在 B 区域,此时结构处于弯曲失效的危险范围内,极易遭受弯曲破坏;③当荷载作用时间与结构自振周期相近时,荷载对应的 P 与 I 的组合将落在 A 区域,此时弯曲破坏和剪切破坏都有可能发生。但总的来说,弯曲破坏一般滞后于剪切破坏,如果荷载中冲量所占比重较大,结构已经完全剪切失效,而弯曲破坏可能还未发生;④ D 区域为安全区域,即在此区域内结构未发生破坏。

然而,该方法也有其自身的局限性:在确定结构构件的 $P\text{-}I$ 曲线时,完全区分开了弯曲破坏和剪切破坏这两种破坏模式;但实际上,在爆破荷载作用下,结构构件也有可能发生弯剪破坏。

综上所示,虽然确定结构构件 $P\text{-}I$ 曲线的解析方法具有简单易用的特点,但由于其自身的局限性,并不能运用于工程实际中爆炸荷载作用下结构构件的损伤程度评估。

8.4.3.2　试验方法

试验方法的主要思想是通过试验得到结构构件在一系列爆炸荷载作用下的损伤程度,将各个损伤程度对应的爆炸荷载点绘制到 $P\text{-}I$ 空间中,然后根据这些点,通过曲线拟合方法,得到某一特定损伤程度对应的结构构件的 $P\text{-}I$ 曲线。试验法是得到结构构件 $P\text{-}I$ 曲线的精确方法。

Weseivch 和 Oswald 根据一组砖墙在爆炸荷载作用下的试验数据得到砖墙的 $P\text{-}I$ 曲线。为此,他们搜集、总结了 236 次不同的爆炸荷载作用下的砖墙试验数据,涵盖了不同的跨度、厚度、边界条件和钢筋构造方式的砖墙,然后通过无量纲归一化对试验数据进行处理,利用处理后的数据得到了砖墙的 $P\text{-}I$ 曲线。

采用试验方法得到结构构件的 $P\text{-}I$ 曲线需要大量的试验数据,这通常很难实现,或者即便能够实现,价格也非常昂贵。因此,试验方法并不是确定结构构件 $P\text{-}I$ 曲线的理想方法。

8.4.3.3　数值方法

随着计算机技术的飞速发展和数值模拟技术的进步，利用有限元显示动力分析软件可以准确模拟结构构件在爆炸荷载作用下的动力响应和损伤破坏。因此，利用数值模拟方法，得到结构构件在不同爆炸荷载作用下的动力响应和损伤破坏的数据，通过曲线拟合的方法，亦可以得到结构构件的 $P\text{-}I$ 曲线。

Soh 和 Krauthammer 提出了一种确定结构构件 $P\text{-}I$ 曲线的数值方法。该方法首先通过能量平衡法确定 $P\text{-}I$ 曲线的超压渐近线和冲量渐近线的大致位置；然后通过大量的数值模拟计算，辅以必要的曲线拟合手段，得到对应于临界损伤程度的 $P\text{-}I$ 曲线。

数值方法与试验方法相比有着经济、高效、可重复性高等优点，缺点则是数值模拟的准确性受到材料模型及破坏理论的限制。同时，数值方法同样需要很多的数据点，虽然不需耗费昂贵的费用，但需要较多的计算时间和复杂的计算。

第9章 工程结构抗爆动力分析

9.1 概 述

整个人类战争史，从某种程度上来说就是一个攻与防、矛与盾相互促进、交替发展的过程。那么，何为盾？盾就是所谓的防护结构，即能够抵抗预定杀伤武器破坏作用的工程结构。由于地下工程防护效能要优于地面建筑，防护工程一般建于地下或半地下，此时防护工程结构又称为地下防护结构。

地下防护结构在遭到武器直接接触性爆炸、爆炸空气冲击波及岩土压缩波作用时，将发生变形。这些荷载属瞬态脉冲荷载或短时间作用的动荷载，其随时间迅速改变大小、方向和作用位置，所产生的结构响应不能再用静态方法进行分析。要解决此类问题，必须采用动力分析法，研究动荷载作用下结构的运动规律，以确定其最大位移和内力，以便进行结构动力设计。

9.1.1 动力问题的基本特性

动力是随时间而变化的作用力，动荷载使结构产生振动。防护结构在不同工作条件下，会受到各种不同的动力作用。在动荷载作用下，结构随时间变化的位移是由振动加速度引起的。动力问题的基本特性是不能忽略结构质量运动加速度的影响，亦即在考虑结构的力的平衡问题时，必须计入振动加速度引起的惯性力。

如图9.1反映了静力问题和动力问题的重要区别。如图9.1(a)所示的简支梁承受静荷载 p，则它的弯矩、剪力及挠曲线形状直接依赖于给定的荷载，而且可根据力的平衡原理由 p 求出。另一方面，如果荷载 $p(t)$ 是动力的[图9.1(b)]，则梁的位移与振动加速度有关，这种加速度又产生与其反向的惯性力。于是，图9.1(b)所示的梁的弯矩和剪力不仅要平衡外荷载，还要平衡由于梁振动的加速度所引起的惯性力。

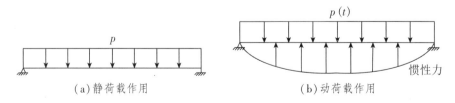

(a)静荷载作用   (b)动荷载作用

图9.1 静荷载与动荷载的基本区别

如果运动缓慢，惯性力小到可以忽略不计，即使荷载和反应可能随时间而变化，仍可用结构静力分析方法来解决。由此可见，结构动力分析的根本困难，在于引起惯性力的变形和位移本身又受这些惯性力的影响。

9.1.2　爆炸荷载作用的结构动力响应

先从结构动力反应的宏观现象谈起。

图 9.2(a) 是弹性梁顶面受到核爆炸空气冲击波作用时的变形情况，图中 $p(t)$ 曲线反映了冲击波压力荷载的变化规律，其特点是压力瞬时升到峰值 p_0 然后缓慢下降。$y(t)$ 曲线表示梁在荷载作用下的跨中位移(挠度)随时间变化的规律。图 9.2(b) 表示同样的构件受化爆冲击荷载作用时的变形情况，化爆荷载的特点是作用时间 t 十分短促，只有十几毫秒甚至更短。

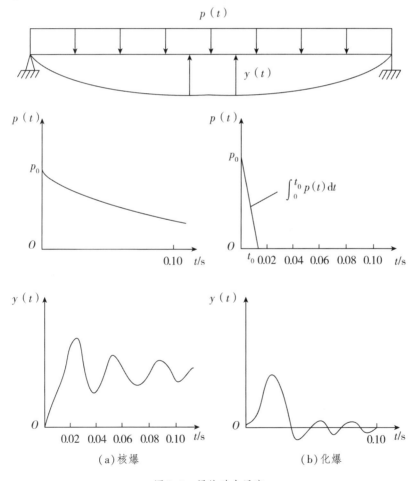

图 9.2　梁的动力反应

从图 9.2 可以看出：

(1) 尽管爆炸冲击波是单调变化的一次脉冲荷载，但量的变形随时间上下波动，即产生了振动。振动逐渐衰减，这反映了各种阻尼力的综合作用。结构在化爆动荷载作用下主要是自由振动，在核爆作用下主要是强迫振动。由于阻尼作用，核爆动荷载作用下的位移最后随着荷载的不断衰减也呈单调减少，荷载消失后不再出现明显的自由振动。

（2）位移的变化规律 $y(t)$ 与荷载的变化规律 $p(t)$ 并不一致。虽然荷载瞬间达到最大值，但梁的位移达到最大值 y_m 却需要一定的时间。在化爆作用下最大位移一般发生在荷载消失之后。

（3）结构自由振动时上下振动一周的时间称为自振周期，自振周期是结构固有的重要动力特性。图中只反映出梁的一种振动周期，即基振周期。

（4）动荷载 $p(t)$ 作用下的结构最大位移 y_m 与动荷载峰值 p_0 作为静荷载作用的静位移 y_i 大不相同。在弹性工作阶段时二者之比称为动力系数，核爆作用的动力系数接近 2，化爆作用下可能比 1 小。所以，在爆炸动荷载作用下动力反应的大小不仅和荷载峰值有关，还与荷载的作用时间与自振周期的比值有很大关系。

（5）在突加的爆炸荷载作用下，结构的最大动位移发生在振动曲线中的一个峰值，对于核爆冲击波来说，此时的压力衰减很少，所以通常可将核爆冲击波荷载简化为突加平台荷载来进行动力分析。

9.1.3 动力分析的基本原理

动力体系中惯性力由结构位移产生，反过来位移又受惯性力大小的影响。这种相互影响的关系使得分析显得非常复杂，必须将问题用微分方程表示。对于质量连续分布的实际结构，如果要确定全部惯性力，则要求确定每个质点的位移和加速度。此时，因为各质点的位置及时间都必须看作独立变量，故分析就需用偏微分方程来表述。

如果已简化为单自由度体系，其运动方程（描述动力位移的数学表达式）仅为常微分方程。求解体系的运动微分方程，就可以得到结构体系的位移和变形的规律，进而求得工程设计所需的结构内力和应力。建立动力体系的运动方程可以用不同的方法，主要包括两种，即直接平衡法和能量法。

9.1.3.1 直接平衡法

动力作用下结构运动并发生变形，在结构内部产生与这一变形相应的内力称为抗力。如图 9.3 所示的集中质量弹簧体系，设作用于质量 M 上的外力为 P，体系抗力为 R，根据牛顿第二定律有：

$$M \frac{d^2 y}{dt^2} = P + (-R) 。 \tag{9.1}$$

将质量与加速度的乘积称为惯性力 (I)，并取其方向与加速度方向相反，则得：

$$P + (-R) + T = 0 。 \tag{9.2}$$

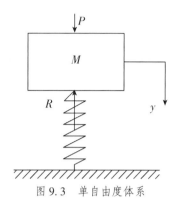

图 9.3　单自由度体系

式(9.2)将运动方程表示为动力平衡方程,可视为一个力系的平衡方程。与静力平衡方程相比,它只多了一项惯性力。引入惯性力的概念,将惯性力计入全部力系内,就可以将动力问题按照静力问题的方式来处理。这就是达朗贝尔(D'Alembert)原理。直接平衡法就是应用达朗贝尔原理来建立运动方程。

惯性力的加速度是位移对时间的二阶导数,所以动力平衡方程是微分方程,静力平衡方程则为代数方程。

9.1.3.2　能量法

能量法是能量守恒原理的应用。结构在动力作用下因变形积蓄应变能,其质量因获得速度具有动能,外力则因作用点移动而做功。在任意时刻,外力到此时为止所做的功 W,等于该时刻的结构应变能 U 与动能 V 之和,写成能量方程为:

$$W = U + V。 \tag{9.3}$$

与静力问题相比,能量方程中多了一项动能。如果是自由振动,则外力功一项为常量。如果结构运动时还有阻力作用,则在方程(9.2)内应加入一项阻力 D,在方程(9.3)的外力功中应减去阻力消耗的能量。

动力平衡方程是向量(矢量)方程,能量方程是非向量方程。

此外,动力体系的运动方程还可以分别应用虚功方程(虚位移原理)、拉格朗日方程、汉密尔顿(Hamilton)原理等来建立。当然,应用达朗贝尔原理直接建立作用于体系上全部力的动力平衡方程是最简单明了的。但对于更复杂的体系,建立直接的矢量平衡方程可能比较困难,而采用仅包含功和能等标量来建立方程的方法可能更为方便。其中又以虚位移原理的方法最为直接。

防护结构动力分析的方法主要分为两大类:弹性或弹塑性的单自由度分析法和多自由度分析法。

采用多自由度的结构分析可能相当复杂,一般需要借助数值分析法,如有限元法、有限差分法或其他数值分析法等。但是,对于爆炸荷载并且仅需峰值响应时,如最大位移和最大动弯矩,则完全可以忽略高阶振型的影响,只考虑少数几个低阶振型,甚至只考虑一个最低振型,即第一主振型的影响。特别是由于爆炸荷载本身参数的确定是很近似的,所以在防护工程设计中,对许多结构来说,用单自由度系统分析就足够了。当然,对复杂的工程结构，也可以采用数值分析法或多自由度体系的结构分析法。本章重点介绍爆炸荷载作用下结构的等效单自由度分析法。

9.2　结构构件的等效单自由度分析法

体系的自由度个数愈多，动力分析就愈复杂。所以在允许的误差范围内，常将无限自由度的实际结构简化成有限个自由度体系。最简单的振动体系由一个集中质量块和弹簧组成，通常所说的单自由度体系，是集中质量只有一个运动方向的体系。在防护结构的动力分析中，经常将结构简化成单自由度体系。

9.2.1　等效单自由度体系的建立

9.2.1.1　等效体系

1. 自振频率与阵型

讨论结构构件的等效体系，首先引入无阻尼弹性体系的自振频率与振型的概念。

若式(9.1)中的 $P=0$，则单自由度弹性体系发生无阻尼自由振动，此时微分方程(9.1)的解为：

$$y = y_0 \cos \omega t + \frac{\dot{y}_0}{\omega} \sin \omega t = A\sin(\omega t + \varphi)。 \tag{9.4}$$

式中：$A = \sqrt{y_0^2 + \left(\frac{\dot{y}_0}{\omega}\right)^2}$；$\varphi = \tan^{-1}\frac{\omega y_0}{\dot{y}_0}$；$\omega = \sqrt{\frac{K}{M}}$；$y_0$ 和 $\dot{y}_0$ 分别为初始位移和初始速度。

这种自由振动是一种以正弦函数规律随时间变化的简谐振动。自振周期 $T = 2\pi/\omega$；$\omega = \sqrt{K/M}$ 为自振圆频率(一般简称"自振频率")。体系的质量 M 越大，或者刚度 K 越小，则自振频率越低。在振动最大位移 y_m、最大速度 $\dot{y}_m$ 和最大加速度 $\ddot{y}_m$ 之间有下列关系：

$$\omega = \frac{\dot{y}_m}{y_m}, \tag{9.5}$$

$$\omega^2 = \frac{\ddot{y}_m}{y_m}。 \tag{9.6}$$

对于多自由度体系，在某一适当的初始条件下，体系内各质点可同时按某一固定的频率做简谐振动。在这种情况下，各质点间的位移比值在任一时间内均保持不变，体系按此频率发生的无阻尼自由振动称为主振动。体系做主振动时，保持固定的振动型式，称为主振型。显然，一种主振动有一固定的频率与之相对应。在主振型振动中，只需要一个参数就可以确定体系全部质点的位移。

可以证明，体系有多少个自由度，就有多少个主振型。每一主振型相应有一个自振频率，其中最低的称为第一自振频率或基振频率，相应的主振型称为第一主振型或基振型。

按照频率值由低到高，依次有第二自振频率、第三自振频率等，以及第二主振型、第三主振型等。

应当明确，n 个自由度体系可以有 n 个主振型，这是弹性体系的固有特性。然而，弹性体系在动荷载作用下产生哪几种主振型的强迫振动，则与动荷载的特征有密切关系。

2. 等效体系的建立

讨论单自由度体系，就要确定对应的振型。一般来说，动荷载作用下构件挠曲线的几何形状随时间变化，构件内任两点的位移比值均随时间改变，而不是像主振型中那样保持常值。但是，如果作用于两端支承的构件上的动荷载均按同一规律随时间变化，荷载又比较均布，构件的挠曲线形状虽也随时间改变，但其变化程度往往不大，这就可能近似假定构件是按某一固定不变的振型振动。通常可取动荷载作为静力作用时的静挠曲线形状作为振型。

如果构件进入塑性阶段，则构件的变形主要集中在塑性铰处，在塑性铰（塑性区域）之间的构件区段，则可近似视为不再变形的刚片，结构的运动成为由刚片组成的可变机构的运动。因此，结构在塑性阶段的振动型式就成为唯一不变的，体系在塑性阶段也就可以视为单自由度体系。所以，构件如果进入塑性阶段，振型可取为极限静荷载下的可变机构图形。

这样，承受动荷载作用且只考虑弹性工作的体系，可简化为等效单自由度体系；允许进入塑性阶段工作的结构体系，就可简化为等效单自由度弹塑性体系。

以均布荷载 q 作用下的简支梁（图9.4）为例，其挠曲线方程为：

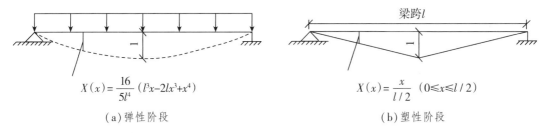

$$X(x)=\frac{16}{5l^4}(l^3x-2lx^3+x^4)$$

（a）弹性阶段

$$X(x)=\frac{x}{l/2}\quad(0\leqslant x\leqslant l/2)$$

梁跨 l

（b）塑性阶段

图9.4　简支梁的假定振型

$$y(x)=\frac{qx}{24EJ}(l^3-2lx^2+x^3)\text{。} \tag{9.7}$$

因为振型表达振动过程中构件上各点位移的相对关系，反映出构件振动的几何形状，所以可令梁中任一点为代表点，令其位移为1。现以跨中作为代表点，跨中挠度为：

$$f=\frac{5}{384}\frac{ql^4}{EJ}\text{。} \tag{9.8}$$

则均布荷载下的振型可取为：

$$X(x)=\frac{y(x)}{f}=\frac{16}{5l^4}(l^3x-2lx^3+x^4) \tag{9.9}$$

在塑性阶段，假定变形主要集中在跨中塑性铰处，且认为塑性铰的位置固定不变；在塑性铰（塑性区域）之间的构件区段可近似视为不再变形的刚片。这时的挠曲线可以视为由塑性铰连接的直线段（刚体）组成。其振型可取为：

$$X(x) = \frac{x}{l/2} \quad (0 \leqslant x \leqslant l/2) \tag{9.10}$$

根据上述要求,现在已将试件构件(如简支梁)简化为单自由度分布质量体系了。进而再将这个单自由度分布质量构件用简单的质点弹簧体系来代表,后者称为实际构件的等效体系,如图9.5所示。

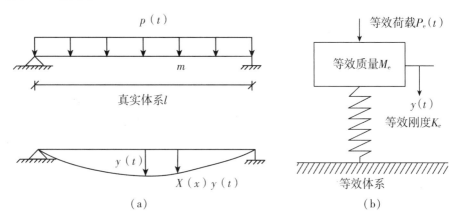

图 9.5 梁的等效单自由度体系

对等效体系有如下要求:①等效体系中质点的位移 $y(t)$ 与构件中具有代表性的点(如梁的跨中挠度)的位移 $y(t)$ 完全相同;②等效体系的自振频率与按假定振型振动的构件的自振频率相等。这样,将实际构件简化为等效单自由度质量弹簧体系。

当忽略阻尼时,等效质量 M_e 为:

$$M_e = \int_0^l mX^2(x)\,dx; \tag{9.11}$$

等效荷载为:

$$P_e = \int_0^l P(t)X(x)\,dx。 \tag{9.12}$$

令 y_{cm} 为把动荷载峰值视作静荷载作用下的体系代表点(如结构构件的跨中)的挠度,等效弹簧刚度为

$$K_e = KK_L = \frac{K_L \int_0^l P(t)\,dx}{y_{cm}}。 \tag{9.13}$$

其中,K_L 为刚度等效系数。则图9.5所示等效体系的运动方程为:

$$M_e \frac{d^2y}{dt^2} + R_e = P_e(t)。 \tag{9.14}$$

如果真实体系的总质量为 M,总荷载为 $P(t)$,总抗力为 R,总刚度(弹簧常数)为 K,则有:

$$\left.\begin{array}{l} M_e = K_M M \\ P_e(t) = K_L P(t) \\ R_e = K_L R \end{array}\right\}。$$

对理想弹塑性体系,在弹性阶段,$R = Ky$;在塑性阶段,$R = R_m$。

式(9.14)所示的等效体系的运动方程在弹性阶段可写成：

$$M_e \frac{\mathrm{d}^2 y(t)}{\mathrm{d}t^2} + K_e y(t) = P_e(t) , \qquad (9.15)$$

或

$$\frac{\mathrm{d}^2 y(t)}{\mathrm{d}t^2} + \omega^2 y(t) = \frac{P_e f(t)}{M_e} 。 \qquad (9.16)$$

式中：$P_e(t) = P_e f(t)$；$\omega = \sqrt{\dfrac{K_e}{M_e}}$，为等效体系的自振频率。

式(9.16)是二阶常系数线性常微分方程，其通解可以用它的一个特解与对应的齐次方程的通解之和来表述。应用高等数学中的参数变易法可求得其特解，即：

$$y(t) = \frac{P_e}{M_e \omega} \int_0^t f(\tau) \sin \omega(t-\tau) \mathrm{d}\tau 。 \qquad (9.17)$$

故其通解为：

$$y(t) = y_0 \cos \omega t + \frac{\dot{y}}{\omega} \sin \omega t + \frac{P_e}{M_e \omega} \int_0^t f(\tau) \sin \omega(t-\tau) \mathrm{d}\tau 。 \qquad (9.18)$$

式(9.18)表达的是无阻尼单自由度弹性体系在一般动荷载下的动力反应。该式等号右边的前两项表示由初始条件引起的体系的自由振动，后一项表示荷载引起的强迫振动。

对于动荷载作用于初始静止的结构，由动荷载引起的动力反应仅有：

$$y(t) = \frac{P_e}{M_e \omega} \int_0^t f(\tau) \sin \omega(t-\tau) \mathrm{d}\tau 。 \qquad (9.19)$$

在结构动力学的单自由度体系动力分析中，式(9.19)又称为无阻尼体系的杜哈梅(Duhamel)积分。

现将式(9.19)中的 $P_e/(M_e \omega)$ 做一些变换。则由等效体系可直接得出 $y_{cm} = P_e/K_e$，因此有：

$$\frac{P_e}{M_e \omega} = \frac{P_e \omega}{M_e \omega^2} = \frac{P_{t\omega}}{K_e} = y_{cm} \omega 。 \qquad (9.20)$$

将式(9.20)代入式(9.19)，得：

$$y(t) = y_{cm} \omega \int_0^t f(\tau) \sin \omega(t-\tau) \mathrm{d}\tau 。 \qquad (9.21)$$

令

$$K(t) = \omega \int_0^t f(\tau) \sin \omega(t-\tau) \mathrm{d}\tau 。 \qquad (9.22)$$

要满足等效体系的上述两点要求，实际构件与等效体系两者必须具有完全相同的运动方程。等效体系的动能、位能和荷载必须与实际构件中的相等。根据此原则，可以求出等效体系中的等效动荷载 $P_e(t)$、等效质量 M_e、等效刚度 K_e 和等效抗力 R_e 与实际构件体系的动荷载、质量、刚度和抗力之间的换算关系。

9.2.1.2　等效系数

荷载等效系数 K_L 定义为构件的等效荷载除以构件上所作用的实际总荷载，即：

$$K_L = \frac{\int_0^l P(x)X(x)\,dx}{\int_0^l p(x)\,dx} = \frac{1}{l}\int_0^l X(x)\,dx。 \tag{9.23}$$

质量等效系数 K_M 定义为构件的等效质量除以构件实际总质量，即：

$$K_M = \frac{\int_0^l mX(x)^2\,dx}{ml} = \frac{1}{l}\int_0^l X^2(x)\,dx。 \tag{9.24}$$

刚度等效系数 K_E 定义为构件的等效刚度除以构件实际刚度，即：

$$K_E = \frac{K_e}{K} = \frac{1}{l}\int_0^l X(x)\,dx。 \tag{9.25}$$

当振型假定为静荷载作用下的挠曲线形状时，体系的应变能必须等于产生这一变形的外加静荷载所做的功，所以抗力之间的换算关系与荷载之间的换算关系必定是一样的。这样，等效体系的抗力 R_e 与真实体系的总抗力 R 的比值，即变换的抗力系数 K_R 必然与荷载系数 K_L 相等。K_R 的物理意义是将原体系的抗力乘以抗力系数后，等于等效体系的抗力。显然有：

$$K_R = \frac{R_e}{R} = \frac{K_e}{K} = \frac{1}{l}\int_0^l X(x)\,dx。 \tag{9.26}$$

同理可得板的相应等效系数为：

$$K_L = \frac{1}{S}\iint_S X(x,y)\,dxdy,$$

$$K_M = \frac{1}{S}\iint_S X^2(x,y)\,dxdy,$$

$$K_R = K_L。$$

式中：$X(x,y)$ 为板的振型曲线；S 为板的面积。

9.2.1.3　运动方程

至此，已将具有分布质量的实际结构构件简化为等效自由度质量弹簧体系，并明确了两者之间参数的变换关系。

用等效系数表示，则式(9.14)有如下形式：

$$K_M M\frac{d^2y}{dt^2} + K_L R = K_L P(t), \tag{9.27}$$

或

$$K_{ML}M\frac{d^2y}{dt^2} + R = P(t)。 \tag{9.28}$$

式中：K_{ML} 为质量荷载系数。

因此，只要将图 9.5 所示构件的总质量乘以系数 K_{ML}，就可以直接写出它的等效体系的运动微分方程。其中的荷载和抗力为构件的总荷载和总抗力，不必再做换算。

等效体系是简单的质量弹簧体系，有关这种体系的动力分析的解答都可以直接引用。

9.2.2 结构抗力

9.2.2.1 典型动力曲线

体系的抗力是因变形引起的内力，抗力 R 只与变形有关，二者的关系 $R(y)$ 称为抗力函数。

图 9.6 表示几种典型的抗力函数曲线，其中 R_m 为体系的最大抗力，y_u 为体系丧失抗力时的最大变形。图 9.6(a) 的抗力曲线称为线弹性体系，图 9.6(b) 的抗力曲线称为理想弹塑性体系。如果弹性变形部分相对很小，可以忽略，则可将抗力曲线简化成图 9.6(c)，称为刚塑性体系。图 9.6(d)(e) 的抗力曲线，在超过弹性极限变形后分别呈现强化状态或软化状态。图 9.6(f) 的抗力曲线呈现指数变化。

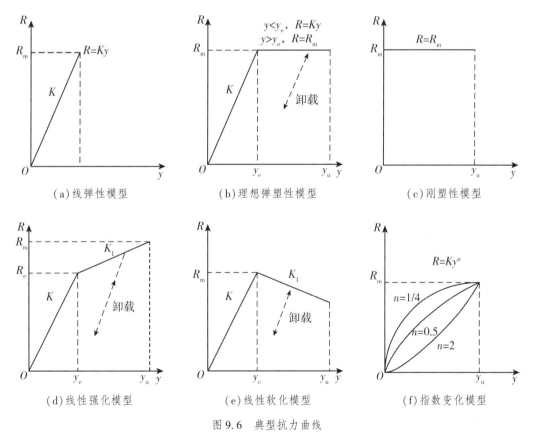

图 9.6 典型抗力曲线

等效单自由度集中质量弹簧体系是将实际结构构件理想化的一种计算模型。结构构件的抗力与其构件的变形相对应。为便于运算，结构的抗力在数值上常用产生这一变形的外加静荷载来表示，所以结构的最大抗力在数值上等于结构所能承受的最大静荷载。抗力函数及曲线上的特征值 R_m、y_e，以及弹性阶段的弹簧常数 K 等参数，都是体系所固有的力学特性。

如图9.7所示的体系为理想弹塑性体系。在图9.7(a)中 K 为弹簧单位拉伸长所需的静力，R_m 则为弹簧伸长到屈服时的外加静力[图9.7(a)]或梁中的最大弯矩达到断面的抗弯极限值 M_R 时的外加静力[图9.7(b)(c)]。

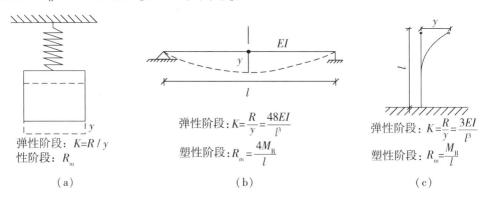

弹性阶段：$K=R/y$
性阶段：R_m

(a)

弹性阶段：$K=\dfrac{R}{y}=\dfrac{48EI}{l^3}$

塑性阶段：$R_m=\dfrac{4M_R}{l}$

(b)

弹性阶段：$K=\dfrac{R}{y}=\dfrac{3EI}{l^3}$

塑性阶段：$R_m=\dfrac{M_R}{l}$

(c)

图9.7　单自由度集中质量体系的弹簧常数与最大抗力

防护结构在动荷载作用下产生位移，构件内产生动内力。此时，结构的抗力代表了结构动力位移的能力，在数值上近似用产生相应位移所需的与动荷载分布规律一致的静外载来表示。采用这种表示法时，抗力的量纲和外载的量纲是一致的，以便于进行动力分析。

下面分析比较不同抗力函数的单自由度体系(质量 M、弹簧刚度 K)在典型动荷载作用下所需要的最大抗力。

1. 突加平台形荷载

如图9.8(a)所示为突加平台形荷载。

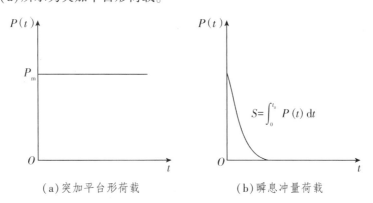

(a)突加平台形荷载

(b)瞬息冲量荷载

图9.8　突加平台形荷载和瞬息冲量荷载

设动荷载下的最大位移为 y_m，且 $y_m \leqslant y_u$，则动荷载到此时为止所做的功为：

$$W = \int_0^{t_m} P(t)\,\mathrm{d}y\,\mathrm{d}t = P_m y_m。 \tag{9.29}$$

式中：t_m 为位移达到 y_m 的时间。

位移最大时，质点的速度为零，故动能 V 为零。体系的应变能等于抗力函数图中抗力曲线与横坐标所围成的图形面积。如果体系抗力呈理想弹塑性[图 9.8(b)]，这时应变能为：

$$U = \frac{1}{2}R_m y_e + R_m(y_m - y_e)。 \tag{9.30}$$

将 W、U 代入式(9.4)，得：

$$R_m = \frac{1}{1 - \frac{y_e}{2y_m}}P_m = \frac{1}{1 - \frac{1}{2\beta}}P_m, \tag{9.31}$$

$$\beta = \frac{y_m}{y_e}。 \tag{9.32}$$

式中：β 为延性比，即体系最大动位移与弹性极限位移之比。

如果体系按弹性设计或抗力函数为弹性关系，则 $\beta = 1$，得 $R_m = 2P_m$，这说明突加平台形荷载作用时弹性体系所需的最大抗力为静力作用时的 2 倍。如果按弹塑性体系设计，允许最大动位移 y_m 处于塑性阶段，则当 $\beta = 1.5$、3、5 和 10 时，可从式(9.31)算出所需的最大抗力 R_m 分别为 P_m 的 1.5 倍、1.2 倍、1.11 倍和 1.05 倍，分别为弹性设计时的 75%、60%、56% 和 53%。当 $\beta > 5$ 时，利用塑性变形来降低最大抗力的作用已不明显。

对于抗力函数的关系式为 $R = Ky^n$ 的体系(其中 K 为常数，n 为大于零的正数)，根据相似的运算，可得需要的最大抗力为：

$$R_m = (1+n)P_m。 \tag{9.33}$$

当 $n < 1$ 时，抗力曲线凸向 R 轴[见图 9.6(f)]，R_m/P_m 值处于 $1 \sim 2$ 之间，n 越小，表示塑性变形的成分越多，相应的 R_m/P_m 值也越小；当 $n > 1$ 时，抗力曲线凸向 y 轴[图 9.6(f)]，$R_m/P_m > 2$，超过理想弹性时的数值。

线性强化抗力体系[图 9.6(d)]在突加平台形荷载作用下的 R_m/P_m 比值如图 9.9 所示，且有：

$$\frac{R_m}{P_m} = \frac{1}{\frac{1+A}{2} - \frac{1}{2\beta}}。 \tag{9.34}$$

式中：$A = \left[1 + \frac{K_1}{K}(\beta - 1)\right]^{-1}$。

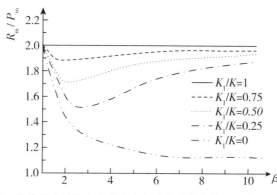

图 9.9 线性强化型抗力体系在突加平台形荷载作用下的 R_m/P_m 比值

一般来说，抗力曲线中能够提供的最大变形 y_u 值越大，就能承受越大的动荷载。但具有线性软化型抗力曲线[图9.6(e)]的体系在突加平台形荷载作用下的情况就不一定如此。

2. 瞬息冲量荷载

瞬息冲量荷载[图9.8(b)]的作用时间比自振周期短许多，整个荷载的作用是给质点一个冲量，使其获得初始速度，引起自由振动。设冲量 $S = \int_0^{t_0} P(t)\mathrm{d}t$，则初始速度为 $\dot{y} = S/M$，但初始位移为零，所以开始时的体系动能和应变能分别为：

$$\left.\begin{aligned} V_0 &= \frac{1}{2}M\dot{y}_0^2 = \frac{1}{2}\frac{S^2}{M} \\ U_0 &= 0 \end{aligned}\right\} \qquad (9.35)$$

当体系运动到最大位移 y_m 时，速度和动能 V_m 为零。设抗力曲线为理想弹塑性，这时的应变能为式(9.30)。

根据式(9.3)，应有 $U_m + V_m = U_0 + V_0$。于是有：

$$R_m = \frac{S^2}{My_e\left(2\dfrac{y_m}{y_e}-1\right)} \qquad (9.36)$$

代入 $y_m = R_m/K$ 可得：

$$R_m = \frac{S}{\sqrt{\dfrac{M}{K}}}\frac{1}{\sqrt{2\dfrac{y_m}{y_e}-1}} = \frac{\omega S}{\sqrt{2\beta-1}} \qquad (9.37)$$

当按弹性设计时，$\beta = 1$，则 $R_m = \omega S$；当按理想弹塑性设计时，取 $\beta = 1.5$、3、5 和 10，可得所需的最大抗力 R_m 分别为弹性设计时的71%、45%、33%和23%。

可见，瞬息冲量作用下考虑结构塑性比突加平台形荷载作用下更为有利。这时，无论体系的抗力曲线为强化型还是软化型，塑性变形能力对提高体系的承载能力均至关重要。此外，体系的质量 M 对抵抗瞬息冲量的大小也起到十分重要的影响。

从以上分析可以清楚地看出动荷载作用下考虑塑性变形的重要意义。静荷载设计时，衡量一个结构的承载能力主要看结构的最大抗力；但动荷载设计时，衡量一个结构的承载能力要看整个抗力函数关系，不仅要看最大抗力，还要看塑性变形能力。一个塑性变形良好的结构，即使最大抗力稍差，它抵抗动荷载的能力也很可能比另一个最大抗力虽高但塑性变形能力很差的结构要强得多。

9.2.2.2 防护结构构件的抗力特性

众所周知，钢筋混凝土简支梁的抗力曲线可简化为图9.10(a)或图9.6(b)所示的理想弹塑性模型，直线 OA 段称为构件变形的弹性阶段，直线 AB 段称为构件的塑性阶段，B 点为相应构件的破坏。只考虑在弹性阶段工作的结构称为弹性体系；既考虑在弹性阶段工作，又考虑在塑性阶段工作的结构称为弹塑性体系。在塑性阶段，结构在某些断面(称为塑性铰)或某些区域集中发展了塑性变形，结构变成了可变机构。对超静定结构(如固支梁)，如图9.10(b)所示，在弹性阶段与塑性阶段之间还有一个弹塑性阶段。在弹塑性阶段，虽然在结构的某些断面或某些区域已经发展了塑性变形，但整个结构并未变成可变机构。

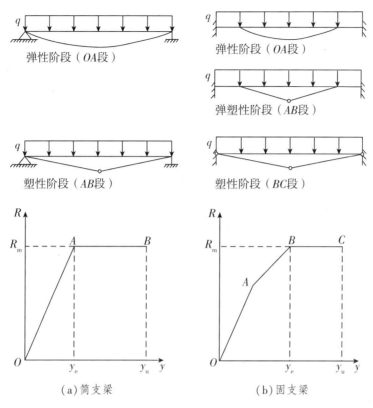

图 9.10 钢筋混凝土梁不同工作状态所对应的抗力模型

从理论上来讲，承受静荷载作用的结构一旦进入塑性阶段工作，结构就要出现屈服，变形将急剧增长而很快失去承载能力。但是，防护结构由于主要承受的是冲击或爆炸作用的瞬息或短时荷载，即使结构进入塑性阶段工作，只要动荷载作用所引起的构件最大变形不超过结构破坏的极限变形，在荷载作用消失后，构件也做有阻尼的自由振动，其变形将逐渐衰减，最后恢复到静止状态，并保留有一定的残余变形。因此，在防护结构的动力计算中，考虑构件在塑性阶段工作，将结构当作弹塑性体系分析，不仅有可能，而且可以充分发挥材料的潜力，具有很大的经济意义。

配筋适当的钢筋混凝土结构可以产生相当大的塑性变形，即经历了塑性阶段之后才失去承载能力而破坏的。接近于理想弹塑性抗力曲线的构件有钢筋混凝土受弯构件、钢筋混凝土偏心受压构件以及钢结构构件等。

如果构件的流幅[图 9.10(a)中 AB 段]相对于 OA 比较长，则在计算大变形时可以忽略弹性阶段的影响，这将给计算带来很大的简化。忽略弹性阶段工作的构件抗力曲线如图 9.6(c)所示。忽略弹性阶段工作而只考虑塑性阶段工作的构件称为刚塑性体系。刚塑性体系计算方法，对于具有很大塑性的钢结构所得的计算结果，与实际比较符合；对于钢筋混凝土构件则结果稍差，不宜采用，此时应采用弹塑性体系计算方法。

由图 9.10(b)所示理想弹塑性体系的抗力曲线可见，抗力曲线与横坐标所包围的面积表示结构的变形能。而结构达到最大变形时，动荷载所做的功即转变为构件的变形能。显然，弹塑性体系的变形能较之弹性体系的变形能大为增加，因而体系吸收荷载功的能力也增强了。对动荷载而言，这意味着结构可以承受更大的动荷载；换言之，对于承受同样的动荷载，按弹塑性体系设计的构件截面比按弹性体系设计的要小。前述定义的延性比 β 参数就充分表征了构件进入塑性阶段工作发挥材料变形潜力的程度。由此，按弹塑性体系设计的防护结构，如果允许的延性比 β 值越大，则越经济，但最大变形及相应的残余变形也越大。显然，如果体系按弹性设计或抗力函数为弹性，则 $\beta=1$；如果体系按弹塑性体系设计，则允许最大动位移 y_m 处于塑性阶段，有 $\beta>1$。

9.2.3 弹性体系的动力分析

9.2.3.1 等效静荷载法

当构件处于弹性工作阶段时，等效静荷载所产生的体系位移等于动荷载作用下最大动位移，因此，等效静荷载下的弹簧内力与最大动内力相等。在进行结构设计时，只需根据等效静荷载确定体系内力，即可满足动荷载下对结构最大抗力的要求。这种动荷载作用下实际结构的设计计算方法称为等效静荷载法。

等效静荷载法的基本假定如下：①结构的动力系数 K_d 与相同自振频率的等效简单质量弹簧体系中的数值相等；②结构在等效静荷载作用下的各项内力如弯矩、剪力和轴力，等于动荷载下相应内力的最大值。

需要指出的是，等效静荷载法是一种近似的动力分析方法。在单自由度分布质量体系中，惯性力分布规律与动荷载的分布形式不可能一致，因而在等效静荷载作用下一般只能做到某一控制截面的内力（如弯矩）与动荷载下的最大值相等。三者并不完全相等（即等于 K_d），存在一定误差。

由公式（9.22）可知

$$y(t) = K(t)y_{cm} \tag{9.38}$$

最大，即动挠度 $y(t)$ 随函数 $K(t)$ 的变化而变化。其中 $K(t)$ 称为位移动力函数。令 $dK(t)/dt=0$，可求得 $t=t_m$ 时 $K(t)$ 的最大值 $K_d=K(t_m)$。所以动挠度 y_d 为：

$$y_d = K_d y_{cm}。 \tag{9.39}$$

K_d 称为位移动力系数，又称为动力放大系数，它表示动荷载对结构作用的动力效应，是最大动挠度与将动荷载最大值当作静荷载作用下的静挠度之比，即因动力效应而放大的倍数。由于处于弹性阶段，K_d 也称为弹性动力系数。

由表示动力函数 $K(t)$ 的式（9.22）可见，K_d 是结构自振频率及荷载随时间变化规律的函数．若已知动荷载对一定结构作用时，其动力系数 K_d 的数值与动荷载最大值的大小无关，仅与 $f(t)$ 及 ω 有关。

基于上述的概念与假定，动荷载作用下结构的最大动位移和最大动弯矩将与静荷载作用下的对应值保持线性关系。一次最大动弯矩为：

$$M_d = K_d M_{cm}。$$

在实际弹性构件计算中，通常可先将动荷载最大值放大 K_d 倍，记作 q_d，再确定此静荷载作用下的位移与弯矩，此时称 q_d 为等效静荷载。其计算公式定义为：

$$q_d = K_d P_m。$$

由此得出，按弹性动力体系等效静荷载法进行动力分析，最后归结为动力系数的计算，求出等效静荷载后就按静力方法进行结构计算。

从上述实际结构的等效体系动力分析中可以看出，如果已知对应于不同动荷载的动力系数，就可以将动力问题当作静力问题来处理。

9.2.3.2　动力系数

下面讨论在不同动荷载形式下的动力系数 K_d。

1. 突加线性衰减荷载

爆炸空气冲击波荷载一般是随时间按曲线规律变化的。为简化设计计算，在进行结构动力分析时，常通过换算将其折算成直线衰减变化(图 9.11)。

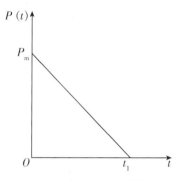

图 9.11　突加线性衰减荷载

(1)空气冲击波长作用时间的荷载。这种情况一般是结构在荷载作用期间达到了最大变位，即 $t_m < t_1$，其中 t_m 为结构达到最大变位的时间，t_1 为荷载作用时间。这相当于核爆空气冲击波荷载作用的情况。

空气冲击波长作用时间的荷载以超压形式表示可以写为：

$$P(t) = P_m\left(1 - \frac{t}{t_1}\right),\tag{9.40}$$

$$K(t) = \omega\int_0^t\left(1 - \frac{\tau}{t_1}\right)\sin\omega(t-\tau)\,\mathrm{d}\tau = 1 - \cos\omega t + \frac{1}{\omega t_1}\sin\omega t - \frac{t}{t_1}。\tag{9.41}$$

令 $\mathrm{d}K(t)/\mathrm{d}t = 0$，可求得 t_m，即

$$\left.\frac{\mathrm{d}K(t)}{\mathrm{d}t}\right|_{t=t_m} = \omega\sin\omega t_m + \frac{1}{t_1}(\cos\omega t_m - 1) = 0。\tag{9.42}$$

t_m 可写为：

$$t_m = \frac{2}{\omega}\tan^{-1}\omega t_1。\tag{9.43}$$

将 t_m 代入式(9.41)，得：

$$K_d = 1 - \cos\omega t_m + \frac{1}{\omega t_1}\sin\omega t_m - \frac{t_m}{t_1}。\tag{9.44}$$

考虑到 $\tan(\omega t_m/2)$，求出 $\sin\omega t_m$ 和 $\cos\omega t_m$，代入式(9.44)得：

$$K_d = 2\left(1 - \frac{1}{\omega t_1}\tan^{-1}\omega t_1\right)_\circ \tag{9.45}$$

由式(9.43)可得式(9.45)的适用条件为：

$$\omega t_1 \geqslant \frac{3}{4}\pi = 2.356_\circ \tag{9.46}$$

即 $t_1 \geqslant 3T/8$(T 为结构的自振周期)。这个条件对于核爆空气冲击波作用于防护结构的情况通常是满足的。

(2)空气冲击波短作用时间的荷载。对于炮(炸)弹等常规武器爆炸及普通炸药爆炸产生的冲击波，由于装药量较小，作用时间 t_1 也很小，式(9.46)的条件通常难以满足。这就需要讨论短作用时间空气冲击波荷载的情况。此时，通常 $t_m < t_1$。现将 $t < t_1$ 情况下的动力函数 $K(t)$ 分析如下：

$$K(t) = \omega\left[\int_0^{t_1}\left(1 - \frac{\tau}{t_1}\right)\sin \omega(t-\tau)\,\mathrm{d}\tau\right]$$
$$= \frac{1}{\omega t_1}\sin \omega t(1 - \cos \omega t_1) - \cos \omega t\left(1 - \frac{1}{\omega t}\sin \omega t_1\right)_\circ \tag{9.47}$$

同样，令：

$$\left.\frac{\mathrm{d}K(t)}{\mathrm{d}t}\right|_{t=t_m} = \frac{1}{t}\cos \omega t_m(1 - \cos \omega t_1) + \omega\sin \omega t_m\left(1 - \frac{1}{\omega t_1}\sin \omega t_1\right) = 0_\circ \tag{9.48}$$

因此得：

$$t_m = \frac{1}{\omega}\left(\pi - \tan^{-1}\frac{1 - \cos \omega t_1}{\omega t_1 - \sin \omega t_1}\right), \tag{9.49}$$

$$K_d = \sqrt{\left(\frac{\omega t_1 - \sin \omega t_1}{\omega t_1}\right)^2 + \left(\frac{1 - \cos \omega t_1}{\omega t_1}\right)^2}_\circ \tag{9.50}$$

2. 突加平台形荷载

对于如图9.11所示的突加线性衰减荷载，如果 $t \to \infty$，则相应于 $P(t) = P_m$。这种动荷载不随时间而变化，称为突加平台形荷载[图9.8(a)]。

由式(9.45)和式(9.50)可见，如果允许 K_d 的计算误差小于5%，则当 $t_1 > 5T$(或 $\omega t_1 > 10\pi$)时，可以将空气冲击波荷载近似地视为突加荷载。此时 K_d 为：

$$K_d = 2_\circ \tag{9.51}$$

这对应于核爆空气冲击波作用于刚度很大的钢筋混凝土结构(如钢筋混凝土防护门)的情况。

对于突加线性衰减荷载，由式(9.43)和式(9.49)可得，当 $t_1/T \to \infty$ 时，$t_m/T \to 0.50$。实际当 $t_1/T > 10$ 时，可近似取 $t_m/T = 1/2$，即

$$t_m = \frac{T}{2}_\circ \tag{9.52}$$

3. 瞬息冲量荷载

由前述 K_d 的讨论可知，引入位移动力系数 K_d 后即可将动力问题化为静力问题来处理。对于静力作用的弹性体系，体系位移与荷载成正比。引入 K_d 的概念后，结构承受 $P(t)$ 动荷

载的最大动位移与承受 $K_d P_m$ 的静荷载($q_e = K_d P_m$)的静位移在数值上是相等的。

相应于化爆距结构较近的情况，此时由于荷载作用时间极短，可以认为 $t_1 \to 0$，因此可以将式(9.50)进一步简化为：

$$
\begin{aligned}
q_e &= K_d P_m \\
&= \lim_{t_1 \to 0} P_m \sqrt{\frac{(\omega t_1 - \sin \omega t_1)^2 + (1 - \cos \omega t_1)^2}{(\omega t_1)^2}} \\
&= \lim_{t_1 \to 0} \frac{P_m t_1 \omega}{2} \sqrt{\frac{4}{(\omega t_1)^2}\left(1 - \frac{\sin \omega t_1}{\omega t_1}\right)^2 + \left(\frac{\sin \dfrac{\omega t_1}{2}}{\dfrac{\omega t_1}{2}}\right)^4} \, 。
\end{aligned}
\tag{9.53}
$$

$P_m t_1 / 2$ 是压力时程曲线图形围成的面积，表示冲击波压力的冲量 S，是一个有限值。当 $t_1 \to 0$ 时，有 $\dfrac{\sin \dfrac{\omega t_1}{2}}{\dfrac{\omega t_1}{2}} \to 1$。于是有：

$$
q_e = \omega S \, 。
\tag{9.54}
$$

因此，当一个化爆荷载作用直接给出其冲量数值时，就不必考虑其压力随时间的变化规律，可直接按式(9.54)计算出其等效静荷载。与式(9.50)相比，按式(9.54)计算 K_d 的误差如表9.1所示。由表9.1可见，通常对于 $t_1 < T/4$ 的动荷载作用，均可按瞬息冲量计算。

表 9.1　瞬息冲量荷载 K_d 计算公式的误差分析

t_1	短时作用[按式(9.58)计算]	瞬息冲量作用[按式(9.62)计算]	误差/%
$3T/8$	1.0	1.17	17.0
$T/4$	0.73	0.78	6.9
$3T/8$	0.385	0.39	1.7

资料来源：方秦、柳锦春编著：《地下防护结构》，中国水利水电出版社 2010 年版，第 190 页。

4. 突加折线衰减荷载

突加折线衰减荷载相应于作用于出入口内防护门上的核爆空气冲击波荷载，如图 9.12 所示。

如果令 $a = \dfrac{P_m}{P_m - P(\tau_1)}$，则 $\tau_2 = \alpha \tau_1$，$P(\tau_1) = P_m\left(\dfrac{\alpha - 1}{\alpha}\right)$，于是有：

$$
P(t) = \begin{cases}
P_m\left(1 - \dfrac{t}{\alpha \tau_1}\right) & (0 \leqslant t \leqslant \tau_1) \\[2mm]
P_m\left(\dfrac{\alpha - 1}{\alpha}\right)\left(\dfrac{t_1 - t}{t_1 - \tau_1}\right) & (\tau_1 < t \leqslant t_1)
\end{cases}
\tag{9.55}
$$

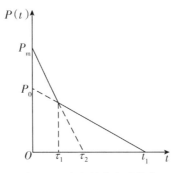

图 9.12 突加折线衰减荷载

结构可能在 $0 \leqslant t \leqslant \tau_1$、$\tau_1 < t \leqslant t_1$ 和 $t_1 < t$ 三个时间区间中发生最大动变位。因此，可以按照前述类似的步骤分段讨论动力函数 $K(t)$ 的变化，求出其最大值 K_d 并绘制出计算曲线。但如此计算比较繁琐，工程上可采用下述偏于安全的近似计算方法。

现将 P_m 分为两段，即 $P_m = P_0 + (P_m - P_0)$，将 $P(t)$ 视为两部分三角形荷载之和。取突加折线衰减动荷载的等效静荷载为：

$$q_e = K_{d0} P_0 + K_{d1}(P_m - P_0)。 \tag{9.56}$$

上述近似方法是会带来误差的，这是由于两个部分荷载规律不一致，以致结构出现最大动位移、最大动内力的时间 t_m 不同，所以不能直接相加；否则，计算出的动挠度、动内力将偏大。但是计算分析表明，该近似方法的误差对实际结构设计的影响很小，且偏于安全。

5. 升压平台形荷载

相应于爆炸冲击波经过在非饱和土中传播而作用于地下防护结构的动荷载，近似于图 9.13 中虚线所示的三角形变化规律。一般地下钢筋混凝土结构刚度较大，如果 t_1 时间较长，那么结构通常出现最大动变位的时间 $t_m > t_0$，但非常接近 t_0。因此，可近似以图 9.13 中的水平实线来代替斜线。计算结果表明，当 $\omega t_0 > 30$ 时，按有升压平台形荷载计算的误差很小。实际工程设计中，常采用升压平台形荷载，即

$$P(t) = \begin{cases} P_m \dfrac{t}{t_0} & (0 \leqslant t \leqslant t_0) \\ P_m & (t > t_0) \end{cases}。 \tag{9.57}$$

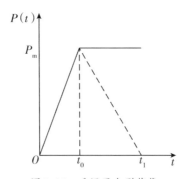

图 9.13 升压平台形荷载

当 $0 \leqslant t \leqslant t_0$ 时，动力函数 $K(t)$ 总是递增的，不可能达到最大值。当 $t > t_0$ 时，有：

$$K(t) = \omega \int_0^{t_0} \frac{\tau}{t_0} \sin \omega(t-\tau) \mathrm{d}\tau + \omega \int_0^t \sin \omega(t-\tau) \mathrm{d}\tau$$

$$= 1 - \frac{2}{\omega t_0} \sin \frac{\omega t_0}{2} \cos \omega\left(t - \frac{t_0}{2}\right). \tag{9.58}$$

由式(9.58)可直接看出，当 $\cos \omega(t_m - t_0/2) = \pm 1$ 时，$K(t)$ 达到最大值，即

$$K_d = 1 + \frac{\left| \sin \dfrac{\omega t_0}{2} \right|}{\dfrac{\omega t_0}{2}}. \tag{9.59}$$

一般 $\sin(\omega t_0/2)$ 为正，所以由 $\cos \omega(t_m - t_0/2) = -1$ 可推出：

$$\omega\left(t_m - \frac{t_0}{2}\right) = n\pi \quad (n = 1,\ 3,\ 5,\ \cdots).$$

式中：n 为 $t_m > t_0$ 的最小正奇数；T 为结构自振周期。

9.2.3.3　构件体系的拆分

1. 不同构件体系的拆分方法

原则上，等效静荷载法只适用于单个构件。但实际工程中的结构都是由顶板、梁、外墙、柱等多个构件组成，是多构件结构体系。每个构件所承受的动荷载作用时间有先有后，变化规律各不相同，此外，构件本身的性质如延性等也相差甚远，对这种结构做综合的精确动力分析较为困难。因此，我们使用等效静荷载法设计时，一般将结构分解为独立的构件，求出各自的等效静荷载。下面是几种可以拆成构件分析的例子。

（1）弱联结的构件体系。有些结构是由一系列构件联结而成。例如装配式结构，在振动时，各部件间存在相互约束作用，表现在各构件的振动频率与单独构件的频率有明显的差别。但是，这种结构的联结还不足以使整个结构形成一个完整的结构，表现在振动时各构件有不同的频率，在起振力作用下，各构件不同时达到共振。这种结构的振动称为弱联结体系的振动。这种结构可以在考虑各构件间的相互约束作用后，简化为若干个单独构件进行分析。

（2）构件间刚度相差很悬殊的构件体系。如图 9.14 所示，构件 Ⅰ（梁）简支于构件 Ⅱ 悬臂梁上，构件 Ⅱ 刚度远大于构件 Ⅰ。一般门框墙相对于门即是这种情况。

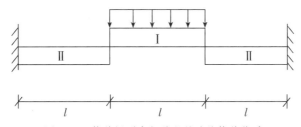

图 9.14　构件间刚度相差很悬殊的构件体系

设构件 Ⅱ 端位移为 $y_2 = y_2(t)$，简支梁的位移相对其支座为 $y_1(t)X_1(x)$。构件 Ⅰ 上任一点的动位移为：

$$Y_1(x,\ t) = y_2(t) + y_1(t)X_1(x). \tag{9.60}$$

按巴布诺夫–迦辽尔金方法组成构件 I 运动微分方程，为此先代入方程：

$$EJ \frac{\partial^4 Y_1}{\partial x^4} + m \frac{\partial^2 Y_1}{\partial t^2} = p_1(t) 。 \tag{9.61}$$

并乘以 $X_1(x)$，在 0 到 l 上积分，最后得：

$$lmk_{L.1}\ddot{y}_2 + lm_1 k_{m.1}\ddot{y}_1 + K_1 k_{L.1} y_1 = lk_{L.1}\Delta p_1 f(t) 。 \tag{9.62}$$

式中：K_1 为不动支座简支梁 I 的刚度。

因为构件 II 刚度远大于构件 I，所以 y_2 远小于 y_1，因而可以略去方程第一项，从而得到与构件 I 单独考虑时完全一样的方程。

如果构件 I 与 II 相互刚结，则：

$$Y_1(x,t) = y_2(t) + y_1(t)X_1(x) + \delta_2(t)X_\delta(x) 。 \tag{9.63}$$

式中：$\delta_2(t)$ 为构件 II 悬臂端转角，$\delta_2(t) = k_\delta y_2(t)$；$y_1(t)X_1(x)$ 为构件 I 相对于支座的固端梁位移；$X_\delta(x)$ 为固端梁两端有单位转角时的挠曲线；k_δ 为悬臂梁杆端作用集中力时，杆端转角与挠度的比例系数。所以，有：

$$Y_1(x,t) = y_2(t)\left[1 + k_\delta X_\delta(x)\right] + y_1(t)X_1(x) 。 \tag{9.64}$$

依上法得到的微分方程中，含 $y_2(t)$ 项则因 $y_2(t)$ 远小于 $y_1(t)$ 而被略去，最后得到与构件 I 单独考虑时一样的方程，但方程中的刚度将为固端梁的刚度。

（3）动荷载量值相差很悬殊的构件体系。如图 9.15 所示结构受动荷载的作用。按两个自由度体系着手分析。以 $X_{11}(x)$、$X_{12}(x)$ 表示第一振型，它是横梁所受动荷载静力作用下的挠曲线；$y_1(t)X_{11}(x)$、$y_1(t)X_{12}(x)$ 表示横梁所受动荷载 $\Delta p_1(t)$ 单独作用下引起的动位移分量；$X_{21}(x)$、$X_{22}(x)$ 表示两侧柱子所受动荷载静力作用下的挠曲线；$y_2(t)X_{22}(x)$、$y_2(t)X_{21}(x)$ 代表立柱所受动荷载 $\Delta p_2(t)$ 单独作用下引起的动位移分量。

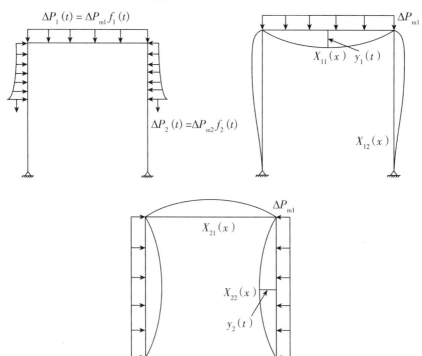

图 9.15　结构受动荷载作用

这样，横梁的动位移为：

$$Y_1(x, t) = y_1(t)X_{11}(x) + y_2(t)X_{21}(x) ；$$

立柱的动位移为：

$$Y_2(x, t) = y_1(t)X_{12}(x) + y_2(t)X_{22}(x) ；$$

横梁偏微分方程为：

$$EJY_1^{IV} + m\ddot{Y}_1 = \Delta p_1(t) ；$$

立柱偏微分方程为：

$$EJY_2^{IV} + m\ddot{Y}_2 = \Delta p_2(t) 。$$

在上两方程中分别代入 $Y_1(x, t)$ 及 $Y_2(x, t)$ 的表达式，并分别相应乘以 $X_{11}(x)$ 及 $X_{12}(x)$，且在横梁及立柱长度上积分。

注意到 $X_{ij}(x)$ $(i \neq j)$ 是 $X_{11}(x)$ 传播过来的变形，所以 $X_{ij}(x)$ 远小于 $X_{ii}(x)$。若侧墙的荷载 $\Delta p_2(t)$ 远小于横梁动荷载 $\Delta p_1(t)$，则 $y_2(t)$ 远小于 $y_1(t)$。

舍去二阶微量的部分，最后得到近似确定 $y_2(t)$ 的方程：

$$m_e\ddot{y}_1 + K_e y_1 = P_e(t) ，$$

$$m_e = \int_0^l X_{11}^2(x)\,\mathrm{d}x ，$$

$$P_e(t) = \int_0^l \Delta p_1(t)X_{11}(x)\,\mathrm{d}x ，$$

$$K_e = \int_0^l X_{11}^{IV}(x)X_1(x)\,\mathrm{d}x 。 \tag{9.65}$$

由此解得的 $y_1(t)$ 以及相应的最大动位移 y_{1m} 也是近似的，写为 $\tilde{y}_{1m}$。显然，y_{1m} 也并不等于横梁的最大动位移，因为 $Y_{1m} = y_1(t_m) + y_2(t_m)X_{21}\left(\dfrac{l}{2}\right)$，但因 $y_2(t_m)$ 远小于 $y_1(t_m)$，所以 $Y_{1m} \approx y_1(t_m) \approx \tilde{y}_{1m}$。

综上所述，结构拆成构件来分析时忽略了次要振型分量以及次要振型对主要振型振幅的影响（这是近似分析的特点）。由此可见，要拆成构件分析，忽略其他构件的动荷载和变形对其的影响时，必须确信该影响是次要的，即 $X_{12}(x) < X_{11}(x)$，以及 $X_{21}(x) < X_{22}(x)$，这都可从相应静荷载的作用来判断。

显然，上例中横梁的动荷载和惯性荷载对于柱子的变形和内力的影响就应是不可忽略的。所以将柱子拆成构件分析时，就应把次要振型分量 $y_1(t)X_{12}(x)$ 和其对 $y_2(t)$ 的影响考虑进去。将其考虑进去的途径有二：其一是如上述那样建立立柱的等效体系微分方程，由于 $y_1(t)$ 已近似求出，所以 $y_1(t)$ 及 $\ddot{y}_1(t)$ 在微分方程中的相应积分就可求得；其二是如静力分析中那样采取隔离体的办法，在柱端用动内力 $M(t)$ 及 $V(t)$ 来考虑横梁的动荷载和其惯性荷载对立柱的影响，当然，其惯性荷载也仅近似考虑了相应于主振型分量 $y_1(t)$ 的部分。

2. 构件频率的计算

采用等效静荷载法，将结构承受动荷载按弹性体系计算的动力分析问题归结为求动力系数 K_d，因此首先需确定结构的自振频率。由前面章节对等效单自由度的分析可得，结构自振频率的计算公式为：

$$\omega^2 = \frac{\int_0^l EJ\left(\frac{\mathrm{d}^2 y_x}{\mathrm{d}x^2}\right)^2 \mathrm{d}x}{\int_0^l m y_x^2 \mathrm{d}x}。 \tag{9.66}$$

分布质量构件简化为单自由度体系的自振频率通常由能量法确定。对于受弯构件来说，假定振型为 $X(x)$，代表点的位移 $y = y(t)$，则构件上任一点的位移为 $Y(x,\ t) = Xy$，速度为 $\dot{Y} = X\dot{y}$，任取一微段 $\mathrm{d}x$，质量为 $m\mathrm{d}x$，有动能 $\mathrm{d}K = \frac{1}{2} m\mathrm{d}x\,(X\dot{y})^2$，应变能 $\mathrm{d}U = \frac{1}{2} EJ\left[\frac{\mathrm{d}^2(Xy)}{\mathrm{d}x^2}\right]^2 \mathrm{d}x$。

整个构件的动能和应变能分别为 $K = \frac{1}{2}\int_0^t mX^2\dot{y}^2\mathrm{d}x$ 和 $U = \frac{1}{2}\int_0^l EJ\left(\frac{\mathrm{d}^2 X}{\mathrm{d}x^2}\right)^2 y^2\mathrm{d}x$，最大动能为 $K_m = \frac{1}{2}\int_0^l mX^2\dot{y}_m^2\mathrm{d}x$，最大应变能为 $U_m = \frac{1}{2}\int_0^l EJ\left(\frac{\mathrm{d}^2 X}{\mathrm{d}x^2}\right)^2 y_m^2\mathrm{d}x$。

自由振动时 $K_m = U_m$，自由振动为简谐振动，故有 $\omega^2 = \left(\frac{\dot{y}_m}{y_m}\right)^2$，得：

$$\omega^2 = \frac{\int_0^l EJ\left(\frac{\mathrm{d}^2 X}{\mathrm{d}x^2}\right)^2 \mathrm{d}x}{\int_0^l mX^2\mathrm{d}x}。 \tag{9.67}$$

如果选取的振型是静荷载 q 作用下代表点的挠度，将式(9.49)右端分子、分母同时乘以 y_0^2，得

$$\omega^2 = \frac{\int_0^l EJ\left(\frac{\mathrm{d}^2 y_x}{\mathrm{d}x^2}\right)^2 \mathrm{d}x}{\int_0^l m y_x^2 \mathrm{d}x}。 \tag{9.68}$$

由因静荷载 q 作用下梁的应变能必等于静荷载 q 所做的功，即：

$$\int_0^l EJ\left(\frac{\mathrm{d}^2 y_x}{\mathrm{d}x^2}\right)^2 \mathrm{d}x = \int_0^l q y_x \mathrm{d}x, \tag{9.69}$$

因此，式(9.69)可写为

$$\omega^2 = \frac{\int_0^l q y_x \mathrm{d}x}{\int_0^l m y_x^2 \mathrm{d}x}。 \tag{9.70}$$

此式被广泛应用于杆件体系中。

因为任何不是真实的振型都相当于增加约束，导致体系的刚度增加，因此，采用能量法按假定振型得出的自振频率偏大。相对而言，采用静荷载作用下的静挠曲线作为假定振型来求基频，通常有较好的精度。因为基频代表最低频率，一般函数在其极值附近的变化非常缓慢，所以在改变其振型计算基频时，其值改变不显著。

至于哪类构件采用哪种形式的公式比较方便，现分述如下。

(1)单跨梁、板构件采用如下公式计算比较方便：

$$\omega = \sqrt{\frac{K}{k_{L-M}M}} \text{。} \tag{9.71}$$

式中：K、k_{L-M}可直接查表得出。

如简支梁的$K = \dfrac{384EJ}{5l^3}$，$M = lm$，$k_{L-M} = 0.78$，则：

$$\omega = \sqrt{\frac{384EJ}{5l^3 \cdot lm \cdot 0.78}} = \frac{9.92}{l^2}\sqrt{\frac{EJ}{m}} \text{。}$$

(2)框架采用以下公式计算比较方便：

$$\omega^2 = \frac{\int_\Omega p(x)W_p(x)\,\mathrm{d}x}{\int_\Omega mW_p^2\,\mathrm{d}x} \text{。} \tag{9.72}$$

(3)等截面拱的自振频率采用有限单元法计算，并考虑轴向变形影响，其公式为：

$$\omega = \frac{\Omega}{l^2}\sqrt{\frac{EJ}{m}} \text{。} \tag{9.73}$$

式中：Ω为对称振动最低频率系数。

9.2.4 弹塑性体系的动力分析

根据式(9.28)，可写出等效弹塑性体系运动方程。在弹性阶段，有：

$$K_{\mathrm{ML}}M\ddot{y}(t) + R = P(t)\text{；} \tag{9.74}$$

在塑性阶段，有：

$$\overline{K}_{\mathrm{ML}}M\ddot{y}(t) + R = P(t)\text{。} \tag{9.75}$$

塑性阶段的初始条件为弹性阶段的终止条件。弹塑性体系的运动微分方程中的抗力项R，应根据所处的不同变形阶段代以不同的数值。如果荷载的表达式比较复杂，求解过程将变得极为冗繁，一般需用求解微分方程的数值解法。

这里考虑结构为理想弹塑性体系[图9.6(b)]。因此，在均布荷载$p_m f(t)$作用下，等效体系(图9.16)的运动方程变化如下：

当$y < y_e$时，有：

$$K_{\mathrm{ML}}M\ddot{y}(t) + Ky(t) = P_{\mathrm{M}}(t)\text{；} \tag{9.76}$$

当$y_e < y < y_m$时，有：

$$\overline{K}_{\mathrm{ML}}M\ddot{y}(t) + R_m = P_m f(t)\text{。} \tag{9.77}$$

式中：M为总质量，$M = ml$；P_m为总荷载，$P_m = p_m l$；R_m为总抗力，$R_m = q_m l$。

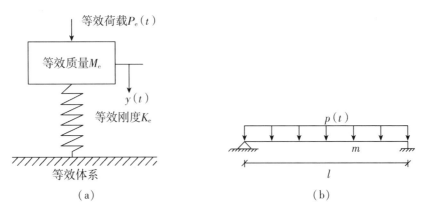

图 9.16 弹塑性体系

对于弹塑性体系，进行动力分析的最终目的是在计入动荷载的动力效应的条件下，确定结构所需提供的最大抗力。而按照约定的关于结构体系抗力的表达方式，弹塑性体系的最大抗力在数值上相当于体系能够承受的最大静荷载 q_m。因此，类似于弹性阶段的位移动力系数，这里引入抗力动力系数 K_h，即

$$K_h = \frac{q_m}{p_m}。 \tag{9.78}$$

式中：p_m 为作用动荷载的峰值；q_m 为弹塑性体系的最大抗力。

弹性体系的位移动力系数 K_d 值仅与体系的自振频率和动荷载的变化规律有关。但对于弹塑性体系，由本章分析可知，承受同样的动荷载，如果进入塑性阶段的最大位移不同，则体系可以有不同的最大抗力。因此，弹塑性体系的抗力动力系数 K_h，不仅与体系的自振频率和动荷载的变化规律有关，而且还与体系的塑性变形发展程度有关，即与反映这一状态的参数延性比 β 的大小有关。这就要求具体研究不同动荷载作用下弹塑性体系的变形运动规律，特别是进入塑性阶段后体系最大变位的发展状态，从而求得 K_h 的值。

9.3 结构响应的区域划分

9.3.1 动力响应放大曲线

研究发现，爆炸荷载作用下，荷载的正相持续时间 T 与结构振动自然周期 t_0 的比值对结构的响应有重要影响。下面以按指数型衰减的空气冲击波荷载作用下的单自由度弹性结构的响应分析，来说明这个问题(图 9.17)。

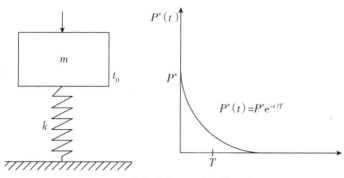

图 9.17　冲击波作用下的线性振荡器

通常情况下，将位于一半冲量位置的 T 作为指数型荷载的持续时间。对图 9.17 中所示的系统，由牛顿第二定理得到：

$$m \frac{\mathrm{d}^x}{\mathrm{d}t^2} + kx = P^* \, \mathrm{e}^{-t/T} \text{。} \tag{9.79}$$

式中：m 为质量；k 为弹簧的刚度；P^* 为荷载幅值。

初始条件为 $t=0$ 时位移和速度都为 0，则瞬态动力解为：

$$\frac{x(t)}{P^*/k} = \frac{(\omega T)^2}{1+(\omega T)^2} \left(\frac{\sin \omega t}{\omega T} - \cos \omega t + \mathrm{e}^{-\frac{\omega t}{\omega T}} \right) \text{。} \tag{9.80}$$

式中：$\omega = \sqrt{\dfrac{k}{m}}$。方程包括三个无量纲数，用函数格式可以表示为：

$$\frac{x(t)}{P^*/k} = \psi(\omega T, \ \omega t) \text{。} \tag{9.81}$$

将方程对时间微分，使最终速度为 0，从而可以得达到最大 $x(t)$ 时的比例时间 $(\omega t_{\max})$。

一旦得到指定 ωt 下的 $\omega t_{\max}$，则可得到 $\dfrac{x_{\max}}{P^*/k}$ 关于 ωT 的函数：

$$\frac{x_{\max}}{P^*/k} = \psi(\omega T) \text{。} \tag{9.82}$$

通过试错法进行计算，可得到爆炸荷载作用下弹性结构响应的放大曲线（图 9.18）。

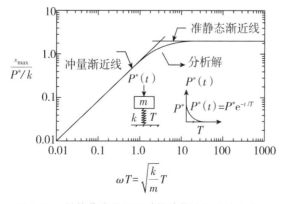

图 9.18　爆炸荷载作用下弹性结构响应的放大曲线

9.4.2 响应区域划分

可以看出，当 $\sqrt{\dfrac{k}{m}}T>40$ 及 $\sqrt{\dfrac{k}{m}}T<0.4$ 时，结果可用两条渐近线进行较为精确的模拟。由此，结构的响应可以划分为三个不同的区域。

9.4.2.1 准静态响应区域

$\sqrt{\dfrac{k}{m}}T>40$ 的区域称为结构的准静态响应区域。$\sqrt{\dfrac{k}{m}}T>40$ 意味着荷载持续时间 T 相对于结构的周期 $\sqrt{\dfrac{m}{k}}$ 很长。换而言之，结构获得最大变形前荷载消散得很少。在准静态响应区域，变形仅依赖于峰值荷载 P^* 和结构的刚度 k。响应与荷载持续时间 T 和结构的质量 m 无关。

由能量守恒定律可得到准静态响应区域的渐近线方程为：

$$\frac{x_{\max}}{P^*/k}=2.0。\tag{9.83}$$

因此，在准静态响应区域，结构的最大动态变形是静态变形的 2 倍。

9.4.2.2 冲量响应区域

$\sqrt{\dfrac{k}{m}}T<0.4$ 的区域称为结构的冲量响应区域，这个区域的标准极小值为 ωT。其意义是：当荷载施加给结构时，在结构有足够的时间经历有意义的变形之前，荷载作用已经结束。换而言之，在冲量响应区域，荷载持续时间相对于结构的响应时间很短。由能量守恒定律可以得到冲量响应区域的渐近线方程为：

$$\frac{\sqrt{km}\,x_{\max}}{I}=1.0。\tag{9.84}$$

其中 $I=PT$。

因此，在冲量响应区域，变形仅依赖于冲量 I。在这个区域，任何峰值荷载和持续时间的联合，只要冲量相等，将产生相同的最大变形。并且，结构刚度和质量都会影响结果。实际的冲量荷载总是比荷载峰值作为静荷载施加产生更低的响应，因此，在这个冲量荷载区域用动态荷载系数 2 将十分保守。

9.4.2.3 动态响应区域

最后，ωT 在 0.4～40 之间，是连接冲量响应区域到准静态响应区域的过渡区域，称为结构的动态响应区域。在这个区域，变形将依赖于整个荷载历史，即响应既依赖于压力，又依赖于冲量，也依赖于结构的刚度和质量。在动态响应区域，施加荷载的持续时间与结构响应的时间是同一数量级的。

尽管大体上结构的响应可以划分为以上三个领域，但由于问题的复杂性，人们对这三种响应区域的界限仍有不同的认识：Baker(1986)、Pan(1998)等认为，$T/t_0<0.1$ 时为冲量响应区域，$T/t_0>6$ 时为准静态响应区域，$0.1<T/t_0\leqslant6$ 时为动力响应区域；孟吉复等认为，$T/t_0\leqslant0.25$ 时为冲量响应区域，$T/t_0\geqslant10$ 时为准静态响应区域；M. A. 萨多夫斯基和奥利索夫、Bultmann、Helge 等认为，当 $T/t_0\gg1$ 时为准静态响应区域，当 $T/t_0\ll1$ 时为冲量响应区域，当介于两者之间时则为动态响应区域；Theodwr Krauthamme 认为，T/t_0 大于 $3\sim5$ 时，响应为准静态响应区域，如果小于这个范围，则必须进行动力分析。

9.4　应变率效应

在冲击荷载下的材料动态力学性能与静态力学性能不同的原因，除了介质质点的惯性作用外，是材料本身在高应变率下的动态力学性能与静态力学性能不同，即材料本构关系与应变率具有相关性。这也造成了问题的复杂性。

应变(荷载)率是指单位时间内应变(荷载)的改变速率。Bischoff 和 Perry(1991)介绍了不同荷载条件下所预测的近似应变率范围(图 9.19)。

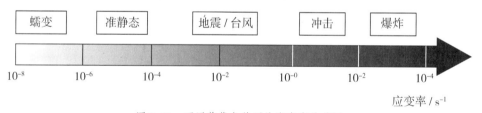

图 9.19　不同荷载条件下的应变率的范围

可以看出，一般静态应变率的范围为 $10^{-6}\sim10^{-5}\ \mathrm{s}^{-1}$，通常的爆炸荷载的应变率范围为 $10^2\sim10^4\ \mathrm{s}^{-1}$。这种高应变率效应将会改变目标结构的动态力学性质，并相应地改变了不同结果的预期破坏机理。所以，对于结构的抗爆设计和分析，确定材料的动态性质是最基本的问题之一。

9.4.1　混凝土的应变率效应

混凝土是由骨料(粗骨料、细骨料)、水泥石、空气等组成的多相材料。经过上百年的研究，人们对混凝土材料的静态、准静态性质已经有了比较全面的认识。随着混凝土在防护结构上的广泛应用，人们对冲击爆炸荷载作用下混凝土动态性质的关注日益增强。

关于混凝土动态性质的研究，可追溯到 1917 年 Abrams 关于素混凝土压缩强度应变率效应的试验。Abrams 发现，当应变率从 $8\times10^{-6}\ \mathrm{s}^{-1}$ 增加到 $2\times10^{-4}\ \mathrm{s}^{-1}$ 时，混凝土动态抗压强度比静荷载抗压强度高6%~20%。随后，人们对混凝土的动态性质进行了广泛的研究，研究采用的试验方法主要有落锤方法、SHPB、爆炸加载方法和伺服液压控制法等。研究得到的主要结论是：混凝土的抗压强度、抗拉强度和弹性模量都随着应变率的提高而提高；随着应变率的增加，抗拉强度比抗压强度提高得更快，抗压强度可提高2倍以上，抗拉强度甚至可提高6倍以上；强混凝土与弱混凝土相比，应变率的敏感性似乎差些；干混凝土对于应变率的提高显示出弱的敏感性，在高应变率下，混凝土的含水率对抗拉强度影响很小；峰值应力、初始切向模量、混凝土的应力-应变曲线都随着应变率的提高而变化。图9.20给出了应变率效应下的混凝土受压应力-应变曲线。可以看出，混凝土的应力-应变曲线随着应变率的加快变得更直。

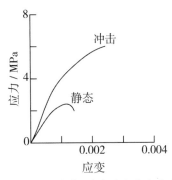

图9.20　混凝土应力-应变曲线的应变率效应

常用动力提高系数(dynamic increase factor，DIF)描述材料强度的动态提高。动力提高系数定义为材料的动态强度与静态强度之比。

9.4.1.1　混凝土抗压强度的动力提高系数

根据试验结果，Wiliams、Dilger、Soroushian等人得到的混凝土抗压强度的动力提高系数分别为：

Williams 公式：

$$DIF = 1.6 + 0.104\ln\dot\varepsilon + 0.045(\lg\dot\varepsilon)^2; \tag{9.85}$$

Dilger 公式：

$$DIF = 1.38 + 0.081 g\dot\varepsilon \quad (\dot\varepsilon \geqslant 1.6\times10^{-5}); \tag{9.86}$$

Sorroushian 公式：

$$DIF = 1.48 + 0.161\lg\dot\varepsilon + 0.0127(\ln\dot\varepsilon)^2. \tag{9.87}$$

式中：$\dot\varepsilon$ 为应变率。

Malvar 和 Crawford、Millinger、Birkimer、Ross 等得到的混凝土抗压强度的动力提高系数为：

$$DIF = \begin{cases} \left(\dfrac{\dot\varepsilon}{\dot\varepsilon_s}\right)^{1.026\alpha_s} & (\dot\varepsilon \leqslant 30\ \text{s}^{-1}) \\[3mm] \gamma_s\left(\dfrac{\dot\varepsilon}{\dot\varepsilon_s}\right)^{1/3} & (\dot\varepsilon > 30\ \text{s}^{-1}) \end{cases} \tag{9.88}$$

式中：$\alpha_s = 1/(5+9f_{cs}/f_{co})$，$f_{cs}$ 为静力抗压强度，f_{co} 取 10 MPa；$\lg\gamma_s = 6.156\alpha_s - 2$；$\dot{\varepsilon}_s$ 为静力试验应变率，取 30×10^{-6} s^{-1}。

9.4.1.2　混凝土抗拉强度的动力提高系数

Malvar 和 Crawford 等在总结前人试验的基础上，提出了如下计算公式：

$$DIF = \begin{cases} \left(\dfrac{\dot{\varepsilon}}{\dot{\varepsilon}_s}\right)^{\delta} & (\dot{\varepsilon} \leqslant 1\ s^{-1}) \\[2mm] \beta\left(\dfrac{\dot{\varepsilon}}{\dot{\varepsilon}_s}\right)^{1/3} & (\dot{\varepsilon} > 1\ s^{-1}) \end{cases} \tag{9.89}$$

式中：$\delta = 1/(1+8f_{cs}/f_{co})$；$\lg\beta = 6\delta - 2$。

C. A. Ross 等也给出了混凝土抗拉强度动力提高系数的表达式：

$$DIF = \exp(AE^B) \tag{9.90}$$

式中：$E = \lg(\dot{\varepsilon}/\dot{\varepsilon}_s)$；$\dot{\varepsilon}_s = 10^{-7}$ s^{-1}；$A = 0.0164$；$B = 2.086$。

关于对高应变率下混凝土强度提高的理论解释，目前还不能对观察到的现象给出精确的证明。按照 Johansson(2000)，混凝土中的应变率效应可以归因于两个现象：一是黏性。黏性主要是因为混凝土微孔隙中存在的自由水的效应，当应变率达到所谓的过渡区（30 s^{-1}）时，可以导致混凝土动态强度的轻微提高。二是结构效应。结构效应主要是因为惯性和约束支配动态强度分布，当应变率在过渡区以上时，可以导致混凝土动态强度的剧烈提高。对高应变率下混凝土强度提高的这种理论解释如图 9.21 所示。

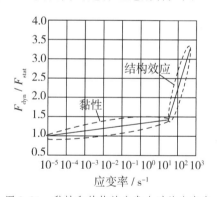

图 9.21　黏性和结构效应发生时的应变率

9.4.2　钢筋动态性质的应变率效应

由于具有各向同性的性质，钢筋在动态荷载下的性质较易测试。

Norris 等测试了两种不同静态屈服强度(330 MPa 和 278 MPa)的钢，拉伸应变率范围为 $10^{-5}\sim0.1$ s^{-1}，强度分别提高了 9%～21% 和 10%～23%。Dowling 和 Harding 用 SHPB 对钢筋进行了应变率范围为 $10^{-3}\sim2000$ s^{-1} 的拉伸试验，结果表明钢筋具有极大的应变率敏感性，下屈服强度几乎提高了 100%，抗拉强度提高约 50%。Wakabayashi 对直径为 13 mm 的光圆钢筋和变形钢筋进行了应变率为 $5\times10^{-6}\sim0.1$ s^{-1} 的拉伸试验，钢筋的上下屈服强度都随着应变率的提高而提高，平均提高 7%～18%，但弹性模量对应变率效应很不敏感。Keenan 等进行了系列试验来研究钢筋在量级为 10～100 s^{-1} 高应变率下的效应，钢筋的屈服应力提高了 60%。Chen Zhaoyuan 等的研究表明，钢筋的屈服动力提高系数对初始静态强度敏感，钢筋的等级越低，动力提高系数越大，钢筋抗拉与抗压动力提高系数几乎相同。

Malvar 研究了高应变率效应下钢筋的动态性质。在拉应力范围为 290～710 MPa 的情况下，得到的钢筋动力提高系数为：

$$DIF = (\varepsilon/10^{-4})^{\alpha}。 \tag{9.91}$$

式中：α 为系数，计算屈服应力时 $\alpha = \alpha_{fy}$，且 $\alpha_{fy} = 0.074 - 0.04(f_y/414)$；计算最终应力时 $\alpha = \alpha_{fu}$，且 $\alpha_{fu} = 0.019 - 0.009(f_y/414)$，$f_y$ 为钢筋的静屈服强度。

9.4.3　钢筋混凝土抗弯曲性质的应变率效应

由于改变应变率将改变混凝土和钢筋的力学性质，所以，不难想象，应变率效应能够提高钢筋混凝土单元的抗弯能力。Takeda、Bertero 通过试验得到了高应变率能够提高混凝土的刚度和抗弯能力的结论，并认为在剪切钢筋不足的情况下，钢筋混凝土在高应变率下可能发生意外的脆性剪切破坏，而在相同静态荷载下却是延性破坏方式，应变率效应对钢筋混凝土梁的荷载-变形特征没有明显的影响；Wakabayashi 得到了混凝土的压缩强度和钢筋的拉伸强度都线性地随着应变率的对数提高，致使钢筋混凝土梁的承载能力提高了约 30%的结论；Price 通过试验得到了高应变率下钢筋混凝土梁的永久变形更大，但高应变率似乎对所测试的钢筋混凝土梁的弯曲强度没有影响的结论；Chung 和 Shah 研究了梁柱节点的应变率效应，并进一步确认了高应变率下钢筋混凝土单元可能发生脆性破坏的结论。

第 10 章　防护结构设计方法

10.1　防护工程的概念

防护工程是一类特殊的、具有预定防护功能的工程构筑物，是包括防护结构(国防工程或人防工程)在内的防护建筑、防护设备、各种防灾设施以及生命线防护工程等工程系统的总称，同时也是为避免或者减少敌武器对人员和物资的毁伤而构筑的建筑物和构筑物的总称。根据面向的服务对象，防护工程可分为两类：

(1)为保障军队作战使用的防护工程，称为国防工程(又称军事防护工程)。国防工程包括各类指挥通信工程、飞机洞库、潜(舰)艇洞库、导弹发射井、后方仓库洞库、阵地工程、人员掩蔽工程及武器装备、物资掩蔽库等。国防工程根据重要性和用途可划分为若干等级。

(2)用于城市防空袭的人民防空工程，称为人防工程。人防工程包括结合民用建筑修建的各类防空地下室等。人防工程按功能和用途分为五类，分别为人防指挥工程、医疗救护工程、人防专业队工程、人员掩蔽工程及配套工程。人防工程根据全国各省、自治区、直辖市和地区的战略地位、战备性质和功能用途等划分为若干等级。

显然，防护工程与民用建筑工程的本质区别在于其面向军事用途，且随着战争的发展而发展。古今中外的战争史表明，防护工程一直以来都是国防力量的重要组成部分，是国家赖以生存与发展的安全保障。和平时期，它对于遏制外敌入侵、巩固国防、捍卫国家主权及领土完整具有十分突出的威慑作用；战时它是抵御外敌侵略和各种空袭，保障军队指挥控制的稳定和安全，以及保存有生力量(人员)、武器装备和人民生命财产的重要物质基础和防御手段。在信息化战争的条件下，随着武器装备的发展以及打击手段和方式的变化，防护工程的建设面临诸多新的挑战，如高技术侦察监视、高精度打击、深钻地攻击等的威胁，需要不断发展新的防护技术，提高防护工程的建设水平，增强防护效能，以适应未来信息化战争的要求。

10.2　防护结构设计的原则及措施

10.2.1　工程防护的原则

《中华人民共和国人民防空法》规定，人民防空实行长期准备、重点建设、平战结合的方针，贯彻与经济建设协调发展、与城市建设相结合的原则。将城市建设(特别是地下空间开发)与人防建设结合起来的人防工程不仅战时可用来掩蔽人员和物资等，平时还能为城市人民生活和经济建设服务，实现战备效益、社会效益和经济效益的统一。我国城市地下空间开发利用始于人防工程建设。在开发利用城市地下空间与进行重要基础设施建设中兼顾人防要求，也越来越成为全社会的共识和国家发展的战略选择。人防工程建设周期长、投资大，靠临战突击来不及，必须结合国家基础建设和城市空间开发利用。

地下防护结构设计需满足以下原则：

(1)一次作用的原则。防空地下室抵抗常规武器或抵抗核武器作用时，只分别考虑一次作用。

(2)综合防护的原则。人防工程应能抗御核爆炸空气冲击波及热辐射、早期核辐射、放射性沾染的作用，化学武器和生物武器的作用，以及杀伤破坏武器引起的其他次生灾害的作用。

(3)等生存能力原则。人防工程各组成部分应具有相等的生存能力，保证工程达到整体均衡的防护。

10.2.2 工程防护的措施

工程对武器作用的防护必须从整体规划和建筑布置等多个方面考虑，这里主要从结构的角度提出一些原则性的措施。

10.2.2.1 爆炸冲击波的防护。

爆炸空气冲击波对地下工程的破坏途径主要有：①破坏出入口和通风口附近的地面建筑物或挡土墙，使得工程口部堵塞；②直接进入工程的各种孔口，破坏口部通道、临空墙以及孔口防护设备，杀伤内部人员；③压缩地表面，产生土中压缩波，通过压缩波破坏工程结构。

工程的出入口和通风口应避开地面建筑物的倒塌范围，出入口露出地面部分宜做成破坏后易于清除的轻型构筑物。要求设置两个以上的出入口，并保持不同朝向和一定距离，以减小同时遭到破坏的可能性。工程被覆结构和口部构件要按照冲击波和压缩波的动力作用进行设计，为此应尽量利用工程上方自然地层的防护能力，并应合理选择口部位置和有利地形，以减小冲击波对口部的反射超压和压缩波的强度。上述这些措施同样也适用于炮(炸)弹的防护。

出入口的防护门、防护密闭门和防密盖板，通风口的防爆活门和阀门消波系统，排水系统的消波防爆装置，以及电力通信管道的防爆密闭装置等口部设备必须有足够的抗力。

10.2.2.2 热辐射和早期核辐射的防护

热辐射对地下工程没有直接破坏作用，但如果地面有密集建筑群，就有可能引起大面积的持续火灾，燃烧可持续较长时间。长时间的高温能降低覆土较薄的地下工程的强度，并使工程内部温度升高乃至断绝外部新鲜空气的供给。

防护(密闭)门、防爆活门等宜避开热辐射直接照射,门外的电缆等应埋入地下以防止烧坏。设备上的外露胶条、木板等易燃物应采取保护措施,如敷以白漆、白石棉粉等浅色涂料,或裹以隔热耐高温材料。

早期核辐射对于工程本身没有破坏作用。地下工程有一定的埋深,一般不必考虑早期核辐射透过土壤覆盖层和工程被覆进入内部的危害。为了减少从出入口进入并穿透通道临空墙和防护门达到室内的核辐射,各道防护门、密闭门加起来要有一定的总厚度,通道也要有一定的长度。增加通道拐弯数对削弱来自口部的辐射最为有效。与通道紧邻的个别房间如可能透入较大剂量的辐射,可以在建筑布局上安排合适的用途。

10.2.2.3　炮(炸)弹的防护

按炮(炸)弹直接命中并且要求不产生局部震塌破坏的工程,需要有很大的结构厚度,耗费材料甚巨。同时,由于主要用于居民防护的防空地下室战时为非军事目标,按核爆地面冲击波超压来确定结构尺寸,再按炸弹直接命中的动荷载进行换算。即便如此,也需采取分散布置,在建筑设计中划分防护单元和抗爆单元等措施,将炮(炸)弹可能直接命中所带来的杀伤效果减弱到最小程度。为了防止孔口设备被炸坏,使工程丧失进一步抵抗核爆冲击波和防毒的能力,防护门、防爆活门等应尽量靠里设置。

10.3　防护结构的特点与极限状态

防护结构设计的主要任务是在保证满足一定生存概率的条件下,能够抵抗预定杀伤武器的破坏作用,即满足按工程重要等级确定的防护等级而提出的抗力级别。因此,合理的抗力级别标准是防护工程结构设计的重要条件。目前,各国都依据本国的政治、经济条件提出了相应的防护规则及单体工程的防护抗力等级,相对来说,该防护体系具有一定的保密规则及使用范围。其防护效果一方面取决于工程抗力等级,另一方面也取决于该区域的重要程度、地形、地貌、伪装条件等多种因素,而后一种因素往往是最重要的。因此,防护的综合设计与规划是必不可少的重要内容。

10.3.1　防护结构设计的特点

对于防护工程结构的荷载来说,虽然平时正常使用时承受的静荷载占有一定的或相当大的比例,但战时炮(炸)弹冲击爆炸或核武器爆炸产生的动荷载仍然是防护结构设计计算的主要荷载。这种动荷载作用的效应不同于普通工业与民用建筑的情况,而且与《建筑结构可靠度设计统一标准》(GB 50068—2018)所明确的偶然性爆炸荷载既相似又不完全相同。因此,与一般工业与民用建筑设计相比,防护结构设计具有以下几个特点。

(1)防护结构承受的主要荷载是炮(炸)弹的冲击爆炸荷载和核武器爆炸荷载,其他荷载(如防护层静压力、支撑结构自重、永久设备自重等静荷载)通常只占较少的比例。在冲击、爆炸动荷载作用下，结构将产生振动。由于惯性力的影响，防护结构的动应力和动位移会不同于与动荷载同等数值静荷载作用下的应力和位移值。此外，与一般民用建筑工程结构承受的动力作用(如地震荷载)不同，作用于防护结构的动荷载是瞬息的或短暂作用的。进行防护结构的动力分析，通常是通过计算等效单自由度体系的动力系数，采用等效静荷载法将动力计算转化为静力计算。仅对少数特殊的防护工程结构才进行比较准确的动力分析，按多自由度体系或数值分析方法计算结构的动应力和动位移。众所周知，实际构件是无限多自由度的体系。尽管有限元等数值分析方法及计算机的应用有了很大的发展，鉴于防护结构设计是在变异性较大的荷载条件下的极限设计，以及其他一些随机因素的影响，在大多数情况下，工程上过分追求改进计算方法的繁杂运算分析是没有必要的。实际工程设计中，防护结构通常采用近似的按等效单自由度体系计算的等效静荷载法，因此只要求保证一般的计算精度。但也应当指出，设计中虽然没有必要采取精确而烦琐的运算分析，这也并不妨碍进一步深入了解防护结构的工作机理和改进设计计算方法。后者的不断解决，正是为了使得近似分析方法有更坚实、可靠的基础。

(2)多层或高层地面建筑的地下防护结构，是整个建筑结构体系的一部分，不仅要满足战时的抗力，而且应满足平时使用的结构要求。即地下防护结构设计应同时满足平时和战时两种不同荷载效应组合的要求。

(3)钢筋混凝土结构构件可按弹塑性工作阶段设计。在静力作用下，构件一般不允许因超过弹性范围而形成机动体系；否则，在静荷载持续作用下，构件变形将不断发展，直至破坏。但在核爆动荷载作用下，构件即使进入塑性屈服状态而变为机动体系，只要动荷载引起的最大变形不超过允许最大变形，则在这种瞬间动荷载作用消失以后，由于阻尼影响，其振动变形将不断衰减，最后能达到某一静止平衡状态。此时，结构虽然出现一些残余变形，但仍具有承载能力。由于构件在塑性阶段工作可比仅在弹性阶段工作吸取更多的能量，可充分发挥材料潜力，如钢筋混凝土受弯构件在屈服后还要经历很大变形才会完全坍塌。因此，考虑塑性阶段工作可承受更大动力荷载有较大经济意义。在地下防护结构设计中，对只考虑弹性阶段工作的结构构件按弹性工作阶段设计。如砖砌体外墙，由于砌体属脆性材料，所以设计中按弹性工作阶段考虑。对于既考虑弹性阶段工作，又考虑塑性阶段工作的结构构件按弹塑性工作阶段设计，如钢筋混凝土的顶板、外墙、临空墙等。因此，在动荷载作用下，对防空地下室中钢筋混凝土结构构件来说，处于屈服后开裂状态仍属正常的工作状态。这一点与静力作用下结构构件所处的状态有很大的不同。

(4)材料设计强度可提高。试验表明，加载速率直接影响材料的力学性能。在爆炸动荷载作用下，结构构件所经受的是毫秒级快速变形过程，与标准静荷载试验速度相比要快千百倍，这时材料力学性能发生比较明显的变化，主要表现为强度提高。初始施加的静应力即使高达70%屈服应力，然后再加动荷载，此时材料强度的提高比值仍与单独施加瞬间动荷载时一致。所以，在设计中当爆炸动荷载与静荷载同时作用时，仍可取同样的动力强度提高系数。

(5)应重视人防结构的构造要求。应当明确，承受荷载作用的结构(包括人防结构和民用结构)是不能仅仅考虑构件强度设计来满足设计要求的，还应着眼于最后的整体破坏形态，以提高抗塌毁的性能。必要的构造规定与计算分析有同样的重要性，甚至有些构件设计内容还主要靠构造的方法解决。因为人防结构通常都允许进入塑性阶段工作，构件如不能保证足够的延性，将会出现屈服后的次生剪坏。采取一定的构造措施以提高屈服截面的抗剪性能仍是一个重要问题。又如在目前人防工程中采用较多的反梁设计，为了保证力的传递，也必须采取足够的构造措施。另外，人防结构是在大变形状态下工作的，所以民用规范中有关钢筋混凝土的一般构造要求需要重新检验，如跨中拉筋伸入支座的锚固长度要增加，钢筋搭接截面和最大受力截面处的箍筋间距要加密，主筋最小配筋率和最小箍筋率可能要适当提高，等等。人防结构的配筋方式也应有利于防止塌毁，静荷载作用下的某些配筋方式，如双向板中的分离式配筋，就不一定适合于人防工程。

(6)在武器爆炸动荷载作用下，结构可只进行强度计算，不进行结构变形、裂缝开展、地基承载力和地基变形计算。这是因为结构变形和结构裂缝已通过结构的延性比来控制；而且在动荷载作用下，地基承载力有较大提高，同时安全储备也可取较低值，在这种瞬间荷载作用下，一般不会产生因地基失效引起结构的破坏。因此，地下防护结构在动荷载作用下，可不验算上述计算。

(7)地下防护结构体系布置必须考虑地面建筑结构体系。墙、柱等承重结构应尽量与地面建筑物的承重结构相互对应，以使地面建筑物的荷载通过地下防护结构的承重结构直接传递到地基上。

(8)地面多层或高层建筑物，对于普通炮(炸)弹、核爆冲击波和早期核辐射等破坏因素都有一定的削弱作用，设计地下防护结构时可考虑这一因素。但地面建筑物在战时又极易发生火灾，使地面空气温度高达几百度以上，而且二氧化碳、一氧化碳等有害气体含量大幅度增加，对于密闭性能不好的工程，将造成室内人员的伤害，或形成人员不能忍受的热环境。地面建筑物的倒塌会造成地下防护结构出入口的堵塞，所以，在室外的战时主要出入口应设置在地面建筑的倒塌范围之外。因条件限制需设在倒塌范围以内时，应采用防倒塌棚架。

(9)平战结合的地下防护结构应满足平时使用的要求。当平时使用要求与战时防护要求不一致时，应采取平战功能转换措施。采取的转换措施应能在规定的时限内完成地下防护结构的功能转换。

10.3.2　防护结构设计的极限状态

防护结构的直接破坏可以是由于达到以下几种工作极限状态而影响防护工程完成所预定的功能：①承载能力的极限状态。在常规武器的冲击爆炸和核爆炸荷载的整体作用下，不允许产生整体破坏(弹性和塑性工作阶段)的防护结构。②局部作用的极限状态。在常规武器作用下，不允许产生局部破坏的防护结构。③密闭(裂缝开展)的极限状态。在爆炸动荷载作用下，要求不出现贯穿裂缝的密闭防护结构。④稳定性的极限状态。不允许有整体滑动或倾覆的防护结构。此外，一些特殊的防护工程还可能对早期核辐射、爆炸振动和电磁脉冲等方面提出要求。

显然，防护结构依次按照上述各种工作极限状态进行结构设计是很麻烦的，也是不必要的。实际上，只需根据工程的性质、任务及战术技术要求等，选出主要的起控制作用的工作极限状态进行计算与设计。防护结构通常按上述第①②两种极限状态设计，并进行防早期核辐射的校核。计算其他工作极限状态仅在有特殊要求下才进行。

10.4 防护结构设计的规定与步骤

防护结构设计的一般规定如下：

(1)防护结构中各部分构件的抗力应尽量相互适应，防止出现因个别薄弱环节而降低整个结构的防护能力。因此，应从各个方面加强结构的延性，构件之间的连接尽可能保持整体连续性。防护结构不可能在任何情况下都不被破坏。所以，一个合格的结构设计不仅应能抵抗预定的武器的冲击爆炸作用，而且还应分析结构最后破坏的过程，充分利用构件延性，提高结构整体抵抗最后破坏的能力。

(2)防护结构设计一般只考虑杀伤武器的一次作用，并分别计算，不考虑常规武器与核武器的同时或重复作用。如果必须考虑同一类杀伤武器的多次袭击，应根据构件的塑性性能分别按弹性体系或弹塑性体系设计。考虑多次袭击，结构又按弹塑性体系设计时，每次袭击后的结构残余变形量的总和，加上额定次数的最后一次爆炸荷载作用下结构产生的变形，其累计总变形量应不超过设计规定的允许值。通常钢筋混凝土中心受压或小偏压柱应按弹性设计，且应适当降低材料的设计强度。梁和大偏压构件仍可按弹塑性设计。

(3)防护结构的计算荷载有以下几类：①静荷载等永久荷载。这类荷载包括围岩压力、土压力、水压力、回填材料自重、战时不拆迁的固定设备自重以及上部建筑物重量等。②核爆动荷载。这类荷载包括核爆空气冲击波及土中压缩波荷载。③化爆动荷载。这类荷载包括化爆空气冲击波及土中压缩波荷载。爆炸动荷载是防护结构考虑的重要设计荷载。与静荷载相比，爆炸动荷载峰值大，作用时间短。

(4)防护结构计算的荷载工况有以下两种：①平时使用状态的结构设计荷载。这时按现行工业与民用建筑的结构设计规范设计，包括考虑各种活荷载等。②动荷载与静荷载同时作用。根据相关防护规范考虑核爆动荷载与静荷载的组合、常规武器爆炸与静荷载的组合，此时荷载组合中不考虑活荷载等其他不相关的荷载。防护结构截面设计应取上述的最不利效应组合作为设计依据。

(5)防护结构在动荷载作用下，其动力分析可采用等效静荷载法近似确定。对少数重要结构或复杂结构，最好采用更为精确的动力分析方法。

(6)防护结构在动荷载作用下应验算结构承载力，对结构变形、裂缝开展以及地基承载力与地基变形等可不进行验算。有特殊要求的结构，才做刚度或裂缝开展的验算或结构稳定性验算。由于在动荷载作用下结构产生的最大塑性变形用延性比来控制，在确定各种结构构件允许延性比时，已考虑了对变形的限制和防护密闭要求，因而在结构计算中不必再单独进行结构变形和裂缝的验算。结构地基的沉陷量在一般情况下也不必验算。这是因为在许多抗爆试验中，无论是整体基础还是独立基础，均未发现地基有剪切或滑动破坏的情况。但要避免同一结构中的各个基础由于承受的动力荷载过于悬殊而造成过度不均匀的沉陷变形，引起上部结构的破坏。

动荷载作用下结构强度的验算方法，或根据内力确定截面尺寸的方法，可以参照工业与民用建筑的现行设计规范，但构件安全系数可适当降低，材料的设计强度可考虑快速变形下有所提高，并可考虑混凝土材料的后期强度的增加。

（7）结构和用于支护或加固坑（地）道围岩的建筑材料，可用混凝土、喷射混凝土、钢筋混凝土、高性能混凝土、建筑钢材、锚杆和预应力锚索（杆）等，在满足设计要求的前提下，就地取材。当有侵蚀性地下水时，各种材料必须采取防侵蚀措施。

10.5　防护结构设计过程

一个工程的全部设计工作，包括建筑设计、结构设计、内部设备设计以及施工设计等项。各部分一般是分工进行，但设计中应紧密联系，互相配合。工程结构设计通常在一定的建筑设计的基础上进行。

地下防护结构的设计过程一般分为初步设计、技术设计和施工图设计三个阶段；也有采用扩大初步设计（或初步设计）和施工图设计两个阶段进行的，其中扩大初步设计包括初步设计和技术设计的主要内容。

10.5.1　初步设计

初步设计，又称为方案设计，其目的在于得出一个最佳的结构方案，从而能概略估算出工程所需的材料、工期和经费，作为主管部门审批的依据，同时也是下一个阶段技术设计的基础。初步设计内容包括确定结构材料、结构型式、截面初步尺寸，并提供进行方案比较所需的图纸。

初步设计通常首先根据工程的战术技术要求，考虑实际条件和与其他专业的关系，提出两三种可能的结构方案。然后，采用迅速、简单的设计和计算方法，或参考利用已有的同类结构的资料和经验，得出比较各个方案所需要的基本数据。最后，全面分析比较各个方案与建筑设计的相互配合、结构抗力可靠性、材料消耗量、施工和伪装条件等项内容，选出其中最佳者。

初步设计要求思想开阔、计算迅速，并保证适当的准确度。

10.5.2　技术设计

技术设计是在初步设计的基础上，进一步检验结构型式的适用性和合理性，采用较精确的计算方法得出比较接近实际的各种主要数据，提出结构截面设计和主要的构造要求，供施工单位作为备料、编制施工组织计划、考虑材料加工等内容的依据；同时，为下一个阶段施工图设计打下良好的基础。

结构技术设计一般包括以下步骤：按常规武器局部作用确定结构尺寸；按常规武器和核武器爆炸荷载的整体作用，确定作用于结构的动荷载、进行结构动力分析、截面选择和配筋，并按早期核辐射进行校核。

技术设计要求考虑全面，计算准确。在技术设计阶段应呈交的文件包括说明书、计算书和技术设计图纸。

10.5.3 施工图设计

施工图设计是在技术设计的基础上，根据施工图设计深度的要求，完成全套工程的施工图、计算书和说明书。施工图要求达到图纸配套、齐全，各部尺寸完整、准确(包括细部大样和材料明细表)，施工要求、技术措施明确。施工图设计的明细程度应达到施工单位能按图施工。

10.6 防护结构设计的等效静荷载法

10.6.1 等效静荷载法一般设计步骤

等效静荷载法虽然简便，但如果掌握得不好，也会带来很大误差，并可能偏于不安全。防护结构构件按等效静荷载法设计的一般步骤如下。

10.6.1.1 确定等效静荷载

(1)确定作用于结构构件上的核爆和化爆动荷载。通常，需确定动荷载的峰值、升压时间、作用时间以及荷载波形。一般来说，在结构分析中，核爆空气冲击波简化为突加平台形荷载，核爆土中压缩波简化为有升压时间的平台形荷载；化爆空气冲击波简化为突加三角形荷载，化爆土中压缩波简化为有升压时间的三角形荷载。

(2)确定构件的自振频率。除了突加平台形荷载作用下的动力反应与自振频率无关外，其他荷载作用下应求出结构的自振频率 w 或自振周期 T。宜根据动荷载的具体分布形式，取大小为动荷载峰值的静荷载作用下构件挠曲线形状作为构件的振型，用能量法算出自振频率。

在确定构件自振频率时应注意以下三点：①根据构件的支撑边界条件(是简支、固支还是介于两者的弹性嵌固)确定频率系数。如果是弹性嵌固，其频率系数取简支频率系数和固支频率系数的平均值。②对钢筋混凝土构件，一般考虑构件开裂后刚度的折减，通常取弹性刚度的 0.6 倍。③一般不计入土的附加质量的影响，因为在确定作用于土中防护结构的动荷载时已经考虑了土介质与结构的动力相互作用的影响。

(3)确定动力系数。根据结构的受力类型及使用功能要求，首先确定构件的允许延性比 β，然后确定动力系数。例如，当构件的延性比 β 取 3 时，突加平台形荷载作用下的结构构件的 $K_h = 1.2$。

(4)计算等效静荷载。等效静荷载作用下的构件内力在数值上等于动荷载下的构件最大动内力。如果结构构件承受的动荷载峰值为 p_0，则结构构件的等效静荷载 q 按如下方法计算：

按理想弹性体系设计时，有：

$$q = K_d P_0; \tag{10.1}$$

按理想弹塑性体系设计时，有：

$$q = K_h P_0 \circ \tag{10.2}$$

式中：K_d 为弹性设计时的动力系数；K_h 为弹塑性设计时的荷载系数。

通常，确定等效静荷载可按照上述步骤进行。但有的设计规范（如有关防空地下室设计的规范）已经给出了常见结构构件的核爆和常规武器爆炸动荷载的等效静荷载值，可直接查表取用，无须进行上述计算。

10.6.1.2　确定构件内力

已知等效静荷载 q 以及构件上作用的静荷载 q_j，进行荷载组合，即得结构的计算荷载。根据计算荷载求结构内力可用静力学的一般方法，既可用弹性分析方法，也可用塑性内力重分布的分析方法或塑性极限分析方法等。

10.6.1.3　确定截面尺寸及配筋

上述讲到的确定等效静荷载和内力，都存在按弹性或按弹塑性分析的问题。通常，除对密闭要求较高的构件按弹性确定等效静荷载外，其他均可以按弹塑性确定。对密闭要求较高的按弹性确定的等效静荷载，确定内力时应采用弹性分析。对按弹塑性确定的等效静荷载，确定内力时一般也采用弹性分析，但对超静定结构可按由非弹性变形产生的内力重分布计算内力，进行弯矩调幅；对周边有梁或墙支撑的钢筋混凝土双向板，也可采用塑性极限分析方法。

10.6.2　多构件体系按等效静荷载法设计

等效静荷载法原则上只适用于单个构件，但实际结构往往由梁、板、柱等多个构件组成，而且每一部分的延性不尽相同，如在防护工程结构体系中通常采用板—梁—柱体系、板—井字梁—柱体系、板—柱（无梁板）体系或其他结构体系。因此，用等效静荷载法设计时要将结构拆成独立构件，求出各自作用于其上面的等效静荷载。具体方法如下：

（1）作用于结构各个构件表面的动荷载因构件所在位置不同可能有先有后，升压时间也可能有差别，可根据各构件的动荷载形式、自振频率以及延性性能，选定各自的动力系数。

（2）为确定各个构件的自振频率，需要假定其计算图形，这对端部处于铰接情况下的构件（如置于砖墙上的梁）没有什么困难，主要是端部处于连续条件下的构件，其自振频率与邻接构件所提供的约束程度有关。以矩形封闭框架为例，构件之间的线性刚度比例以及荷载的分布形式均影响约束程度的大小。例如，侧墙线性刚度相对较小，顶板自振频率接近简支梁；又如，两者线性刚度相近，侧墙上又作用有较大荷载，顶板自振频率就接近固端梁，一般情况下则介于两者之间。因此，需要加以估算或判断，确定合适的计算数据。

（3）求出各个构件的等效静荷载后，再与各自的静荷载进行组合，按结构的整体计算图形或每个构件计算图形，采用一般静力结构力学的方法或有限元等数值分析方法计算内力。

此外，防护结构承受动荷载作用允许出现大变形。对于受弯构件，如果其横向变形受到约束，将在构件内产生面内力效应，从而会提高构件的抗弯能力。但计入面力效应的构件抗力分析十分复杂且还不够成熟，为计算简便，在计算内力时不再直接考虑面力效应的有利作用，而对跨中截面的计算弯矩予以折减。因此，当计算梁板体系中板的抗弯承载能力，且板的周边支座横向伸长受到约束时，其跨中截面的计算弯矩值可乘以折减系数 0.7；当计算板柱结构平板的抗弯承载能力，且板的横向伸长受到约束时，其跨中截面的计算弯矩值可乘以折减系数 0.9；但在设计中已考虑板的轴力影响时，不再乘以折减系数。

（4）用等效静荷载法设计多构件体系时，对于其中的支承构件，应在设计中额外提高安全度来进行修正。这是因为，一方面，剪力或动反力计算误差较大；另一方面，上部构件的反力本是随时间变化的动反力，当按等效静荷载法设计时变成了等效静荷载下的静反力，两者对支承构件的作用并不一定等效。动反力的波形比较复杂，对下部构件的动力作用视具体情况而异。例如，在板—梁—柱结构体系中，梁的自振频率可能比板低或较为接近，板的反力荷载对梁的动力作用有可能比较显著，柱的自振频率甚高，梁反力的动力作用看来可不考虑，但柱的延性差。因此，为了保证各个构件之间大体等强，应该提高安全储备。

将相互连接的结构构件分成独立构件，各自按单自由度体系计算等效静荷载，这种方法只适用于构件的自振频率相差较大的情况。通常梁的自振频率低于板，柱的纵向自振频率又高于梁，基本都能满足要求。

尺寸不大的框架和直墙拱顶结构有时也作为一个整体构件按等效静荷载计算，这时应注意以下两点：①确定动力系数时，自振频率取结构的整体频率，延性比按整个结构中最先屈服的构件选用，压缩波荷载的升压时间按结构平均埋深算出，并假定作用于结构各个表面的动荷载波形与升压时间完全相同；②设计下部支承构件时，如果下部构件的延性低于上部构件，则对于上部构件传过来的动反力同样要有一定的安全储备。

10.7 截面设计与构造

10.7.1 荷载分类和荷载代表值

（1）结构上的荷载可分为下列三类：①永久荷载，如结构自重[①]、土压力、预应力等；②可变荷载，如楼面活荷载、屋面活荷载和积灰荷载、吊车荷载、风荷载、雪荷载等；③偶然荷载，如爆炸力、撞击力等。

---

① 自重是指材料自身重量产生的荷载（重力）。

（2）设计建筑结构时，对不同荷载应采用不同的代表值：对永久荷载应采用标准值作为代表值，对可变荷载应根据设计要求采用标准值、组合值、频遇值或准永久值作为代表值，对偶然荷载应按建筑结构使用的特点确定其标准值。

（3）永久荷载标准值。对结构自重可按结构构件的设计尺寸与材料单位体积的自重计算确定；对于自重变异较大的材料和构件（如现场制作的保温材料、混凝土薄壁构件等），自重的标准值应根据结构的不利状态，取上限值或下限值。

（4）可变荷载的标准值，应该按照本章中的规定采用。

（5）承载能力极限状态设计或正常使用极限状态按标准组合设计时，对可变荷载应按组合规定采用标准值或组合值作为代表值。可变荷载组合值应为可变荷载标准值乘以荷载组合值系数。

（6）正常使用极限状态按频遇组合设计时，应采用频遇值、准永久值作为可变荷载的代表值；按准永久组合设计时，应采用准永久值作为可变荷载的代表值。可变荷载频遇值应取可变荷载标准值乘以荷载频遇值系数，可变荷载永久值应取可变荷载标准值乘以荷载准永久值系数。

10.7.2 荷载标准

建筑结构设计应根据使用过程中在结构上可能同时出现的荷载，按承载能力极限状态和正常使用极限状态分别进行荷载（效应）组合，并取各自的最不利的效应组合进行设计。

10.7.2.1 承载能力极限状态

对于承载能力极限状态，应按荷载效应的基本组合或偶然组合进行荷载（效应）组合，并采用如下设计表达式进行设计：

$$\gamma_0 S \leqslant R \text{。} \tag{10.3}$$

式中：γ_0 为结构重要性系数；S 为荷载效应组合的设计值；R 为结构构件抗力的设计值，应按各有关建筑结构设计规范的规定确定。

1. 基本组合

（1）对于基本组合[①]，荷载效应组合的设计值 S 应从下列组合值中取最不利值确定：

A. 由可变荷载效应控制的组合：

$$S = \gamma_G S_{Gk} + \gamma_{Q1} S_{Q1k} + \sum_{i=2}^{n} \gamma_{Qi} \psi_{ci} S_{Qik} \text{。} \tag{10.4}$$

式中：γ_G 为永久荷载的分项系数，应按本小节（3）采用；γ_{Qi} 为第 i 个可变荷载的分项系数，其中 γ_{Qi} 为可变荷载 Q_1 的分项系数，应按本小节（3）采用；S_{Gk} 为按永久荷载标准值 Gk 计算的荷载效应值；S_{Qik} 为按可变荷载标准值 Q_{ik} 计算的荷载效应值，其中 S_{Q1k} 为诸可变荷载效应中起控制作用者；ψ_{ci} 为可变荷载 Q_1 的组合值系数，应分别按规定采用；n 为

---

① 基本组合中的设计值仅适用于荷载与荷载效应为线性的情况。当对 S_{Q1k} 无法明显判断时，轮次以各可变荷载效应为 S_{Q1k}，选取其中最不利的荷载效应组合。

参与组合的可变荷载数。

B. 由永久荷载效应控制的组合：

$$S = \gamma_G S_{Gk} + \sum_{i=1}^{n} \gamma_{Qi} \psi_{ci} S_{Qik}。 \tag{10.5}$$

（2）对于一般排架、框架结构，基本组合可采用简化规则，并应按下列组合值中取最不利值确定：

A. 由可变荷载效应控制的组合：

$$S = \gamma_G S_{Gk} + \gamma_{Q1} S_{Q1k}, \tag{10.6}$$

$$S = \gamma_G S_{Gk} + 0.9 \sum_{i=1}^{n} \gamma_{Qi} S_{Qik}。 \tag{10.7}$$

B. 由永久荷载效应控制的组合仍按式（10.4）式采用。

（3）基本组合的荷载分项系数，应按下列规定采用：

A. 永久荷载的分项系数。

• 当其效应对结构不利时，对由可变荷载效应控制的组合，应取1.2；对由永久荷载效应控制的组合，应取1.35。

• 当其效应对结构有利时的组合，应取1.0。

B. 可变荷载的分项系数：一般情况下取1.4；对标准值大于 4 kN/m^2 的工业房屋露面结构的活荷载，应取1.3。

对结构的倾覆、滑移或飘浮验算，荷载的分项系数应按有关的结构设计规范的规定采用。

2. 偶然组合

对于偶然组合，荷载效应组合的设计值宜按下列规定确定：偶然荷载的代表值不乘分项系数；与偶然荷载同时出现的其他荷载可根据观测资料和工程经验采用适当的代表值。各种情况下荷载效应的设计值公式，可由有关规范另行规定。

10.7.2.2 正常使用极限状态

对于正常使用极限状态，应根据不同的设计要求，采用荷载的标准组合、频遇组合或准永久组合，并应按下列设计表达式进行设计：

$$S \leqslant C。 \tag{10.8}$$

式中：C 为结构或结构构件达到正常使用要求的规定限值，如变形、裂缝、振幅、加速度、应力等的限值，应按各有关建筑结构设计规范的规定采用。

（1）对于标准组合，荷载效应组合的设计值 S 应按下式采用：

$$S = S_{Gk} + S_{Q1k} + \sum_{i=2}^{n} \psi_{ci} S_{Qik}。 \tag{10.9}$$

注意：组合中的设计值仅适用于荷载与荷载效应为线性的情况。

（2）对于频遇组合，荷载效应组合的设计值 S 应按下式采用：

$$S = S_{Gk} + \psi_{f1} S_{Q1k} + \sum_{i=2}^{n} \psi_{qi} S_{Qik}。 \tag{10.10}$$

式中：ψ_{fi} 为可变荷载 Q_i 的频遇值系数，应按规定采用；ψ_{qi} 为可变荷载 Q_i 的准永久值系数，应按规定采用。注意：组合中的设计值仅适用于荷载与荷载效应为线性的情况。

（3）对于准永久组合，荷载效应组合的设计值 S 可按下式采用：

$$S = S_{Gk} + \sum_{i=1}^{n} \psi_{qi} S_{Qik}。 \tag{10.11}$$

注意：组合中的设计值仅适用于荷载与荷载效应为线性的情况。

10.7.3　防护结构截面设计

防护结构设计采用以概率论为基础的极限状态设计方法，结构可靠度用可靠指标度量，采用以分项系数的设计表达式进行设计。

（1）防护结构或构件的承载能力设计，应符合下列表达式的要求：

$$\gamma_0 (\gamma_G S_{Gk} + \gamma_Q S_{Qk}) \leqslant R, \tag{10.12}$$

$$R = R(f_{cd}, f_{yd}, \alpha_k, \cdots)。 \tag{10.13}$$

式中：γ_0 为结构重要性系数，可取 1.0；γ_G 为永久荷载分项系数，当其效应对结构不利时可取 1.2，有利时可取 1.0；S_{Gk} 为永久荷载效应标准值；γ_Q 为等效静荷载分项系数，可取 1.0；S_{Qk} 为等效静荷载效应标准值；R 为结构构件的承载力设计值；$R()$ 为结构构件承载力函数；f_{cd} 为动荷载作用下混凝土动力强度设计值；f_{yd} 为动荷载作用下钢筋（钢材）动力强度设计值；α_k 为几何参数的标准值，当几何参数的变异性对结构性能有不利影响时，可另增加一个附加值。

（2）γ_0、γ_G、γ_Q 的确定。在防护结构设计中，结构的重要性已完全体现在防护结构的抗力级别上，故可将结构重要性系数取为 1.0。永久荷载的分项系数取与《建筑结构荷载规范》（GB 50009—2012）的规定相一致。

等效静荷载分项系数取 $\gamma_Q = 1.0$ 是基于以下考虑：①常规武器爆炸动荷载与核武器爆炸动荷载是防护结构设计基准期内的偶然荷载，根据《建筑结构可靠度设计统一标准》（GB 50068—2018）第 8.2.5 条规定，偶然作用的代表值不乘分项系数，即 $\gamma_Q = 1.0$；②由于防护结构设计的结构构件可靠度水准比民用规范规定的低得多，故 γ_Q 值不宜大于 1.0；③等效静荷载分项系数不宜小于 1.0，它虽然是偶然荷载，但也是防护结构构件设计的重要荷载；④等效静荷载是设计中的规定值，不是随机变量的统计值，目前也不可能按统计样本来进行分析，因此，按国家规定取值即可，不必规定一个设计值，再去乘以其他系数。

这样，对钢筋混凝土构件，属延性破坏构件的可靠指标大约为 1.55，其失效概率为 6.1%；属脆性破坏构件的可靠指标大约为 2.4，其失效概率为 0.8%。砌体构件的可靠指标约为 2.58，其失效概率为 0.5%。

（3）材料动力强度设计值 f_d 的确定。通常，动荷载作用下材料强度设计值应按下式计算确定：

$$f_d = \delta f。 \tag{10.14}$$

式中：f_d 为动荷载作用下材料强度设计值，N/mm^2；f 为静荷载作用下材料强度设计值，N/mm^2；δ 为动荷载作用下材料强度综合调整系数，可按表 10.1 采用。

表 10.1 动荷载作用下材料强度综合调整系数 δ

材料种类		综合调整系数 δ
热轧钢筋(钢材)	HPB 级(Q235 钢)	1.50
	HPB 级(Q235 钢)	1.35
	HPB 级(Q235 钢)	1.20(1.25)
	HPB 级(Q235 钢)	1.20
混凝土	C55 及以下	1.50
	C60 及以下	1.40
砌体	料石	1.20
	混凝土砌块	1.30
	普通黏土块	1.20

资料来源：方秦、柳锦春编著：《地下防护结构》，中国水利水电出版社 2010 年版，第 266 页。

　　表 10.1 给出的动荷载作用下材料强度综合调整系数是考虑了普通工业与民用建筑规范中材料分项系数、材料在快速加载作用下的动力强度提高系数和对防护结构构件进行可靠度分析后综合确定的，故称为材料强度的综合调整系数。

　　同一材料在不同受力状态下可取同一材料强度提高系数，这是因为试验表明：在快速变形下受压钢筋强度提高系数与受拉钢筋一致。混凝土受拉强度提高系数虽然比受压时大，但考虑龄期影响，混凝土后期受拉强度比受压强度提高的要少，两者综合考虑，混凝土受拉、受压可取同一材料强度提高系数。受弯时材料强度的提高，可看成混凝土受压和钢筋受拉强度的提高；受剪时材料强度的提高，可看成混凝土受拉或受压强度的提高。砌体材料因缺乏完整的试验资料，近似参考砖砌体受压强度提高系数取值。

　　由于混凝土强度提高系数中考虑了龄期效应的因素，其提高系数为 1.2～1.3，故对不应考虑后期强度提高的混凝土(如蒸汽养护构件或掺入早强剂)应乘以 0.85 的折减系数。

　　结构截面设计时既要考虑暂时荷载(动荷载)，又要考虑永久荷载(静荷载)。等效静荷载与静荷载的组合荷载设计的截面，其中实际只有部分材料是承担动荷载作用的，亦即只有部分材料的强度因加载速率效应而提高，特别是对永久性的静荷载占组合荷载中的比例很大的情况下，如埋设在岩土层中较深的防护结构以及防空地下室的底板等。此时，截面设计时材料强度的取值应从工程设计实用的角度出发，可采取按动荷载、静荷载比例加权平均的办法来处理。

　　为简化设计，在人防工程结构设计中，在动荷载和静荷载同时作用下材料动力强度设计值也可取为动荷载作用下的材料强度设计值。

　　此外，试验表明：脆性破坏的安全储备小，延性破坏的安全储备大，为了使结构构件在最终破坏前有较好的延性，必须采用"强柱弱梁"与"强剪弱弯"的设计原则。同时，还要考虑到等效静荷载法计算剪力或反力误差较大。因此，在下列情况下需适当折减材料的设计强度以提高构件的安全储备：①当按等效静荷载法计算内力，进行墙、柱受压构件正截面承载力验算时，应将动荷载作用下混凝土及砌体的轴心抗压强度设计值降低 20%；②当按等效静荷载法计算内力，进行梁、柱斜截面及板柱抗冲切承载力验算时，在动荷载作用下应将混凝土强度设计值降低 20%。

第 11 章 大当量爆炸效应数值模拟

11.1 概　述

涉及爆炸冲击方面的结构响应问题，一般只有在极其简化并采用十分巧妙的解法的情况下，才能得到问题的解析解。因此，解析方法的应用范围非常有限。随着科学与生产的发展，解析解已经无法满足人们的需要。试验虽然是最基本的手段，但周期长、花费大、数据离散，试验结果也只能应用在特定的范围内，并且还不能了解中间的变化过程，局限性较大。

1910 年，英国人 Richardson 提出了用数值法解流体力学问题。计算机的诞生与发展促进了数值计算的发展。20 世纪 60 年代以来，以美国洛斯阿拉莫斯试验室为代表，进行了大量的爆炸与冲击现象的数值计算，并逐渐形成了完整的数值计算理论。数值计算能更好地适应各方面的计算要求，能够模拟诸如爆炸波动荷载随时间和距离的传播衰减规律、防护材料的非均匀性和不连续性、防护材料本构模型的非线性、波与结构的相互作用，以及考虑多维空间、考虑实际边界条件和结构复杂的几何形状，等等。

目前用于爆炸与冲击的数值计算方法主要有有限差分法（FDM）、有限元法（FEM）、有限体积法（FVM）等。有限差分法是先建立微分方程组（控制方程组），然后用网格覆盖空域和时域，用差分近似代替控制方程中的微分，求近似的数值解。20 世纪 80 年代前后，防护工程数值分析多局限于有限差分方法，有代表性的程序有 TOODY、HELP、HEMP、AUTODYN 等。动力有限元法最初用来分析结构的响应问题。20 世纪 60 年代初，由克诺夫（Clough）等人提出将有限单元法应用于波的传播问题。1967 年，卡斯坦丁诺（Canstantino）最早把有限元应用于自由场内的波传播问题。1969 年，Lysmer 提出人工阻尼边界后，有限元法分析波传播问题才成为可能。1970 年，Farhoomand 等将有限元用于材料非线性地下结构抗爆动力计算中。动力有限元法吸收了有限差分法的一些优点，如重分网格法、ALE、无网格法等，在防护工程爆炸效应与防护技术研究中得到广泛应用。具有代表性的动力响应有限元程序有 SAP、LS-DYNA、ADINA 等。

本章首先介绍商业软件 LS-DYNA、FLAC3D 的基本理论；然后介绍近年来有关防护工程方面的数值模拟研究工作，包括坑道内爆炸冲击波的传播、防护门爆炸冲击的动力响应、岩土中的爆炸震动效应、地下结构震动破坏的极限分析、遮弹层冲击侵彻等问题的数值模拟研究。

11.1.1 数值模拟基本原理

11.1.1.1 LS-DYNA 基本理论

可以用于模拟坑道中爆炸冲击波的软件包括大型通用商业软件和有关科研单位结合自己的研究成果编写的专用计算机代码。

应用比较成熟的专用计算机代码,主要有美国陆军工程兵水道试验站(WES)编写的CONWEP、ANSWER 和 CHAMBER 计算机代码,美国内华达大学的 SPIDS 计算机代码及德国厄恩斯特–马赫研究所(EM1)编写的 SHARC 计算机代码。其中,美国内华达大学的SPIDS 计算机代码可以计算高爆炸药在坑口内、坑口外爆炸产生的冲击波,包括坑道边壁的摩擦效应。坑道出口边界条件可以是刚性封闭端,也可以是与空气相通的开口端。在爆炸主坑道中允许有 10 个支坑道,每个支坑道可分为 10 个叉坑道,每个叉坑道又可以分为10 个分叉坑道,总数达 1000 个分叉坑道,每个坑道中都允许有一个断面变化。而 SHARC代码可以计算高爆炸药在坑口内、坑口外的(±5D)的分支坑道系统内任一点的压力–时间曲线,并且使用范围极广:直坑道的长度可达 100 倍坑道直径,分支坑道的分支点和角度可变比;可以研究坑道端部开口或封闭的影响,T 型分支和 L 型转弯连续可达 4 次;还可以用于参数研究。

LSDYNA 主要是设计用来计算当材料的接触和摩擦分离等界面状态的一种适合于大变形情况的非线性计算程序,在求解流固耦合问题如高速冲击碰撞、金属成形和弹体侵彻等非线性动力学问题时运用较为广泛。它有三种不同的算法,包括拉格朗日算法、ALE 算法和欧拉算法,可以求解显式动力学问题,同时也可以求解显式隐式相结合的动力学问题,在结构非线性有限元计算程序中使用广。LSDYNA 有不同的单元类型,包括梁单元、实体单元、六面体厚壳单元等。本章主要采用实体单元进行分析计算。

LSDYNA 的三种计算方法中,一般流体计算时用欧拉算法较多;在计算固体时多用拉格朗日方法;ALE 算法是将两种算法相结合的算法,在目前应用较多。

(1)拉格朗日算法。其特点是在网格中不允许材料发生流动。因此,变形后材料的自由表面可以被网格界面捕捉到,对于流体分析以及流固耦合问题和爆破等大变形问题,经常容易造成材料的畸变,造成计算的中止。尽管对部分区域网格的自适应划分可以在一定程度上减少网格畸变的问题,但是自适应网格将增加分析时间,而且也不是完全适用,还是容易出现网格畸变的问题。除此之外,该方法在三维问题方面还没有得到充分的开发。

(2)欧拉方法。和拉格朗日算法相反,该方法允许材料在网格中发生流动,即允许材料发生大的变形。因此,该方法可以用于分析变形量较大的爆破冲击问题。欧拉方法的缺点是必须将网格划分得足够小,因此会大大加重计算机的负荷,通常计算时间较长甚至难以完成求解。

(3)ALE 方法。该方法将上述两种方法结合起来。在 ALE 算法中需要设置两种网格重叠在一起。其中一个是空间网格,在岩石爆炸分析中即岩石部分划分产生的网格;另外一个是叠加在空间网格上的网格,其可以在空间网格上产生运动,即空气和炸药划分的网格。ALE可以求解固体岩石爆炸等大变形的问题,是目前非线性大应变问题的重要分析方法。

1. 基本控制方程

拉格朗日(Lagrange)描述增量法应用于 LS-DYNA 程序。

质点运动方程描述中，初始时刻物质点坐标被记作 $X_\alpha = (\alpha = 1,2,3)$。质点坐标表示为 $x_i(i=1,2,3)$：

$$x_i = x_i(X_\alpha, t) \quad (i=1,2,3)。 \tag{11.1}$$

初始条件即时刻 $t=0$ 时：

$$x_i = x_i(X_\alpha, 0) = X_\alpha, \quad \dot{x}_i = (X_\alpha, 0) = V_i(X_\alpha)。 \tag{11.2}$$

式中：V_i 为初始速度。

在数值模拟中。LS-DYNA 基于以下守恒方程进行计算：

(1)质量守恒方程：

$$\rho V = \rho_0。 \tag{11.3}$$

式中：V 为相对体积，即变形梯度矩阵行列式 F_{ij}，$F_{ij} = \dfrac{\partial x_i}{\partial X_j}$；$\rho_0$ 为初始密度。

(2)动量方程：

$$\sigma_{ij} + \rho f_i = \rho \ddot{x}_i。 \tag{11.4}$$

式中：σ_{ij} 为柯西应力；ρ 为当前密度；f_i 为单位体积力；$\ddot{x}_i$ 为加速度。

(3)能量守恒方程：

$$\dot{E} = V s_{ij} \dot{\varepsilon}_{ij} - (p+q)\dot{V}。 \tag{11.5}$$

式中：V 为现时构形体积；s_{ij} 和 p 分别表示偏应力张量和静水压力；$\dot{\varepsilon}_{ij}$ 为应变率张量；q 为体积黏性阻力。其中：

$$s_{ij} = \sigma_{ij} + (p+q)\delta_{ij}, \quad p = -\frac{1}{3}\sigma_{ij}\delta_{ij} - q = -\frac{1}{3}\sigma_{kk} - q。 \tag{11.6}$$

式中：σ_{ij} 为 Kronecker 记号(如果 $i=j$，则 $\delta_{ij}=1$；否则 $\delta_{ij}=0$)。

边界条件如图 11.1 所示。

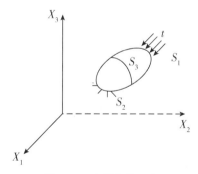

图 11.1　边界条件示意

在边界 S_i 上有：

$$\delta_{ij} n_i = t_i(t)。 \tag{11.7}$$

式中：$n_i(i=1,2,3)$ 为现时构形边界外法线的方向余弦；$t_i(i=1,2,3)$ 为面力荷载。

在边界 S_2 上有：

$$x_i(X_\alpha,\ t) = D_i(t)。 \tag{11.8}$$

式中：$D_i(t)$（$i=1,\ 2,\ 3$）为给定位移函数。

当 $x_i^+ = x_i^-$ 时，沿内部边界 S_3 上有：

$$(\sigma_{ij}^+ - \sigma_{ij}^-) n_i = 0。 \tag{11.9}$$

根据上述条件有：

$$\int_v (\rho\ddot{x}_i - \sigma_{ij} - \rho f_i)\delta x_i \mathrm{d}v + \int_{S_1} (\sigma_{ij}n_j - t_i)\delta x_i \mathrm{d}s + \int_{S_3} (\sigma_{ij}^+ - \sigma_{ij}^-) n_j \delta x_i \mathrm{d}s = 0。 \tag{11.10}$$

由散度定理得：

$$\int_v (\sigma_{ij}\delta x_i)_{,j}\mathrm{d}v = \int_{S_1} \sigma_{ij}n\delta x_i \mathrm{d}s + \int_{S_3} (\sigma_{ij}^+ - \sigma_{ij}^-)n_j\delta x_i \mathrm{d}s,$$
$$(\sigma_{ij}\delta x_i)_{,j} - \sigma_{ij,j}\delta x_i = \sigma_{ij}\delta x_i。 \tag{11.11}$$

这样就得到了迦辽金（Galerkin）弱形式平衡方程的虚功原理变分列式：

$$\delta\pi = \int_v \rho\ddot{x}_i\delta x_i \mathrm{d}v + \int_v (\sigma_{ij}\delta x_{i,j}\mathrm{d}v - \int_{S1} t_i\delta x_i \mathrm{d}s - \int_v \rho f_i\delta x_i \mathrm{d}v = 0。 \tag{11.12}$$

2. 空间离散与时间积分

如果在初始构形上加上由节点定义的有限元网格，则质点运动方程为：

$$x_i(X_\alpha,\ t) = x_i[X_\alpha(\xi,\ \eta,\ \zeta),\ t] = \sum_{j=1}^{k} \phi_j(\xi,\ \eta,\ \zeta)x_i^j(t)。 \tag{11.13}$$

式中：ϕ_j 为自然坐标 $(\xi,\ \eta,\ \zeta)$ 的形函数；k 为定义单元的节点数目；x_{ij} 是 i 方向上第 j 个节点的坐标值。

设整个构形离散化为 n 个单元，虚功方程近似为：

$$\delta\pi = \sum_{m=1}^{n} \delta\pi_m = 0。 \tag{11.14}$$

从而有：

$$\sum_{m=1}^{n} \left(\int_{v_m} \rho\ddot{x}_i\phi_i^m \mathrm{d}v + \int_{v_m} \sigma_{ij}^m\phi_{ij}^m \mathrm{d}v - \int_{v_m} \rho f_i\phi_i^m \mathrm{d}v - \int_{S_2} t_i\phi_i^m \mathrm{d}s \right) = 0。 \tag{11.15}$$

式中：$\phi_i^m = (\phi_1,\ \phi_2,\ \cdots,\ \phi_8)_i^m$。

LS-DYNA 采用集中质量矩阵，经单元计算并组集后，由能量守恒方程得到：

$$\boldsymbol{M}\boldsymbol{a}^n = \boldsymbol{P}^n - \boldsymbol{F}^n + \boldsymbol{H}^n。 \tag{11.16}$$

式中：$\boldsymbol{M}$ 为对角质量矩阵；$\boldsymbol{a}^n$ 为节点加速度矢量；$\boldsymbol{P}^n$ 为面力、体力荷载矢量；$\boldsymbol{F}^n$ 为等效节点力矢量；$\boldsymbol{H}^n$ 为沙漏阻力。

用中心差分法在时间 t 求加速度：

$$\boldsymbol{a}^n = \boldsymbol{M}^{-1}(\boldsymbol{P}^n - \boldsymbol{F}^n + \boldsymbol{H}^n),$$
$$\boldsymbol{v}^{n+1/2} = \boldsymbol{v}^{n-1/2} + \boldsymbol{a}^n \Delta t^n,$$
$$\boldsymbol{x}^{n+1} = \boldsymbol{x}^n + \boldsymbol{v}^{n+1/2} + \Delta t^{n+1/2},$$
$$\Delta t^{n+1/2} = (\Delta t^n + \Delta t^{n+1})/2。 \tag{11.17}$$

与隐式分析方法不同，对非线性问题，显式分析方程非耦合，可以直接求解（显式），无须收敛检查。但为保持计算稳定，时间步长必须满足柯朗-弗里德里希斯-列维（Courant-Friedrichs-Levy）准则，即当时间步长小于临界时间步长时计算才算稳定：

$$\Delta t \leqslant \Delta t^{\text{crit}} = \frac{2}{\omega_{\max}} \text{。} \tag{11.18}$$

式中：$\omega_{\max}$ 为最大自然角频率。

11.2　爆炸效应数值模拟方法

由于《不扩散核武器条约》的限制，关于大当量爆炸的试验研究难以开展。但随着目前国际形势的变化，各国之间的军备竞赛已经越演越烈，为应对当下可能发生的国际形势变化，研究此类项目具有显著的意义。受实际条件限制，爆炸试验目前难以开展，仅能通过数值模拟进行模拟分析，并以此结果分析参考。现阶段存在的数值模拟软件依据尺度变化主要可分为有限元、离散元和分子动力学。有限元在模拟宏观尺度的研究上已经具备一套成熟的理论，典型的代表软件有 LS-DYNA、ABAQUS、FLAC3D 等；离散元的优势在于模拟细观尺度，如 PFC、DDA 等；新兴的分子动力学主要运用在微观尺度，目前研究还不成熟。

11.2.1　爆炸效应的动力有限元解法

有限元方法是一种通过将连续介质离散化，进而将定解区域划分成数量有限的小单元，进而逼近真实情况的一种近似解法。假定将连续均匀的介质离散化，并将质量集中于离散单元上，每个单元的因变量实际情况可以通过插值函数反映，每个单元体的力学行为可以用矩阵方程表示。

动力有限元方法是在静力有限元的基础上发展起来的，模拟爆炸冲击问题属于动力有限元的范畴，爆炸冲击问题在动力有限元上能得到较好的解答。采用有限元方法求解，首先划分离散化的有限单元体、设定有限单元控制方程，然后分析问题的边界条件，设置相应的初始值，最关键的是选取适当的本构模型。

由于物体的结构形状和介质运动特征的不同，通常会选取不同的离散单元(表 11.1)。

表 11.1　离散单元选取

结构形状	离散单元	节点
一维杆件	线单元	1
二维平面	三角形、四边形	3～4
三维立体	六面体	8

能够模拟爆炸冲击问题的软件很多，但 LS-DYNA 使用较为广泛。该软件以拉格朗日算法为核心，并且运用 ALE 算法和欧拉算法，被证明有较高的可靠性；同时支持提供显式计算功能，能够解决类似爆炸冲击等高度非线性结构动力问题，主要提供了模拟材料变形、碰撞、大变形冲击、材料非线性等计算能力。

11.2.1.1　ANSYS/LS-DYNA 动力学分析理论基础

基于前述的静力学分析基础，对于爆炸、侵彻等动力学问题，根据达朗贝尔原理，使用考虑惯性力和阻尼力的平衡方程。惯性力作为体积力，即

$$\{f_1\} = \{-\rho\{\ddot{u}\}\}。 \tag{11.26}$$

式中：ρ 为单元的密度，用节点加速度值按形函数插值来表示某一点的加速度，即

$$\{\ddot{u}\} = [N]\{\ddot{u}^e\}。 \tag{11.27}$$

将体积力等效节点荷载表达式代入得：

$$\{F^{ef}\} = \int_{V_e}[N]^T\{-\rho\{\ddot{u}\}\}\mathrm{d}V = -\int_{V_e}\rho[N]^T[N]\{\ddot{u}^e\}\mathrm{d}V。 \tag{11.28}$$

同理，阻尼力也可作为体积力的一部分：

$$\{f_D\} = \{-c\{\dot{u}\}\}。 \tag{11.29}$$

式中：c 为单元阻尼系数。用节点速度值按形函数插值来表示某一点的速度，即

$$\{\dot{u}\} = [N]\{\dot{u}^e\}。 \tag{11.30}$$

将其代入体积力等效节点荷载表达式，得：

$$\{F^{df_D}\} = \int_{V_e}[N]^T\{-c\{\dot{u}\}\}\mathrm{d}V = -\int_{V_e}c[N]^T[N]\{\dot{u}^e\}\mathrm{d}V。 \tag{11.31}$$

带入单元刚度方程，可得单元动力学方程：

$$[M^e] = \int_{V_e}\rho[N]^T[N]\mathrm{d}V, \tag{11.32}$$

$$[C^e] = \int_{V_e}c[N]^T[N]\mathrm{d}V。 \tag{11.33}$$

在总体矩阵对应自由度的位置存入各单元矩阵元素，在结构荷载向量对应自由度位置存入单元等效节点荷载，并且节点荷载与时间相关，进而导出下列结构动力方程：

$$[M]\{\ddot{u}\} + [C]\{\dot{u}\} + [K]\{u\} = \{F(t)\}, \tag{11.34}$$

$$[M] = \sum_e [M^e], \tag{11.35}$$

$$[C] = \sum_e [C^e], \tag{11.36}$$

$$[K] = \sum_e [K^e], \tag{11.37}$$

$$\{F(t)\} = \sum_e \{F^e(t)\}。 \tag{11.38}$$

方程(11.34)为结构动力有限元分析的一般方程，其中 $[M]$ 为总体质量矩阵，$[C]$ 为总体阻尼矩阵，$[K]$ 为总体刚度矩阵，$\{\ddot{u}\}$ 为节点加速度向量，$\{\dot{u}\}$ 为节点速度向量，$\{u\}$ 为节点位移向量，$\{f(t)\}$ 为结构节点荷载向量。式中带有下标 e 的各求和符号的意义为对所有单元的对应元素进行叠加。

如果不考虑阻尼影响，则动力方程简化为：

$$[M]\{\ddot{u}\} + [K]\{u\} = 0。 \tag{11.39}$$

如果令

$$\{u\}=\{\phi_i\}\cos(\omega_i t),\qquad(11.40)$$

代入结构自由振动有限元方程,简化得到:

$$\{[K]-\omega_i^2[M]\}\{\phi_i\}=0。\qquad(11.41)$$

式(11.41)是结构频率特征值分析的基本方程,通过求解特征值可得到结构的各阶自振频率和振型。当使用质量矩阵归一化时满足:

$$\{\phi_i\}^T[M]\{\phi_i\}=1。\qquad(11.42)$$

当考虑应力刚化效应时,只需将应力刚度项增加在上述频率特征值方程的刚度矩阵中,仍为特征值问题。

作为结构动力分析中一类常见的特殊问题,当结构外荷载为简谐荷载时,系统在简谐荷载作用下的最大稳态响应由 ANSYS 的谐响应分析得出。假设外荷载的频率为 Ω,外荷载和稳态位移响应的相位分别为 ψ 和 φ,简谐外荷载和稳态位移响应分别为:

$$\{F(t)\}=\{F_{\max}e^{i\psi}\}e^{i\Omega t}=\{F_{\max}\cos\psi+iF_{\max}\sin\psi\}e^{i\Omega t}=(F_1+iF_2)e^{i\Omega t},\qquad(11.43)$$

$$\{u(t)\}=\{u_{\max}e^{i\phi}\}e^{i\Omega t}=\{F_{\max}\cos\phi+iF_{\max}\sin\phi\}e^{i\Omega t}=(u_1+iu_2)e^{i\Omega t}。\qquad(11.44)$$

将上两式代入结构动力有限元方程,可得:

$$(-\Omega^2[M]+i\Omega[C]+[K]\{u_1+iu_2\}=\{F_1+iF_2\})。\qquad(11.45)$$

给定加载频率 Ω 的稳态位移响应幅值和相位角由此方程组求解得到。

对于一般的瞬态结构动力问题,上述结构有限元分析的一般方程实际上是一个常微分方程组,需要引入初始条件和位移边界条件后再进行求解。

11.2.2　地下爆炸效应的人工边界

由于地下结构与半无限地基间存在不容忽视的能量交换,在爆炸震动激励下,波动能量由基岩传到地基,用有限离散模型模拟半无限地基时,将在人工截取的边界上发生波的反射,从而引起计算结果的振荡,导致模拟失真,因而是否合理反映半无限地基的能量辐射作用对计算结果有较重要的影响。解决这个问题最有效的方法就是引入人工边界条件。为此,许多学者提出了各种人工边界以解决有限截取模型的边界反射问题。建立人工边界的方法可广义地分为两大类:一类是全局(即积分型)人工边界条件,另一类是局部(即微分型)人工边界条件。全局人工边界条件对地基的模拟虽然是精确的,但其在时空上却是耦联的,且通常仅能在频域内求解较为简单的问题,故其适用性受到很大的限制;局部人工边界条件并不严格满足所有物理方程和辐射条件,且其在时空上是解耦的,这可大大减少计算机的存储量,缩短计算时间,因而受到广泛的关注,得到广泛应用。

目前,比较成熟的局部人工边界有黏性边界、黏弹性边界、透射边界、旁轴近似边界、吸收边界和一致边界等。但事实上,在震动荷载作用下,土介质均表现出某种程度上的非线性特性(包括黏弹性)。如果要在整个近、远场范围内考虑土和结构的真实非线性效应,其计算难度和规模都难以承受。一种可以接受的方法就是将远场介质考虑为具有黏弹性特性的材料,远场采用弹性介质人工边界条件。在已有局部人工边界中,由于黏弹性边界既能考虑散射波能量辐射作用,又能模拟半无限地基的弹性恢复性能,具有较好的稳定性，易于实现且能满足一般的精度要求，故应用较多。目前，黏弹性边界大多是基于一维波动理论或在 Deeks 基础上基于柱面波动方程提出的，这些黏弹性边界多应用于分析重力坝、地下交通线等地下细长结构的二维平面应变问题，且未考虑场地不规则几何性质和非线性力学性质对外行波的影响。爆炸地震动下波动问题是三维的，因此，简单地将低维边界应用于多维情况将不可避免地导致理论的合理性和应用的可靠性问题。此外，震动过程中，地震波通过基岩传播至地基，在有限截取的计算模型中如何实现自由场响应、地基初始地应力的影响以及地震动输入一直是数值模拟的难点。目前，利用有限元离散模型进行地下结构地震分析时，为了克服边界反射波对计算结果的影响，大多数都是采用远置自由边界，且不考虑地基自重应力的影响，导致模型与实际结构中的应力状态、变形特征、破坏机制相差甚远，结果缺乏可信度。因此，发展实用的三维黏弹性人工边界和探索其数值模拟技术具有重要意义。

本节将基于球坐标系的球面波(P 波)和剪切波(S 波)理论，引入无限介质线弹性本构关系，推导一种新的应力人工边界方程，并讨论相应的 LS-DYNA 数值模拟技术；然后，为了便于有限元软件的实现，采用线性弹簧和阻尼器元件作等效处理，给出外源地震作用下人工边界单元节点的等效地震荷载输入方法。

11.2.2.1 基本理论

1. 控制方程

建立球坐标系，波动的变量只依赖于 r 和 t。唯一的位移分量是沿径向的，它被记为 $u(r, t)$。非零应力是径向应力：

$$\tau_r = (\lambda + 2\mu)\frac{\partial u}{\partial r} + 2\lambda\frac{u}{r}, \tag{11.46}$$

以及与 r 垂直的任意方向上的正应力：

$$\tau_\theta = \lambda\frac{\partial u}{\partial r} + 2(\lambda + \mu)\frac{u}{r}。 \tag{11.47}$$

运动方程取形式：

$$\frac{\partial \tau_r}{\partial r} + \frac{2(\tau_r - \tau_\theta)}{r} = \rho\frac{\partial^2 u}{\partial t^2}, \tag{11.48}$$

代入式(11.46)和式(11.47)，得出位移方程为：

$$\frac{\partial^2 u}{\partial r^2} + \frac{2}{r}\frac{\partial u}{\partial r} - \frac{2u}{r^2} = \frac{1}{c_L^2}\frac{\partial^2 u}{\partial t^2}。 \tag{11.49}$$

用势函数 $\varphi(r, t)$ 来表示径向位移是方便的：

$$u = \frac{\partial \varphi}{\partial r}。 \tag{11.50}$$

代入式(11.49)，容易证明，如果乘积 $r\varphi$ 满足一维波动方程

$$\frac{\partial^2(r\varphi)}{\partial r^2} = \frac{1}{c_L^2}\frac{\partial^2(r\varphi)}{\partial t^2}, \tag{11.51}$$

则 $u(r, t)$ 就是式(11.49)的解。

式(11.51)的通解是：

$$\varphi(r,\ t)=\frac{1}{r}f\left(t-\frac{r}{c}\right)+\frac{1}{r}g\left(t+\frac{r}{c}\right)。$$

2. 球腔受压

为简化计算，我们先引入一个理想化的球腔。这种球腔是线弹性介质，同时又具备均匀和各向同性的性质。这种理想化的球腔会产生一种特殊的波运动，呈现一种相对于球腔中心的球极对称性。本问题由式(11.46)和(11.49)以及下列边界条件和初始条件所控制：

$$r=a,\qquad t\geq0,\qquad \tau_r=-p(t), \tag{11.52}$$

$$r\geq a,\qquad t<0,\qquad u(r,\ t)=\dot u(r,\ t)=0。 \tag{11.53}$$

方程(11.53)表明介质在时间 $t=0$ 之前被假定是静止的。

方程(11.51)的合理解，即代表外行波的解，可表示为：

$$\varphi(r,\ t)=\frac{1}{r}f(s)。 \tag{11.54}$$

这里，我们用变元

$$s=t-\frac{r-a}{c_L} \tag{11.55}$$

代替 $t-r/c_L$，且对 $s<0$，$f(s)=0$。

借助于 $f(s)$，位移和应力可写成：

$$u(r,\ t)=-\frac{f'}{c_L r}-\frac{f}{r^2}, \tag{11.56}$$

$$\tau_r(r,\ t)=\frac{\rho c_L^2}{1-v}\left[\frac{(1-v)f^n}{c_L^2 r}-2(1-2v)\left(-\frac{f'}{c_L^2 r^2}+\frac{f}{r^3}\right)\right], \tag{11.57}$$

$$\tau_\theta(r,\ t)=\frac{\rho c_L^2}{1-v}\left[\frac{vf''}{c_L^2 r}-(1-2v)\left(-\frac{f'}{c_L^2 r^2}+\frac{f}{r^3}\right)\right]。 \tag{11.58}$$

在方程(11.56)～(11.58)中。利用 c_L^2 和泊松比 v，消去了 λ 和 μ。

$f(s)$ 的实际函数形式尚待确定。由于位移在波阵面上应该是连续的，根据式(11.57)，$f(s)$ 的初始条件为：

$$f(0)=f'(0)\equiv0。 \tag{11.59}$$

在 $r=a$ 时，$f(s)$ 的变元退化为 $s=t$。于是径向应力的表达式(11.57)产生 $f(s)$ 的下列常微分方程：

$$\frac{\mathrm{d}^2 f}{\mathrm{d}s^2}+2\alpha\frac{\mathrm{d}f}{\mathrm{d}s}+(\alpha^2+\beta^2)f=-\frac{a}{\rho}p(s),$$

$$\alpha=\frac{1-2v}{1-v}\frac{c_L}{a},\qquad \beta^2=\frac{1-2v}{(1-v)^2}\frac{c_L^2}{a^2}。 \tag{11.60}$$

通过代换得：

$$f(s)=g(s)\mathrm{e}^{-\alpha s} \tag{11.61}$$

方程(11.60)可简化为：

$$\frac{\mathrm{d}^2 g}{\mathrm{d}s^2}+\beta^2 g=-\frac{a}{\rho}(s)\mathrm{e}^{\alpha s}。 \tag{11.62}$$

满足静止初始条件的方程(11.62)的解是：

$$g(s) = -\frac{a}{p}\frac{1}{\beta}\int_0^l p(\tau)e^{\alpha\tau}\sin[\beta(s-\tau)]d\tau。 \tag{11.63}$$

把式(11.63)代入式(11.61)，更改积分变量，然后代入式(11.54)，有：

$$\varphi(r, s) = -\frac{a}{p}\frac{1}{\beta}\int_0^l p(s-\tau)e^{-\alpha\tau}\sin(\beta\tau)d\tau。 \tag{11.64}$$

径向位移通过式(11.56)计算，径向应力通过式(11.57)计算，切向应力通过式(11.58)计算。

通过估计当 $\rho\to0$ 时式(11.64)的极限，可以得到相应的准静态解：

$$\varphi_{rt} = -\frac{a}{r}\lim_{\rho\to0}\frac{1}{\rho\beta}aJ\int_0^s p(s-\tau)e^{-(\alpha-tB)\tau}d\tau。 \tag{11.65}$$

通过分部积分，有：

$$\varphi_{\theta t} = -\frac{a^3}{r}\frac{p(t)}{\lambda+2\mu}\frac{1-v}{2(1-2\nu)}。 \tag{11.66}$$

它也可以被写作：

$$\varphi_{\theta t} = -\frac{a^3}{r}\frac{p(t)}{4\mu}。 \tag{11.67}$$

对于

$$p(t) = p_0 H(t) \tag{11.68}$$

的特殊情况，通过式(11.64)计算可以得出，其中 $H(t)$ 是赫维赛德(Heaviside)阶跃函数，结果为：

$$\varphi(r, t) = -\frac{1}{4\mu}\frac{a^3 p_0}{r}\left[1-(2-2\nu)^{\frac{1}{2}}e^{-\alpha t}\sin(\beta s+\gamma)H(s)\right]。 \tag{11.69}$$

式中：s 由式(11.55)定义且 $\gamma = \cot^{-1}(1-2\nu)^{\frac{1}{2}}$（$\pi/4\leqslant\gamma\leqslant\pi/2$）。值得注意的是，当 t 无限增加时，$\varphi(r, t)$ 趋于准静态解。对具有有限持续时间 T 的脉冲，势函数可以通过在式(11.65)上叠加上大小相等、方向相反、从时刻 T 开始的无限长持续时间的压力对应的位移势得到。这样，在时间 T 以后，球腔面上就不再受压力作用。

3. 球坐标系

在截取的有限元模型中建立球坐标系 (r, θ, χ)，则球面膨胀波(P波)的波动方程为：

$$\nabla^2\varphi = \frac{1}{c_p^2}\frac{\partial^2\varphi}{\partial t^2}。 \tag{11.70}$$

式中：φ 为标量势函数；c_p 为介质的 P 波波速。

将拉普拉斯算子 ∇^2 定义为：

$$\nabla^2 = \frac{1}{r^2}\frac{\partial}{\partial r}\left(r^2\frac{\partial}{\partial r}\right) + \frac{1}{r^2\sin\theta}\frac{\partial}{\partial\theta}\left(\sin\theta\frac{\partial}{\partial\theta}\right) + \frac{1}{r^2\sin^2\theta}\frac{\partial^2}{\partial\chi^2}。 \tag{11.71}$$

矢量势 ψ 的分量 ψ_r、ψ_θ 和 ψ_χ 分别满足下列方程：

$$\nabla^2\psi_r - \frac{2}{r^2}\psi_r - \frac{2}{r^2\sin\theta}\frac{\partial}{\partial\theta}(\psi_\theta\sin\theta) - \frac{2}{r^2\sin\theta}\frac{\partial\psi_\chi}{\partial\chi} = \frac{1}{c_s^2}\frac{\partial^2\psi_r}{\partial t^2}, \tag{11.72}$$

$$\nabla^2 \psi_\theta - \frac{\psi_\theta}{r^2 \sin^2 \theta} + \frac{2}{r^2} \frac{\partial \psi_r}{\partial \theta} - \frac{2\cos\theta}{r^2 \sin^2 \theta} \frac{\partial \psi_\chi}{\partial \chi} = \frac{1}{c_s^2} \frac{\partial^2 \psi_\theta}{\partial t^2}, \tag{11.73}$$

$$\nabla^2 \psi_\chi - \frac{\psi_\chi}{r^2 \sin^2 \theta} + \frac{2}{r^2 \sin\theta} \frac{\partial \psi_r}{\partial \chi} + \frac{2\cos\theta}{r^2 \sin^2 \theta} \frac{\partial \psi_\theta}{\partial \chi} = \frac{1}{c_s^2} \frac{\partial^2 \psi_\chi}{\partial t^2}。 \tag{11.74}$$

式中：c_s 为介质的剪切波（S 波）波速。

可以看出，式（11.72）为径向剪切波的波动方程，式（11.73）、式（11.74）均为旋转剪切波的波动方程。在球坐标系中，与坐标 θ 和 χ 无关的介质运动可分离为径向运动和切向运动两类解耦波动。对于人工边界问题，只考虑球面上的介质运动情况，也就是球面上介质的径向膨胀波动和旋转剪切波动。由于矢量势 ψ 只是 r 和 t 的函数，由球坐标系的对称性可知，矢量势 ψ 的分量 $\psi_\theta = \psi_\chi = \psi$，即旋转剪切波的波动方程可以统一写为：

$$\nabla^2 \psi = \frac{1}{c_s^2} \frac{\partial^2 \psi}{\partial t^2}。 \tag{11.75}$$

将介质沿 r、θ 和 χ 方向上的位移分量分别用 u、v 和 w 表示，则位移和势函数之间的关系为：

$$u(r, t) = \frac{\partial \varphi}{\partial r}, \tag{11.76}$$

$$v(r, t) = -w(r, t) = \frac{1}{r} \frac{\partial}{\partial r}(r\psi), \tag{11.77}$$

式中：φ，ψ 分别满足式（11.70）和式（11.75）。

球坐标系中的应变-位移关系为：

$$\varepsilon_r(r, t) = \frac{\partial u(r, t)}{\partial r}, \tag{11.78}$$

$$2\varepsilon_{r\theta}(r, t) = -2\varepsilon_{\chi r}(r, t) = \frac{\partial v(r, t)}{\partial r} - \frac{v(r, t)}{r}。 \tag{11.79}$$

根据虎克定律，有：

$$\sigma_r(r, t) = (\lambda + 2\mu) \frac{\partial u(r, t)}{\partial r} + 2\lambda \frac{u(r, t)}{r}, \tag{11.80}$$

$$\tau_{r\theta}(r, t) = -\tau_{\chi r}(r, t) = \mu \left[\frac{\partial v(r, t)}{\partial r} - \frac{v(r, t)}{r} \right]。 \tag{11.81}$$

式中：λ，μ 为介质的拉梅（Lamé）常数。

11.2.2.2　数值模拟的应力人工边界

根据表达形式不同，局部人工边界可进一步分为位移型局部人工边界和应力型局部人工边界（简称应力人工边界）两种类型。其中，应力人工边界条件将偏微分方程转化为人工边界的应力而建立，边界节点的运动可用施加应力人工边界的有限元运动方程模拟，便于有限元分析，且稳定性较好，因而在动力有限元模拟中应用较多。应力人工边界的表达式及计算精度主要受两个方面影响：一是半无限地基模型，二是人工边界单侧外行波波动假定。研究表明，在工程意义的阻尼比范围（0%～25%）和感兴趣的频率内，由于阻尼比对介质弹性系数和阻尼系数的影响很小，黏弹性介质人工边界条件可不加修正地沿用弹性条件下的人工边界形式。当人工边界设置较远(一般为结构宽度的 3 倍以上)时，半无限地基模型对应力人工边界精度的影响不大，而人工边界计算精度主要取决于单侧外行波波动的假定。

1. 法向人工边界

地震波以不同的速度在土层中传播，且在各土层界面间呈多次反射和折射。因此，地震波的传播方向对地下结构来说是任意的，并以不同的组合方式作用于地下结构，这就使地下结构的抗震研究更趋艰难。在人工边界法向传播条件下，为了考虑不规则几何性质和非线性力学性质的结构或近场介质所引起的复杂波场特性，可采用多个不同角度透射的平面子波和远场散射平面波混合构成人工边界外行透射位移波：

$$u(r, \ t) = l \sum_{i=1}^{a} W f_i(r - c_i t) + \sum_{j=1}^{b} f_i(r - c_i t) \text{。} \tag{11.82}$$

式中：$f_i(r - c_i t)$ 为第 i 个单向波动；c_i 为子波 i 沿人工边界法向的传播波速；a 为散射子波的个数；b 为平面子波的个数；l 为量纲协调因子；W 为远场散射波衰减系数，三维时，$W = 1/r$。

假定各子波具有相同的波速 c_p 和相同的波动形式 $f(r - c_p t)$，则式(11.82)简化为：

$$u(r, \ t) = (alW + b) f(r - c_p t) \text{。} \tag{11.83}$$

令 $W = 1/r$，对上式分别求导得：

$$\frac{\partial u(r, \ t)}{\partial r} = -\frac{al}{r^2} f(r - c_p t) + \left(\frac{al}{r} + b\right) f'(r - c_p t) \text{，} \tag{11.84}$$

$$\frac{\partial u(r, \ t)}{\partial t} = -c_p \left(\frac{al}{r} + b\right) f'(r - c_p t) \text{。} \tag{11.85}$$

将式(11.84)代入式(11.80)，得到：

$$\sigma_r(r, \ t) = -\left[\frac{\lambda + 2\mu}{r\left(1 + \dfrac{b}{al}r\right)} - \frac{2\lambda}{r}\right] u(r, \ t) - \rho c_p \frac{\partial u(r, \ t)}{\partial t} \text{。} \tag{11.86}$$

由式(11.86)可以看出，当在半无限地基中 $r = r_B$ 处截断时，即得到球坐标系中 P 波的法向人工边界方程，该方程给出了任意时刻波阵面上任一点的法向应力与该点径向位移及径向速度之间的关系。不难发现，式(11.86)中右边第一项代表边界弹性恢复力，第二项代表边界阻尼。只要在 $r = r_B$ 处加上一个并联的线性弹簧和阻尼器物理元件，即可消除外行法向波在人工截取边界上的反射，从而模拟 P 波由有限域向无限域的传播，相应的线性弹簧和阻尼器参数分别为：

$$\left.\begin{array}{l} K_n = \dfrac{2\lambda}{r_B} - \dfrac{E_s}{r_B\left(1 + \dfrac{b}{al}r_B\right)} \\[4mm] C_n = \rho c_p \end{array}\right\} \text{。} \tag{11.87}$$

式中：E_s 为介质的压缩模量，$E_s = \lambda + 2\mu$；$\mu = G$ 为介质的剪切模量；$\lambda = \dfrac{E\nu}{(1+\nu)(1-2\nu)}$；$\nu$ 为介质的泊松比；$c_p = \sqrt{\dfrac{E_s}{\rho}}$；引入量纲一的参数 $\alpha = \dfrac{b}{al}r$，则参数 α 表示平面波与散射波的幅值含

量比，反映人工边界外行透射波的传播特性，根据数值试验经验地调节 α 值，可使人工边界近似满足近场波动问题的复杂波场特性，从而提高人工边界的计算精度，建议 $\alpha = 0.8$。

2. 切向人工边界

球坐标系中球面剪切波动（S 波）位移的近似解为：

$$v(r,\ t) = -w(r,\ t) = \frac{1}{r}f(r-c_s t) + \frac{1}{r}g(r+c_s t)。 \quad (11.88)$$

式中：$f(.)$、$g(.)$ 分别代表从 $r=0$ 处发散的 S 波和会聚到 $r=0$ 处的 S 波。

考虑发散的 S 波，则波阵面上的剪应变和相应的剪应力可表示为：

$$\gamma_{r\theta}(r,\ t) = \frac{\partial v(r,\ t)}{\partial r} - \frac{v(r,\ t)}{r} = -\frac{2}{r^2}f(r-c_s t) + \frac{1}{r}f'(r-c_s t)， \quad (11.89)$$

$$\tau_{r\theta}(r,\ t) = G\gamma_{r\theta}(r,\ t) = -\frac{2}{r^2}f(r-c_s t) + \frac{1}{r}f'(r-c_s t)。 \quad (11.90)$$

在坐标 r 处介质的切向运动速度为：

$$\frac{\partial v(r,\ t)}{\partial t} = -\frac{c_s}{r}f'(r-c_s t)。 \quad (11.91)$$

由式（11.88）、式（11.90）、式（11.91）可得波阵面上的剪应力为：

$$\tau_{r\theta}(r,\ t) = -\frac{2G}{r}v(r,\ t) - \rho c_s \frac{\partial v(r,\ t)}{\partial t}。 \quad (11.92)$$

方程（11.92）即为球坐标系中 S 波的切向人工边界方程，该方程给出了波阵面上切向应力与切向位移及切向速度之间的关系，其右边包含了弹性恢复项和阻尼项。同理，只要在半无限地基中 $r=r_B$ 处截断，并加上一个并联的线性弹簧和阻尼器物理元件，即可消除外行切向波在人工截取边界上的反射，从而模拟 S 波由有限域向无限域的传播。相应的线性弹簧和阻尼器参数分别为：

$$\left.\begin{array}{l} K_s = \dfrac{2G}{r_B} \\ C_\tau = \rho c_s \end{array}\right\}。 \quad (11.93)$$

式中：$c_s = \sqrt{\dfrac{G}{\rho}}$。

11.2.2.3　LS-DYNA 的数值模拟技术

利用 LS-DYNA 进行地下结构抗爆分析时，关键和难点在于如何模拟自由场响应、人工边界外半无限地基的弹性恢复性能和能量辐射作用。在震动试验中，可以应用剪切箱（laminar box）来模拟地基土体自由场运动和场地土相对于基底的剪切变形。本节借鉴剪切箱的方式，通过刚性箱体某一方向的自由运动来模拟土体自由场运动，箱体内壁与土体之间设置边界单元来模拟半无限地基的弹性变形和能量辐射作用。其中，边界单元所具有的弹性性能和阻尼作用与边界节点上所附加的并联弹簧和阻尼器所产生的效果等效，其等效弹性模量 $\tilde{E}$、剪切模量 $\tilde{G}$ 和阻尼系数 $\tilde{\eta}$ 分别为：

$$\tilde{E} = \frac{(1+\nu)(1-2\nu)}{(1-\nu)} hK_n, \tag{11.94}$$

$$\tilde{G} = hK_\tau, \tag{11.95}$$

$$\tilde{\eta} = \frac{\rho}{3}\left(2\frac{c_s}{K_\tau} + \frac{c_p}{K_n}\right)_\circ \tag{11.96}$$

式中：h 为边界单元的厚度。

式(11.87)和式(11.93)是基于球形无限地基模型推导出来的，但考虑到实际有限元计算中模型选取和对人工边界处理的简便性，可取平直的人工边界(图 11.2)，即同一边界面上的法向或切向物理元件具有相同的参数值。

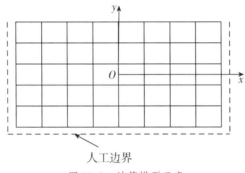

图 11.2 计算模型示意

现有的地震动输入方式主要有标准的基底输入、反演输入和自由场输入。由于爆炸地震中的地震波由基岩通过地基传至地表，基底输入能真实地反映结构的地震反应，故采用基底输入方式。前面建立的人工边界假定波源位于模型内部的坐标原点，根据应力人工边界方程可以将地震动转化为边界上的等效节点力进行输入。即 $r = r_B$ 边界面上的所有节点的等效节点力为：

$$f_n(r_B, t) = K_n \sum A_i u(r_B, t) + C_n \sum A_i \dot{u}(r_B, t) + \sigma_0 \sum A_i, \tag{11.97}$$

$$f_\tau(r_B, t) = K_\tau \sum A_i v(r_B, t) + C_\tau \sum A_i \dot{v}(r_B, t) + \tau_0 \sum A_i_\circ \tag{11.98}$$

式中：$\sum A_i$ 为人工边界节点所代表的面积(图 11.3)；$\sigma_0 = \gamma y$，$\tau_0 = \dfrac{\nu}{1-\nu}\gamma y$ 为初始地应力，其中 γ 为土层重度，y 为土层深度。初始地应力可以在动力分析之前对结构进行应力初始化直接施加。

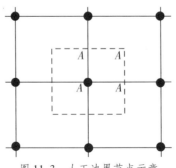

图 11.3 人工边界节点示意

　　上述数值模拟技术认为场地远端自由,因此计算得到的节点总位移(速度)包括了基底的刚性位移(速度)和节点相对于基底的局部位移(速度)。当离震源较近或震级较大的场地土发生了较大变形时,在爆炸结束后,节点的总位移(速度)应扣除基底刚性漂移;反之,场地土只发生弹性变形,这时节点的相对位移(速度)为总位移(速度)与基底刚性漂移(速度)之差。

11.2.2.4　结构及砂土介质材料模型

　　利用 LS-DYNA 软件对爆炸震动下结构动力响应进行数值模拟,土体和结构均采用 Solid164 单元,混凝土采用 Concrete-Damage 材料模型,土体采用 Soil_and_Foam 材料模型。结构及地基的材料阻尼采用 Rayleigh 阻尼,假定 $C=\alpha M+\beta M$,振型阻尼比为 2%。

　　Concrete-Damage 模型是由 Pseudo-Tensor 模型改进而来的。该模型包含初始屈服面、极限强度面和残余强度面,可以模拟后继屈服面在初始屈服面和极限强度面之间以及软化面在极限强度面和残余强度面之间的变化,考虑了应变率效应、损伤效应、应变强化和软化效应。强度面的偏应力和相应的静水压力的关系为:

$$\Delta\sigma=\sqrt{3J_2}=a_0+\frac{p}{a_1+a_2p}\text{。}\tag{11.99}$$

式中:$\Delta\sigma$ 为偏应力;a_0、a_1、a_2 均为屈服面特征常数;p 为静水压力。

　　在 LS-DYNA 软件中,强度面在 3 个给定的强度曲面之间迁移,并满足下面的关系:

$$\Delta\sigma=\eta(\lambda)(\Delta\sigma_{\max}-\Delta\sigma_{\min})+\Delta\sigma_{\min}\text{。}\tag{11.100}$$

式中:$\eta(\lambda)$ 为迁移函数;$\Delta\sigma_{\max}$ 为极限强度面;$\Delta\sigma_{\min}$ 为初始强度面;λ 为与有效塑性应变相关的物理量:

$$\lambda=\begin{cases}\displaystyle\int_0^{\bar\varepsilon^p}r_f^{-1}\left(1+\frac{p}{r_ff_{ct}}\right)^{-b_1}\mathrm{d}\bar\varepsilon^p & (p\geqslant0)\\[2mm]\displaystyle\int_0^{\bar\varepsilon^p}r_f^{-1}\left(1+\frac{p}{r_ff_{ct}}\right)^{-b_2}\mathrm{d}\bar\varepsilon^p+b_3f_dk_d(\varepsilon_v-\varepsilon_v^{\mathrm{yield}}) & (p<0)\end{cases}\text{。}\tag{11.101}$$

式中:$\bar\varepsilon^p$ 为有效塑性应变;b_1、b_2、b_3 为与三轴应力状态有关的标量乘子;r_f 为与应变率有关的强度提高因子;f_d 为动态应力强度;标量乘子 $k_d=-\dfrac{\varepsilon_vK}{3f_{ct}}$,$K$ 为体积变形模量;f_{ct} 为立方体试样准静态抗拉强度;ε_v 和 $\varepsilon_v^{\mathrm{yield}}$ 分别为体积应变和屈服体积应变。式(11.101)表示强化阶段和软化阶段 λ 与有效塑性应变之间的关系,可以描述有效塑性应变积累对残余强度面的影响。

　　Soil_and_Foam 模型的第二应力偏量不变量 J_2 与相应的静水压力的关系为:

$$J_2=a_0+a_1p+a_2p^2\text{。}\tag{11.102}$$

式中:p 为静水压力,与材料体积应变有关。

　　Drucker-Prager 模型计入了中间主应力的影响,又考虑了静水压力作用。将式(11.102)与 Drucker-Prager 模型相比较,可得到相应系数的表达式:

$$\left.\begin{array}{l} a_0 = k^2 \\ a_1 = 6\alpha k \\ a_2 = 9\alpha^2 \end{array}\right\}。 \tag{11.103}$$

式中：$\alpha = \dfrac{2\sqrt{3}\sin\varphi}{3^2 - \sin^2\varphi}$；$k = \dfrac{6\sqrt{3}\,c\,\cos\varphi}{3^2 - \sin^2\varphi}$；$c$ 为黏聚力；φ 为摩擦角。

11.2.3 有限元网格的划分技术

爆炸效应的数值模拟很关键的一步就是有限元的网格划分，即使建模过程中其他步骤都一样，如果网格划分不同，有时建模的结果也会出现很大的差别；同时，如果网格划分得不合理，将会导致大量计算工作无法自动化，使得人工计算量占据数值模拟的大部分工作量。

作为在工程应用领域最广泛的分析软件。ANSYS 软件的优点是具有强大的分析能力，具有拉格朗日算法、ALE 算法、欧拉算法，可以采用边界元法求解变形体的稳态或者瞬态过程。虽然 ANSYS 软件也能快速地建立模型和网格划分，但其建造过程较复杂。

TrueGrid 软件优点突出，建模与网格划分是同时进行的，因此该软件在爆炸效应的数值模拟中，能较为快速地建立复杂模型。可以在建模和网格划分后，同时利用 LS-DYNA 进行模型结果的分析。具体操作是：以代码的形式编辑好建模及网格划分所需要的参数，导入 LS-DYNA 中进行建模。但 TrueGrid 软件对模型的大小有一定的限制，而且在网格划分的质量方面，相较于其他一些商业化的网格划分软件，存在一定的缺陷。

TrueGrid 软件和 ANSYS 软件都具有各自的优势，TrueGrid 软件建模和网格划分简便，对较为复杂的模型都可满足精度要求。ANSYS 软件较为成熟和商业化，功能强大，对于一些复杂的模型实用性较 TrueGrid 软件要好，但具体操作较复杂。

对空爆、触地爆和地下爆这三种工况来说，前两种工况适合采用 TrueGrid 软件进行建模及网格划分，后一种工况则适合采用 ANSYS 软件。

11.2.4 材料本构模型

根据空气、炸药等材料的特点，将其简化为相应的理想材料，为得到有限元数值模拟的精确解，选取的材料模型本构也尤其重要。查阅相关文献和研究的背景资料，可精确地得到相应的材料参数。

11.2.4.1 空气材料模型

空气的成分复杂，在计算时需要根据空气的特性将其简化。在大当量爆炸的情况下，可以将空气简化为非黏性理想气体，选用 9 号材料 * MAT_NULL 来作为空气的本构模型。为了描述冲击波压力与空气初始内能密度的关系，引入状态方程 * EOS_LINEAR_POLYNOMIAL，如式(11.104a)和(11.104b)所示：

$$P_a = C_0 + C_1 u + C_2 u^2 + C_3 u^3 + (C_4 + C_5 u + C_6 u^2) E_{a0}, \tag{11.104a}$$

$$u = \frac{\rho}{\rho_0} - 1 _\circ \tag{11.104b}$$

式中：P_a 为空气冲击波压力；E_{a0} 为空气初始单位体积内能；ρ 为扩散密度；ρ_0 为标准密度；C_0、C_1、C_2、C_3、C_4、C_5、C_6 为计算常数，当该状态方程描述空气时，C_4、C_5 可由式（11.105）计算：

$$C_4 = C_5 = \lambda - 1 _\circ \tag{11.105}$$

式中：λ 为空气的绝热指数；空气的各参数取值如表 11.2 所示。

表 11.2　空气的主要计算参数

C_0	C_1	C_2	C_3	C_4	C_5	C_6	$\rho_a / \text{kg} \cdot \text{m}^{-3}$	$E_{a0} / \text{J} \cdot \text{m}^{-3}$	λ
0	0	0	0	0.4	0.4	0	1.29	2.5×10^5	1.4

资料来源：李翼祺、马素贞：《爆炸力学》，科学出版社 1992 年版，第 60～67 页。

11.2.4.2　炸药材料模型

由于重核裂变和轻核聚变等核武器的链式反应的复杂性，目前国内外关于冲击波效应，特别是核武器产生的冲击波效应，大多采用等效 TNT 当量来近似替代。因此，我们用 8 号材料 * MAT_HIGH_EX · PLOSIVE_BURN 作为等效 TNT 的本构模型，并通过引入状态方程 * EOS_JWL 用于表示 TNT 爆轰波阵面压力与初始相对体积 V_0、单位体积内能 E_0 之间的关系，如式（11.106）所示：

$$P = A\left(1 - \frac{\omega}{R_1 V_0}\right) e^{-R_1 V} + B\left(1 - \frac{\omega}{R_2 V_0}\right) e^{-R_2 V} + \frac{\omega E_0}{V_0} _\circ \tag{11.106}$$

式中：P 为爆轰压力；V_0 为初始相对体积；E_0 为初始单位体积内能；A、ω、R_1、B、R_2 为材料常数。炸药的各参数取值如表 11.3 所示。

表 11.3　炸药的主要计算参数

$\rho_t / \text{g} \cdot \text{cm}^{-3}$	A / Pa	B / Pa	R_1	R_2
1630	3.71×10^{11}	3.23×10^9	4.15	0.95
ω	$D / \text{m} \cdot \text{s}^{-1}$	$E_0 / \text{J} \cdot \text{m}^3$	PCJ / pa	
0.3	6930	7×10^9	2.7×10^{10}	

注：ρ_t 为 TNT 炸药的密度；D 为 TNT 炸药的爆轰速度；PCJ 为爆轰压力。

资料来源：于川、李良忠、黄毅民：《含铝炸药爆轰产物 JWL 状态方程研究》，《爆炸与冲击》1999 年第 3 期，第 274～279 页。

11.2.4.3　岩石材料模型

岩石要考虑的因素较多，国内外对岩石在大当量爆炸中各效应的理论研究较少。综合考虑并为了方便计算，可将岩石视为弹塑性材料，因为 3 号模型 * MAT_ PLASTI C_KINEMATIC 能充分考虑岩石的应变率影响，适合用于描述岩石材料模型的各向同性硬化和随动硬化塑性。因此，我们在模拟中选用 3 号模型 * MAT_PLASTIC_KINEMATIC 作为岩石的材料模型。在爆炸荷载的作用下材料的应变率的影响不可忽略，材料模型的屈服强度可分为初始屈服强度和硬化部分强度，屈服强度可按式(11.107)计算：

$$\sigma_y = \sigma_0 + \beta E_p \varepsilon_{eff}^p \circ \tag{11.107}$$

式中：σ_0 为岩石的初始屈服强度；E_p 为岩石的塑性硬化模量；ε_{eff}^p 为岩石的有效塑性应变；β 是关于岩石硬化的系数，当 $\beta = 0$ 时岩石的硬化视为动态硬化，当 $\beta = 1$ 时岩石的硬化视为各向同性硬化。当考虑岩石在爆炸荷作用下应变率的影响，在引入折减系数后，我们可用 Cowper-Symonds 模型来描述岩石的应变率影响。岩石在爆炸荷载作用后的屈服强度可按式(11.108)计算：

$$\sigma_y = \left[1 + \left(\frac{\dot{\varepsilon}}{c} \right)^{\frac{1}{p}} \right] (\sigma_0 + \beta E_p \varepsilon_{eff}^p) \circ \tag{11.108}$$

式中：c 和 p 是 Cowper-Symonds 模型的应变率参数，$\dot{\varepsilon}$ 是应变率。岩石的各参数取值如表 11.4 所示。

表 11.4　岩石的主要计算参数

$\rho_r / kg \cdot m^{-3}$	E/Pa	PR	E_{eff}	E_0
2600	5.5×10^{10}	0.27	1.17×10^8	0

注：ρ_r 为岩石的密度，E 为岩石的弹性模量，PR 为泊松比，E_{eff} 为等效屈服强度，E_0 为切线模量。

11.2.4.4　土壤材料模型

土壤的成分复杂，在受到冲击后会被迅速压缩。为了能较好地模拟出土壤在受到冲击波后的压缩性能，一般采用 5 号材料模型 * MAT_SOIL_AND_FOAM 作为土壤的本构模型，并可通过定义一些参数以考虑压力与体积应变关系中热效应对其所产生的影响。该材料模型的屈服函数为：

$$\phi = J_2 - (a_0 + a_1 p + a_2 p^2) \circ \tag{11.109}$$

式中：a_0、a_1、a_2 为材料常数，其中，a_0 考虑了土壤摩擦角的影响，a_1 考虑了土壤黏聚力的影响，a_2 考虑了土壤受动荷载效应的影响；p 为静态压力。该屈服函数中引入第二个不变量 J_2 来描述：

$$J_2 = \frac{1}{2} s_{ij} s_{ij}, \tag{11.110a}$$

$$S_{ij} = \sigma_{ij} - \delta_{ij} p, \tag{11.110b}$$

$$p = \frac{1}{3} \sigma_{ij} \circ \tag{11.110c}$$

式中：S_{ij} 为偏应力张量；σ_{ij} 为应力张量；δ_{ij} 为克罗内克(Kronecker)函数。土壤的各参数取值如表 11.5 所示。

表 11.5　土壤的主要计算参数

$\rho_s/\text{kg} \cdot \text{m}^{-3}$	G/Pa	B/Pa	a_0/Pa^2	a_1/Pa	a_2	pc/Pa
1800	1.601×10^7	1.328×10^{13}	3.3×10^{19}	1.31×10^4	0.1232	0
vcr	ref	eps_2	eps_3	eps_4	eps_5	eps_6
0	0	0.05	0.09	0.11	0.15	0.19
eps_7	eps_8	eps_9	eps_{10}	p_2/Pa	p_3/Pa	p_4/Pa
0.21	0.22	0.25	0.30	3.42×10^9	4.53×10^9	6.76×10^9
p_5/Pa	p_6/Pa	p_7/Pa	p_8/Pa	p_9/Pa	p_{10}/Pa	
1.27×10^{10}	2.08×10^{10}	2.71×10^{10}	3.92×10^{10}	5.66×10^{10}	1.23×10^{11}	

注：ρ_s 为土壤的密度；G 为剪切模量；B 为体积模量；pc 为土壤发生拉伸失效的应力折减；vcr 为冲击条件下材料是否发生大变形，0 为是，1 为否；ref 为对压力初始化时是否采用参考几何状态，0 为否，1 为是；eps_i 为土壤的体积应变量；p_i 为不同体积应变量时分别对应的压力。

资料来源：时党勇，李裕春，张胜民：《基于 ANSYS/LS-DYNA 8.1 进行显式动力分析》，清华大学出版社 2005 年版，第 200～210 页。

11.3　空爆冲击波效应的数值模拟

在空中爆炸的核武器，其大量的能量会在极短的时间内被释放出来，并在大当量爆炸后以声能形式向空气传递，由爆炸中心向外传播，其中强间断状态下的一部分空气前边界处造成压力的过程称为空爆冲击波。这一章我们主要研究等效 TNT 当量约为 100 万 t 的核武器的空爆冲击波效应的数值模拟。利用 LS-DYNA、TrueGrid 软件进行建模，并对计算结果进行分析研究，通过对比数值模拟结果和试验数据及经验公式，来验证数值模拟结果的准确性。

11.3.1　空爆冲击波效应的基本特征

大当量爆炸与 TNT 炸药产生的爆炸效应是不同的。但是，无论是核爆还是 TNT 炸药空爆，其产生的空气冲击波都是爆炸效应中主要的破坏现象，其破坏效应是类似的。爆炸物起爆时会产生巨大的能量，形成球状空气冲击波，其波阵面上的介质受到飞快挤压，引起压力、温度等突变(图 11.5)。爆炸物爆炸后其内部压力会迅速增大，然后随着体积的扩大、能量的消耗而减少。不同时间点上冲击波压力随距离的变化过程如图 11.6 所示。

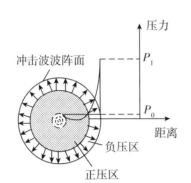
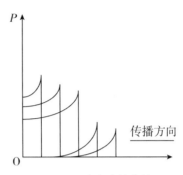

图 11.5 爆心周围产物压力随时间的变化   图 11.6 冲击波的传播

空中爆炸对目标结构物作用的强度取决于三个方面，分别是不同的炸药、炸药的中心与目标结构的距离、目标结构和冲击波的相互作用。不同爆炸距离会产生不同的爆炸威力。因此，要根据爆炸物和目标结构的距离选择不同的计算公式。空中爆炸一般分为三种形式：直接接触爆炸、近距离爆炸、近场爆炸（表 11.6）。

表 11.6 空中爆炸的形式

爆炸形式	爆炸物与目标结构的距离	目标结构的承受物
直接接触爆炸	距爆心较近的距离	爆轰产物
近距离爆炸	小于 10～15 倍的装药半径	空气冲击波、爆轰产物
近场爆炸	15～20 倍的装药半径	主要是空气冲击波

爆炸冲击波已经有很多年的研究了，其中的理论已经很成熟了，尤其是在工程实践中结构物在爆炸荷载的作用下的研究。

最大超压 ΔP_{max} 的计算方法由相似理论得出，为：

$$\Delta P_{max} = f\left(\frac{\sqrt[3]{C}}{R}\right)。 \tag{11.111}$$

冲击波参数超压 τ_+ 可由下面的方法得出：

$$\tau_+ = \sqrt[3]{C} f\left(\frac{\sqrt[3]{C}}{R}\right)。 \tag{11.112}$$

爆炸冲量 I 的计算公式：

$$I = \sqrt[3]{C} f\left(\frac{\sqrt[3]{C}}{R}\right)。 \tag{11.113}$$

式中：C 为炸药质量；R 为爆心与目标结构的距离；$\dfrac{R}{\sqrt[3]{C}}$ 为比例距离。

利用式（11.111）～（11.113）的多项式表达，研究出了许多的经验公式。表 11.7 给出了部分研究人员总结的经验公式。

表 11.7　空中爆炸冲击波超压峰值

学者	表达式	适用条件
Henrych	$\Delta P=\begin{cases}\dfrac{1.40717}{\bar{R}}+\dfrac{0.55397}{\bar{R}^2}-\dfrac{0.03572}{\bar{R}^3}+\dfrac{0.000625}{\bar{R}^4} & (0.05\leqslant\bar{R}\leqslant0.3)\\[2mm]\dfrac{0.61938}{\bar{R}}-\dfrac{0.03262}{\bar{R}^2}+\dfrac{0.21324}{\bar{R}^3} & (0.3\leqslant\bar{R}\leqslant1)\\[2mm]\dfrac{0.0662}{\bar{R}}+\dfrac{0.405}{\bar{R}^2}+\dfrac{0.3288}{\bar{R}^3} & (1\leqslant\bar{R}\leqslant10)\end{cases}$	球形爆炸
Baker	$\Delta P=\begin{cases}\dfrac{2.006}{\bar{R}}+\dfrac{0.194}{\bar{R}^2}-\dfrac{0.004}{\bar{R}^3} & (0.05\leqslant\bar{R}\leqslant0.5)\\[2mm]\dfrac{0.067}{\bar{R}}+\dfrac{0.301}{\bar{R}^2}+\dfrac{0.431}{\bar{R}^3} & (0.5\leqslant\bar{R}\leqslant70.9)\end{cases}$	球形爆炸
Chegnwing Wu	$\Delta P=\begin{cases}1.059\bar{R}^{-2.56}-0.051 & (0.1\leqslant\bar{R}\leqslant1)\\1.008\bar{R}^{-2.01} & (\bar{R}>1)\end{cases}$	半球形爆炸

注：$\bar{R}=\dfrac{R}{\sqrt[3]{C}}$ 为比例距离。

11.3.2　空爆的有限元模型

如图 11.7，利用 TrueGrid 软件建立等效 TNT 炸药的有限元模型，等效 TNT 炸药为球形，建立 1/8 球体模型。模型共分为炸药与空气两个部分：炸药的半径为 53 m，即所等效的 TNT 当量约为 100 万 t；空气半径为 1200 m。该模型均采用 Solid164 单元。在建模过程中，空气与炸药分别建立不同的块体，将炸药单元和空气单元共用节点，即用命令 merge、stp 将两个块体中重合的节点合并。

图 11.7　空爆有限元模型

采用 TRUEGRID 建模的命令流如下：

partmode i
mate 1(空气)
block 15 80;15 80;15 80;0 53 53;0 53 53;0 53 53;(建立空气模型,同时划分网格)
dei 1 2;1 2;1 2;

```
dei 2 3;;2 3;
dei 1 2;2 3;2 3;
dei 2 3;2 3;1 2;
sd 1 sp 0 0 0 53;
sd 2 sp 0 0 0 1200;
sfi-2;1 2;1 2;sd 1
sfi 1 2;-2;1 2;sd 1
sfi 1 2;1 2;-2;sd 1
sfi-3;1 2;1 2;sd 2
sfi 1 2;-3;1 2;sd 2
sfi 1 2;1 2;-3;sd 2
res 2 1 1 3 2 2 i 1.03;
res 1 2 1 2 3 2 j 1.03;
res 1 1 2 2 2 3 k 1.03;
nseti-1;1 3;1 3;=left
nseti 1 3;-1;1 3;=front
nseti 1 3;1 3;-1;=down
fseti-3;1 2;1 2;=nonreflection
fseti 1 2;-3;1 2;or nonreflection
fseti 1 2;1 2;-3;or nonreflection
endpart(空气模型建立结束并保存)
mate 2(炸药)
block 15 15;15 15;15 15;0 25 25;0 25 25;0 25 25;(建立炸药模型,同时划分网格)
dei 2 3;;2 3;
dei 1 2;2 3;2 3;
dei 2 3;2 3;1 2;
sfi-3;1 2;1 2;sd 1
sfi 1 2;-3;1 2;sd 1
sfi 1 2;1 2;-3;sd 1
pb 2 1 2 2 1 2 xz 20 20;
pb 1 2 2 1 2 2 yz 20 20;
pb 2 2 1 2 2 1 xy 20 20;
nseti-1;1 3;1 3;or left
nseti 1 3;-1;1 3;or front
nseti 1 3;1 3;-1;or down
endpart(炸药模型建立结束并保存)
merge(合并节点)
stp 0.001(设置合并节点阈值)
lsdyna keyword(输出 LS-DYNA 的文件形式)
write
```

11.3.3　空爆冲击波效应的数值模拟结果

按上文推导的内容，对空中爆炸，我们选择 TrueGrid 软件建立模型，导入 LS-DYNA 软件进行分析，并设置相关的材料参数及边界条件。对于 11.3.2 节所建立的空爆的 1/8 球体模型，施加法向位移约束于其对称面处。为了用来模拟爆炸冲击波在无限空气域中的传播，我们在球体表面设置无反射面。为了建模方便，同时也能更好地利用对称性，建模过程中将起爆点设置在模型的中心位置。

11.3.3.1　空爆冲击波传播过程分析

利用 LS-DYNA 软件计算所得结果如图 11.8 所示，爆炸冲击波随时间的增长逐渐向远处扩张，波阵面处的压力在传播过程中逐渐减小。从云图中可以发现，在爆炸初始阶段，冲击波波阵面外围的空气压力应为假设的理想大气压力(0.1 MPa)，爆炸产生的空气冲击波的荷载峰值可超过 10 MPa 量级；随着波阵面的不断扩张，空气冲击波的峰值迅速衰减，且在空气在波阵面传递过后，空气压力减小，即空爆冲击波传播过后在空气中可能形成负压，数值模拟的结果与图 11.6 中空气冲击波传播的特征是相符的。

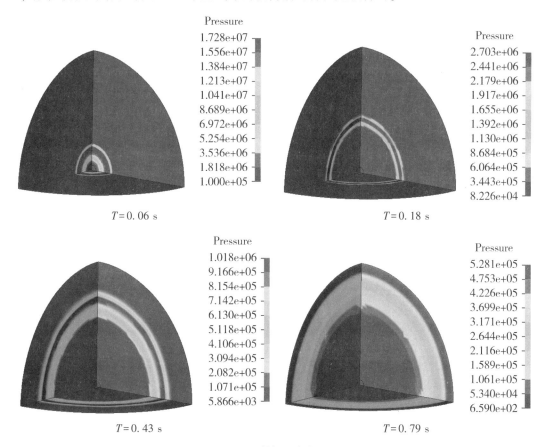

图 11.8　入射超压变化云图

11.3.3.2 空爆冲击波超压分析

很多研究人员都对空爆冲击波超压峰值进行了研究，给出了较多的经验公式。为了验证本模型的正确性，我们选取了两个具有代表性的经验公式——Henrych 公式和 Brode 公式与数值模拟结果进行对比。首先，从图 11.9(a)中可以发现，入射超压在极短的时间内上升至峰值，因此可以认为是冲击波，但峰值过后超压下降所需时间相对较长，并且随着比例距离的增大，入射超压曲线的降压时间逐渐增加；其次，结合图 11.9 中(a)图和(b)图可以发现，显然，入射超压峰值随着比例距离的增加呈不断减小的趋势，且超压峰值衰减较快。如图 11.9(b)所示，模型数值模拟计算得到的入射超压峰值与 Henrych 公式较为吻合；同时，当比例距离小于 0.4 m/kg$^{1/3}$ 时，数值模拟计算与 Brode 公式和 Henrych 公式得到的超压峰值均有较明显的偏差。这是因为在比例距离较小时，入射超压会受到较多因素(如炸药的放置位置、起爆方式等)的影响，在试验中也难以测量，因此难以准确地描述。这也是当前空爆冲击波研究的难点。

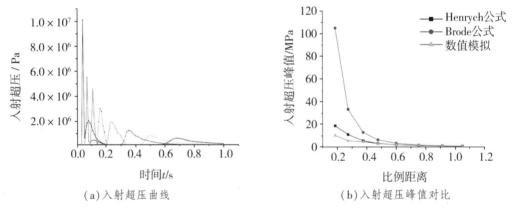

(a)入射超压曲线　　　　　　(b)入射超压峰值对比

图 11.9　入射超压结果对比

11.3.4　空爆火球参数分析

和其他爆炸形式相比，空爆有个明显特征，就是在空爆后会有约 1/3 的光辐射。因此，光辐射是空爆的重要性能。火球半径和有效温度是空爆光辐射的重要参数。下面主要对火球半径、火球有效温度等的变化情况进行讨论，并推导相关公式。

11.3.4.1　理论计算公式

1. 空爆火球半径

以冲击波脱离火球为起点，按两个阶段给出计算公式。

第一，冲击波扩张阶段，火球半径为：

$$r_B = 258(Q\rho_0/\rho)^{0.202}t^{0.371},$$
(11.114)

或

$$R_B = r_B / \sqrt[3]{Q\rho_0/\rho} = 258\tau^{0.371}。 \qquad (11.115)$$

第二，复燃冷却阶段，火球半径用水平半径和垂直半径平均值作为等效半径进行计算：

$$r_B = 92(Q\rho_0/\rho)^{0.26} t^{0.158}。 \qquad (11.116)$$

或

$$R_B = 92\tau^{0.158}。 \qquad (11.117)$$

式中：r_B、R_B 为火球半径；$\tau = t/\sqrt{Q\rho_0/\rho}$；$Q$ 为爆炸当量；t 是空爆的爆后时间；ρ_0 为 15 ℃时海平面空气标准密度；ρ 为爆心处空气密度。

2. 空爆火球特征参量

我们对空爆火球的特征量和千吨当量的计算公式进行了总结。

火球亮度第一极大时间：

$$t_{B\,max1} \approx 0.07Q^{0.45} t_{B\,max1} \approx 0.07Q^{0.45}； \qquad (11.118)$$

火球最小亮度时间：

$$t_{B\,min} = 3.86Q^{0.46}； \qquad (11.119)$$

最小亮度的火球半径：

$$r_{B\,min} = 32.3Q^{0.35}； \qquad (11.120)$$

冲击波脱离火球时间：

$$t_{out} = 5.78Q^{0.46}； \qquad (11.121)$$

冲击波脱离火球时的半径：

$$r_{out} = 38.3Q^{0.35}； \qquad (11.122)$$

火球亮度第二极大时间：

$$t_{B\,max2} = 37.5Q^{0.48}； \qquad (11.123)$$

亮度第二极大时间时的火球半径：

$$r_{B\,max2} = 54.5Q^{0.39}； \qquad (11.124)$$

火球最大半径：

$$r_{B\,max} = 74.2Q^{0.38}。 \qquad (11.125)$$

11.3.4.2　火球有效温度随时间的变化

火球的有效温度不是指火球表面的真实温度，而是我们对火球进行观察得出的表面的温度，表明了火球的热辐射能力。

火球有效温度随时间变化出现两个峰值，第一个峰值温度比第二个峰值温度明显要高，且第一个峰值变化比第二峰值变化得要快(图 11.10)。

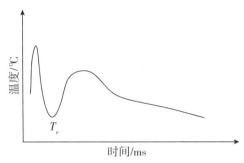

图 11.10　火球有效温度随时间的变化

利用最大辐射功率 $P_{\max}$ 以及火球半径 r_B 随当量与时间的关系，可以得到不同当量的 T_e-t 曲线，对应如下关系式：

$$T_e = \left[\frac{P_{\max} \cdot E/E_{\max}}{4\pi r_B^2 \sigma} \right]^{-0.28}, \tag{11.126}$$

$$P_{\max} = 3.96Q^{0.53}, \tag{11.127}$$

$$r_B = 96(Q\rho_0/\rho)^{0.26} t^{0.158}. \tag{11.128}$$

经过实测与推算，可以得到有效温度第二个极大值与当量的经验公式如下：

$$T_{\max 2} = 8.93 \times 10^3 Q^{-0.038}; \tag{11.129}$$

火球归一化功率-时间关系如下：

$$P(\tau) = \frac{2.85(\tau+0.5)^{-2}}{1+e^{-(\tau-0.8)/0.15}}; \tag{11.130}$$

火球上升高度计算如下：

$$\frac{dH}{dt} = 50W^{0.19} t^{-0.18}. \tag{11.131}$$

11.3.4.3　案例验证计算

当量 1 kt、爆高 100 m 的空爆，大气能见度为 50 km，爆心投影点的海拔高度较低，不超过 3 km。

进行热效应分析的几点假设：①目标尺寸较小，且距离爆心的距离较远，目标所受的光辐射可近似看作平行光；②假定材料各向同性，表面吸收率恒定，热物性仅是温度的函数；③材料模型较薄，属于薄物体，且光辐射的作用时间很短，在光辐射作用过程中不考虑物体的散热，即物体不向外辐射能量。目标模型是取自外军某装甲车的钢结构材料，小块钢结构材料分别位于迎爆面的车身和车顶，截取尺寸均为 10 mm×10 mm，厚度分别为 2 mm 和 1 mm。采用 8 节点的六面体单元进行划分。其性能参数如表 11.8 所示。

表 11.8　钢材料的性能参数

吸收系数	热传导系数 /cal·cm^{-1}·s^{-1}·k^{-1}	体积热容量 /cal·cm^{-3}·k^{-1}	密度 /g·cm^{-3}	热膨胀系数 /10^{-6}℃$^{-1}$	弹性模量 /GPa
0.7	0.11	0.94	7.8	12	2.03

计算结果(图 11.11)与采用有限元工具模拟的结果较为接近,除了 460 m 处的温度差为 5 ℃,其他距离($r=250$ m 和 $r=350$ m)的结果相差都在 1 ℃ 以内,验证了计算模型的准确性。

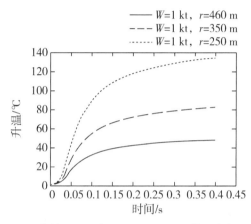

图 11.11　1 kt 当量不同距离下(250～460 m)装甲车表面升温曲线

11.3.4.4　当量参数计算分析

分别计算了 100 万～5000 万 t 级的大当量爆炸火球功率、火球半径、火球上升高度等指标。

如图 11.12 所示,归一化火球功率随着时间的变化,呈先增大出现波峰后逐渐降低的特征;大当量爆炸的当量越大,归一化火球出现峰值的时间越晚。

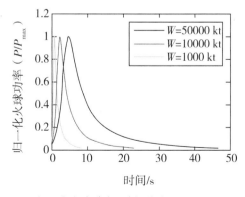

图 11.12　归一化火球功率-时间曲线(100 万～5000 万 t)

图 11.13 中火球功率曲线随着时间的变化和图 11.13 的变化类似,都是出现一个峰值,火球功率随着时间推移,也是先增大后减少;不同的是,大当量爆炸的当量越大,火球功率就越大。

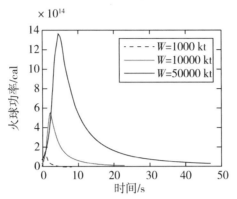

图 11.13 火球功率–时间曲线(100 万～5000 万 t)

图 11.14 中,火球半径曲线在前期变化较快,后期增长速率逐渐降低,并且 TNT 的当量越大,半径越大;在 2 s 左右出现拐点,之后半径增长速率降低。

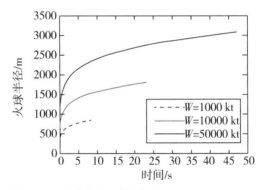

图 11.14 火球半径–时间曲线(100 万～5000 万 t)

图 11.15 中,不同 TNT 当量下,火球上升高度和时间都呈线性关系;从斜率来看,TNT 当量越大,斜率变化的速率越快。

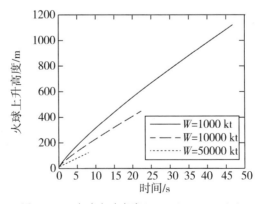

图 11.15 火球上升高度(100 万～5000 万 t)

11.4 触地爆的数值仿真分析

大当量爆炸产生的能量分为两种形式传播：一种是爆炸产生的能量直接耦合入地面介质中并形成直接地冲击，是地下工程所要考虑的主要荷载；另外一种是以空气冲击波的形式在空气中传播，并会在地表面区域的介质中耦合产生感生冲击波。但不同于地下密闭爆炸，触地爆炸时需要考虑地面的自由表面作用，而自由表面效应和介质强度的综合效应会导致接近自由表面处的峰值应力和峰值速度低于下方轴线上等径向距离处的峰值应力与峰值速度。

因此，不同于在空气中爆炸的球对称传播模式，触地爆炸时冲击波传播较为复杂。本节首先通过数值模拟结果与经验公式对比的方式，用 TrueGrid 软件和 LS-DYNA 软件建立更加复杂的工况并进行模拟，分析地面材料为多种介质时，在触地爆炸荷载作用下介质中应力波的传播过程。

11.4.1 触地爆效应计算的经验公式

目前对触地爆的研究相对较少，但在少量的文献中，依然可以找到相关的经验公式。触地爆的经验公式总是与地下封闭爆炸存在一定的联系，一般情况下是地下爆炸的经验公式在炸药的质量上乘上折减系数。如廖哈夫、克拉维茨和其他学者给定了关于土在爆炸荷载作用下的相关参数。在本节中主要采用廖哈夫和克拉维茨提出的经验公式进行对比，分别表示如下：

$$P_i = 8 \times (R / \sqrt[3]{0.3W})^{-3}, \tag{11.132}$$

$$P_i = 11.1 \times (R / \sqrt[3]{0.28W})^{-2.7}. \tag{11.133}$$

式中：P_i 是爆炸冲击波在土中形成的超压，kg/cm^2，约等于 0.1 MPa；R 是炸药中心到测试点的距离，m；W 是炸药的质量，kg。

另外，克拉维茨还提出了触地爆时土中最大质点速度的经验公式：

$$v_i = 1.08 \times (R / \sqrt[3]{W})^{-1.65}. \tag{11.134}$$

11.4.2 触地爆的有限元模型

为了方便建模及提高计算效率，触地爆采用 1/4 对称模型，炸药采用等效 TNT 方形炸药，尺寸为 85 m×85 m×85 m。建模过程结合 TrueGrid 软件和 LS-DYNA 软件，分为两个部分，分别是炸药和空气、土壤和岩石。两个部分均采用 TrueGrid 软件建模，再分别导入 LS-DYNA 软件中形成完整模型(图 11.16)。图 11.16(a)是炸药和空气模型，整体尺寸为 2600 m×1300 m；图 11.16(b)是土、岩混合介质模型，整体尺寸为 1200 m×1200 m。该模型均采用 Solid 164 单元，土与岩石接触面采用自动接触。在建模过程中，炸药和空气的单元网格均采用共节点的方式建模。

（a）炸药和空气

（b）土壤和岩石

（c）整体模型

图 11.16　触地爆有限元模型

采用 TrueGrid 软件建模的具体命令流如下：

炸药和空气

```
partmode i
gct 1 ryz;
lev 1 grep 0 1;;
pslv 1
mate 1(炸药)
block 20 20;20 20;20 20;0 25 25;0 25 25;0 25 25;
dei 2 3;1 3;2 3;
dei 2 3;2 3;1 2;
dei 1 2;2 3;2 3;
sd 1 sp 0 0 0 53;
sfi-3;1 2;1 2;sd 1
sfi 1 2;-3;1 2;sd 1
sfi 1 2;1 2;-3;sd 1
pb 2 2 1 2 2 1 xy 20 20;
pb 1 2 2 1 2 2 yz 20 20;
pb 2 1 2 2 1 2 xz 20 20;
```

```
nseti 1 3;-1;1 3;=front
nseti 1 3;1 3;-1;=down
endpart
mate 2(空气)
block 20 60;20 60;20 60;0 500 500;0 500 500;0 500 500;
dei 1 2;1 2;1 2;
dei 2 3;1 3;2 3;
dei 2 3;2 3;1 2;
dei 1 2;2 3;2 3;
sd 2 plan 1300 0 0 1 0 0;
sd 3 plan 0 1300 0 0 1 0;
sd 4 plan 0 0 1300 0 0 1;
sd 5 plan 0 0 0-1 0 1;
sd 6 plan 0 0 0 0 1-1;
sd 7 plan 0 0 0 1-1 0;
sfi 1-2;1-2;1-2;sd 1
sfi-3;1 2;1 2;sd 2
sfi 1 2;-3;1 2;sd 3
sfi 1 2;1 2;-3;sd 4
sfi 2 3;1 2;-2;sd 5
sfi-2;1 2;2 3;sd 5
sfi 1 2;-2;2 3;sd 6
sfi 1 2;2 3;-2;sd 6
sfi-2;2 3;1 2;sd 7
sfi 2 3;-2;1 2;sd 7
res 2 1 1 3 2 2 i 1.05;
res 1 2 1 2 3 2 j 1.05;
res 1 1 2 2 2 3 k 1.05;
nseti 1 3;-1;1 3;or front
nseti 1 3;1 3;-1;or down
fseti-3;1 2;1 2;=right
fseti 1 2;-3;1 2;=back
fseti 1 2;1 2;-3;=up
endpart
pplv
merge
stp 0.001
```

```
lsdyna keyword
write
```

土壤和岩石

```
partmode i
mate 3(土壤)
block 4 40 16;60;60;53 133 933 1253;0 1200;0 1200;
dei 2 3;;;
nseti 1 4;-1;1 2;=front
nseti 1 4;1 2;-1;=down
nseti-4;1 2;1 2;=right
fseti 1 4;-2;1 2;=back
fseti 1 4;1 2;-2;=up
endpart
mate 4(岩石)
block 40;60;60;133 933;0 1200;0 1200;
nseti 1 2;-1;1 2;or front
nseti 1 2;1 2;-1;or down
fseti 1 2;-2;1 2;or back
fseti 1 2;1 2;-2;or up
endpart
merge
lsdyna keyword
write
```

11.4.3　纯土介质中的触地爆效应

为了验证数值模拟方式的准确性，首先开展纯土介质中触地爆的数值模拟，用于与经验公式给出的触地爆炸的结果进行对比。由于与经验公式进行对比的数值模拟的纯土介质的有限元模型与图 11.17 中所述模型基本相同，仅将土、岩石全部由土代替，因此不再赘述模型的建立过程，直接对数值模拟结果进行对比分析。

11.4.3.1　土中应力波的传播过程分析

图 11.17 呈现了土中应力波传递的大致过程。在爆炸后的初始阶段(0.06 s 之前)，应力波近似以半球形对称的方式向四周传播，沿地表面方向和沿径向深度方向的应力波峰值差别不大；但从应力波传播区域来看，沿纵向深度方向的应力波传播明显大于沿地表面传播方向，可以发现在触地爆炸过程中更多的能量是直接耦合入土介质中。随着冲击波的传播(0.06~0.14 s)，冲击波波阵面以近似椭圆型的方式继续向四周传播，沿着纵向深度方

向的冲击波传播较为规律，冲击波超压峰值不断衰减；但由于地表面的自由表面效应和介质衰减的综合效应，地表面的冲击波传播过程较为复杂，会出现冲击波的间断和不规律传播。在 0.14 s 以后，冲击波传播到所建立的模型之外的区域，在目标土介质区域，应力波主要传播至较深处。另外，地表面处由于空气冲击波影响而产生的感生地冲击使得地表面处的应力峰值相对较大，并且土层表面在爆炸荷载的作用下会形成一个圆形的爆坑，爆坑的直径随着时间的增长逐渐增大，在 0.4 s 后逐渐趋向于稳定。

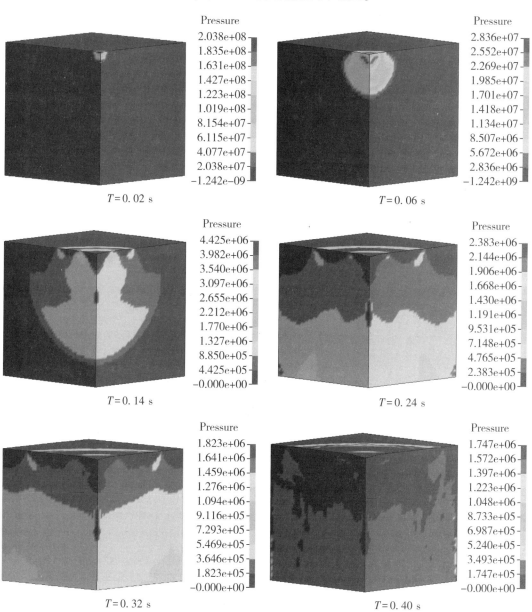

图 11.17　入射超压云图(纯土介质)

11.4.3.2 土中应力波的衰减过程分析

为了更加清楚地观测应力波在土层中的衰减过程，并且对比数值模拟结果的准确性，利用 Origin 软件对土层中不同比例距离处的入射超压变化曲线进行曲线拟合。图 11.18(a) 中表示了土层中入射超压在不同比例距离的情况下随时间变化的过程，可以发现，入射超压在土层中传递时，呈快速递减到缓慢递减的一个过程。结合图 11.18(b)，当比例距离为 $0.2 \sim 0.4$ m/kg$^{1/3}$ 时，超压峰值相较于其他段递减趋势更加明显，这就更加反映了在近距离情况下爆炸荷载作用衰减较快，且其过程较为复杂。图 11.18(b) 还对比了经验公式计算得到的不同比例距离处的入射超压峰值与数值模拟结果：从整体趋势看，数值模拟计算得到的结果与廖哈夫公式和克拉维茨公式的整体趋势均较为吻合，但当比例距离小于 0.4 m/kg$^{1/3}$ 时，经验公式计算得到的入射超压峰值均稍小于数值模拟得到的结果，这可能是由于我们采用的土层材料模型的密度与经验公式的材料模型的密度有所差别。

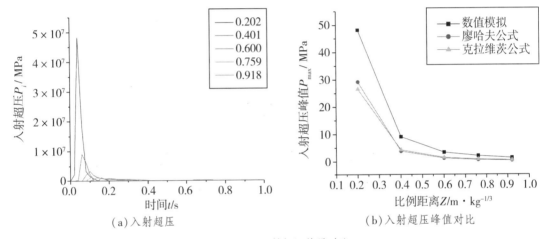

(a)入射超压   (b)入射超压峰值对比

图 11.18 入射超压结果对比

11.4.3.3 质点运动速度分析

在对地表面爆炸引起的动力响应进行研究时，质点的运动速度也是一个需要关注的重要变量。因此，除了对土层中的入射超压峰值进行验证，我们还对比分析了不同比例距离深度处测点的运动速度。图 11.19(a) 给出了选定的不同深度土层中质点运动速度变化的情况，以某一深度土层质点来看：其质点运动速度表现为快速上升至峰值，然后并缓慢下降的过程。这是因为爆炸冲击波达到土层中某一点时，会引起该点处的速度瞬间发生变化。当冲击波离开以后，该点处速度逐渐减小，而由于土层中距离炸药越近的部分产生的塑性变形越大，因此土层中某一点处的速度减小时，会受到前面土层的阻碍，消耗的时间也相对增加。结合图 11.19(a)(b) 也可以发现，随着比例距离的增加，其最大质点速度迅速衰减；当比例距离达到 0.6 m/kg$^{1/3}$ 之后，其最大质点速度逐渐保持稳定。由于现有的触地爆研究资料较少，关于触地爆在土中引起的最大质点速度成熟的经验公式也较少，因此在图 11.19(b) 中仅用克拉维茨提出的最大质点速度经验公式作为对比参考。从该图中可以看出，数值模拟得到的最大质点速度与经验公式的计算结果吻合较好。

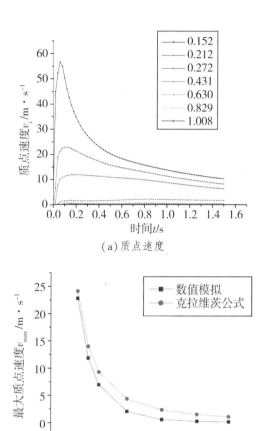

(a)质点速度

(b)最大质点速度对比

图 11.19　质点速度结果对比

综合土介质中爆炸应力波的传播过程和对应力波超压峰值、质点最大速度的分析来看，数值模拟得到的应力波传播过程和经验研究较为符合，且计算得到的应力比超压峰值和质点最大速度与经验公式拟合较好，验证了所采用的数值模拟方法的合理性和数值模型参数的准确性。

11.4.4　土、岩混合介质中的触地爆效应

从上述纯土介质中的结果对比分析来看，此数值模拟方法对触地爆的研究分析的结果是合理的。所以，我们进一步将该数值模拟方法推广至土、岩混合介质的情形，并分析爆炸荷载作用下土、岩混合介质的动力响应。具体建模方式及建模结果见图 11.16，本部分不再赘述。土层与岩层之间的接触均采用自动面面接触。

11.4.4.1　土、岩混合介质中应力波的传播过程分析

图 11.20 描述了爆炸冲击波在土、岩混合介质中的传递情况。从传播过程可以看出，

触地爆炸产生的应力波整体传播规律和在纯土介质中的传播规律差别不大，主要呈现出以下几个特点：爆炸产生的冲击波同时沿着深度方向和地表面方向传播，且主要沿深度方向传播；在沿地表面深度方向，依然表现出入射超压递减的趋势，在沿地表面传播方向，会受到自由表面效应的影响；但和纯土介质不同的是，由于不同介质性质的差异，在应力波传播过程中在土层与岩层的接触面处会存在应力积累，这是因为土层与岩层在爆炸荷载作用下产生的塑性变形不连续，造成了该现象的产生，使得混合介质中应力波的分布结果相对于纯土介质较为复杂。

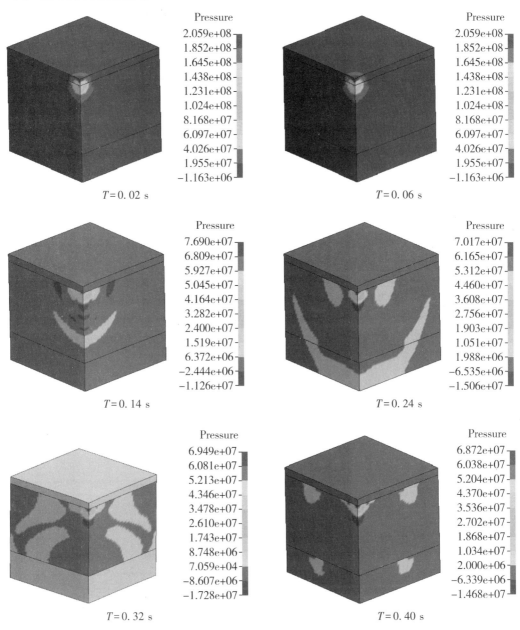

图 11.20　入射超压云图(土、岩混合介质)

图 11.21 显示了混合介质的质点速度随时间变化的云图。可以看出，起爆后，和炸药接触的土壤层的质点速度迅速上升，在比例距离 0.1 m/kg$^{1/3}$ 可达到接近 100 m/s；随着离地越远，质点速度逐渐下降；当碰到地下岩层的时候，质点速度开始出现急剧下降，这是因为岩层的弹性模量较大，其相对于土层坚硬了许多，导致冲击波经过岩层时质点速度发生锐减。随着距离地面深度的增加，在冲击波传至第二层深埋土时，其最大质点速度已经衰减至 1 m/s 以下。

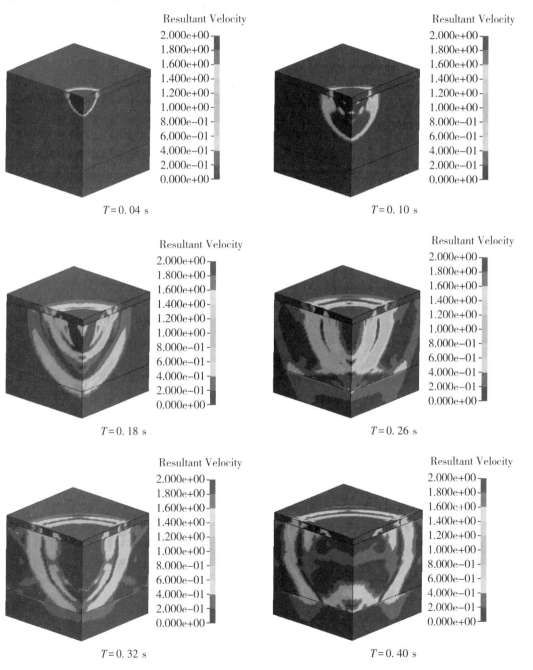

图 11.21　质点速度变化云图

11.4.4.2　土、岩混合介质中应力波的衰减过程分析

图 11.22 中给出了应力波在土、岩混合介质地层中传播的整体过程，并将数值模拟得到的入射超压峰值与纯土介质的计算结果进行对比。从整体上看，在多种介质混合的情况下，入射超压在传播过程中会发生较大的变化，但总体的应力衰减较慢，特别是在比例距离为 0.202 m/kg$^{1/3}$ 时，该深度处的应力水平会长时间保持较高的水平，这是因为该深度恰好在土层与岩层的接触位置附近。从图 11.22(b) 中可以发现，在土、岩混合介质地层中，不同比例距离处的质点的入射超压峰值均大于纯土介质地层中的相应结果，并且这一现象在比例距离较小时更为显著。结合压力传播云图来看，这也是由于不同岩层接近位置处的应力积累造成的。综合以上对入射超压的分析，可以得出，混合介质地层中的入射超压比单一介质地层衰减要慢，其超压峰值相对较高，且在不同岩层的接触位置会出现应力积累的现象。

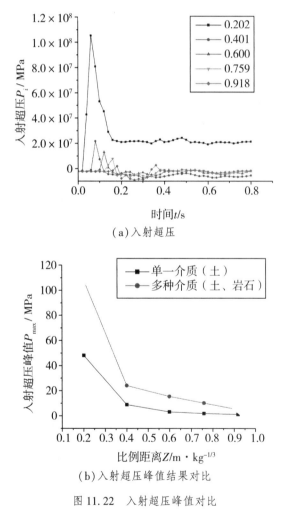

(a) 入射超压

(b) 入射超压峰值结果对比

图 11.22　入射超压峰值对比

11.4.4.3　土、岩混合介质中质点速度和介质变形分析

图 11.23 给出了土、岩混合介质工况下不同深度的质点速度及与单一介质工况下计算结果的对比，可以明显看出，混合介质中质点速度的衰减速率要远大于在纯土介质中质点速度的衰减。由于选点多集中于岩层中，并结合对入射超压的描述，可以得出以下结论：应力波在岩石中的传播速度要大于在土介质中的传播速率，并且在岩石中质点速度衰减较快；这一现象在比例距离较小时差别较为显著，而随着比例距离的增加，二者差别逐渐减小。

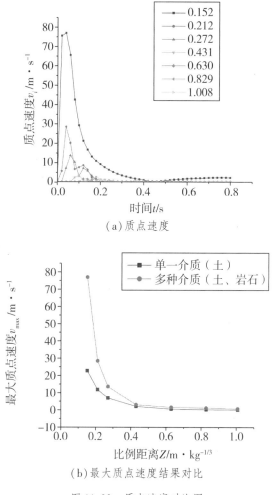

（a）质点速度

（b）最大质点速度结果对比

图 11.23　质点速度对比图

图 11.24 是混合介质的质点位移随时间变化的云图。从中可以看出，其变化趋势和质点速度变化趋势大致相同。起爆后，炸药产生的压缩波迅速向地层传播，与炸药表面接触的土层位移较大；当冲击波传递至岩层时，质点位移出现明显的下降。从质点速度和质点位移的云图来看，到最终应力波破坏效果达到稳定后，土介质整体位移较大，地面形成爆坑；岩石介质中开始爆炸时导致的质点位移有部分逐渐恢复。综合来看，土、岩混合岩层的不同介质差异对爆炸导致的质点位移变化有很大影响。

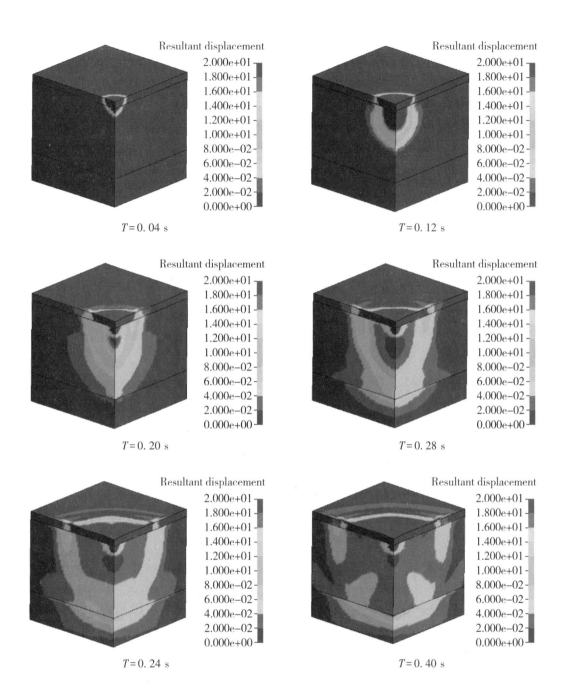

图 11.24 质点位移变化云图

图 11.25 是混合介质的有效塑性应变随时间变化的云图。可以看出，土壤和岩层的有效塑性应变变化情况截然不同。与炸药接触的土层，仅在与炸药接触的较小范围内有明显的塑性应变，而与爆炸中心水平距离较远处的塑性应变不大，这是由于触地爆的冲击波主要是沿着地层垂直向下传播的原因；在岩层中，也仅是与第一层土层接触的 200 m 范围内有较明显的塑性应变，随着深度的增加，冲击波在岩层中所产生的有效塑性应变发生骤

减。整体来看，仅在触地爆较近的位置处有一定的等效塑形应变，而当距离较远时，在混合介质中几乎无塑形变形产生。

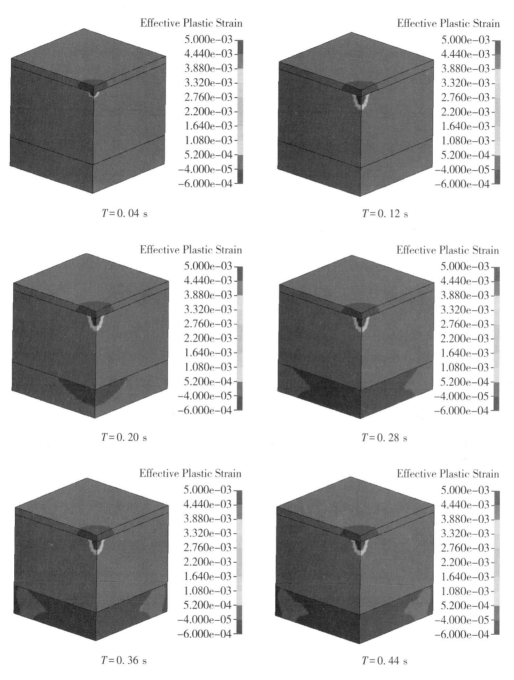

图 11.25　有效塑性应变变化云图

11.5 地下爆炸的数值仿真分析

随着钻地武器的迅猛发展，大当量地下爆炸产生的冲击效应对地下防护工程的破坏效应的研究尤其重要。地下爆炸是指武器爆炸时火球不露出地面，爆炸能量全部耦合到岩土中产生直接地冲击。在地下封闭大当量爆炸作用下，爆炸产生的能量直接压缩岩土介质，爆心外围的岩土介质由里到外逐渐发生汽化、液化、压实破坏以及拉裂破坏等不同层次的破坏效应。有关地下封闭大当量爆炸的国内外试验数据较多，美国和苏联均整理出了一系列地下封闭大当量爆炸地运动参数的计算公式。

不同的岩土介质，地冲击的传播衰减规律不尽相同，经验结果发现，影响岩体中地冲击衰减快慢的主要因素是其内部孔隙的压实效应。因此，本节通过 LS-DYNA 有限元数值仿真方法，通过美国 TM 5-855-1 和苏联经验公式的验证，进一步研究纯岩石介质和岩土交错介质条件下的地下爆炸冲击波传播规律和破坏效应。

11.5.1 地下爆的有限元模型

对地下爆炸进行数值模拟时采用 1/8 球体模型，炸药采用等效当量球形 TNT 模型。由于土层和岩层交错状分布结构网格划分较为复杂，地下爆炸分析的有限元模型需要利用 ANSYS 软件进行求解模型的建立以及网格的划分，才能使所得到的网格尺寸更为均匀，从而提高整个有限元模型的计算精度。如图 11.26 所示，图 11.26(a) 为纯岩石介质模型。图 11.26(b) 为岩石和土层介质交错分布模型。模型分为两个部分。第一部分为流体，包括空气和炸药。空气和炸药建模时应采用共节点，空气域包裹整个计算模型。第二部分为固体，包括岩石和土壤。岩石和土壤建模时未设置共节点，采用自动面面接触的方式设置接触，所有单元的网格采用 ANSYS 中的 solid164 网格，图中层厚较薄的部分为土层，层厚较厚的部分为岩石，核心部分为等效 TNT 炸药。等效 TNT 的炸药尺寸同前述两种情况一样，半径为 53 m，空气域半径为 1300 m，岩石和土壤所构成的组合地层结构半径为 1200 m。

(a)纯岩石介质计算模型　　　　　(b)岩石、土层介质计算模型

图 11.26　地下爆计算模型

如前所述，地下爆炸计算模型采用 ANSYS 建模，并划分好网格，导入 LS-DYNA 中的前处理模块 LS-PREPOST 中定义关键字，采用 1/8 球体模型以减少计算时间，并在其对称边界设置法向约束以限制其法向位移。模型设计炸药中心距离地面为 1240 m，模型计算尺寸半径为 1200 m，在球体表面施加 1 MPa 的围压，并在垂直于球面方向设置重力场，计算爆炸前先对模型进行应力初始化，并且通过 * CONSTRAINED_LAGRANGE_IN_SOLID 流固耦合方法定义空气域和固体材料的耦合。爆炸位置采用中心起爆方式，起爆时间稍微延迟，以确保不与应力初始化作用时间重叠。

11.5.2　纯岩石介质中的地下爆效应

在研究纯岩石介质的地下爆炸效应时，首先分析冲击波的整体传播规律，而后重点分析不同距离位置处的入射超压和质点速度，以更好地分析其对岩石介质的破坏效应。

11.5.2.1　冲击波在岩石中的传播过程

利用 LS-DYNA 软件计算所得压力云图结果如图 11.27 所示，与前述两种纯岩石介质工况类似，爆炸冲击波随时间的增长逐渐向远处扩张，并且波阵面处的压力随着波阵面的传播迅速衰减。起爆前，在应力松弛作用下，整个模型存在着约 1 MPa 的初始应力，以模拟真实工况中存在的地应力；空气模型存在着 0.1 MPa 的初始应力（即 1 个标准大气压力）。起爆后，冲击波迅速沿着炸药中心向外传播，在距离大当量爆炸中心 200 m 范围内冲击波的峰值超压能达到 1000 MPa 以上；当冲击波传输至 600 m 以外时，其峰值超压衰减至 100 MPa 以下。冲击波在岩石中呈指数型衰减，冲击波所经过区域的超压值在衰减过程中会持续一段负压值，这与爆炸力学理论所描述的超压衰减规律是吻合的。

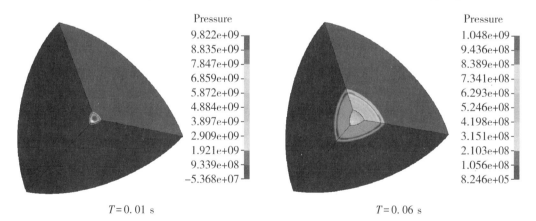

Pressure 9.822e+09 8.835e+09 7.847e+09 6.859e+09 5.872e+09 4.884e+09 3.897e+09 2.909e+09 1.921e+09 9.339e+08 −5.368e+07	Pressure 1.048e+09 9.436e+08 8.389e+08 7.341e+08 6.293e+08 5.246e+08 4.198e+08 3.151e+08 2.103e+08 1.056e+08 8.246e+05
$T = 0.01$ s	$T = 0.06$ s

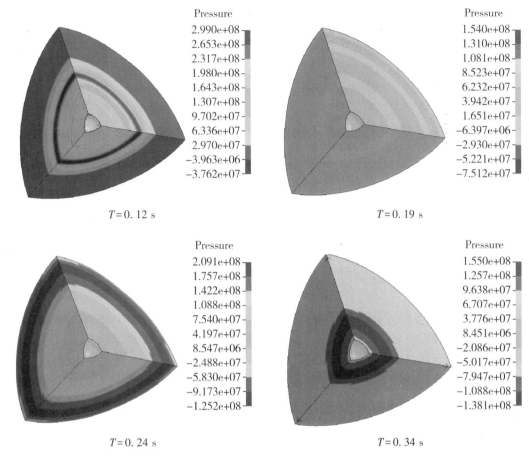

图 11.27　冲击波超压变化云图

11.5.2.2　纯岩石介质中入射超压和质点速度分析

与空气或水介质不同，由于岩石(或土壤)介质要考虑的影响因素较多，国内外对于地下爆炸的理论解的研究较少。在岩石介质中的爆炸，目前较为普遍运用的经验公式是美军的 TM 5-855-1 手册中的地下爆炸超压峰值的经验公式，将其转换为国际单位制，如下所示：

$$P_0 = 48.77 \times 10^{-6} \rho c \left(\frac{5.4R}{\sqrt[3]{W}} \right)^{-n} 。 \tag{11.135}$$

式中：P_0 为自由场的超压峰值，MPa；ρ 为岩土介质的密度，kg/m³；c 为应力波传播速度，m/s；R 为从测点到起爆点的距离，m；W 为等效 TNT 装药量，kg；n 为衰减系数。

早在 20 世纪中叶，苏联就进行了大量壤土中封闭爆炸的试验研究，沃尔克、克拉维茨、斯米尔诺夫等人通过大量埋置于砂质壤土中的炸药封闭爆炸试验，拟合出了一系列曲线和公式用来描述土中封闭爆炸的动态响应。其超压峰值和最大质点速度可分别按式(11.136a)和式(11.136b)计算：

$$\Delta p_{\mathrm{m}} = 11.1 \left(R / \sqrt[3]{W} \right)^{-2.7} , \tag{11.136a}$$

$$v_{\mathrm{m}} = 4.72 \left(R / \sqrt[3]{W} \right)^{-2.06} 。 \tag{11.136b}$$

式中：Δp_{m} 为自由场超压峰值(0.1 MPa)；v_{m} 为最大质点速度，m/s；R 为起爆点到测点的距离，m；W 为装药量，kg。取几点不同比例距离的位置点作为研究对象，由 LS-DYNA 数值仿真模拟出的入射超压曲线如图 11.29 所示。

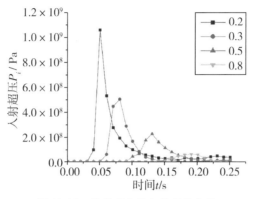

图 11.28　纯岩石介质入射超压曲线

沿着半径均匀选取五个不同比例爆距点进行研究，并选取其超压峰值和最大质点速度，拟合出曲线与 TM 5-855-1 和沃尔克等人试验拟合的公式进行对比，其结果如图 11.29 所示。由图可以看出，在比例距离较小时，数值模拟得到的入射超压峰值相较于经验拟合公式得到的结果偏大，这是由于爆炸近区应力状态较为复杂所致；随着比例距离的增加，数值模拟的值与经验拟合公式的值逐渐趋近。总体上而言，在超压峰值的拟合结果上，数值模拟的结果与 TM 5-855-1 具有较好的一致性；在最大质点速度上，数值模拟得到的入射超压峰值同沃尔克公式具有较好的一致性。这表明模型的可靠性较高。

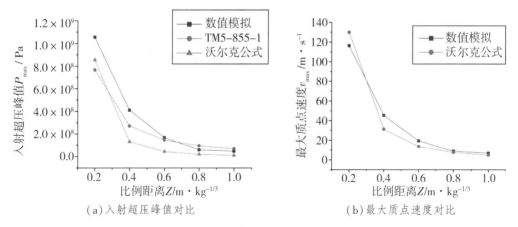

(a) 入射超压峰值对比　　　　　　　　(b) 最大质点速度对比

图 11.29　数值模拟与经验拟合公式对比

11.5.3　岩土交错介质中的地下爆效应

为进一步研究不同岩石介质的分布对地下爆炸冲击波传播效应的影响，本节在 11.5.2 节的基础上，采用岩土交错介质的形式，进行地下爆炸的数值仿真，并对其应力波传播过程和特征参数分布规律进行分析。

11.5.3.1 冲击波在岩土交错介质中的传播过程

为模拟实际工况中岩石和土层交错分布下爆炸冲击波的动态响应，首先建立岩石和土层交错分布的有限元模型(图 11.26)，然后通过 LS-DYNA 软件进行数值仿真计算，其所得到的压力云图如图 11.30 所示。设计模型总体尺寸和边界条件与纯岩石介质一致，冲击波的传播规律与在岩石介质中大体相似，爆炸冲击波随时间的增加逐渐向远处扩张，并且波阵面处的压力在传播过程中呈递减趋势。

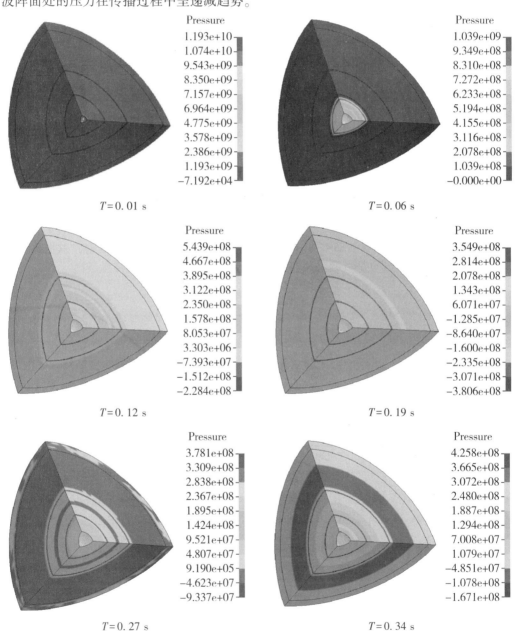

图 11.30　冲击波超压变化云图

11.5.3.2　冲击波在岩土交错介质中的衰减规律

与前述一样，取几点不同比例距离的位置点作为研究对象，由 LS-DYNA 数值仿真模拟得出的入射超压曲线如图 11.31 所示。峰值超压的总体衰减趋势与纯岩石介质大致相同，随着比例距离的增加，超压峰值逐渐减小。

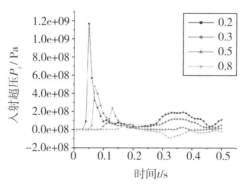

图 11.31　岩石土层交错介质入射超压曲线

11.5.3.3　岩土交错介质中的质点速度变化规律

图 11.32 是岩土交错介质的质点速度随时间变化的云图。从中可以看出，爆炸刚开始时，爆坑附近区域岩石的质点速度迅速上升，当比例距离小于 0.2 m 时，其质点速度可达到 100 m/s。随着时间的增加，速度波逐渐向外扩散。当 $T = 0.07$ s，速度波传递到第一层土，速度出现轻微折减；当 $T = 0.12$ s，速度波传递到第二层土，速度出现第二次折减。随着时间的持续推移，在 $T = 0.23$ s 时，爆坑附近区域岩石的质点速度开始出现明显的折减；在 $T = 0.3$ s 以后，爆坑附近速度已经衰减至 12 m/s 以下，且整体计算区域的速度已经出现明显衰减。

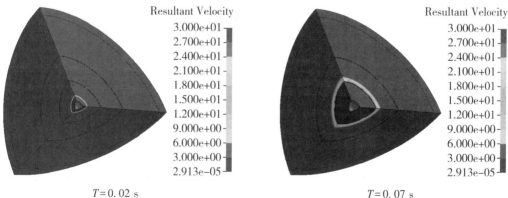

$T = 0.02$ s　　　　　　　　　　　　　　$T = 0.07$ s

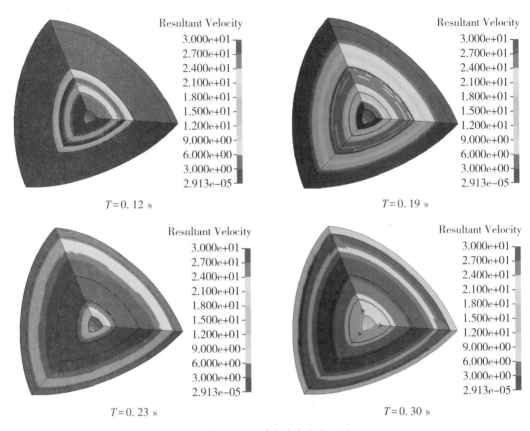

图 11.32　质点速度变化云图

　　均匀选取五个不同比例爆距点的岩土介质，并将其入射超压的峰值拟合出曲线，与前文所述的纯岩石介质的入射超压峰值所拟合的曲线对比，结果如图 11.33(a)所示。可以看出，在 0.2 m 的比例距离下，冲击波的传播未经过土层，两者间的超压峰值基本重合；比例距离达到 0.4 m 时，冲击波的传播经过了一层土层，其超压峰值稍微低于纯岩石介质中的超压峰值，证明地下岩体中存在的软土层或断层对冲击波的超压峰值有一定的削弱作用。图 11.33(b)拟合的是不同比例距离下两工况的最大质点速度，可以看出两者的最大质点速度基本没有差异。

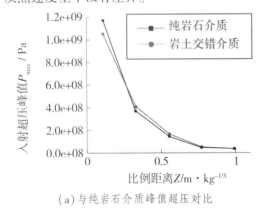

（a）与纯岩石介质峰值超压对比

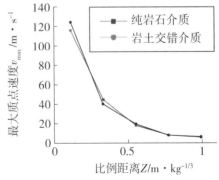

（b）与纯岩石介质最大质点速度对比

图 11.33　入射超压和最大质点速度对比

11.5.3.4　岩土交错介质的变形破坏规律

图 11.34 是岩土交错介质的位移随时间变化的云图。从中可以看出，起爆后，爆腔附近的位移迅速增大；当 $T = 0.25$ s 以后，爆腔附近岩石区域的位移已经变得很小，开始趋于稳定。爆炸全过程中，岩石区域的位移随着离爆炸中心距离的增大呈指数型衰减。从云图中还可看出，离爆炸中心 300 m 远处，岩石区域的位移已经衰减到一个很小的值。也就是说，当距离爆炸中心较远时，爆炸产生的破坏效应可以忽略不计。

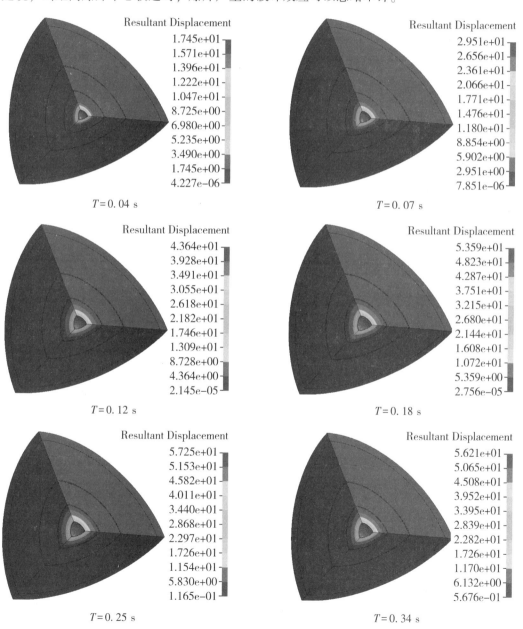

图 11.34　位移变化云图

图 11.35 是岩土交错介质的有效塑性应变随时间变化的云图。其变化趋势与前述几种参数变化趋势大致相同，随着爆炸时间的推移逐渐向外扩展；当 $T = 0.23$ s 以后，各区域的有效塑性应变开始趋于稳定。且离爆炸中心距离越远，单元的最大有效塑性应变越小。

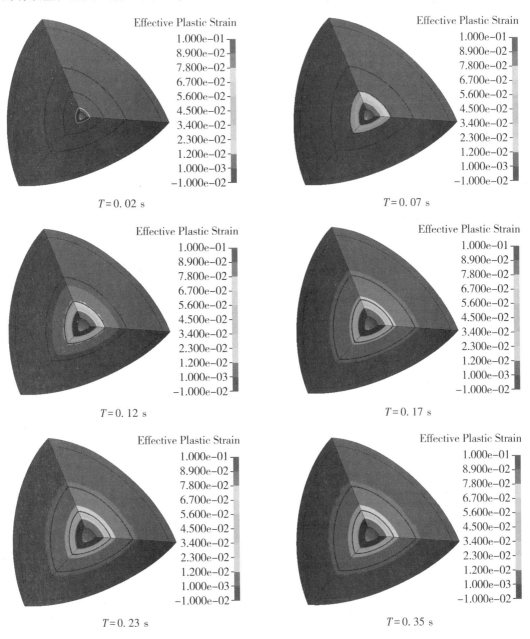

图 11.35　有效塑性应变变化云图

图 11.36(a) 和图 11.36(b) 所示的分别为两种工况下的最大位移和有效塑性应变极值的对比。从图中可以看出，两种工况的情况与上述峰值的变化趋势大致相似，最大位移和有效塑性应变极值都随着比例距离的增加逐渐递减；在比例距离小于 0.3 m 时，冲击波都仅在岩石中传播，两种工况的最大位移和有效塑性应变极值趋于一致；当比例距离增加至

0.4 m 时，岩石土层交错介质的冲击波经过土层时，由于软土层的衰减效果，其最大位移和有效塑性应变极值相较于纯岩石工况都略有减少；当比例距离大于 0.6 m 时，两种工况的有效塑性应变都趋近于零。

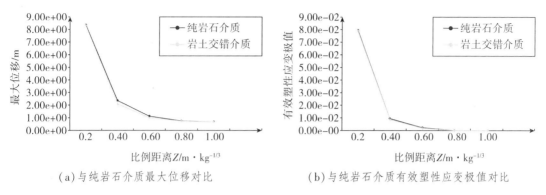

（a）与纯岩石介质最大位移对比　　　　　（b）与纯岩石介质有效塑性应变极值对比

图 11.36　最大位移和有效塑性应变极值对比

综合来看，不同的岩石交错介质对冲击波的传播特别是不同比例距离处的超压峰值及破坏效应有一定影响，在岩石介质中设置一定的不同介质断层能够在一定程度上减弱爆炸造成的冲击破坏效应；但是从本节的结果来看，其削弱作用不大，这也可能是由于所建立的软土层较薄造成的。

11.5.4　地下大当量爆炸的热效应

11.5.4.1　热效应分析的基本框架

ANSYS 热分析模块的计算原理是封闭系统遵循热力学第一定律，可由下式表示：

$$Q-W=\Delta U+\Delta KE+PE。 \tag{11.137}$$

式中：Q 是系统热量；W 是系统所做的功；ΔU 是系统的内能；ΔKE 是系统的动能；PE 是系统的势能。针对大部分工程传热问题，有 $KE=PE=0$；通常没有将做功考虑在内时有 $W=0$，则有 $Q=\Delta U$；关于稳态热方面的分析，有 $Q=\Delta U=0$，即流入系统的热量与流出的热量相等；关于瞬态热方面的分析，有 $q=\mathrm{d}u/\mathrm{d}t$。

传热包括热传导、热对流和热辐射三种能量方式。

（1）热传导。热传导是温度不同的物体之间能量的相互交换。根据热传导遵循傅里叶定律得：

$$q^{n}=-k\frac{\mathrm{d}T}{\mathrm{d}x}。 \tag{11.138}$$

式中：q^{n} 为热流密度（W/m²）；k 为导热系数 [W/(mK)]；"−"表示热量流向温度降低的方向。

（2）热对流。热对流是流体中的温度差异引起热量的传递。通常高温区域的流体会因密度变化而上升，而低温流体会移动到该区域填补空缺，这样，流体的对流使整个流场的温度可以更加均匀。热对流可以用牛顿冷却方程来描述：

$$q^{n}=h(T_{s}-T_{b})。 \tag{11.139}$$

式中：h 为对流换热系数；T_s 为固体表面的温度；T_b 为主流体的温度。

（3）热辐射。热辐射可以用下式来描述：

$$q = \varepsilon\sigma A_1 F_{12}(T_1^4 - T_2^4)。 \tag{11.140}$$

式中：q 为物体表面吸收或发出的辐射能量，W；ε 为表面反射率；σ 为斯托克常数，$\sigma = 5.67 \times 10^{-8}$ W/(m^{2}K^4)；F_{12} 为热辐射频率；A_1 为物体表面积，m^2；T_1、T_2 为物体表面温度，K。

11.5.4.2 爆腔附近温度场分布

大当量爆炸产生的冲击波和超高温度瞬间将沿着爆炸中心衰减至 1200 ℃（岩石的熔点）的岩石区域物质全部气化和融化，形成一个大直径的爆腔。爆腔面上岩石受内部聚集的温度影响，其表面温度也逐渐上升，并且逐渐向外部岩层传递。其表面温度上升曲线可以表示为：

$$T = 20 + 345\log(8t+1)。 \tag{11.141}$$

式中：T 为岩石表面的温度；t 为升温持续时间。

计算时采用的岩石热导系数、岩石比热容、岩石热对流系数分别如表 11.9、表 11.10、表 11.11 所示。

表 11.9　岩石热导系数

温度/℃	200	300	400	500	600	700
热导系数 w/m·K	4.065	3.75	3.468	1.072	3.216	2.817
温度/℃	800	900	1000	1100	1200	
热导系数 w/m·K	2.667	2.55	2.46	2.418	2.400	

表 11.10　岩石比热容

温度/℃	200	300	400	500	600	700
比热容 J/kg·℃	1022.22	1075	1122.22	1163.89	1200	1230.56
温度/℃	800	900	1000	1100	1200	
比热容 J/kg·℃	1255.56	1275	1288.89	1297.22	1300	

表 11.11　岩石热对流系数

温度/℃	200	300	400	500	600	700
对流系数	10	10	15	20	30	40
温度/℃	800	900	1000	1100	1200	
对流系数	55	70	90	120	160	

爆腔表面岩石在爆炸后温度不断上升，并且逐步向外部岩层传递。图 11.37 所示的是用 ANSYS 模拟的在深埋岩石封闭爆炸时，爆腔附近的岩石温度传递云图。从图中可以看

出，由于岩石导热性较低，其绝热性较强，使得温度在岩石之中传递范围较小，传递效率较慢。爆腔岩石表面的温度在前期上升的速度较快，后期其上升的速度逐渐缓慢；当 $T=$ 120 min 时，上升至 1000 ℃。

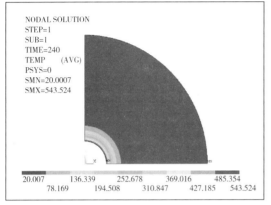

$T = 2$ min

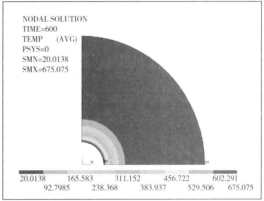

$T = 10$ min

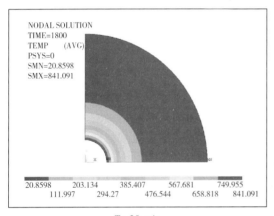

$T = 30$ min

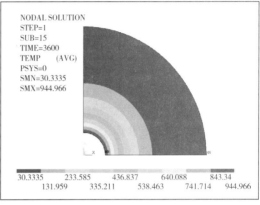

$T = 60$ min

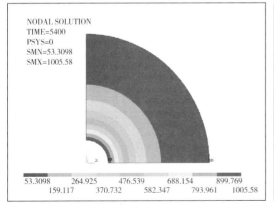

$T = 90$ min

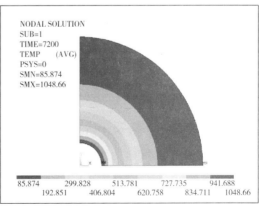

$T = 120$ min

图 11.37　ANSYS 模拟爆腔附近温度衰减过程云图

第 12 章　爆炸地震动参数与计算

12.1　爆炸地震动经验计算公式

12.1.1　爆炸冲击地震动作用

爆炸的冲击产生强烈的震动是导致地下防护工程破坏的重要原因。武器爆炸可以分为空中爆炸、地面爆炸和钻地爆炸。地面爆炸和钻地爆炸都将在岩土介质中产生弹坑,爆炸能量直接耦合进岩土介质中,引起直接冲击震动。空中爆炸产生空气冲击波,空气冲击波拍击地面,在岩土介质中引起感生冲击震动。爆炸震动的强度和变化规律与爆炸当量、爆炸方式、爆炸区域的地形地貌和地层地质情况、爆心距及结构形式、工程埋深等因素有关。爆心近区岩土介质中应力波幅值小,爆炸震动作用后变形可以恢复,可视为弹性体。岩土介质中传播的应力波将与构筑的工程结构发生相互作用,使震动信号发生变化。实际工程中一般采用一维波理论、量纲分析和统计方法来建立地震动衰减规律,由获得的衰减规律来预测特定条件下的地震动参数值。核武器爆炸释放的能量非常大,引起的强烈地运动范围也很大,可达几公里至几十公里。工程所处的局部介质区域一般只有几十米至几百米范围,工程区域范围内的爆炸地运动相对比较均匀,工程结构整体上能够跟随介质自由场运动。因此,在工程设计中常将自由场的地运动参数近似取为工程结构的运动参数。常规武器的爆炸能量相对小得多,只在极有限的区域产生强烈地运动,很难驱动较大工程结构随自由场同步运动,而且常规武器爆炸产生的自由场运动衰减变化快,介质与结构的相互作用效应非常明显,工程结构运动幅值比自由场的运动幅值要小很多。

12.1.2　常规武器爆炸地震动参数

美国于 20 世纪 80 年代初,总结了过去 35 年中进行的上百次土中和遮弹层中爆炸试验的数据,炸药当量从 11 b 变化到 500 t,土壤类型从松砂变化到饱和黏土,爆炸方式从完全封闭爆炸到地表接触爆炸,得到了常规武器(化爆)爆炸土中爆炸震动参数的经验计算公式(即 TM 5-855-1 计算公式),并编入美国陆军防护结构手册 *Fundamentals of Protective Design for Conventional Weapons*(《抗常规武器设计原理》):

$$\frac{d}{W^{1/3}} = f \cdot 500 \cdot \frac{1}{c} \cdot \left(\frac{R}{W^{1/3}}\right)^{-(n+1)},$$

$$v = f \cdot 160 \cdot \left(\frac{R}{W^{1/3}} \right)^{-n},$$

$$aW^{1/3} = f \cdot 50 \cdot c \cdot \left(\frac{R}{W^{1/3}} \right)^{-(n+1)}。 \tag{12.1}$$

式中：d 为位移幅值，ft；v 为速度幅值，fps；a 为加速度幅值，g；W 为炸药当量 TNT，lb；f 为爆炸能量耦合系数；n 为衰减系数。工程结构范围内的自由场爆炸震动参数可取范围内的平均值：

$$\frac{d_{avg}}{W^{1/3}} = f \cdot 500 \cdot W^{(n-1)/3} \frac{(R_1^{-n+2} - R_2^{-n+2})}{c(n-2)(R_2 - R_1)},$$

$$v_{avg} = f \cdot 160 \cdot W^{n/3} \frac{(R_1^{-n+1} - R_2^{-n+1})}{(n-1)(R_2 - R_1)},$$

$$a_{avg} W^{1/3} = f \cdot 50 \cdot c \cdot W^{(n+1)/3} \frac{(R_1^{-n} - R_2^{-n})}{n(R_2 - R_1)}。 \tag{12.2}$$

式中：R_1 和 R_2 分别为土中结构近端和远端距爆心的距离。

12.1.3　核武器爆炸地震动参数

12.1.3.1　核武器空中爆炸地震动参数

核武器空中爆炸产生的空气冲击波拍击地面，在岩土介质中引起感生震动。地面空气冲击波传播速度大于地面下地震动传播速度的区域称为超地震区，超地震区之外主要为亚地震区。爆炸冲击震动的破坏作用主要集中在超地震区，超地震区的运动参数可按下述经验公式计算。

1. 美国民用核能系统公司公式

美国空军系统司令部（Air Force System Command）空军武器试验室（AFWL）于 20 世纪 70 年代初委托美国民用核能系统公司研编了 *The Air Force Manual for Design and Analysis of Hardened Structures*（《美国空军防护结构设计与分析手册》）。

（1）冲击超压波。核武器空中爆炸地面传播空气冲击波峰值超压计算公式为：

$$P_{s0} = \begin{cases} 3300 \left[\dfrac{W}{1 \text{ Mt}} \right] \left[\dfrac{1000 \text{ ft}}{R} \right]^3 + 192 \left[\dfrac{W}{1 \text{ Mt}} \right] \left[\dfrac{1000 \text{ ft}}{R} \right]^{-3/2} & (\text{psi}) \\[4mm] 15 \left[\dfrac{W}{10^{15} \text{ J}} \right] \left[\dfrac{1000 \text{ m}}{R} \right]^3 + 11 \left[\dfrac{W}{10^{15} \text{ J}} \right] \left[\dfrac{1000 \text{ m}}{R} \right]^{-3/2} & (\text{N/cm}^2) \end{cases} \tag{12.3}$$

式中：P_{s0} 为地面冲击波超压，psi；W 为爆炸当量（1 MT = 4.184×10^{15} J）；R 为距爆心投影点的距离。

（2）加速度。地面传播空气冲击波超压引起的感生地震加速度可按下述公式计算。

● 垂向加速度：

$$a_{zmax} = 66g \left[\frac{P_{s0}}{100 \text{ N/cm}^2} \right] \left[\frac{1000 \text{ m/s}}{c_L} \right] \left[\frac{1842 \text{ kg/cm}^3}{\rho} \right]。 \tag{12.4}$$

式中：$c_L = \sqrt{M_L/\rho}$，M_L 为岩土介质的加载模量；ρ 为岩土介质的密度；W 为爆炸当量（$1\ \text{MT} = 4.184\times10^{15}\ \text{J}$）；$R$ 为距爆心投影点的距离。

地表垂向加速度峰值可按 $a_{z\max} = v_{z\max}/t_r$ 计算，$v_{z\max}$ 为地表垂向峰值质点速度，t_r 为达到峰值速度的时间（t_r 约为 $0.001\ \text{s}$）。地下 z 处垂向峰值加速度 $a_{z\max}(z)$ 可按下式近似计算：

$$a_{z\max}(z) = 2\frac{v_{z\max}}{t_r}, \qquad t_r = \frac{1}{2}\frac{z}{cL}。 \tag{12.5}$$

地运动时程持续时间 t_i 可按下式计算：

$$t_i = 0.40\ \sec\left[\frac{100\ \text{psi}}{P_{s0}}\right]^{3/5}\left[\frac{W}{1\ \text{Mt}}\right]^{1/3}。 \tag{12.6}$$

- 水平加速度：

$$\frac{H}{V} = \tan\beta = \tan\left(\arcsin\frac{c}{U}\right)。 \tag{12.7}$$

式中：H 为波阵面处水平加速度分量；V 为波阵面处运动的垂直加速度分量；β 为波阵面的倾角；c 为 P 波速度；U 为空气冲击波波阵面速度，$U = c_0\left[1 + 6P_{s0}/(7P_0)\right]^{1/2}$，其中 c_0 为周围大气音速，P_0 为冲击波阵面前周围的大气压力。

（3）位移。在地面传播的空气冲击波超压作用下，地面的垂向位移为：

$$d_{z\max} = \frac{I_m}{\rho c_L}。 \tag{12.8}$$

式中：I_m 为总的空气冲击波冲量。

2. 美国伊利诺斯大学公式

美国空军系统司令部空军特种武器中心（AFSWC）于 20 世纪 60 年代委托伊利诺斯大学研究修订了 *Principles and Practices for Design of Hardened Structures*，该项工作由著名的防护工程专家 Newmark 和 Haltiwanger 教授主持。

（1）压缩波峰值压力。岩土介质中随深度 z 衰减的压缩波垂向峰值压力可按下式计算：

$$P_{vp} = \alpha_z P_{s0},$$
$$\alpha_z = 1/(1 + z/L_w),$$
$$L_w = 230\ \text{ft}\left[\frac{100\ \text{psi}}{P_{s0}}\right]^{1/2}\left[\frac{W}{1\ \text{Mt}}\right]^{1/3}。 \tag{12.9}$$

式中：P_{s0} 为地面冲击波超压；α_z 为衰减系数，由地面典型超压分布的弹性半空间解得；L_w 为传递系数。

（2）加速度。

- 地面垂直加速度。假设地面压力和质点速度线性上升到峰值，则地面峰值加速度可按下式计算：

$$a_p = v_p/t_r。 \tag{12.10}$$

式中：t_r 为速度上升时间（在地面可取 $t_r = 0.001\ \text{s}$）。考虑速度峰值的非线性上升，上式计算值可提高 20%。上式可应用于岩土、土体。对土体（$c_p < 200\ \text{ft/s}$），可按下式计算地面垂直加速度：

$$a_p = 150g\left[\frac{P_s}{100\ \text{psi}}\right]\left[\frac{1000\ \text{ft/s}}{c_p}\right]。 \tag{12.11}$$

●地下垂向加速度。地下垂向加速度衰减很快，上升时间 t_r 的增大影响比速度幅值衰减的作用大。考虑压力或质点速度的非线性上升影响，按线性上升计算的地下垂向峰值加速度可乘以方法系数 2.0。地下垂向加速度可按下式计算。

$$a_p = 2\mathrm{g} \frac{v_p}{t_r} \frac{1}{32.2 \text{ ft/s}^2}。 \tag{12.12}$$

式中：t_r 为质点速度从零上升至峰值的时间，可按下式计算：

$$t_r = 0.001 + \frac{z}{c_p} - \frac{z}{c_i}。 \tag{12.13}$$

实际计算中，上升时间可用下式简化计算：

$$t_r = \frac{1}{2} \frac{z}{c_p},$$

$$a_p = 5\mathrm{g} \left[\frac{P_{s0}}{100 \text{ psi}} \right] \left[\frac{100 \text{ ft}}{z} \right] \alpha_z,$$

$$\alpha_z = 1/(1 + z/L_w),$$

$$L_w = 230 \text{ ft} \left[\frac{100 \text{ psi}}{P_{s0}} \right]^{1/2} \left[\frac{W}{1 \text{ Mt}} \right]^{1/3}。 \tag{12.14}$$

上式在计算地面加速度时（$z = 0$）会出现无穷大，原因是忽略了空压的 0.001 s 上升时间，该式适用于 $z > 10$ ft 的范围。

●水平加速度。地下水平加速度可取等于垂向加速度。

（3）速度。

●垂向速度。根据一维平面波理论，由 $v_p = P_{vp}/(\rho c_p)$，可得地下深度 z 处的垂向质点速度：

$$v_p = \frac{\alpha_z P_{s0}}{\rho c_p}。 \tag{12.15}$$

该式适用于岩体、土体。对于密度为 115 lb/ft³（1842 kg/m³）左右的土体，上式可写为：

$$v_p = 4.0 \text{ ft/s} \left[\frac{P_{s0}}{100 \text{ psi}} \right] \left[\frac{1000 \text{ ft/s}}{c_p} \right] \alpha_z。 \tag{12.16}$$

●水平速度。平面波理论无法估计介质质点的水平速度，由试验数据大致有 $v_{hp} = 2/3 v_p$，超地震区甚至有 $v_{hp} = 1.9 v_p$。由于误差较大，推荐取 $v_{hp} = 2/3 v_p$。

（4）位移。

●垂向位移。地面下压缩波波长范围内介质均匀的话，地面峰值瞬时位移可以按下式计算：

$$d_p = \frac{1}{2} \frac{P_{s0} t_i}{\rho c_p}。 \tag{12.17}$$

式中：t_i 为地面空气冲击波超压等冲量作用时间；$I_m = P_{s0} t_i/2$；$c_p = \sqrt{M_p/\rho}$，其中 M_p 为岩土加载模量。上式适用于岩体、土体。地表残余位移为：

$$d_r = k_p d_p, \qquad k_p = \varepsilon_{zr}/\varepsilon_{zp}。$$

对于密度为 115 lb/ft^3(1842 kg/m^3)左右的土体，地表垂直位移的弹性模量 d_{se} 可按下式计算：

$$d_{se} = \min\left[\frac{P_{s0}}{100 \text{ psi}}\right]^{1/2}\left[\frac{1000 \text{ ft/s}}{c}\right]\left[\frac{W}{1 \text{ Mt}}\right]^{1/3} \text{。} \quad (12.18)$$

式中：c 为平均地震波速，即有效地震波传播速度，参考地震勘测取值。

地表残余位移的经验计算公式为：

$$d_{rs} = \begin{cases} 0 & (P_{s0} < 40 \text{ psi}) \\ \dfrac{P_{s0}-40}{30}\text{in}\left[\dfrac{1000 \text{ ft/s}}{c}\right]^2 & (P_{s0} > 40 \text{ psi}) \end{cases} \text{。} \quad (12.19)$$

介质总位移为弹性位移与残余位移之和。地下深度超过 100 ft(30.5 m)后，介质残余变形可以忽略。假定从地表到地下 100 ft 深处残余变形量线性变化，则介质竖向残余位移的计算公式为：

$$d_{rz} = \begin{cases} d_{rs}\left(1-\dfrac{z}{100 \text{ ft}}\right) & (0 < z < 100 \text{ ft}) \\ 0 & (z > 100 \text{ ft}) \end{cases} \text{。} \quad (12.20)$$

从地表到地下 z 深度处的垂向弹性位移，对于密度为 115 lb/ft^3(1842 kg/m^3)左右的土体可按下式计算：

$$d_{pe}\begin{cases} 2.4 \text{ in}\left[\dfrac{P_{s0}}{100 \text{ psi}}\right]\left[\dfrac{1000 \text{ ft/s}}{c_r}\right]^2\left[\dfrac{z}{100 \text{ ft}}\right] & (0 < z < 100 \text{ ft}) \\ 2.4 \text{ in}\left[\dfrac{P_{s0}}{100 \text{ psi}}\right]\left[\dfrac{1000 \text{ ft/s}}{c_r}\right]^2 & (z > 100 \text{ ft}) \end{cases} \text{。} \quad (12.21)$$

式中：$c_r = \sqrt{M_r/\rho}$，其中 M_r 为介质卸载模量，可由应变恢复率 $k_p = \varepsilon_{zr}/\varepsilon_{zp}$ 参数来计算；$c_r = c_p/\sqrt{1-k_p}$。上式是基于总冲量不变、均匀介质和一维波浪理论而导出的经验计算公式，适合计算深度较深的情况。地表到地下 z 处的最大垂向相对位移 d_{rz} 和 d_{pe} 之和。

如果考虑有效冲量 I_m 随深度衰减，取 $i_z = \alpha_z I_m$，则可按下式估算地下深度 z 处的垂向最大位移：

$$d_p = \frac{i_z}{\rho c} = \frac{1}{2}\frac{\alpha_z P_{s0} t_i}{\rho c},$$

$$\alpha_z = 1/(1+z/L_w),$$

$$L_w = 230 \text{ ft}\left[\frac{100 \text{ psi}}{P_{s0}}\right]^{1/2}\left[\frac{W}{1 \text{ Mt}}\right]^{1/3} \text{。} \quad (12.22)$$

式中：c 为平均地震波速。利用上式，也可获得地下深度 z 处最大垂向位移的合理估计。上式适用于岩体、土体。

● 水平位移。一维平面理论不能给出水平位移的估计。根据试验结果，超地震区可取 $d_{hp} = 1/3 d_p$，试验中会观察到 $d_{hp} = (1/100 \sim 1/10)d_p$ 甚至更小的情况。

3. 美国通用电力公司公式

美国核防卫局(Defense Nuclear Agency)于 20 世纪 70 年代末委托美国通用电力公司(General Electric Company)研究总结了核爆地震动数据和经验计算公式。

（1）加速度。

• 垂向加速度。早期研究认为，地面附近岩土介质的垂向最大加速度 $a_{v\max}$ 与地面超压 P_{s0} 几乎是线性函数关系，在超地震区加速度与超压的关系基本上与爆炸当量（1～40 kt）无关。因此，Newmark 和 Haltiwanger 给出了如下的关系：

$$a_{v\max} = 150\mathrm{g}\left[\frac{P_{s0}}{100\ \mathrm{psi}}\right]\left[\frac{1000\ \mathrm{ft/s}}{c_p}\right]\left[\frac{115\ \mathrm{lb/f^3}}{\rho}\right]。 \qquad (12.23)$$

式中：$a_{v\max}$ 为地面最大垂向加速度；P_{s0} 为地面冲击波超压；c_p 为介质压缩波速；ρ 为介质密度。

从试验数据可以得到介质特征的影响近似有：

$$a_v = \frac{1}{\rho c_p}\left(\frac{\Delta P_s}{t_r}\right)。 \qquad (12.24)$$

上述关系的确切性质尚未理解。

• 水平加速度。水平加速度的测试数据离散性很大，大致可以得到：在超地震区，地面附近介质的水平加速度是垂向加速度的 0.2～0.5 倍；平均来说，水平加速度可以取垂向加速度的 0.5 倍。在弹性超地震区，水平加速度分量与垂直加速度分量有如下关系：

$$\frac{H}{V} = \tan\beta = \tan\left(\arcsin\frac{c_p}{U}\right)。 \qquad (12.25)$$

对于超地震区，感生地震动垂向加速度一般与波前对应，应从式中 H/V 关系中取 $c_p = c_L$，即可确定相应的水平加速度分量。

• 加速度随深度的衰减：

$$a_v(z) = 1.5 P_{s0} z^{-0.83}。 \qquad (12.26)$$

式中：$a_v(z)$ 为深度 z 处垂向加速度幅值，g；P_{s0} 为地面冲击波超验（psi）；z 为距地面深度，ft。随着深度增加，水平加速度趋于与垂向加速度相等。

（2）速度。

• 垂向速度。垂向质点速度随地下深度的变化，有如下经验计算公式：

$$v_v = \begin{cases} 0.5 P_{s0} & (z=0) \\ 50\left(\dfrac{P_{s0}}{100}\right)^{0.95} W^\beta - 0.0085(z-30) & (30 \leqslant z \leqslant 100) \end{cases},$$

$$\beta = 0.07\left(\frac{P_{s0}}{100}\right)^{0.36}。 \qquad (12.27)$$

式中：v_v 为地下 z 处质点垂向速度，in/s；z 为距地面深度，ft；P_{s0} 为地面冲击波超验，psi；W 为核爆当量，Mt。深度在 0～30 ft 范围时，可采用线性内插确定。上述公式适用范围为：1 kt $\leqslant W \leqslant$ 10 Mt，100 psi $\leqslant P_{s0} \leqslant$ 1000 psi。

• 水平速度。Sauer 建议，在超地震区水平质点速度取垂直质点速度的 2/3，虽然有近地表实测数据表明最大水平质点速度仅为最大垂向质点速度的 1/10～1/4。比值关系基本不随深度变化。

12.1.3.2　核武器地面爆炸直接地震动参数

1. 美国民用核能系统公司公式

核武器地面爆炸爆心下方介质中的直接地震动计算公式如下。

（1）坚硬岩石。对介质波速大于 12000 ft/s（3658 m/s）的坚硬岩体，介质中的直接地震动参数可按以下公式计算：

$$a = 0.29 \text{ g} \left[\frac{W}{10^{15} \text{ J}}\right] \left[\frac{R}{1 \text{ km}}\right]^{-4} \quad (\text{误差} \pm 2.5 \text{ 倍}),$$

$$v = 0.27 \text{ m/s} \left[\frac{W}{10^{15} \text{ J}}\right]^{2/3} \left[\frac{R}{1 \text{ km}}\right]^{-2} \quad (\text{误差} \pm 2.5 \text{ 倍}),$$

$$d = 5.8 \times 10^{-3} \text{ m} \left[\frac{W}{10^{15} \text{ J}}\right]^{5/6} \left[\frac{R}{1 \text{ km}}\right]^{-3/2} \quad (\text{误差} \pm 2 \text{ 倍})。 \quad (12.28)$$

（2）软岩。对介质波速介于 6000～10000 ft/s（1829～3048 m/s）的软岩，介质中的直接地震动参数可按以下公式计算：

$$a = 0.05 \text{ g} \left[\frac{W}{10^{15} \text{ J}}\right] \left[\frac{R}{1 \text{ km}}\right]^{-4} \quad (\text{误差} \pm 5 \text{ 倍}),$$

$$v = 0.11 \text{ m/s} \left[\frac{W}{10^{15} \text{ J}}\right]^{2/3} \left[\frac{R}{1 \text{ km}}\right]^{-2} \quad (\text{误差} \pm 2 \text{ 倍}),$$

$$d = 1.3 \times 10^{-3} \text{ m} \left[\frac{W}{10^{15} \text{ J}}\right]^{5/6} \left[\frac{R}{1 \text{ km}}\right]^{-3/2} \quad (\text{误差} \pm 3 \text{ 倍})。 \quad (12.29)$$

（3）干沉积土。当爆心下介质为干沉积土时，介质中直接地震动参数可按下述公式计算：

$$a = 0.01 \text{ g} \left[\frac{W}{10^{15} \text{ J}}\right] \left[\frac{R}{1 \text{ km}}\right]^{-4} \quad (\text{误差} \pm 5 \text{ 倍}),$$

$$v = 0.027 \text{ m/s} \left[\frac{W}{10^{15} \text{ J}}\right]^{2/3} \left[\frac{R}{1 \text{ km}}\right]^{-2} \quad (\text{误差} \pm 3 \text{ 倍}),$$

$$d = 6.5 \times 10^{-4} \text{ m} \left[\frac{W}{10^{15} \text{ J}}\right]^{5/6} \left[\frac{R}{1 \text{ km}}\right]^{-3/2} \quad (\text{误差} \pm 4 \text{ 倍})。 \quad (12.30)$$

上三式中：d、v 和 a 分别为爆心下岩土介质中的质点位移、速度和加速度。湿土中的直接地震动大小介于干土和软土之间。

2. 美国伊利诺斯大学公式

美国伊利诺斯大学研究人员以平面波理论为基础，主要依据 Rainier 核试验数据和一些当量化爆数据，考虑了核爆的转换系数、封闭化爆与地面化爆的转换系数（能量耦合系数），提出了核武器地面爆炸时地下直接地震动参数的经验计算公式。

（1）径向运动。

$$a_r = 0.36 \text{ g} \left[\frac{W}{1 \text{ Mt}}\right]^{5/6} \left[\frac{1000 \text{ ft}}{R}\right]^{3.5} \left[\frac{c}{1000 \text{ ft/s}}\right]^2,$$

$$v_r = 0.95 \text{ ft/s} \left[\frac{W}{1 \text{ Mt}}\right]^{5/6} \left[\frac{1000 \text{ ft}}{R}\right]^{2.5} \left[\frac{c}{1000 \text{ ft/s}}\right],$$

$$d_r = 3.8 \text{ in} \left[\frac{W}{1 \text{ Mt}}\right]^{5/6} \left[\frac{1000 \text{ ft}}{R}\right]^{1.5} 。 \tag{12.31}$$

式中：W 为核爆当量，Mt；R 为爆心距，ft；c 为地震波速，ft/s。

（2）切向运动。根据有限的试验数据，伊利诺斯大学研究人员对切向运动近似取为：

$$a_t = a_r, \qquad v_t = \frac{2}{3}v_r, \qquad d_t = \frac{1}{3}d_r 。 \tag{12.32}$$

对分层介质，计算径向和切向运动参数时，取地震波速 c 为等效波速 $\bar{c}$。

3. 美国通用电力公司公式

根据核武器地面爆炸超地震区实测数据，通用电力公司研究人员拟合的直接地震动参数计算公式为：

（1）垂向加速度。

$$a_v = \begin{cases} 10^{10}(R/W^{1/3})^{-3.5} & (150 \leqslant R/W^{1/3} \leqslant 800, +200\% \sim -70\%) \\ 5 \times 10^5 (R/W^{1/3})^{-2} & (800 < R/W^{1/3} \leqslant 3000, +200\% \sim -70\%) \end{cases} 。 \tag{12.33}$$

式中：a_v 为最大垂向加速度，g；R 为爆心距，ft；W 为爆炸当量，kt。

（2）垂向速度。在超地震区，近地表垂向支点速度正比于地面超压，质点速度与超压的比值在 0.4～0.6 ft/s/psi。

12.1.3.3　核武器地下爆炸地震动参数

1. 美国民用核能系统公司公式

核武器地下封闭爆炸在介质中产生的直接地震动参数，美国民用核能系统公司研究人员拟合试验数据给出了经验计算公式。

（1）坚硬岩石。对地震波速大于 12000 ft/s（3658 m/s）的坚硬岩体，地下封闭核爆直接地震动参数可按以下公式计算：

$$a = 7.2 \text{ g} \left[\frac{W}{10^{15} \text{ J}}\right] \left[\frac{R}{1 \text{ km}}\right]^{-4} \quad (误差 \pm 2.5 \text{ 倍}),$$

$$v = 2.2 \text{ m/s} \left[\frac{W}{10^{15} \text{ J}}\right]^{2/3} \left[\frac{R}{1 \text{ km}}\right]^{-2} \quad (误差 \pm 2.5 \text{ 倍}),$$

$$d = 0.26 \text{ m} \left[\frac{W}{10^{15} \text{ J}}\right]^{5/6} \left[\frac{R}{1 \text{ km}}\right]^{-3/2} \quad (误差 \pm 2 \text{ 倍}) 。 \tag{12.34}$$

（2）软岩。对地震波速介于 6000～10000 ft/s（1829～3048 m/s）的软岩，地下封闭核爆直接地震动参数可按以下公式计算：

$$a = 1.24 \text{ g} \left[\frac{W}{10^{15} \text{ J}}\right] \left[\frac{R}{1 \text{ km}}\right]^{-4} \quad (误差 \pm 5 \text{ 倍}),$$

$$v = 0.87 \text{ m/s} \left[\frac{W}{10^{15} \text{ J}}\right]^{2/3} \left[\frac{R}{1 \text{ km}}\right]^{-2} \quad (误差 \pm 2 \text{ 倍}),$$

$$d = 0.21 \text{ m} \left[\frac{W}{10^{15} \text{ J}} \right]^{5/6} \left[\frac{R}{1 \text{ km}} \right]^{-3/2} \quad (\text{误差} \pm 3 \text{ 倍})。 \tag{12.35}$$

（3）干沉积土。当核武器在干沉积土中封闭爆炸时，介质中直接地震动参数可按下述公式计算：

$$a = 0.25 \text{ g} \left[\frac{W}{10^{15} \text{ J}} \right] \left[\frac{R}{1 \text{ km}} \right]^{-4} \quad (\text{误差} \pm 5 \text{ 倍})，$$

$$v = 0.22 \text{ m/s} \left[\frac{W}{10^{15} \text{ J}} \right]^{2/3} \left[\frac{R}{1 \text{ km}} \right]^{-2} \quad (\text{误差} \pm 3 \text{ 倍})，$$

$$d = 0.13 \text{ m} \left[\frac{W}{10^{15} \text{ J}} \right]^{5/6} \left[\frac{R}{1 \text{ km}} \right]^{-3/2} \quad (\text{误差} \pm 4 \text{ 倍})。 \tag{12.36}$$

2. 美国通用电力公司公式

美国通用电力公司的研究人员分析了大量地下核爆的试验数据，得到了封闭爆炸岩土介质中直接震动的经验计算公式。

（1）坚硬岩石。

$$aW^{1/3} = \begin{cases} 6.20 \times 10^{10} (R/W^{1/3})^{-4.35 \pm 0.32} & (40 < R/W^{1/3} < 200) \\ 9.29 \times 10^{6} (R/W^{1/3})^{-2.32 \pm 0.08} & (90 < R/W^{1/3} < 2200) \end{cases},$$

$$v = 1.81 \times 10^{4} (R/W^{1/3})^{-1.72 \pm 0.07} \quad (40 < R/W^{1/3} < 2200)，$$

$$d/W^{1/3} = 8.72 \times 10^{4} (R/W^{1/3})^{-1.88 \pm 0.14} \quad (70 < R/W^{1/3} < 2200)。 \tag{12.37}$$

（2）凝灰岩。

• 干凝灰岩：

$$aW^{1/3} = \begin{cases} 4.90 \times 10^{10} (R/W^{1/3})^{-4.77 \pm 0.33} & (40 < R/W^{1/3} < 150) \\ 7.71 \times 10^{4} (R/W^{1/3})^{-1.92 \pm 0.14} & (100 < R/W^{1/3} < 500) \end{cases},$$

$$v = 1.85 \times 10^{4} (R/W^{1/3})^{-1.98 \pm 0.11} \quad (40 < R/W^{1/3} < 500)，$$

$$d/W^{1/3} = 3.80 \times 10^{5} (R/W^{1/3})^{-2.20 \pm 0.21} \quad (100 < R/W^{1/3} < 500)。 \tag{12.38}$$

• 湿凝灰岩：

$$aW^{1/3} = \begin{cases} 2.05 \times 10^{5} (R/W^{1/3})^{-2.02 \pm 0.29} & (30 < R/W^{1/3} < 200) \\ 4.31 \times 10^{7} (R/W^{1/3})^{-2.61 \pm 0.17} & (30 < R/W^{1/3} < 600) \end{cases},$$

$$v = 6.61 \times 10^{3} (R/W^{1/3})^{-1.56 \pm 0.09} \quad (30 < R/W^{1/3} < 600)，$$

$$d/W^{1/3} = 4.90 \times 10^{6} (R/W^{1/3})^{-2.63 \pm 0.19} \quad (50 < R/W^{1/3} < 600)。 \tag{12.39}$$

• 沉积土：

$$aW^{1/3} = \begin{cases} 2.24 \times 10^{11} (R/W^{1/3})^{-5.78 \pm 0.47} & (20 \leqslant R/W^{1/3} \leqslant 80) \\ 4.79 \times 10^{4} (R/W^{1/3})^{-2.13 \pm 0.18} & (60 \leqslant R/W^{1/3} \leqslant 350) \end{cases},$$

$$v = \begin{cases} 1.52 \times 10^{6} (R/W^{1/3})^{-3.27 \pm 0.16} & (30 \leqslant R/W^{1/3} \leqslant 150) \\ 3.86 \times 10^{1} (R/W^{1/3})^{-1.16 \pm 0.14} & (100 \leqslant R/W^{1/3} \leqslant 350) \end{cases},$$

$$d/W^{1/3} = \begin{cases} 3.44 \times 10^{6} (R/W^{1/3})^{-3.04 \pm 0.20} & (40 \leqslant R/W^{1/3} \leqslant 150) \\ 2.22 \times 10^{2} (R/W^{1/3})^{-1.11 \pm 0.11} & (100 \leqslant R/W^{1/3} \leqslant 350) \end{cases}。 \tag{12.40}$$

式中：a 为径向加速度，g；v 为径向速度，m/s；d 为径向位移，cm；R 为爆心距，m；W 为爆炸当量，kt。

12.1.4 爆炸震动参数的相容性

12.1.4.1 冲击运动参数的约束条件

爆炸震动运动参数 a、v 和 d 之间存在一定的约束关系。以最简单的峰值速度为 v 的对称三角形速度脉冲($\tau_1 = \tau_2 = \tau/2$)为例，有加速度 $a = v/\tau_1 = 2v/\tau$，位移 $d = vt/2$，因此有：

$$ad = \frac{2v}{\tau} \cdot \frac{v\tau}{2} = v^2 \text{。}$$

一般情况下，速度上升时间 $\tau_1 < \tau_2$，使 $a = v/\tau_1 > 2v/\tau$，而位移仍为 $d = vt/2$，则有运动参数约束条件：

$$ad > v^2 \text{。} \tag{12.41}$$

类似以上的分析，可证明上式对一般非三角形冲击速度时程也成立。因此，式 (12.41) 是爆炸震动冲击运动参数的一种约束条件，可检验运动参数经验计算公式的合理性。

12.1.4.2 TM 5-855-1 计算公式的相容性

类似对于常规武器爆炸在土中产生的冲击震动，速度时程函数可以表示为：

$$ v(t) = \begin{cases} v\,\dfrac{t}{t_r} & (0 \leqslant t < t_r) \\[2ex] v\left(1 - \beta\,\dfrac{t - t_r}{t_a}\right) \mathrm{e}^{-\beta \frac{t - t_r}{t_a}} & (t \geqslant t_r) \end{cases} \text{。} \tag{12.42} $$

式中：t_a 为爆炸震动达到时间，$t_a = R/c$，其中 R 为爆心距，c 为平均地震波速；t_r 为升压时间，可取 $t_r = 0.1 t_a$；β 为衰减系数，多数情况取值为 $1/2.5$。

对式 (12.42) 积分可以得到爆炸震动的位移幅值，即

$$ d = \int_0^{t_r} v\,\frac{t}{t_r}\mathrm{d}t + \int_{t_r}^{t_a/\beta + t_r} v\left(1 - \beta\,\frac{t - t_r}{t_a}\right)\mathrm{e}^{-\beta \frac{t - t_r}{t_a}}\mathrm{d}t \text{。} \tag{12.43} $$

将 $t_r = 0.1 t_a$、$\beta = 1/2.5$ 代入式 (12.43)，可得：

$$ d = 0.97 v t_a \text{。} \tag{12.44} $$

考虑到 $t_r = 0.1 t_a$，可得爆炸震动的加速度幅值为：

$$ a = v/t_r = 10 v/t_a \text{。} \tag{12.45} $$

由式 (12.44)、式 (12.45) 可得常规武器爆炸在土层中的冲击运动参数约束条件为：

$$ ad = 9.7 v^2 \text{。} \tag{12.46} $$

根据常规武器运动爆炸参数，有：

$$ ad = 25000 f^2 \left(\frac{R}{W^{1/3}}\right)^{-2n} < v^2 = 25600 f^2 \left(\frac{R}{W^{1/3}}\right)^{-2n} \text{。} $$

因此，TM 5-855-1 中的爆炸震动经验公式存在相容性问题。

12.2 地下封闭爆炸效应及震动特征

地下岩体中耦合封闭爆炸时，从爆心向外在岩体中依次形成空腔区、粉碎压实区、剪切破坏区、径向开裂区和未受爆炸应力波破坏的原状岩体弹性区。径向开裂区与原状岩体区的交界面至爆心的距离，称为破碎区半径。破碎区半径内岩体破坏，介质发生非线性变形，介质质点仅做单次或少数几次往复运动，爆炸震动表现为强冲击作用。破碎区半径之外岩体为弹性体，介质质点由少数几次往复运动转变为多次往复运动，爆炸震动主要表现为震动作用，离破碎区越远，介质震动幅值越小，介质质点呈现高频次小幅值往复运动。因此，研究确定岩体中耦合封闭爆炸的破碎区范围有重要意义。

12.2.1 地下封闭爆炸破碎区半径

12.2.1.1 破碎区半径的计算方法

耦合封闭爆炸破碎区大小的问题很早就被工程爆破和侵彻爆炸研究所关注，有关破碎区半径的计算方法先后提出的有经验公式法、声学近似法、修正声学近似法、声学近似指数修正法和动力学近似分析法。

（1）经验公式法。采用破碎区的体积大小正比于集团装药能量的假定，通过对大量不同介质中的耦合装药封闭爆炸试验数据引入比例系数，提出了如下经验计算公式：

$$r_p = 1.65 K_p \sqrt[3]{C} \text{。} \tag{12.48}$$

式中：r_p 为破碎区域半径，m；K_p 为介质材料的破坏系数（岩石材料按表 12.1 取值）；C 为等效 TNT 装药量，kg。

表 12.1 岩石材料破坏系数 K_p

R_c/MPa	破坏系数 K_p
100	0.51
80	0.53
60～40	0.56
30	0.57
20	0.58

资料来源：钱七虎、王明洋著：《高等防护结构计算理论》，江苏科学技术出版社 2009 年版，第 435 页。

（2）声学近似法。假设炸药爆炸的爆轰波与爆腔岩壁做弹性碰撞，爆腔岩壁上的初始压力可按弹性波理论近似计算（声学近似），可推导出耦合封闭爆炸破碎区半径的计算公式：

$$r_p = r_b \left(\frac{\mu P}{R_c} \right)^{1/\alpha},$$

$$P = \frac{\rho_0 D^2}{4} \frac{2}{1 + \frac{\rho_0 D}{\rho_m c_p}}, \quad \mu = \frac{v}{1-\nu}, \quad \alpha = 2 - \mu。 \tag{12.49}$$

式中：r_p 为破碎区域半径，m；r_b 为装药半径；μ 为侧压力系数；P 为爆腔岩壁初始压力；R_c 为岩石抗拉强度；ρ_0 为炸药密度；ρ_m 为岩石初始密度；D 为炸药爆轰速度；c_p 为岩石纵波速度；ν 为岩石泊松比；α 为压缩波衰减指数。这是矿岩爆破中常用的公式。

（3）修正声学近似法。如果在声学近似法中进一步考虑粉碎区域的影响，则得到如下计算公式：

$$r_p = r_0 \left[\frac{\mu \rho_m c_p (c_p - a)}{b R_c} \right]^{1/\alpha}, \quad r_0 = r_b \left[\frac{bP}{\rho_m c_p (c_p - a)} \right]^{\frac{1}{3}}。 \tag{12.50}$$

式中：r_0 为破碎区域半径，m；a 和 b 为岩石冲击波波速与波阵面上岩石质点速度 u_c 之间关系的系数（$D_c = a + b u_c$），通过试验确定，参见表 12.2 所示；其他符号同上。

表 12.2　各类岩石参数取值

岩石名称	$\rho_m / \text{g} \cdot \text{cm}^{-3}$	$a / \text{mm} \cdot \mu \text{s}^{-1}$	b
花岗岩	2.63	2.1	1.63
玄武岩	2.67	3.6	1.00
辉长岩	2.67	2.6	1.60
钙钠斜长岩	2.98	3.5	1.32
纯橄榄岩	3.30	6.3	0.65
橄榄岩	3.00	5.0	1.44
大理岩	2.70	4.0	1.32
石灰岩	2.50	3.4	1.27
页岩	2.00	3.6	1.34
岩盐	2.16	3.5	1.33

资料来源：宗琦：《岩石内爆炸应力波破裂区半径的计算》，《爆破》1994 年第 2 期，第 15 页。

（4）声学近似指数修正法。近年来，在前述声学近似法中，衰减指数 α 常用苏联学者以岩石材料泊松比 ν 表示的压缩波衰减指数与介质波阻抗的关系，破碎区半径的计算公式可写为：

$$r_p = r_b \left(\frac{mP}{R_t} \right)^{1/a}, \tag{12.51}$$

$$a = -4.11 \times 10^{-7} \rho_m c_p + 2.92。 \tag{12.52}$$

经计算分析，衰减指数可调整为：

$$a = -4.11 \times 10^{-8} \rho_m c_p + 2.92。 \tag{12.53}$$

式中：ρ_m 的单位为 kg/m^3；c_p 的单位为 m/s。后面用式（12.51）计算破碎区半径，衰减指数采用式（12.53）。

（5）动力学近似分析法。近年来，一些研究者应用动力学方法对爆炸破坏区域做了进一步研究探讨，在不同区域进行适当简化，采用不同的弹塑性力学模型，利用内边界和各分区边界条件，依次求解各分区的应力与运动参数，最后可得到破碎区半径随时间变化的数值解答。该方法难于得到简单的公式，不适合工程应用。

12.2.1.2 两种岩体中破碎区半径的计算

考虑 TNT 球形装药在岩体介质中封闭爆炸，炸药参数取为：$\rho_0 = 1630 \ kg/m^3$，$D = 6900 \ m/s$。

（1）辉长岩中封闭爆炸破碎区半径。辉长岩取岩石参数为：$\rho_m = 2980 \ kg/m^3$，$c_p = 6500 \ m/s$，$\nu = 0.25$，$a = 4000 \ m/s$，$b = 1.32$，$R_c = 100.0 \ MPa$，$R_t = 10.0 \ MPa$，$K_p = 0.51$。计算结果如表 12.3 所示。

表 12.3　辉长岩中封闭爆炸破碎区半径

单位：m

装药量/t	经验公式法	声学近似法	修正声学近似法	声学近似指数修正法
0.1	3.9	13.7	16.0	5.8
0.5	6.7	23.4	27.3	9.8
1.0	8.4	29.5	34.5	12.4
5.0	14.4	50.4	58.9	21.2
10.0	18.1	63.5	74.2	26.7
50.0	31.0	108.6	126.9	45.7
100.0	39.1	136.9	159.9	57.6
500.0	66.8	234.0	273.5	98.4

资料来源：李先炜主编：《岩石力学参数手册》，水利水电出版社 1991 年版，第 413～415 页。

（2）大理岩中封闭爆炸破碎区半径。大理岩取岩石参数为：$\rho_m = 2700 \ kg/m^3$，$c_p = 4500 \ m/s$，$\nu = 0.25$，$a = 4000 \ m/s$，$b = 1.32$，$R_c = 80.0 \ MPa$，$R_t = 6.0 \ MPa$，$K_p = 0.53$。计算结果如表 12.4 所示。

表 12.4　大理岩中封闭爆炸破碎区半径

单位：m

装药量/t	经验公式法	声学近似法	修正声学近似法	声学近似指数修正法
0.1	4.1	16.5	11.1	4.4
0.5	6.9	28.2	19.1	7.6
1.0	8.7	35.6	24.0	9.6
5.0	15.0	60.9	41.0	16.4
10.0	18.8	76.7	51.7	20.6
50.0	32.2	131.1	88.4	35.3
100.0	40.6	165.2	111.4	44.5
500.0	69.4	282.5	190.5	76.1

资料来源：李先炜主编：《岩石力学参数手册》，水利水电出版社 1991 年版，第 413～415 页。

12.2.1.3　三种破碎区半径计算公式讨论

从表 12.3 和表 12.4 给出的两种岩体中耦合封闭爆炸破碎区半径三种公式的计算结果可以看出：

（1）经验公式法计算得到的破碎区半径最小，与声学近似指数修正法的计算值比较接近，声学近似法和修正声学近似法的计算值过大。声学近似指数修正法与声学近似法和修正声学近似法的重要差别在于应力波衰减指数的计算方法不同，从表 12.3 和表 12.4 的计算结果看出，声学近似法和修正声学近似法中应力波的衰减指数计算方法误差较大。

（2）修正声学近似法的导出是在声学近似法的理论基础中进一步考虑了粉碎区的耗能影响，其计算值本应小于声学近似法的计算结果，但由于修正声学近似法公式对参数 a 和 b 取值敏感，而参数又较难精确获得，使得修正声学近似法的计算结果在参数误差足够大时会大于声学近似法。

（3）声学近似指数修正法有比较合理的计算结果，而物理意义比经验公式法明确，适用范围比经验公式法宽，计算参数容易获取。因此，声学近似指数修正法比较适合用于计算集团装药耦合封闭爆炸的破碎区半径。

12.2.2　破碎区与弹性区交界面参数运动参数估算

地下岩体中封闭爆炸在破碎区和弹性区产生的爆炸地震动有不同特征，但现有爆炸地震动经验计算公式适用范围均未区分破碎区与弹性区，实测数据离散性很大，经验公式计算值与实测值可以相差 2～5 倍。因此，有必要对介质和计算模型进行合理简化，分析估计破碎区与弹性区交界面处爆炸震动幅值的大小，正确判断不同强度的爆炸地震动出现的区域和特征。

12.2.2.1 球腔模型

岩体介质中球形集团装药爆炸时，应力波引起破碎区和弹性区运动，破碎区对弹性区的作用可以简化为作用在破碎区与弹性区交界面（即弹性区的内边界）上随时间变化的均布压力 $p(t)$。因此，计算模型可以简化为球腔模型，球腔的半径为 a（图 12.1）。

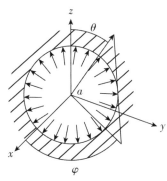

图 12.1 球腔模型

均布压力一般为有升压时间的冲击型压力，升压时间一般为几毫秒至几十毫秒，压力作用时间随爆炸当量增加而增大，可在几十毫秒至 $1 \sim 2$ 秒范围内变化。均布压力的升压时间对界面运动的速度和加速度有重要影响，升压时间越短，则界面速度、加速度越大。将随时间变化的均布压力 $p(t)$ 简化为零时刻突加的阶跃压力 $-P_0$ 时，对应于界面运动参数幅值最大的情况。本节据此估算破碎区与弹性区界面运动参数的幅值。半径为 a 的球腔壁上作用阶跃压力 $-P_0$ 时，可依据一维球面波动方程求解出弹性区介质运动径向位移 $u(r, t)$ 的解析表达式：

$$u(r, t)\begin{cases}0 \\ \dfrac{a^3 p_0}{4\mu r^2}\left\{1-\mathrm{e}^{-\zeta\tau}\left[\left(\dfrac{2r}{a}-1\right)\dfrac{\zeta}{\omega}\sin\omega\tau-\cos\omega\tau\right]\right\} & (\tau>0)\end{cases} \tag{12.54}$$

式中：
$$\mu=E/[2(1+\nu)], \qquad \zeta=2c_s^2/ac_p, \qquad \tau=t-(r-a)/c_p,$$
$$\omega=\zeta\{(c_p^2/c_s^2)-1\}^{1/2}。 \tag{12.55}$$

式中：r 为到爆心的距离；t 为运动时间；E 为介质弹性模量；u 为介质剪切模量；c_p 和 c_s 分别为介质纵波和剪切波速度；ω 为介质振动圆频率；ζ 为衰减系数。

从式（12.54）可知，零时刻突加阶跃压力的间断性引起位移函数在 $\tau=0$ 时刻出现间断性，其导出函数也将存在相应的间断性。

12.2.2.2 界面运动参数估算公式

（1）震动主频率。从式（12.54）可以看出，弹性区介质运动的频率如式（12.55）所示，它与弹性区最小半径、介质弹性模量和泊松比有关。由下列关系式

$$c_p^2=\frac{E(1-\nu)}{\rho(1+\nu)(1-2\nu)}, \qquad c_s^2=\frac{E}{2\rho(1+\nu)},$$

$$\{ c_p^2/c_p^2-1 \}^{1/2}=\sqrt{\frac{1}{1-2\nu}}, \qquad \zeta=\frac{2c_s^2}{ac_p}=\frac{\omega}{\sqrt{c_p^2/c_s^2-1}}\,\circ \tag{12.56}$$

可得:

$$\omega=\frac{2c_s^2}{ac_p}\sqrt{\frac{1}{1-2\nu}}=\sqrt{\frac{2}{1-\nu}}\frac{c_s}{a}\,\circ \tag{12.57}$$

上两式中: ω 为球腔外弹性区振动的圆频率。由于实际岩体介质弹性区存在的非均匀性,弹性区运动表现为一个频带范围内的振动,上式代表弹性区振动的主频率(优势频率)。因此,在上式中代入 $a=r_p$,可得弹性区的振动主频率为:

$$f_0=\frac{\omega}{2\pi}=\frac{c_s}{2\pi r_p}\sqrt{\frac{2}{1-\nu}}\,\circ \tag{12.58}$$

式中: r_p 为破碎区半径(弹性区内边界)。

(2)最大应力。由式(12.54)可以求得弹性区介质中径向和切向应力分量,即

$$\sigma_r=\frac{E}{(1+\nu)(1-2\nu)}\left[(1-\nu)\frac{\partial u}{\partial r}+2\nu\frac{u}{r}\right]$$

$$=-\frac{p_0 a^2}{\omega r^3}\left\{e^{-\zeta\tau}\left[\zeta\left(\frac{3\nu-1}{1-2\nu}r+a\right)\sin\omega\tau+a\omega\cos\omega\tau\right]+a\omega\right\},$$

$$\sigma_\theta=\frac{E}{(1+\nu)(1-2\nu)}\left(v\frac{\partial u}{\partial r}+\frac{u}{r}\right)$$

$$=\frac{p_0 a^2}{2\omega r^3}\left\{e^{-\zeta\tau}\left\{\zeta\left[-\frac{2(1-v)}{1-2v}r+a\right]\sin\omega\tau+a\omega\cos\omega\tau\right\}+a\omega\right\}\,\circ$$

当 τ 趋近于零时,有:

$$\sigma_r\big|_{\tau\to0}=-\frac{p_0 a^2}{\omega r^3}(2a\omega)=-\frac{2p_0 a^3}{r^3}, \tag{12.59}$$

$$\sigma_\theta\big|_{\tau\to0}=\frac{p_0 a^2}{2\omega r^3}(2a\omega)=\frac{p_0 a^3}{r^3}\,\circ \tag{12.60}$$

切向应力在 $r=a=r_p$ 处最大,有:

$$\sigma_{\theta max}=\sigma_\theta\big|_{\tau\to0,r=r_p}=p_0\,\circ$$

因此,在破碎区与弹性区交界面处有:

$$\sigma_{\theta max}=p_0=R_t\,\circ \tag{12.61}$$

式中: R_t 为围岩抗拉强度。由该式可得到交界面处的最大压力值 p_0。

(3)最大径向位移。当 τ 趋近于零时,径向位移最大,根据式(12.54)可得:

$$u(r,\ t)\big|_{\tau\to0}=\frac{a^3 p_0}{2\mu r^2}\quad(r\geqslant a)\,\circ \tag{12.62}$$

在交界面上 $r=a=r_p$,最大径向位移为:

$$u_{rmax}=u_r\big|_{r=r_p,\tau\to0}=\frac{p_0 r_e}{2\mu}\,\circ \tag{12.63}$$

(4)最大径向速度。式(12.54)可得介质径向速度:

$$v_r = \frac{\partial u}{\partial \tau} = \frac{a^3 p_0}{4\mu r^2} e^{-\zeta\tau} \left\{ \left[\left(\frac{2r}{a} - 1 \right) \frac{\zeta^2}{\omega} - \omega \right] \sin \omega\tau - \frac{2r}{a} \zeta \cos \omega\tau \right\}。 \tag{12.64}$$

当 τ 趋近于零时，有：

$$v_r|_{\tau\to0} = -\frac{a^2 p_0 \zeta}{2\mu r} = -\frac{p_0 c_s^2 a}{\mu c_p r}。 \tag{12.65}$$

在交界面上 $r = a = r_p$，最大径向速度为：

$$v_{rmax} = \frac{p_0 c_s^2}{\mu c_p}。 \tag{12.66}$$

（5）最大径向加速度。根据式（12.64），可得到介质径向加速度：

$$a_r = \frac{\partial v_r}{\partial \tau} = \frac{a^3 p_0}{4\mu r^2} e^{-\zeta\tau} \left\{ -\left[\left(\frac{2r}{a} - 1 \right) \frac{\zeta^3}{\omega} - \left(\frac{2r}{a} + 1 \right) \zeta\omega \right] \sin \omega\tau + \left[\left(\frac{4r}{a} - 1 \right) \zeta^2 - \omega^2 \right] \cos \omega\tau \right\}。$$
$$\tag{12.67}$$

当 τ 趋近于零时，有：

$$a_r|_{\tau\to0} = \frac{p_0 c_s^2}{\mu} \left(\frac{1-2\nu}{1-\nu} \frac{2}{r} - \frac{a}{r^2} \right)。 \tag{12.68}$$

在腔壁处 a_r 幅值最大，由式（12.67）可得：

$$a_r|_{r=a} = \frac{p_0 a}{4\mu} e^{-\zeta\tau} \left[-\left(\frac{\zeta^3}{\omega} - 3\zeta\omega \right) \sin \omega\tau + (3\zeta^2 - \omega^2) \cos \omega\tau \right]。 \tag{12.69}$$

计算表明，当 τ 趋近于零时上式不是 $r = a$ 处的最大加速度值。由 $\frac{\partial}{\partial t} a_r|_{r=a} = 0$，可得：

$$(\zeta^4 - 6\zeta^2\omega^2 + \omega^4) \frac{1}{\omega} \sin \omega\tau - 4\zeta(\zeta^3 - \omega^2) \cos \omega\tau = 0。 \tag{12.70}$$

由上式解出 τ，将 τ 和 $a = r_p$ 代入式（12.69），可得到交界面处径向加速度的最大值 a_{max}。

12.2.2.3　坚硬岩体中界面运动参数估算

考虑 TNT 球形装药在 I、II 级岩体中耦合封闭爆炸的情况，炸药密度取 $\rho = 1630$ kg/m³，炸药炮轰速度取 $D_0 = 6900$ m/s。破碎区与弹性区界面运动参数可采用以上公式计算如下。

（1）I 级岩体中界面运动参数。对 I 级岩体，可取岩体参数为：$R_t = 8$ MPa，$\nu = 0.18$，$c_s = 4000$ m/s，$\rho = 2650$ kg/m³，$c_p = 6403$ m/s，$E = 58.2$ GPa。I 级岩体破碎区与弹性区边界最大运动参数计算值如表 12.5 所示。

表 12.5　I 级岩体中破碎区与弹性区界面最大运动参数

当量/t	装药半径 r_b/m	破碎区半径 r_p/m	主频率 f_0/Hz	最大位移 u_{rmax}/m	最大速度 v_{rmax}/ m·s⁻¹	最大加速度 a_{rmax}/ m·s⁻²
0.1	0.245	4.669	212.9	0.0004	0.454	44.62
0.5	0.418	7.984	124.5	0.0007	0.454	26.09

（续上表）

当量/t	装药半径 r_b/m	破碎区半径 r_p/m	主频率 f_0/Hz	最大位移 u_{rmax}/m	最大速度 $v_{rmax}/m \cdot s^{-1}$	最大加速度 $a_{rmax}/m \cdot s^{-2}$
1.0	0.527	10.060	98.8	0.0009	0.454	20.71
5.0	0.901	17.202	57.8	0.0016	0.454	12.11
10.0	1.136	21.673	45.9	0.0020	0.454	9.61
50.0	1.9942	37.060	26.8	0.0034	0.454	5.62
100.0	4.184	46.692	21.3	0.0042	0.454	4.46
500.0	4.184	79.843	12.5	0.0073	0.454	2.61
30000.0	16.379	312.573	3.2	0.0284	0.454	0.67

资料来源：李先炜主编：《岩石力学参数手册》，水利水电出版社 1991 年版，第 423～425 页。

（2）Ⅱ级岩体中界面运动参数。对Ⅱ级围岩，可取岩体参数为：$R_t = 5$ MPa，$\nu = 0.22$，$c_s = 3000$ m/s，$\rho = 2650$ kg/m³，$c_p = 5007$ m/s，$E = 58.2$ GPa。Ⅱ级岩体破碎区与弹性区边界最大运动参数计算值如表 12.6 所示。

表 12.6　Ⅱ级岩体中破碎区与弹性区界面最大运动参数

当量/t	装药半径 r_b/m	破碎区半径 r_p/m	主频率 f_0/Hz	最大位移 u_{rmax}/m	最大速度 $v_{rmax}/m \cdot s^{-1}$	最大加速度 $a_{rmax}/m \cdot s^{-2}$
0.1	0.245	4.819	158.7	0.0005	0.377	26.05
0.5	0.418	8.240	92.8	0.0009	0.377	15.23
1.0	0.527	10.381	73.7	0.0011	0.377	12.09
5.0	0.901	17.752	43.1	0.0019	0.377	7.07
10.0	1.136	22.366	34.2	0.0023	0.377	5.61
50.0	1.9942	38.245	20.0	0.0040	0.377	3.28
100.0	4.184	48.185	15.9	0.0051	0.377	2.60
500.0	4.184	82.396	9.3	0.0086	0.377	1.52
30000.0	16.379	322.568	2.4	0.0338	0.377	0.39

资料来源：李先炜主编：《岩石力学参数手册》，水利水电出版社 1991 年版，第 423～425 页。

12.2.2.4　地下爆炸震动的一些重要特征

由以上Ⅰ、Ⅱ级岩体中耦合封闭爆炸破碎区与弹性区交界面运动参数幅值估算的分析结果，可以得到以下结论：

（1）百公斤级 TNT 炸药在Ⅰ、Ⅱ级岩体中耦合封闭爆炸时，破碎区半径约在几米范围，破碎区与弹性区交界面处最大加速度在几十 g 量级，弹性区振动主频率在 $100\sim200\ \mathrm{Hz}$ 范围。

（2）万吨级 TNT 炸药在 Ⅰ、Ⅱ 级岩体中耦合封闭爆炸时，破碎区半径在几百米范围，破碎区与弹性区交界面处最大加速度约在 $1g$ 量级，弹性区振动主频率为几赫兹。

（3）弹性区位移、速度和加速度峰值参数随爆心距分别按 $1/r^2$、$1/r$ 和 $1.5/r-r_p/r^2$（介质泊松比取 0.2）衰减。

（4）在岩体爆心周围的破碎区（非线性区），爆炸震动主要表现为强冲击作用，而在界面之外的弹性区爆炸震动主要表现为振动作用。离破碎区越远，弹性区爆炸震动幅值越小、振动频次越高、持续时间相对越长。破碎区与弹性区交界运动参数幅值的估计，为判别爆炸震动的特性提供了依据。

参 考 文 献

陈大年，Al-Hassani S T S，陈建平，等. 粘着摩擦系数的分形几何研究[J]. 力学学报，2003，25(3)：296-302.

陈万祥，郭志昆. 活性粉末混凝土基表面异形遮弹层的抗侵彻特性[J]. 爆炸与冲击，2010，30(1)：51-57.

陈万祥，郭志昆，袁正如，等. 地震分析中的人工边界及其在 LS-DYNA 中的实现[J]. 岩石力学与工程学报，2009，28(S2)：3504-3515.

陈伟，王明洋，顾雷雨. 弹体在内摩擦介质中的斜侵彻深度计算. 爆炸与冲击，2008，28(6)：521-526.

杜修力，赵密，王进廷. 近场波动模拟的人工边界条件[J]. 力学学报，2006，38(1)：49-56.

方秦，柳锦春. 地下防护结构[M]. 北京：中国水利水电出版社，2010.

龚曙光. ANSYS 基础应用及范例解析[M]. 北京：机械工业出版社，2003.

谷音，刘晶波，杜义欣. 三维一致粘弹性人工边界及等效粘弹性边界单元[J]. 工程力学，2007，24(12)：31-37.

过镇海. 混凝土的强度和变形：试验基础和本构关系[M]. 北京：清华大学出版社，1997.

哈努卡耶夫. 矿岩爆破物理过程[M]. 刘殿中，译. 北京：冶金工业出版社，1980

郝保田. 地下核爆炸及其应用[M]. 北京：国防工业出版社，2002.

亨利奇. 爆炸动力学及其应用[M]. 熊建国，译. 合肥：中国科学技术大学出版社，2001.

康宁. 防空建筑物防光辐射的计算[J]. 地下空间，1985(3)：1-13.

李彬. 地铁地下结构抗震理论分析与应用研究[D]. 北京：清华大学，2005.

李国豪. 工程结构抗爆动力学[M]. 上海：上海科学技术出版社，1985.

李国豪，刘泽圻，林润德. 冲击波对土中浅埋结构的动力作用[J]. 同济大学学报，1980(3)：1-9.

李先炜. 岩体力学性质[M]. 北京：煤炭工业出版社，1990.

李秀地，孙建虎，王起帆，等. 高等防护工程[M]. 北京：国防工业出版社，2016.

李翼祺，马素贞. 爆炸力学[M]. 北京：科学出版社，1992：60-67.

李忠献，师燕超. 建筑结构抗爆分析理论[M]. 北京：科学出版社，2015.

廖振鹏. 工程波动理论导论[M]. 北京：科学出版社，2002.

林大超，白春华. 爆炸地震效应[M]. 地质出版社，2007.

林润德，刘泽圻. 冲击波对有整体沉陷的土中浅埋结构的动力作用[J]. 同济大学学报，1982(1)：37-49.

卢天贶. 核世纪大揭秘[M]. 北京：原子能出版社，2001.

吕西林，金国芳，吴晓涵. 钢筋混凝土结构非线性有限元理论与应用[M]. 上海：同济大学出版社，1997.

罗立胜. 基于面力效应的 HFR-LWC 梁抗爆性能研究[D]. 南京：陆军工程大学，2019.

马晓青. 高速碰撞动力学[M]. 北京：国防工业出版社，2001.

宁建国，王成，马天宝. 爆炸与冲击动力学[M]. 北京：国防工业出版社，2012.

钱七虎. 核爆作用下成层式工事支撑结构上荷载的确定[C]. 杭州：全国防护工程第二次学术会议，1979.

钱七虎，陈震元. 冲击波作用下浅埋结构覆土层中的卸载波[J]. 爆炸与冲击，1982(1)：24-37.

钱七虎，翟纪生. 柔性地基上浅埋土中结构抗核爆空气冲击波作用的计算[C]. 杭州：全国防护工程第二次学术会议，1979.

钱七虎，王明洋. 高等防护结构计算理论[M]. 南京：江苏科学技术出版社，2009.

钱七虎，王明洋. 岩土中的冲击爆炸效应[M]. 北京：国防工业出版社，2010.

乔登江. 核爆炸火球物理[J]. 物理学进展, 1983, 3(2): 236–267.

清华大学. 地下防护结构[M]. 北京: 中国建筑工业出版社, 1989.

任辉启. 信息化战争条件下工程防护技术的发展趋势[J]. 中国人民防空, 2007(1): 23–26.

商霖, 宁建国, 孙远翔. 强冲击载荷作用下钢筋混凝土本构关系的研究[J]. 固体力学学报, 2005, 26(2): 175–181.

尚仁杰. 混凝土动态本构行为研究[D]. 大连: 大连理工大学, 1994.

水利水电科学研究院. 岩石力学参数手册[M]. 北京: 水利水电出版社, 1991.

松佐夫. 水下及空中爆炸理论基础[M]. 王华, 译. 北京: 国防工业出版社, 1965.

宋守志. 固体介质中的应力波[M]. 北京: 煤炭工业出版社, 1989.

孙惠香, 许金余, 朱国富, 等. 爆炸作用下跨度对地下结构破坏形态的影响[J]. 空军工程大学学报(自然科学版), 2013, 14(2): 90–94.

王礼立. 应力波基础[M]. 北京: 国防工业出版社, 1985.

王礼立. 应力波基础[M]. 北京: 国防工业出版社, 2005.

王立新, 苗一, 黄晓晖, 等. 基于 ANSYS/LS-DYNA 对薄壁壳屈曲分析[J]. 当代化工, 2011, 40(12): 1309–1311.

王明洋, 李杰, 邓国强. 超高速动能武器钻地毁伤效应与工程防护[M]. 北京: 科学出版社, 2021.

王明洋, 李杰. 爆炸与冲击中的非线性岩石力学问题Ⅲ: 地下核爆炸诱发工程性地震效应的计算原理及应用[J]. 岩石力学与工程学报, 2019, 38(4): 695–707.

王明洋, 刘小斌, 钱七虎. 弹体在含钢球的钢纤维混凝土介质中侵彻深度工程计算模型[J]. 兵工学报, 2002, 23(1): 14–18.

王明洋, 钱七虎. 应力波作用下颗粒介质的动力特性研究[J]. 爆炸与冲击, 1996, 16(1): 11–20.

王明洋, 郑大亮, 钱七虎. 弹体对混凝土介质侵彻、贯穿的比例换算关系问题[J]. 爆炸与冲击, 2004, 24(2): 97–103.

王年桥. 地面冲击波突加恒压作用下成层式结构动荷载的确定[J]. 工程兵工程学院学报, 1985(1): 1–15, 28.

王文龙. 钻眼爆破[M]. 北京: 煤炭工业出版社, 1984.

王勖成. 有限单元法[M]. 北京: 清华大学出版社, 2003.

王钰栋. Hypermesh & Hypervie 应用技巧与高级实例[M]. 北京: 机械工业出版社, 2016.

吴健辉. 核爆炸光辐射特性及探测技术的理论与试验研究[D]. 湖北: 华中科技大学, 2009.

吴培明. 混凝土结构: 上册[M]. 武汉: 武汉工业大学出版社, 2001.

吴艺, 房营光. 弹塑性地基中黏性与黏弹性人工边界条件有效性的验证[J]. 岩石力学与工程学报, 2006, 25(2): 3468–3473.

闫东明, 林皋. 不同初始静态荷载下混凝土动态抗压特性试验研究[J]. 水利学报, 2006, 37(3): 360–364.

闫东明, 林皋. 单向恒定侧压下混凝土动态抗压特性试验研究[J]. 爆炸与冲击, 2007, 27(2): 121–125.

闫东明, 林皋. 混凝土单轴动态压缩特性试验研究[J]. 水科学与工程技术, 2005(6): 8–10.

杨桂通. 塑性动力学[M]. 北京: 高等教育出版社, 1998.

殷有泉. 固体力学非线性有限元引论[M]. 北京: 北京大学出版社, 1987.

于川, 李良忠, 黄毅民. 含铝炸药爆轰产物 JWL 状态方程研究[J]. 爆炸与冲击, 1999, 9(3): 82–87.

赵海鸥. LS-DYNA 动力分析指南[M]. 北京: 兵器工业出版社, 2003.

曾丽娟. 面向自适应参数曲面网格生成的非结构单元尺寸场理论及算法[D]. 浙江: 浙江大学, 2014.

张波, 盛和太. ANSYS 有限元数值分析原理与工程应用[D]. 北京: 清华大学 2015.

张博一, 王伟, 周威. 地下防护结构[M]. 黑龙江: 哈尔滨工业大学出版社, 2021.

张鄂. 现代设计理论与方法[M]. 北京: 科学出版社, 2019.

张奇, 张若京. ALE 方法在爆炸数值模拟中的应用[J]. 力学季刊, 2005, 26(4): 639-642.

赵密. 黏弹性人工边界及其与透射人工边界的比较研究[D]. 北京: 北京工业大学, 2004.

中国土木工程学会. 中国土木工程指南[M]. 2 版. 北京: 科学出版社, 2000.

朱合华, 等. 地下建筑结构[M]. 北京: 中国建筑工业出版社, 2005.

朱志辉, 尚守平, 吴方伯. 土-结构动力相互作用人工边界分析及试验验证[J]. 地震工程与工程振动, 2007, 27(3): 137-143.

宗琦. 岩石内爆炸应力波破裂区半径的计算[J]. 爆破, 1994(2): 15-17.

邹慧辉, 陈万祥, 郭志昆, 等. 火灾后钢管 RPC 柱抗爆性能试验研究[J]. 振动与冲击, 2016, 35(13): 1-7.

ACHENBACH J D. Wave propagation in elastic solids[R]. The Technological Institute Northwestern University, Evanston Illinois, 1973.

ADUSHKIN V V, SPIVAK A. Underground explosions[S]. ASTIA, ADA627744, 2016.

AKIK, RICHARDS P G. Quantitative seismology theory and methods, vol. Ⅰ: theory and methods(hardcover)[S]. W. H. Freeman and Company, 1980.

Ammann & Whitney. Study of shock isolation methods for civil defense shelters[R]. Defense Documentation Center, Cameron Station, Virginia, 1963.

BEPPU M, OHNO T, LI B, et al. Contact explosion resistance of concrete plates externally strengthened with FRP laminates[J]. International journal of protective structures, 2010, 1(2): 257-270.

BOND J W, WATSON K M, WELCH J A. Atomic theory of gas dynamics[M]. US: Addison-Wesley Educational Publishers Inc, 1965. 30-49.

BROWN S J. Energy release protection for pressurized systems, part Ⅱ: review of studies into impact/terminal ballistics[J]. Applied mechanics reviews, 1986, 39(2): 177-201.

CRAWFORD R E, HIGGINS C J, BULTMANN E H. The air force manual for design and analysis of hardened structures[M]. Oct. 1974, 9th printing, Feb. 1980.

CROOK A W. A study of some impacts between metal bodies by a piezoelectric method[J]. Proceedingsof the royal society, 1952: 278-377.

DAVISSON M T, HALTIWANGER J D, HAMMAR J D, et al. Principles and practices for design of hardened structures[R]. AFSWC-TDR-62-138, Dec. 1962.

DRAKE J L, LITTLE C DJr. Ground shock from penetrating conventional weapons[R]. 1983, AD P001706.

FREW D J, FORRESTAL M J, CHEN W. A split Hopkinson pressure bar technique to determine compressive stress-strain data for rock materials[J]. Experimental Mechanics, 2001, 41: 40-46.

GRAFF K F. Wave motion in elastic solids[M]. Pearson Education, Inc, 2005.

HALLQUIST J Q. LS-DYNA theoretical manual[M]. California: Livermore Software Technology Corporation, 1988.

HANSSEN A, ENSTOCK L, LANGSETH M. Close-range blast loading of aluminium foam panels[J]. International journal of impact engineering, 2002, 27(6): 593-618.

HILL R. Mathematical theory of plasticity[M]. London: Oxford University Press, 1950.

HUSHMAND B, SCOTT R F, CROUSE C B. Centrifuge liquefaction tests in a laminar box[J]. Geotechnique, 1988, 38(2): 253-262.

JACOBSEN L S, AGBABIAN M S, KARAGOZIAN J, et al. Study of shock isolation for hardened structures[R]. Department of the Army, Office of the Chief of Engineers, 1996.

JAMA H H, NURICK G N, BAMBACHM R, et al. Steel square hollow sections subjected to transverse blast loads[J]. Thin-walled structure, 2012, 53: 109-122.

JOHNSON K L, KOITER W T. Theoretical and applied mechanics[M]. NorthHolland, 1996.

JOHNSON K L. Contact mechanics[M]. Cambridge: Cambridge University Press, 1985.

JOHNSON K L. Impact strength of materials[M]. Edward Arnold LTD, 1972.

KAI M, LUEBECK E G, MOOLGAVKAR S H. Analysis of the incidence of solid cancer among atomic bomb survivors using a two-stage model of carcinogenesis[J]. Radiation research, 1997, 148(4): 348-358.

KENNEDY R P. A review of procedures for the analysis and design of concrete structure to resist missile impact effect[J]. Nuclear engineering and design, 1976, 37(2): 183-203.

KHARAZ A H, GORHAM D A, SALMAN A D. An experiment study of the elastic rebound of sphere[J]. Powder technology, 2001, 120(3): 281-291.

KRAUTHAMMER T. Modern protective structure design analysis and evaluation [D]. Philadelphia: The Pennsyvania State University, July 1995.

KUPFER H B, HILSDORF KH, RUSHH. Behavior of concrete under biaxial stresses[J], ACI journal, 1973, 66(8): 656-666.

LANGDON G S, OZINSKY A, YUEN S C K, et al. The response of partially confined right circular stainless steel cylinders to internal air-blast loading[J]. International journal of impact engineering, 2014, 73(11): 1-14.

LIVERMORE SOFTWARE TECHNOLOGY CORPORATION. LS-DYNA keyword user ¢ s manual(970V)[M]. California: Livermore Software Technology Corporation, 2003.

LONGSCOPE D B, Forrestal M J. Penetration into targets described by a mohr-coulomb failure criterion with tension cutoff[J]. Journal of applied mechanics, 1983, 50(2): 327-333.

MA G, HAO H, LU Y. Modelling damage potential of high-frequency ground motions [J]. Earthquake engineering & structural dynamics, 2003, 32(10): 1483-1503.

MALVAR L J, CRAWFORD J E, WESEVICH J W, et al. A plasticity concretematerialmodel for DYNA3D[J]. International journal of impact engineering, 1997, 19(9/10): 847-873.

MANUAL TM 5-855-1. Fundamentals of protective design for conventional weapons[S]. Washington D C: US Department of the Army, 1986.

MISHRA B K, MURTY C V R. On the determination of contact parameters for realistic DEM simulations of ball mills[J]. Powder Technology, 2001, 115(3): 290-297.

SAMUEL G, PHILIP J D. The effects of nuclear weapons[S]. USDOD, ADA087568, 1977.

SAUER F M, SHOUTENS J E, PERRE W R, et al. Empirical analysis of ground motion from above and underground explosions[R]. DNA 650lH-4-1, Defense Nuclear Agency, Mar. 1979.

SHI D Y, ZHANG Y C, ZHANG S M. Explicit dynamic analysis based on ANSYS/LS-DYNA8.1[J]. Tsinghua University Press, 2005, 200-210.

TM 5-855-1. Fundamentals of protective design for conventional Weapons[S]. US, 1986.

TSI W T. Uniaxialcompression stress strain curve for concrete[J]. Journal of Structural Engineering, 1988, 114(9): 2133-2136.

YOUNG C W. Depth prediction for earth-penetrating projectiles [J]. Journal of the soil mechanics and foundations division, 1969, 95(3): 803-817.

YOUNG C W. Penetration Equation[R]. Technical Report SAND-97-2426, DE-98001508, Sandia National Laboratories, 1997.

ZIELINSKI A J, REINHARDT H W, KORMELING H A. Experiments on concrete under uniaxial impact tensile loading[J]. Material and structures, 1981, 14(81): 103-112.